André Gustavo C. Pereira
Carlos A. Gomes
Viviane Simioli

Introdução à Combinatória e Probabilidade

Introdução à Combinatória e Probabilidade
Copyright© Editora Ciência Moderna Ltda., 2015

Todos os direitos para a língua portuguesa reservados pela EDITORA CIÊNCIA MODERNA LTDA.
De acordo com a Lei 9.610, de 19/2/1998, nenhuma parte deste livro poderá ser reproduzida, transmitida e gravada, por qualquer meio eletrônico, mecânico, por fotocópia e outros, sem a prévia autorização, por escrito, da Editora.

Editor: Paulo André P. Marques
Produção Editorial: Aline Vieira Marques
Assistente Editorial: Dilene Sandes Pessanha
Capa: Daniel Jara
Copidesque: Dilene Sandes Pessanha

Várias **Marcas Registradas** aparecem no decorrer deste livro. Mais do que simplesmente listar esses nomes e informar quem possui seus direitos de exploração, ou ainda imprimir os logotipos das mesmas, o editor declara estar utilizando tais nomes apenas para fins editoriais, em benefício exclusivo do dono da Marca Registrada, sem intenção de infringir as regras de sua utilização. Qualquer semelhança em nomes próprios e acontecimentos será mera coincidência.

FICHA CATALOGRAFICA

SILVA, Carlos Alexandre Gomes da; CAMPOS, Viviane Simioli Medeiros; PEREIRA, André Gustavo Campos.

Introdução à Combinatória e Probabilidade

Rio de Janeiro: Editora Ciência Moderna Ltda., 2015.

1. Matemática.
I — Título

ISBN: 978-85-399-0621-5

CDD 510

Editora Ciência Moderna Ltda.
R. Alice Figueiredo, 46 – Riachuelo
Rio de Janeiro, RJ – Brasil   CEP: 20.950-150
Tel: (21) 2201-6662/ Fax: (21) 2201-6896
E-MAIL: LCM@LCM.COM.BR
WWW.LCM.COM.BR

01/15

Prefácio

No curso de Matemática, da Universidade Federal do Rio Grande do Norte, temos uma disciplina chamada Análise Combinatória e Probabilidade. Essa disciplina tem como livro texto, Análise Combinatória e Probabilidade, [15]. Durante os muitos semestres nos quais lecionamos esta disciplina, os alunos não conseguiam resolver os exercícios propostos e as vezes não conseguiam nem mesmo entender a resolução apresentada no final do livro. Passamos então a escrever notas de aula, baseadas no livro texto, só que com explicações mais detalhadas e com exemplos envolvendo situações mais conhecidas do dia a dia dos alunos. Criamos também exercícios mais simples com o objetivo de fazer os alunos ganharem confiança e, irem gradativamente conseguindo resolver questões mais elaboradas. E na nossa modesta avaliação, funcionou, os alunos passaram a entender, mais rapidamente, dos assuntos abordados e já não encontravam muita dificuldade nos exercícios propostos, mais ainda, se sentiram desafiados a resolver as questões do livro texto e passaram a trazer suas soluções para serem discutidas em sala.

Mais tarde, fomos convidados a escrever o material para a disciplina Análise Combinatória e Probabilidade do curso de Matemática à distância da Universidade Federal do Rio Grande do Norte. Precisávamos escrever um material de Análise Combinatória para alunos que não teriam a explicação presencial do professor. Então tomamos as notas de aula que já haviam passado por várias modificações como ponto de partida. Como resultado deste trabalho, publicamos em 2006, Análise Combinatória e, Probabilidade [18] e em 2007, Exercícios Comentados de Análise Combinatória [19].

Como o material desenvolvido para o ensino à distância tem um padrão a ser seguido, com o número de páginas limitado, a quantidade de exercícios ficou bem pequena. Sentimos a necessidade de aumentar a quantidade de exercícios que ajudassem o aluno a fixar o conteúdo. Para esta tarefa convidamos o professor Carlos Gomes, do DMAT-UFRN, professor talentoso e com vasta experiência no ensino desta disciplina em vários níveis (ensino médio, cursinhos pré-vestibulares, treinamento para olimpíadas de Matemática e ensino superior). Esperamos que este material introdutório de Análise Combinatória e Probabilidade possa fazer com que os leitores, assim como as notas de aula fizeram com os nossos alunos, se interessem em aprofundar os conhecimentos que adquirirão. Recomendamos como próximas leituras, as referências [15], [20] e [21].

Natal, 09 de Dezembro 2014.

André Gustavo C. Pereira

Sumário

1 Aprendendo a contar — **1**
  1.1 Introdução — 1
  1.2 Princípio Aditivo — 1
  1.3 Princípio Multiplicativo — 2
  1.4 Exercícios propostos — 7
  1.5 Resolução dos exercícios propostos — 10

2 Permutações sem elementos repetidos — **21**
  2.1 Introdução — 21
  2.2 Fatorial de um número inteiro positivo — 24
  2.3 Permutações Simples — 26
  2.4 Exercícios propostos — 30
  2.5 Resolução dos exercícios propostos — 33

3 Arranjos e Combinações — **43**
  3.1 Introdução — 43
  3.2 Combinações Simples — 44
  3.3 Arranjos Simples — 49
  3.4 Exercícios propostos — 51
  3.5 Resolução dos exercícios propostos — 55

4 Permutação de elementos nem todos distintos — **63**
  4.1 Introdução — 63
  4.2 Permutação com Repetição — 63
  4.3 Exercícios propostos — 66
  4.4 Resolução dos exercícios propostos — 69

5 O Princípio da Inclusão-Exclusão — **79**
  5.1 Princípio da Inclusão-Exclusão — 79
  5.2 Exercícios propostos — 85
  5.3 Resolução dos exercícios propostos — 88

6 Permutações Circulares — **103**
  6.1 Introdução — 103
  6.2 Permutações Circulares — 103
  6.3 Exercícios propostos — 110

vi INTRODUÇÃO À COMBINATÓRIA E PROBABILIDADE

6.4 Resolução dos exercícios propostos 113

7 Combinações com elementos repetidos   123
7.1 Introdução 123
7.2 Combinações completas 123
7.3 Combinações completas (ou com repetição) 127
7.4 Exercícios propostos 128
7.5 Resolução dos exercícios propostos 129

8 Permutações Caóticas   137
8.1 Introdução 137
8.2 Permutações Caóticas 137
8.3 Outra forma de calcular D_n 146
8.4 Exercícios propostos 147
8.5 Resolução dos exercícios propostos 148

9 Lemas de Kaplansky   155
9.1 Introdução 155
9.2 Primeiro Lema de Kaplansky 155
9.3 Segundo Lema de Kaplansky 158
9.4 Exercícios propostos 161
9.5 Resolução dos exercícios propostos 162

10 O Princípio da Reflexão   165
10.1 Introdução 165
10.2 O Princípio da Reflexão 167
10.3 A Explicação da Bijeção 176
10.4 Exercícios propostos 178
10.5 Resolução dos exercícios propostos 180

11 O Princípio das Gavetas de Dirichlet   187
11.1 Introdução 187
11.2 Três versões do Princípio das Gavetas de Dirichlet 187
    11.2.1 Primeira versão 187
    11.2.2 Segunda versão 189
    11.2.3 Terceira versão 190
11.3 Exercícios propostos 192
11.4 Resolução dos exercícios propostos 193

12 O Triângulo de Pascal   201
12.1 Introdução 201
12.2 O Triângulo de Pascal - um pouco da história 201
12.3 Exercícios propostos 211
12.4 Resolução dos exercícios propostos 213

13 O Binômio de Newton e o Polinômio de Leibniz — 227

13.1 Introdução 227

13.2 O Binômio de Newton 227

13.3 O Polinômio de Leibniz 234

13.4 Exercícios propostos 239

13.5 Resolução dos exercícios propostos 241

14 Probabilidade — 253

14.1 Introdução 253

14.2 Sobre a origem da Probabilidade 253

14.3 Eventos aleatórios e Eventos determinísticos 253

14.4 O Conceito de Probabilidade 255

14.5 Propriedades da Probabilidade 257

14.6 Exercícios propostos 261

14.7 Resolução dos exercícios propostos 266

15 Probabilidade Condicional — 279

15.1 Introdução 279

15.2 O Conceito de Probabilidade Condicional 280

15.3 Eventos independentes 288

15.4 Lei Binomial das Probabilidades 293

15.5 Exercícios propostos 294

15.6 Resolução dos exercícios propostos 299

Referências Bibliográficas — 311

Capítulo 1

Aprendendo a contar

1.1 Introdução

Em muitas ocasiões do nosso cotidiano estamos interessados em descobrir de quantas formas distintas um determinado fato pode ocorrer, como num sorteio de uma loteria, quantos são os possíveis resultados?

A análise combinatória se ocupa em desenvolver técnicas para determinarmos de quantas formas distintas um fato pode ocorrer sem ter que descrever quais são essas formas. Assim, em boa parte do tempo ao longo do nosso estudo, estaremos interessados em responder a seguinte questão:

"De quantas formas...?"

Além do objetivo acima descrito, a Análise Combinatória também se ocupa de desenvolver técnicas para garantir a existência de certas configurações respeitanto condições preestabelecidas.

Para atingir estes objetivos, inicialmente, vamos estabelecer os seus princípios básicos (os princípios aditivo e multiplicativo) e as ideias clássicas de combinação, permutações simples e com repetição e permutações circulares. Com o desenvolvimento do assunto, naturalmente surgirão problemas mais sofisticados e que, portanto, necessitam de ferramentas um pouco mais poderosas para a sua resolução; tais como o princípio da Inclusão-Exclusão, os Lemas de Kaplansky, as Permutações Caóticas, o Princípio da Reflexão e o Princípio das Gavetas de Dirichlet. Por fim, introduziremos os rudimentos da teoria da probabilidade.

1.2 Princípio Aditivo

Imaginemos que uma garota foi convidada para ir a uma festa. No seu guarda-roupa ela conta com 5 pares de tênis, 4 pares de sapatos e 8 pares de sandálias. Ela escolhe a roupa e deixa para escolher o que calçar por último. Quantas são as maneiras de escolher o que calçar?

Ela pode escolher um par de tênis ou de sapatos ou de sandálias, ou seja, ela não pode escolher um par de tênis e um par de sandálias simultaneamente para calçar. Desta forma ele tem 5 escolhas se for escolher um par de tênis, 4 se for escolher um par de sapatos e 8 se for escolher um par de sandálias, totalizando $4+5+8=17$, escolhas possíveis para o calçado com que irá para a festa.

2 INTRODUÇÃO À COMBINATÓRIA E PROBABILIDADE

O **Princípio Aditivo** diz o seguinte:

Sejam A um conjunto contendo p elementos, B um conjunto contendo q elementos com A e B disjuntos, então a união de A com B tem p + q elementos.

Em linguagem matemática:

Sejam A e B conjuntos finitos, tais que $A \cap B \neq \phi$, então $n(A \cup B) = n(A) + n(B)$. Onde $n(X)$ representa a quantidade de elementos de um dado conjunto finito X. É importante notar que o **Princípio Aditivo** só vale quando os conjuntos são disjuntos.

Exemplo 1.2.1 - *Consideremos* $A = \{1, 2, 3, 4\}$ *e* $B = \{3, 4, 5, 6, 7, 8, 9\}$.

Temos:
$$A \cup B = \{1, 2, 3, 4, 5, 6, 7, 8, 9\}$$
Vamos contar o número de elementos de A, B e de $A \cup B$.

$$n(A) = 4, n(B) = 7 \text{ e } n(A \cup B) = 9$$
mas, nesse caso, temos $n(A) + n(B) = 4 + 7 = 11$, como era de se esperar, já que

$$A \cap B = \{3, 4\} \neq \phi.$$

Exemplo 1.2.2 - *Suponhamos que João seja muito organizado e divida suas roupas em dois guarda-roupas* A *e* B, *da seguinte forma: no* A *apenas as novas (as que foram usadas no máximo uma vez) e no* B *as demais.*
a) Considerando o guarda-roupa A *como conjunto das roupas novas e o* B *como o conjunto das demais roupas, esses conjuntos são disjuntos?*
b) Podemos garantir, pelo Princípio Aditivo, que João tem $n(A) + n(B)$ *peças de roupa?*

Resolução:

a) Sim, pois uma roupa foi usada no máximo uma vez ou foi usada mais de uma vez. Se ela foi usada no máximo uma vez, ela pertence ao conjunto A e se foi usada mais de uma vez, ela pertence ao conjunto B.
b) O Princípio aditivo diz exatamente isso, se dois conjuntos são disjuntos, o número de elementos da união é a soma do número de elementos de cada conjunto.

Isoladamente, os exemplos do Princípio da Adição parecem muito artificiais, sendo que o grau de dificuldade exigido para sua aplicabilidade reside apenas em testar se dois conjuntos são disjuntos.

1.3 Princípio Multiplicativo

Um Princípio mais completo é o chamado **Princípio Multiplicativo**, apresentado a seguir:

CAPÍTULO 1. APRENDENDO A CONTAR 3

De quantas maneiras diferentes podemos formar um casal se temos 3 homens e 2 mulheres?

Suponha que os homens sejam h_1, h_2 e h_3 e as mulheres sejam m_1 e m_2.

Escolhendo o homem 1, temos as possibilidades: h_1 com a m_1 ou então h_1 com a m_2. Isto nos dá 2 possibilidades.

Escolhendo o homem 2, temos as possibilidades: h_2 com a m_1 ou então h_2 com a m_2. Isto nos dá 2 possibilidades.

Escolhendo o homem 3, temos as possibilidades: h_3 com a m_1 ou então h_3 com a m_2. Isto nos dá 2 possibilidades.

Note que cada casal formado é diferente dos demais. Desta forma, um total de 6 possibilidades de, com 3 homens e 2 mulheres formar um casal, a saber,

$$h_1 m_1, h_1 m_2, h_2 m_1, h_2 m_2, h_3 m_1, h_3 m_2$$

Suponhamos que uma decisão D tenha que ser tomada e que tal decisão seja dividida em duas subdecisões D_1 e D_2, que deverão ser tomadas uma após a outra em uma sequência. Ou seja, para tomarmos a decisão D primeiro uma decisão D_1 tem que ser tomada, depois de tomada a decisão D_1, a outra decisão D_2 é tomada. Suponhamos ainda que cada subdecisão possa ser tomada de uma certa quantidade de maneiras diferentes, por exemplo, que a decisão D_1 possa ser tomada de x_1 maneiras diferentes. Tomada a decisão D_1, suponhamos que a decisão D_2 possa ser tomada de x_2 maneiras diferentes. O Princípio Multiplicativo garante que existem $x_1.x_2$ maneiras diferentes de se tomar a decisão D.

Exemplo 1.3.1 - *De quantas maneiras diferentes podemos formar um casal se temos* 3 *homens e* 2 *mulheres?*

Resolução:

- Decisão D : formar um casal.

- Decisão D_1 : escolha do homem.

- Decisão D_2 : escolha da mulher.

Temos $x_1 = 3$ possíveis escolhas para o homem e $x_2 = 2$ possíveis escolhas para a mulher. Assim, pelo Princípio Multiplicativo, temos $x_1.x_2 = 2.3 = 6$ possíveis escolhas para formar um casal. Vamos verificar?

4 INTRODUÇÃO À COMBINATÓRIA E PROBABILIDADE

Exemplo 1.3.2 - *Suponha que você queira ir da cidade de Natal para Currais Novos, no RN, mas tenha que parar em Santa Cruz para trocar de transporte. Sabendo que de Natal para Santa Cruz você pode ir de ônibus, transporte alternativo ou lotação (carro de passeio), mas que de Santa Cruz para Currais Novos só tem duas opções: ônibus ou transporte alternativo, de quantas maneiras você pode fazer esta viagem?*

Resolução:

- Decisão D : escolher os transportes para sair de Natal e chegar em Currais Novos.
- Decisão D_1 : escolher o transporte de Natal para Santa Cruz.
- Decisão D_2 : escolher o transporte de Santa Cruz para Currais Novos.

Temos que D_1 pode ser tomada de $x_1 = 3$ maneiras: ônibus, transporte alternativo ou carro. Além disso, note que D_2 pode ser tomada de $x_2 = 2$ maneiras: ônibus ou transporte alternativo. Então, pelo Princípio da Multiplicativo, existem $x_1 \cdot x_2 = 3.2 = 6$ maneiras de sair de Natal e chegar em Currais Novos, trocando de transporte em Santa Cruz. Vamos verificar?

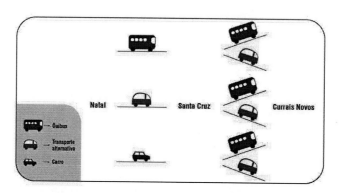

Observação 1.1 - *O Princípio Multiplicativo pode ser utilizado também, quando a decisão é dividida em mais que duas subdecisões. Por exemplo, suponha que a decisão D tenha que ser tomada e que tal decisão seja dividida em três subdecisões D_1, D_2 e D_3 que deverão ser tomadas uma após a outra em uma sequência. Em outras palavras, para tomarmos a decisão D, primeiro, uma decisão D_1 tem que ser tomada, depois de D_1, uma decisão D_2 tem que ser tomada, depois de tomadas as decisões D_1 e D_2, uma decisão D_3 tenha que ser tomada. Suponhamos ainda, que cada subdecisão possa ser tomada de uma certa quantidade de maneiras diferentes, por exemplo, que a decisão D_1 possa ser tomada de x_1 maneiras diferentes. Tomada a decisão D_1 suponhamos que a D_2 possa*

CAPÍTULO 1. APRENDENDO A CONTAR 5

ser tomada de x_2 *maneiras diferentes. Tomadas as decisões* D_1 *e* D_2 *suponhamos que a decisão* D_3 *possa ser tomada de* x_3 *maneiras diferentes. O Princípio Multiplicativo garante que existem* $x_1.x_2.x_3$ *maneiras diferentes de se tomar a decisão* D.

Exemplo 1.3.3 - *Num certo país, as placas dos automóveis constam de duas letras e quatro algarismos. Quantas placas podiam ser fabricadas com as letras* H, S *ou* R *e os algarismos* 0, 1, 7 *ou* 8?

Resolução:

- Decisão D : fabricar a placa.

- Decisão D_1 : escolher a primeira letra da placa, que poderá ser feita de $x_1 = 3$ maneiras.

- Decisão D_2 : escolher a segunda letra da placa, que também poderá ser feita de $x_2 = 3$ maneiras (note que as letras podem ser repetidas).

- Decisão D_3 : escolher o primeiro algarismo, que poderá ser feito de $x_3 = 4$ maneiras.

- Decisão D_4 : escolher o segundo algarismo, que também poderá ser feito de $x_4 = 4$ maneiras (note que os algarismos também podem ser repetidos).

- Decisão D_5 : escolher o terceiro algarismo, que também poderá ser feito de $x_5 = 4$ maneiras.

- Decisão D_6 : escolher o quarto algarismo, que também poderá ser feito de $x_6 = 4$ maneiras.

Pelo Princípio Multiplicativo, $x_1.x_2.x_3.x_4.x_5.x_6 = 2.2.4.4.4.4 = 2304$ placas podiam ser fabricadas.

Exemplo 1.3.4 - *O "passeio forroviário" é uma viagem de trem entre Campina Grande e Ingá-PB, que acontece todos os anos na época do São João. Esse trem de passageiros é constituído de uma locomotiva e seis vagões distintos (cada um com o nome de uma música diferente: Asa Branca, Carcará, etc.), sendo um deles um bar. Sabendo que a locomotiva deve ir à frente e que o vagão bar não pode ser colocado imediatamente após a locomotiva. De quantos modos diferentes podemos montar esta composição?*

Resolução:

- Decisão D : montar o trem com uma locomotiva e seis vagões, temos, portanto, 7 decisões a tomar:

- Decisão D_1 : fixar a locomotiva na primeira posição da composição. Como temos uma única locomotiva, $x_1 = 1$.

- Decisão D_2 : escolher o primeiro vagão que deve vir imediatamente após a locomotiva. Temos $x_2 = 5$ opções, já que o vagão bar não pode ocupar esta posição.

- Decisão D_3 : escolher a terceira parte da composição, que poderá ser feita de $x_3 = 5$ maneiras (note que agora o vagão bar poderá ser escolhido).

- Decisão D_4 : escolher a quarta parte da composição, que poderá ser feita de $x_4 = 4$ maneiras.

6 INTRODUÇÃO À COMBINATÓRIA E PROBABILIDADE

- Decisão D_5 : escolher a quinta parte da composição, que poderá ser feita de $x_5 = 3$ maneiras.

- Decisão D_6 : escolher a sexta parte da composição, que poderá ser feita de $x_6 = 2$ maneiras.

- Decisão D_7 : escolher a sétima parte da composição, que poderá ser feita de, apenas $x_7 = 1$ maneira , já que só restou um vagão.

Pelo Princípio Multiplicativo, existem $x_1.x_2.x_3.x_4.x_5.x_6.x_7 = 1.5.5.4.3.2.1 = 600$ modos diferentes de montar esta composição.

Exemplo 1.3.5 - *Uma concessionária de automóveis oferece aos seus clientes um modelo X de carro em 7 cores diferentes, podendo o comprador optar entre os motores* 1600cc *e* 1800cc *e ainda entre as versões* S, L *e* SL. *Quantas são as alternativas para o comprador?*

Resolução:

- Decisão D : escolher o carro.

- Decisão D_1 : escolher a cor do carro, que poderá ser feita de $x_1 = 7$ maneiras.

- Decisão D_2 : escolher o motor do carro, que poderá ser feita de $x_2 = 2$ maneiras.

- Decisão D_3 : escolher a versão S, L ou SL, ou seja, $x_3 = 3$.

Portanto, pelo Princípio Multiplicativo, o número de alternativas para o comprador é $x_1.x_2.x_3 = 7.2.3 = 42$.

Exemplo 1.3.6 - *Com os algarismos* $4, 5, 6, 7, 8$ *ou* 9 *são formados números com quatro dígitos distintos. Entre eles, quantos são divisíveis por* 5?

Resolução:

- Decisão D : formar números de quatro dígitos.

- Decisão D_1 : fixar o número 5 na última posição (já que o número deve ser divisível por 5), temos apenas $x_1 = 1$ opção.

- Decisão D_2 : escolher o primeiro dígito, temos $x_2 = 5$ opções .

- Decisão D_3 : escolher o segundo dígito, temos $x_3 = 4$ opções.

- Decisão D_4 : escolher o terceiro dígito, temos $x_4 = 3$ opções. Portanto, pelo Princípio Multiplicativo, temos $x_1.x_2.x_3.x_4 = 1.5.4.3 = 60$ números divisíveis por 5 entre todos os formados, como especificado.

Exemplo 1.3.7 - *A discoteca* FESTA *decidiu pintar seu nome com tinta fluorescente e para isso comprou tintas de 4 cores diferentes entre si; todas elas devem ser usadas para pintar as 5 letras, cada letra de uma só cor, e as vogais com a mesma cor. De quantas maneiras isto pode ser feito?*

CAPÍTULO 1. APRENDENDO A CONTAR 7

Resolução:

- Decisão D : pintar as cinco letras da palavra FESTA.

- Decisão D_1 : escolher a cor das vogais, temos então $x_1 = 4$.

- Decisão D_2 : escolher a cor da letra F, temos então $x_2 = 3$.

- Decisão D_3 : escolher a cor da letra S, temos então $x_3 = 2$.

- Decisão D_4 : escolher a cor da letra T, temos então $x_4 = 1$.

Portanto, pelo Princípio Multiplicativo, temos $x_1.x_2.x_3.x_4 = 4.3.2.1 = 24$ maneiras de pintar tais letras.

Exemplo 1.3.8 - *Uma calçada é formada por 7 blocos de concreto que devem ser pintados de 3 cores diferentes. De quantas maneiras distintas será possível pintá-la de modo que dois blocos adjacentes nunca estejam pintados da mesma cor?*

Resolução:

- Decisão D : pintar os 7 blocos de concreto da calçada.

- Decisão D_1 : escolher a cor do primeiro bloco, temos então $x_1 = 3$.

- Decisão D_2 : escolher a cor do segundo bloco, temos então $x_2 = 2$.

- Decisão D_3 : escolher a cor do terceiro bloco, temos então $x_3 = 2$.

- Decisão D_4 : escolher a cor do quarto bloco, temos então $x_4 = 2$.

- Decisão D_5 : escolher a cor do quinto bloco, temos então $x_5 = 2$.

- Decisão D_6 : escolher a cor do sexto bloco, temos então $x_6 = 2$.

- Decisão D_7 : escolher a cor do sétimo bloco, temos então $x_7 = 2$.

Portanto, pelo Princípio Multiplicativo, temos $x_1.x_2.x_3.x_4.x_5.x_6.x_7 = 3.2.2.2.2.2.2 = 192$ maneiras de pintar tais blocos.

1.4 Exercícios propostos

1. Um show de música será constituído de 3 canções e 2 danças. De quantas maneiras distintas pode-se montar o programa, de forma que o show comece com uma canção, termine com uma canção e as duas danças não sejam uma imediatamente seguida da outra?

2. Antigamente, as placas dos automóveis constavam de duas letras e quatro algarismos. Quantas placas podiam ser fabricadas com as letras P, Q e R e os algarismos 0, 1, 7 e 8?

3. Sabendo-se que o segredo de um cofre é uma sequência de 4 algarismos distintos e o primeiro algarismo é igual ao triplo do segundo, qual o maior número de tentativas diferentes que devemos fazer para conseguir abri-lo?

8 INTRODUÇÃO À COMBINATÓRIA E PROBABILIDADE

4. Num carro com 5 lugares e mais o lugar do motorista viajam 6 pessoas, das quais 3 sabem dirigir. De quantas maneiras se podem dispor essas 6 pessoas para a viagem?

5. Com os algarismos $1, 2, 3, 4, 5$ e 6 são formados números de quatro algarismos distintos. Entre eles, quantos são divisíveis por 5?

6. Um vagão de metrô tem 10 bancos individuais, sendo 5 de frente e 5 de costas. De 10 passageiros, 4 preferem sentar de frente, 3 preferem sentar de costas e os demais não têm preferência. De quantos modos os passageiros podem se sentar, respeitando as preferências?

7. Com os algarismos $1, 2, 3, 4, 5, 6, 7, 8$ e 9, quantos números com algarismos distintos existem entre 500 e 1000?

8. Uma revendedora, de uma certa indústria automobilística, coloca à disposição dos clientes, quatro mo-
delos de carros. Para cada tipo escolhido, podem ser feitas as seguintes opções: seis cores diferentes; três tipos de estofamento; dois modelos distintos de pneus; vidros brancos ou verdes. OPCIONALMENTE é ainda possível adquirir os seguintes acessórios: duas marcas de CD-player; ar condicionado; direção hidráulica, vidros elétricos. Quantas opções de escolhas diferentes essa revendedora está oferecendo aos seus clientes?

9. Dispondo-se de 10 bolas, 7 apitos e 12 camisas, de quantas maneiras distintas estes objetos podem ser distribuídos entre duas pessoas, de modo que cada uma receba, ao menos, 3 bolas, 2 apitos e 4 camisas?

10. Existem quantos números naturais de seis algarismos com no mínimo um algarismo par?

11. Mostre que qualquer conjunto com n elementos possui 2^n subconjuntos distintos.

12. De quantos modos um salão com 5 portas pode ficar aberto?

13. (UFRN-2003) Um fenômeno raro, em termos de data, ocorreu às 20h02min de 20 de fevereiro de 2002. No caso, 200220022002 forma uma sequência de algarismos que permanece inalterada se reescrita de trás para frente. A isso denominamos CAPICUA ou PALÍNDROMO. Desconsiderando as capicuas começadas por zero, qual a quantidade de capicuas formadas com cinco algarismos não necessariamente diferentes?

14. Um restaurante oferece três tipos de sobremesas e, exatamente, duas vezes o número de tira-gosto que o número de pratos principais. Um jantar consiste de um tira-gosto, um prato principal e uma sobremesa. Qual é o número mínimo de pratos principais que o restaurante poderia oferecer de modo que um cliente tenha um jantar diferente a cada noite do ano?

15. Há 12 moças e 10 rapazes, onde 5 deles (3 moças e 2 rapazes) são irmãos e os restantes não possuem parentesco. Quantos são os casamentos possíveis?

16. (UNESP-2003) Na convenção de um partido para lançamento da candidatura de uma chapa ao governo de certo estado, havia 3 possíveis candidatos a governador, sendo 2 homens e 1 mulher, e 6 possíveis candidatos a vice-governador, sendo 4 homens e 2 mulheres. Ficou estabelecido que a chapa governador e vice-governador seria formada por 2 pessoas de sexo oposto. Sabendo que os 9 candidatos são distintos, qual o número de maneiras possíveis de se formar a chapa?

17. (Provão-99) Os clientes de um banco devem escolher uma senha, formada por 4 algarismos de 0 a 9, de forma que não haja algarismos repetidos em posições consecutivas (assim, a senha "0120" é válida, mas "2114" não é). Qual o número de senhas válidas?

18. (UFMG) Em uma lanchonete, os sorvetes são divididos em três grupos: o vermelho, com 5 sabores; o amarelo, com 3 sabores e o verde, com 2 sabores. Pode-se pedir uma casquinha com 1, 2 ou 3 bolas, mas cada casquinha não pode conter 2 bolas do mesmo grupo. Qual o número de maneiras de se pedir uma casquinha?

19. (CESGRANRIO-RJ) Um mágico se apresenta em público vestindo calça e paletó de cores diferentes. Para que ele possa se apresentar em 24 sessões com conjuntos diferentes, qual o número mínimo de peças (N° de paletós + N° de calças) de que ele precisa?

20. Quantos divisores naturais possui o número 1200? Quantos desses divisores são pares? Quantos são quadrados perfeitos?

21. (UFRN-2013) O quadro de avisos de uma escola de ensino médio foi dividido em quatro partes, como mostra a figura abaixo:

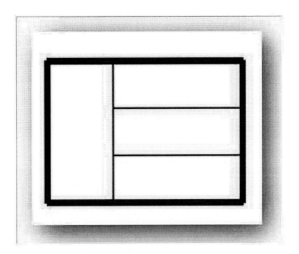

No retângulo à esquerda, são colocados os avisos da diretoria, e, nos outros três retângulos, serão colocados, respectivamente, de cima para baixo, os avisos dos 1°, 2° e 3° anos do ensino médio. A escola resolveu que retângulos adjacentes (vizinhos) fossem pintados, no quadro, com cores diferentes. Para isso, disponibilizou cinco cores e solicitou aos servidores e alunos sugestões para a disposição das cores no quadro. Determine o número máximo de sugestões diferentes que podem ser apresentadas pelos servidores e alunos.

22. Quantos números maiores que 50.000 e menores que 90.000, múltiplos de 5, com algarismos distintos, existem em nosso sistema de numeração?

23. O estudo da genética estabelece que, com as bases adenina (A), timina (T), citosina (C) e guanina (G), podem-se formar, apenas, quatro tipos de pares: A-T, T-A, C-G e G-C. Certo cientista deseja sintetizar um fragmento de DNA com dez desses pares, de modo que dois pares consecutivos não sejam iguais;

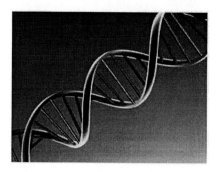

Um par A-T não seja seguido por um par T-A e vice-versa;
Um par C-G não seja seguido por um par G-C e vice-versa.
Sabe-se que dois fragmentos de DNA são idênticos se constituídos por pares iguais dispostos na mesma ordem. Qual o número de maneiras distintas que o cientista pode formar esse fragmento de DNA?

1.5 Resolução dos exercícios propostos

1. Temos que tomar a decisão D: Montar o programa obedecendo ao que foi pedido: Começar o show com uma canção, terminar com uma canção e não ter duas danças consecutivas. Esta decisão pode ser dividida em 5 subdecisões, a saber:

    - Decisão D_1: escolher a primeira atração do show, que pode ser tomada de 3 maneiras (lembre-se de que o show deve começar com uma das três canções).

    - Decisão D_2: escolher a quinta atração do show, que pode ser tomada de 2 maneiras (lembre-se de que o show deve terminar com uma das duas canções restantes).

    - Decisão D_3: escolher a segunda atração do show, que pode ser tomada de 2 maneiras (para que as duas danças não sejam imediatamente seguida da outra, a terceira atração deve ser uma dança).

    - Decisão D_4: escolher a terceira atração do show, que pode ser tomada de 1 maneira (aqui só pode ser a canção restante).

    - Decisão D_5: escolher a quarta atração do show, que pode ser tomada de 1 maneira (a dança restante).

    Assim, pelo Princípio Multiplicativo, a quantidade de maneiras distintas de se montar o programa do show, seguindo as restrições sugeridas, é $3 \times 2 \times 2 \times 1 \times 1 = 12$.

2. Temos que tomar a decisão D - Formar placas de 2 letras e 4 números utilizando as letras P, Q e R e os algarismos 0, 1, 7 e 8.
    Esta decisão pode ser dividida em 6 subdecisões, a saber:

    - D_1 : Escolher a primeira letra da placa, que pode ser feita de 3 maneiras.

    - D_2 : Escolher a segunda letra da placa, que também pode ser feita de 3 maneiras (note que as letras podem ser repetidas).

    - D_3 : Escolher o primeiro algarismo, que pode ser feito de 4 maneiras.

- D_4 : Escolher o segundo algarismo, que também pode ser feito de 4 maneiras (note que os algarismos também podem ser repetidos).

- D_5: Escolher o terceiro algarismo, que também pode ser feito de 4 maneiras.

- D_6: Escolher o quarto algarismo, que também pode ser feito de 4 maneiras.

Assim, pelo Princípio Multiplicativo, temos que a quantidade de placas de 2 letras e 4 números se utilizando das letras P, Q e R e dos algarismos 0, 1, 7 e 8 que podemos formar é $3 \times 3 \times 4 \times 4 \times 4 \times 4 = 2.304$ placas diferentes.

3. A decisão a ser tomada é: D - Escolher 4 dígitos distintos de modo que o primeiro dígito é igual ao triplo do segundo.

Como a escolha do segundo dígito já determina a escolha do primeiro dígito, temos que a decisão pode ser dividida em 3 subdecisões, a saber:

- D_1 : Escolher qual algarismo ocupa a 2ª posição e, automaticamente, o que ocupa a 1ª posição (já que o primeiro vale o triplo do segundo). Temos 3 opções 1, 2 e 3. O zero não entra porque sabemos que o 1° algarismo é igual ao triplo do segundo e que os dígitos têm que ser todos distintos. Se o zero for o 2° algarismo, o 1° também será zero e, com isso, os algarismos não serão todos distintos. Os números maiores que 3 também não entram, pois se multiplicados por 3 resultariam em números com 2 dígitos. Portanto, temos 3.

- D_2 : Escolher o 3° algarismo. Isso pode ser feito de 8 maneiras, pois os dois algarismos utilizados na 1^a e 2ª posições não poderão ser utilizados novamente.

- D_3 : Escolher o 4° algarismo. Isso pode ser feito de 7 opções, pois os três algarismos utilizados na 1^a, 2^a e 3ª posições não poderão ser utilizados novamente.

Assim, pelo Princípio Multiplicativo, a quantidade de números de 4 dígitos distintos em que o primeiro dígito é igual ao triplo do segundo é $3 \times 8 \times 7 = 168$.

4. A decisão a ser tomada é: D - Distribuir 6 pessoas em 6 lugares dentro do carro de modo que possam fazer uma viagem, sabendo que apenas 3 deles sabem dirigir. Temos 6 lugares no carro: o lugar do motorista (L_1) e os lugares dos 5 passageiros (L_2, L_3, L_4, L_5, L_6). Assim, podemos dividir essa decisão em 6 subdecisões, a saber:

- D_1 : Escolher quem ocupará L_1. Como temos 3 pessoas que sabem dirigir, temos 3 opções de escolha.

- D_2 : Depois de tomada a decisão D_1, escolhemos quem ocupará L_2. Temos agora 5 pessoas e, portanto, 5 opções.

- D_3 : Escolher quem ocupará L_3. Temos agora 4 pessoas e, portanto, 4 opções.

- D_4 : Escolher quem ocupará L_4. Temos agora 3 pessoas e, portanto, 3 opções.

- D_5 : Escolher quem ocupará L_5. Temos agora 2 pessoas e, portanto, 2 opções.

- D_6 : Escolher quem ocupará L_6. Resta-nos uma única pessoa e, portanto, 1 opção.

Assim, pelo Princípio Multiplicativo, a quantidade de maneiras que podemos distribuir 6 pessoas em 6 lugares dentro do carro, de modo que possam fazer uma viagem, sabendo que apenas 3 deles sabem dirigir é de $3 \times 5 \times 4 \times 3 \times 2 \times 1 = 360$ maneiras diferentes.

12 INTRODUÇÃO À COMBINATÓRIA E PROBABILIDADE

5. A decisão a ser tomada é: D - Montar números de 4 dígitos divisíveis por 5 utilizando os algarismos $1, 2, 3, 4, 5$ e 6.

   Dentre os algarismos acima citados, para que um número seja divisível por 5 terá, obrigatoriamente, que terminar com 5. Assim, podemos dividir a decisão acima em 4 subdecisões, a saber:

   - D_1 : Fixar o número 5 na última posição. Isso pode ser feito de uma única maneira.
   - D_2 : Escolher o 1° dígito. Temos 5 opções, já que o 5 não poderá ser utilizado novamente, porque os algarismos não podem se repetir. Os números são formados utilizando-se 4 dos algarismos dados.
   - D_3 : Escolher o 2° dígito. Temos 4 opções, pois os algarismos escolhidos nas decisões D_1 e D_2 não podem ser utilizados novamente.
   - D_4 : Escolher o 3° dígito. Temos 3 opções, pois os algarismos escolhidos nas decisões D_1, D_2 e D_3 não podem ser utilizados novamente.

   Assim, pelo Princípio Multiplicativo, temos que a quantidade de números de 4 dígitos divisíveis por 5 utilizando os algarismos $1, 2, 3, 4, 5$ e 6 é $1 \times 5 \times 4 \times 3 = 60$.

6. O que a questão pede pode ser traduzida na seguinte decisão: D - Distribuir os passageiros nos bancos do metrô de modo a satisfazer as preferências explicitadas no enunciado da questão. Esta decisão pode ser dividida em 3 subdecisões, a saber:

   - D_1 : Sentar os 4 passageiros que têm como preferência sentar de frente.
   - D_2 : Sentar os 3 passageiros que têm como preferência sentar de costas.
   - D_3 : Sentar os 3 passageiros que não têm preferência de lugar.

   Analisemos a decisão D_1. Esta subdecisão ainda pode ser dividida em 4 outras subdecisões a saber:

   - Subdecisão 1 - Escolher um banco para o 1° passageiro deste grupo. Isso pode ser feito de 5 maneiras, já que existem 5 cadeiras voltadas para frente.
   - Subdecisão 2 - Escolher um banco para o 2° passageiro deste grupo. Isso pode ser feito de 4 maneiras, já que existem 5 cadeiras voltadas para frente, mas uma já está ocupada.
   - Subdecisão 3 - Escolher um banco para o 3° passageiro deste grupo. Isso pode ser feito de 3 maneiras, já que existem 5 cadeiras voltadas para frente, mas duas já estão ocupadas.
   - Subdecisão 4 - Escolher um banco para o 4° passageiro deste grupo. Isso pode ser feito de 2 maneiras, já que existem 5 cadeiras voltadas para frente, mas três já estão ocupadas.

   Pelo Princípio Multiplicativo, a quantidade de maneiras que podemos tomar a decisão D_1 é $5 \times 4 \times 3 \times 2 = 120$.

   Agora analisemos a decisão D_2: Esta subdecisão ainda pode ser dividida em 3 outras subdecisões.

   - Subdecisão 1 - Escolher um banco para o 1° passageiro deste grupo. Isso pode ser feito de 5 maneiras, já que existem 5 cadeiras voltadas para trás.
   - Subdecisão 2 - Escolher um banco para o 2° passageiro deste grupo. Isso pode ser feito de 4 maneiras, já que existem 5 cadeiras voltadas para trás, mas uma já está ocupada.

CAPÍTULO 1. APRENDENDO A CONTAR 13

- Subdecisão 3 - Escolher um banco para o 3° passageiro deste grupo. Isso pode ser feito de 3 maneiras, já que existem 5 cadeiras voltadas para trás, mas duas já estão ocupadas.

Pelo Princípio Multiplicativo, a quantidade de maneiras que podemos tomar a decisão D_2 é $5 \times 4 \times 3 = 60$.

Finalmente analisemos a decisão D_3: Esta subdecisão ainda pode ser dividida em 3 outras subdecisões.

- Subdecisão 1 - Escolher um banco para o 1° passageiro deste grupo. Isso pode ser feito de 3 maneiras, já que existem 3 cadeiras livres.
- Subdecisão 2 - Escolher um banco para o 2° passageiro deste grupo. Isso pode ser feito de 2 maneiras, já que existem 2 cadeiras livres.
- Subdecisão 3 - Escolher um banco para o 3° passageiro deste grupo. Isso pode ser feito de 1 maneira, já que existe apenas 1 cadeira vazia.

Portanto, pelo Princípio Multiplicativo, a quantidade de maneiras que podemos tomar a decisão D_3 é $3 \times 2 \times 1 = 6$.

Usando novamente o Princípio Multiplicativo temos que a quantidade de maneiras que podemos distribuir os passageiros nos bancos do metrô de modo a satisfazer as preferências explicitadas no enunciado da questão, é $120 \times 60 \times 6 = 43.200$.

7. A decisão a ser tomada é: D - Formar números com algarismos distintos entre 500 e 1000 utilizando-se os algarismos $1, 2, 3, 4, 5, 6, 7, 8$ e 9. Como os números são maiores que 500 e menores que 1000, portanto, possuirão três algarismos. Logo, podemos dividir esta decisão em 3 subdecisões, a saber:

- D_1 : Escolher o primeiro algarismo (centena). Isso pode ser feito de 5 maneiras, temos que começar por 5 ou 6 ou 7 ou 8 ou 9.
- D_2 : Escolher o segundo algarismo (dezena). Isso pode ser feito de 8 maneiras, já que não podemos utilizar o algarismo escolhido na primeira casa.
- D_3 : Escolher o terceiro algarismo (unidade). Isso pode ser feito de 7 maneiras, já que não podemos escolher nem o primeiro e nem o segundo algarismos já utilizados.

Assim, pelo Princípio Multiplicativo, temos que a quantidade de maneiras distintas de formar números com algarismos distintos entre 500 e 1000, utilizando-se os algarismos $1, 2, 3, 4, 5, 6, 7, 8$ e 9 é $5 \times 8 \times 7 = 280$.

8. A escolha de um carro nesta revendedora consiste na tomada das decisões, a saber:

- D_1 : Escolher o modelo do carro, o que pode ser feito de 4 modos distintos.
- D_2 : Escolher a cor do carro, o que pode ser feito de 6 modos distintos.
- D_3 : Escolher o tipo de estofamento, o que pode ser feito de 3 modos distintos.
- D_4 : Escolher o modelo dos pneus, o que pode ser feito de 2 modos distintos.
- D_5 : Escolher a cor dos vidros, o que pode ser feito de 2 modos distintos.
- D_6 : Escolher ou não o CD-player, o que pode ser feito de 3 modos distintos (você pode escolher uma das duas marcas ou pode não escolher, já que este item é OPCIONAL!).

14 INTRODUÇÃO À COMBINATÓRIA E PROBABILIDADE

- D_7 : Escolher ou não o ar-condicionado, o que pode ser feito de 2 modos distintos (você pode querer ou não, já que este item é OPCIONAL!).

- D_8 : Escolher ou não a direção hidráulica, o que pode ser feito de 2 modos distintos (você pode querer ou não, já que este item é OPCIONAL!).

- D_8 : Escolher ou não os vidros elétricos, o que pode ser feito de 2 modos distintos (você pode querer ou não, já que este item é OPCIONAL!).

Assim, nesta revendedora existem $4 \times 6 \times 3 \times 2 \times 2 \times 3 \times 2 \times 2 \times 2 = 6.912$ modos distintos de escolhermos um carro.

9. Sejam A e B duas pessoas. Temos que tomar três decisões, a saber:

- D_1 : Quantas bolas cada pessoa receberá, sendo que cada pessoa deverá receber pelo menos 3 bolas, o que pode ser feito de 5 modos distintos, pois a pessoa A pode receber $3, 4, 5, 6$ ou no máximo 7 bolas (note que ao escolhermos a quantidade de bolas que serão dadas a pessoa A, a quantidade de bolas que serão dadas para a pessoa B fica determinada).

- D_2 : Quantos apitos cada pessoa receberá, sendo que cada pessoa deverá receber pelo menos 2 apitos, o que pode ser feito de 4 modos distintos, pois a pessoa A pode receber $2, 3, 4$ ou no máximo 5 apitos (note que ao escolhermos a quantidade de apitos que serão dados a pessoa A, a quantidade de apitos que serão dados para a pessoa B fica determinada).

- D_3 : Quantas camisas cada pessoa receberá, sendo que cada pessoa deverá receber pelo menos 4 camisas, o que pode ser feito de 5 modos distintos, pois a pessoa A pode receber $4, 5, 6, 7$ ou no máximo 8 bolas (note que ao escolhermos a quantidade de camisas que serão dadas a pessoa A, a quantidade de camisas que serão dadas para a pessoa B fica determinada).

Assim, o número de maneiras distintas de distribuir 10 bolas, 7 apitos e 12 camisas entre duas pessoas, de modo que cada uma receba ao menos, 3 bolas, 2 apitos e 4 camisas é $5 \times 4 \times 5 = 100$.

10. Como queremos números naturais com seis algarismos, com no mínimo um algarismo par, podemos usar a seguinte estratégia: contamos quantos são todos os números naturais de seis algarismos e, des-

contamos desse número, a quantidade de números naturais de seis algarismos somente com algarismos ímpares. O primeiro número natural de seis algarismos é 100000 e o último é 999999, portanto, existem $(999999 - 100000) + 1 = 900000$ números naturais de seis algarismos. Para determinarmos quantos números naturais de seis algarismos só possuem algarismos ímpares, devemos tomar as seis decisões, a saber:

- D_1 : Escolher o primeiro algarismo (ímpar), o que pode ser feito de 5 modos distintos.
- D_2 : Escolher o segundo algarismo (ímpar), o que pode ser feito de 5 modos distintos.
- D_3 : Escolher o terceiro algarismo (ímpar), o que pode ser feito de 5 modos distintos.
- D_4 : Escolher o quarto algarismo (ímpar), o que pode ser feito de 5 modos distintos.
- D_5 : Escolher o quinto algarismo (ímpar), o que pode ser feito de 5 modos distintos.
- D_6 : Escolher o sexto algarismo (ímpar), o que pode ser feito de 5 modos distintos.

CAPÍTULO 1. APRENDENDO A CONTAR 15

Portanto, existem $5 \times 5 \times 5 \times 5 \times 5 \times 5 = 5^6 = 15.625$ números naturais de 6 algarismos todos ímpares. Assim, a quantidade de números naturais de seis algarismos, onde pelo menos um dos seis algarismos é par, é $900.000 - 15.625 = 884.375$.

11. Seja $A = \{a_1, a_2, \cdots, a_n\}$ um conjunto com n elementos distintos. Qualquer subconjunto $B \subset A$ será formado por elementos de A ou será vazio. Assim, para formar um subconjunto B de A devemos tomar n, a saber:

- D_1 : O elemento a_1 vai ou não vai pertencer a B: 2 possibilidades.
- D_2 : O elemento a_2 vai ou não vai pertencer a B: 2 possibilidades.
- $\vdots$
- D_n : O elemento a_n vai ou não vai pertencer a B: 2 possibilidades.

Assim, existem $\underbrace{2 \times 2 \times \cdots \times 2}_{n \ vezes} = 2^n$ subconjuntos do conjunto A.

12. Sejam P_1, P_2, P_3, P_4 e P_5 as cinco portas do salão. Para encontrar todas as possíveis formas de deixarmos as portas abertas ou fechadas devemos tomar as cinco decisões a seguir:

- D_1 : Deixar P_1 aberta ou fechada; 2 possibilidades.
- D_2 : Deixar P_2 aberta ou fechada; 2 possibilidades.
- D_3 : Deixar P_3 aberta ou fechada; 2 possibilidades.
- D_4 : Deixar P_4 aberta ou fechada; 2 possibilidades.
- D_5 : Deixar P_5 aberta ou fechada; 2 possibilidades.

Assim, há $2 \times 2 \times 2 \times 2 \times 2 = 2^5 = 32$ possibilidades de deixar as portas do salão abertas ou fechadas. Dessas 32 possibilidades só há uma que não serve: **todas as portas fechadas!** Portanto, dessas 32 possibilidades devemos excluir aquela em que as cinco portas estão todas fechadas. Logo há $32 - 1 = 31$ possibilidades distintas para que o salão fique aberto.

13. Os palíndromos (ou capicuas) de 5 algarismos são da forma $abcba$, com $1 \leq a \leq 9$ e $0 \leq b, c \leq 9$. Assim, para formarmos um palíndromo de 5 algarismos devemos tomar três decisões, a saber:

- D_1 : Escolher o valor do a, o que pode ser feito de 9 modos distintos.
- D_2 : Escolher o valor do b, o que pode ser feito de 10 modos distintos.
- D_3 : Escolher o valor do c, o que pode ser feito de 10 modos distintos.

Assim, pelo Princípio Multiplicativo, há $9 \times 10 \times 10 = 900$ modos distintos de formarmos um palíndromo de 5 algarismos.

14. Neste caso, para formarmos um jantar, devemos tomar três decisões, a saber:

- D_1: Escolher um tira-gosto; o que pode ser feito de $2x$ modos distintos.
- D_2: Escolher um prato principal; o que pode ser feito de x modos distintos.
- D_3: Escolher uma sobremesa; o que pode ser feito de 3 modos distintos.

16 INTRODUÇÃO À COMBINATÓRIA E PROBABILIDADE

Assim, pelo Princípio Multiplicativo, existem $2x.x.3 = 6x^2$ modos distintos para montarmos um jantar. Ora, como queremos que um cliente possa ter um jantar diferente a cada dia do ano, devemos ter:

$$6x^2 \geq 365 \Rightarrow x \geq 7,79 \Rightarrow x_{min} = 8$$

Assim, são necessários pelo menos 8 pratos principais para que um cliente possa jantar durante um ano neste restaurante com jantares sempre diferentes.

15. Os únicos casamentos proibidos são entre as 3 moças e os 2 rapazes que são irmãos. Ora, como são (no total) 12 moças e 10 rapazes, e um casal é formado por uma moça e um rapaz, segue que existiriam $12 \times 10 = 120$ casamentos, caso não existisse a proibição dos irmãos não poderem se casar. Desta forma, para descobrirmos o número total de casamentos possíveis, basta subtrair de 120 o número de casamentos impossíveis (ente os irmãos) que é $3 \times 2 = 6$. Portanto, há no total $120 - 6 = 114$ casamentos possíveis.

16. De acordo com o enunciado, a chapa para governador e vice-governador deve ser composta por pessoas de sexos distintos. Assim, temos as seguintes possibilidades, a saber:

Governador, vice-governador $\mapsto$ (Homem, Mulher) ou (Mulher, Homem)

No primeiro caso, temos que tomar duas decições, a saber:

- D_1 : Escolher um homem para ser candidato a governador, o que pode ser feito de 2 modos distintos.
- D_2 : Escolher uma mulher para vice-governadora, o que pode ser feito de 2 modos distintos.

Neste caso a chapa pode ser composta de $2 \times 2 = 4$ modos distintos.

No segundo caso temos que tomar duas decisões, a saber:

- D_1 : Escolher uma mulher para ser candidata a governadora, o que pode ser feito de 1 modo.
- D_2 : Escolher um homem para vice-governador, o que pode ser feito de 4 modos distintos.

Neste caso a chapa pode ser composta de $1 \times 4 = 4$ modos distintos.

Portanto, o número total de maneiras de formarmos uma chapa, respeitando-se as restrições impostas pelo enunciado é $4 + 4 = 8$.

17. Como a senha é formada por 4 algarismos, devemos tomar as 4 decisões, a saber:

- D_1 : Escolher o primeiro algarismo; o que pode ser feito de 10 maneiras distintas, visto que qualquer um dos algarismos de 0 até 10 podem ser escolhidos para o início da senha.
- D_2 : Escolher o segundo algarismo; o que pode ser feito de 9 maneiras distintas, visto que o segundo algarismo deve ser escolhido diferente do primeiro, pois o enunciado exige que algarismos vizinhos sejam distintos.
- D_3 : Escolher o terceiro algarismo; o que pode ser feito de 9 maneiras distintas, visto que o terceiro algarismo deve ser escolhido diferente do segundo, pois o enunciado exige que algarismos vizinhos sejam distintos.

CAPÍTULO 1. APRENDENDO A CONTAR 17

- D_4 : Escolher o quarto algarismo; o que pode ser feito de 9 maneiras distintas, visto que o quarto algarismo deve ser escolhido diferente do terceiro, pois o enunciado exige que algarismos vizinhos sejam distintos.

Assim, podemos formar $10 \times 9 \times 9 \times 9 = 7.290$ senhas distintas sem que existam algarismos consecutivos iguais.

18. Podemos pedir uma casquinha com $1, 2$ ou 3 bolas. Então vamos analisar separadamente cada um destes três casos:

- Casquinha com 1 bola:
  Neste caso, se escolhermos um sorvete do grupo vermelho, teremos 5 possibilidades de sabores; se escolhermos um sorvete do grupo amarelo, teremos 3 possibilidades de sabores e, finalmente, se escolhermos um sorvete do grupo verde, teremos 2 possibilidades de sabores. Portanto, para escolhermos um sorvete com uma bola, temos $5 + 3 + 2 = 10$ possibilidades.

- Casquinha com 2 bolas:
  Neste caso, como as duas bolas escolhidas não podem ser do mesmo grupo, teremos três tipos de agrupamentos:

  vermelho e amarelo ou **vermelho e verde** ou **amarelo e vermelho**

  No primeiro caso, o número de possíveis escolhas é $5 \times 3 = 15$; no segundo caso $5 \times 2 = 10$ e no terceiro caso $3 \times 2 = 6$. Deste modo, para escolhermos um sorvete com duas bolas, temos $15 + 10 + 6 = 31$ possibilidades.

- Casquinha com 3 bolas:
  Neste caso teremos que escolher um sorvete de cada grupo (já que não é permitido repetir bolas de um mesmo grupo!), o que pode ser feito de $5 \times 3 \times 2 = 30$ modos distintos.

Portanto, há $10 + 31 + 30 = 71$ modos distintos de escolhermos um sorvete respitando-se as regras impostas pelo enunciado.

19. Suponhamos que o mágico dispõe de x calças e de y paletós. Como o mágico sempre se apresenta com uma calça e um paletó, segue que em cada apresentação ele deve tomar duas decisões, a saber: D_1: escolher uma calça e D_2: escolher um paletó. Como estamos supondo que existem x calças distintas e y paletós distintos, segue que existem $x.y$ possibilidades para o mágico vestir-se numa apresentação. Ora, como queremos que ele possa se apresentar em 24 sessões diferentes, devemos ter $x.y = 24$. Note, porém, que mesmo escolhendo o produto de dois números, sendo 24 a soma dos números que fornecem este produto, pode variar, conforme ilustra o esquema a seguir:

$$24 = \begin{cases} 4 \times 6 \Rightarrow x = 4, y = 6 \Rightarrow x + y = 10 \\ 6 \times 4 \Rightarrow x = 3, y = 8 \Rightarrow x + y = 10 \\ 3 \times 8 \Rightarrow x = 3, y = 8 \Rightarrow x + y = 11 \\ 8 \times 3 \Rightarrow x = 8, y = 3 \Rightarrow x + y = 11 \\ 2 \times 12 \Rightarrow x = 2, y = 12 \Rightarrow x + y = 14 \\ 12 \times 2 \Rightarrow x = 12, y = 2 \Rightarrow x + y = 14 \\ 1 \times 24 \Rightarrow x = 1, y = 24 \Rightarrow x + y = 25 \\ 24 \times 1 \Rightarrow x = 24, y = 1 \Rightarrow x + y = 25 \end{cases}$$

18 INTRODUÇÃO À COMBINATÓRIA E PROBABILIDADE

Assim, o número mínimo de peças necessárias para o mágico realizar 24 apresentações com roupas distintas é 10.

20. Inicialmente, vamos decompor 1200 em seus fatores primos: $1200 = 2^4 \times 3^1 \times 5^2$. Ora, como os únicos fatores primos que aparecem na decomposição em fatores primos do número 1200 são 2, 3 e 5, segue que, qualquer divisor natural de 1200 será da forma $d = 2^x \times 3^y \times 5^z$, com $x \in \{0, 1, 2, 3, 4\}$, $y \in \{0, 1\}$ e $z \in \{0, 1, 2\}$. Assim, para caracterizarmos um divisor natural de 1200 devemos tormar três decisões, a saber:

- D_1: escolher um valor para o $x \in \{0, 1, 2, 3, 4\}$, o que pode ser feito de 5 modos distintos.
- D_2: escolher um valor para o $y \in \{0, 1\}$, o que pode ser feito de 2 modos distintos.
- D_3: escolher um valor para o $z \in \{0, 1, 2\}$, o que pode ser feito de 3 modos distintos.

Assim, pelo Princípio Multiplicativo, há $5 \times 2 \times 3 = 30$ modos distintos de formamos um divisor natural de 1.200.

No caso em que queremos que o divisor de 1200 seja par, basta impor que $d = 2^x \times 3^y \times 5^z$ tenhamos $x \neq 0$, pois neste caso, o fator 2 estará presente e, portanto, d será um número par. Ora, se $x \neq 0$, então temos 4 possibilidades para a escolha do x, 2 possibilidades para a escolha do y e 3 possibilidades para a escolha do z, existindo, portanto, $4 \times 2 \times 3 = 24$ divisores naturais e pares para o número 1.200.

Finalmente, se quisermos que $d = 2^x \times 3^y \times 5^z$, com $x \in \{0, 1, 2, 3, 4\}$, $y \in \{0, 1\}$ e $z \in \{0, 1, 2\}$ seja um quadrado perfeito, basta impor que x, y e z sejam números pares. Assim $x \in \{0, 2, 4\}$, $y \in 0$ e $z \in \{0, 2\}$. Portanto, neste caso, há 3 possibilidades para a escolha do x, uma única possibilidade para a escolha de y e 2 possibilidades para a escolha do z. Assim, existem $3 \times 1 \times 2 = 6$ divisores de 1200 que são quadrados perfeitos.

21. Como dispomos de 5 cores distintas, para pintarmos o quadro, devemos tomar as decisões, a saber:

- D_1: Escolher a cor que a faixa vertical será pintada; o que pode ser feito de 5 modos distintos.
- D_2: Escolher a cor que a faixa horizontal da parte de cima do quadro será pintada; o que pode ser feito de $5 - 1 = 4$ modos distintos, visto que não podemos repetir a mesma cor em retângulos vizinhos e este retângulo é vizinho à faixa vertical que já foi pintada com uma das cores disponíveis.
- D_3: Escolher a cor que a faixa central (horizontal) será pintada; o que pode ser feito de $5 - 2 = 3$ modos distintos, visto que esta faixa não pode possuir a mesma cor da faixa vertical nem a cor da faixa horizontal de cima, pois essas duas faixas são vizinhas da faixa horizontal central.
- D_4: Escolher a cor que a faixa horizontal da parte de baixo será pintada; o que pode ser feito de $5 - 2 = 3$ modos distintos, visto que essa faixa não pode possuir a mesma cor da faixa vertical nem a cor da faixa horizontal central, pois as mesmas faixas são vizinhas da faixa horizontal da parte de baixo do quadro.

Assim, pelo Princípio Multiplicativo, o número de maneiras distintas de pintar o quadro dispondo de 5 cores diferentes, sem que duas faixas vizinhas possuam a mesma cor, é $5 \times 4 \times 3 \times 3 = 180$.

CAPÍTULO 1. APRENDENDO A CONTAR 19

22. Ora, como os números que queremos são maiores que 50.000 e menores que 90.000, segue que os números que queremos possuem 5 algarismos. Além disso, os algarismos devem ser distintos (conforme pede o enunciado) e devem ser múltiplos de 5. Sendo $abcde$ um dos números que queremos, segue que $e = 0$ ou $e = 5$, visto que $abcde$ deve ser um múltiplo de 5. Analisemos, separadamente, esses dois casos:

1º Caso: $e = 0$. Neste caso, o número assume a forma $abcd0$, devemos pois escolher os valores de a, b, c e d. Como $50.000 < abcd0 < 90.000$, temos que tomar as seguintes decisões, a saber:

- Decisão D_1: Escolher o valor do a, o que pode ser feito de 4 maneiras distintas, visto que o a pode ser igual a $5, 6, 7$ ou 8.

- Decisão D_2: Escolher o valor do b, o que pode ser feito de 8 maneiras distintas, visto que entre os 10 algarismos existentes, o b só não pode ser igual ao valor que já foi escolhido para o a nem pode ser igual ao 0, que já é o último algarismo do número $abcd0$ e, além disso, queremos formar números com algarismos distintos.

- Decisão D_3: Escolher o valor do c, o que pode ser feito de 7 maneiras distintas, visto que entre os 10 algarismos existentes, o c não pode ser igual aos valores que já foram escolhidos para o a, para o b e também não pode ser igual ao algarismo 0, que já ocupa a última posição, e os algarismos devem ser todos distintos.

- Decisão D_4: Escolher o valor do d, o que pode ser feito de 6 maneiras distintas, visto que entre os 10 algarismos existentes, o d não pode ser igual aos valores que já foram escolhidos para o a, para o b, para o c e nem o algarismo 0, que já está ocupando a última posição e os algarismos devem ser todos distintos.

Assim, pelo Princípio Multiplicativo, a quantidade de números compreendidos entre 50.000 e 90.000, que terminam em 0 e que apresentam algarismos distintos é:

$$4 \times 8 \times 7 \times 6 = 1344$$

2º Caso: $e = 5$. Neste caso o número assume a forma $abcd5$, devemos pois, escolher os valores de a, b, c e d. Como $50.000 < abcd5 < 90.000$, temos que tomar as seguintes decisões, a saber:

- Decisão D_1: Escolher o valor do a, o que pode ser feito de 3 maneiras distintas, visto que o a pode der igual a $6, 7$ ou 8.

- Decisão D_2: Escolher o valor do b, o que pode ser feito de 8 maneiras distintas, visto que entre os 10 algarismos existentes, o b só não pode ser igual ao valor que já foi escolhido para o a nem pode ser igual ao 5 que já é o último algarismo do número $abcd5$ e, além disso, queremos formar números com algarismos distintos.

- Decisão D_3: Escolher o valor do c, o que pode ser feito de 7 maneiras distintas, visto que entre os 10 algarismos existentes, o c não pode ser igual aos valores que já foram escolhidos para o a, para o b e também não pode ser igual ao algarismo 5, que já ocupa a última posição e os algarismos devem ser todos distintos.

- Decisão D_4: Escolher o valor do d, o que pode ser feito de 6 maneiras distintas, visto que entre os 10 algarismos existentes, o d não pode ser igual aos valores que já foram escolhidos para o a, para o b , para o c e nem o algarismo 0 que já ocupa a última posição e os algarismos devem ser todos distintos.

Assim, pelo Princípio Multiplicativo, a quantidade de números compreendidos entre 50.000 e 90.000, que terminam em 5 e que apresentam algarismos distintos é:

$$3 \times 8 \times 7 \times 6 = 1008$$

Assim, a quantidade total de números naturais entre 50.000 e 90.000 que possuem todos os algarismos distintos e são múltiplos de 5 é $1.344 + 1.008 = 2.532$.

23. Nesta situação note que quando colocamos uma base de um lado da hélice do DNA, a base correspondente do lado oposto já fica bem determinada, visto que adenina(A) só se emparelha com timina(T) enquanto que guanina(G) só se emparelha com citosina(C). Assim, para preenchermos um pedaço de uma hélice de DNA com 10 pares de bases, basta preenchermos um dos lados, pois o outro fica completamente determinado. Imagine que os espaços abaixo representem os 10 espaços que serão preenchidos de um dos lados da hélice do DNA:

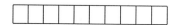

Para preenchê-los devemos tomar as decisões, a saber:

- Decisão D_1: Qual das 4 bases, A, T, G ou C devemos colocar no primeiro espaço, o que pode ser feito de 4 modos distintos.

- Decisão D_2: Qual das 4 bases, A, T, G ou C devemos colocar no segundo espaço, o que pode ser feito de 2 modos distintos, visto que no segundo espaço não podemos colocar a mesma base que colocamos no primeiro espaço nem podemos colocar a sua base correspondente, pois se não teríamos dois pares de bases consecutivos iguais, o que é proibido pelo enunciado.

- Decisão D_3: Qual das 4 bases, A, T, G ou C devemos colocar no terceiro espaço, o que pode ser feito de 2 modos distintos, visto que no terceiro espaço não podemos colocar a mesma base que colocamos no segundo espaço nem podemos colocar a sua base correspondente, pois se não teríamos dois pares de bases consecutivos iguais, o que é proibido pelo enunciado.

⋮

- Decisão D_{10}: Qual das 4 bases, A, T, G ou C devemos colocar no décimo espaço, o que pode ser feito de 2 modos distintos, visto que no décimo espaço não podemos colocar a mesma base que colocamos no nono espaço nem podemos colocar a sua base correspondente, pois se não teríamos dois pares de bases consecutivos iguais, o que é proibido pelo enumciado.

Assim, pelo Princípio Multiplicativo, podemos formar uma fração de uma hélice de DNA com 10 pares de bases (sem que hajam pares vizinhos iguais) de

$$4 \times \underbrace{2 \times \cdots \times 2}_{9 \text{ fatores}} = 2^{11} \text{ modos distintos}$$

Capítulo 2

Permutações sem elementos repetidos

2.1 Introdução

Suponha que você esteja em casa, tranquilo, lendo seu livro de Análise Combinatória e sua mãe peça sua ajuda na realização da seguinte lista de tarefas:

1. Lavar o carro.

2. Levar umas cartas ao correio.

3. Devolver uns livros na biblioteca.

4. Comprar o jornal.

5. Levar o lixo para fora.

6. Arrumar seu quarto.

Você tentou argumentar, mas não teve jeito, terá de cumprir toda a lista. Já que você estava estudando Análise Combinatória, se questiona:

De quantas maneiras diferentes (ordens diferentes) posso realizar as seis tarefas?

Ao montar uma ordem de execução das tarefas, você tem 6 decisões à tomar:

- Decisão D_1: escolher a primeira tarefa, para a qual tem $x_1 = 6$ possibilidades.

- Decisão D_2: escolher a segunda tarefa, para a qual resta $x_2 = 5$ possibilidades.

- Decisão D_3: escolher a terceira tarefa, para a qual resta $x_3 = 4$ possibilidades.

- Decisão D_4: escolher a quarta tarefa, para a qual resta $x_4 = 3$ possibilidades.

- Decisão D_5: escolher a quinta tarefa, para a qual resta $x_5 = 2$ possibilidades.

- Decisão D_6: escolher a sexta tarefa, para a qual resta $x_6 = 1$ possibilidade.

22 INTRODUÇÃO À COMBINATÓRIA E PROBABILIDADE

Usando o Princípio Multiplicativo, conclui-se que existem $x_1.x_2.x_3.x_4.x_5.x_6 = 6.5.4.3.2.1 = 720$ maneiras distintas de montar uma ordem de execução das tarefas.

Observe os próximos exemplos e vamos verificar qual a relação que ele tem com o problema que você acabou de resolver.

Exemplo 2.1.1 - *De quantas maneiras 5 pessoas podem ficar em fila indiana?*

Resolução:

Temos 5 decisões a tomar:

- Decisão D_1: escolha da pessoa que ocupará a 1ª posição da fila. Como temos 5 pessoas, temos $x_1 = 5$ opções.

- Decisão D_2: escolha da pessoa que ocupará a 2ª posição da fila. Temos agora $x_2 = 4$ opções.

- Decisão D_3: escolha da pessoa que ocupará a 3ª posição da fila. Temos agora $x_3 = 3$ opções.

- Decisão D_4: a escolha da pessoa que ocupará a 4ª posição da fila. Temos agora $x_4 = 2$ opções.

- Decisão D_5: a escolha da pessoa que ocupará a 5ª posição da fila. Temos agora $x_5 = 1$ opção.

Pelo Princípio Multiplicativo, o número de maneiras de formar esta fila é:

$$x_1.x_2.x_3.x_4.x_5 = 5.4.3.2.1 = 120$$

Exemplo 2.1.2 - *Considere a palavra NÚMERO.*

a) Quantos são os anagramas[1]?

Resolução:

Temos 6 decisões a tomar:

- Decisão D_1: escolha da letra que ocupará a 1ª posição do anagrama. Como temos 6 letras, temos $x_1 = 6$ opções de escolha.

- Decisão D_2: escolha da letra que ocupará a 2ª posição do anagrama. Temos agora $x_2 = 5$ opções de escolha já que a primeira letra foi escolhida.

- Decisão D_3: escolha da letra que ocupará a 3ª posição do anagrama. Temos agora $x_3 = 4$ opções de escolha já que a primeira e a segunda letras foram escolhidas.

- Decisão D_4: escolha da letra que ocupará a 4ª posição do anagrama. Temos agora $x_4 = 3$ opções de escolha já que a primeira, a segunda e a terceira letras foram escolhidas.

- Decisão D_5: escolha da letra que ocupará a 5ª posição do anagrama. Temos agora $x_5 = 2$ opções de escolha já que as quatro primeiras letras foram escolhidas.

---

[1]Um anagrama nada mais é do que uma das possibilidades de ordenação das letras que compõem a palavra (mesmo que a palavra não tenha significado). Por exemplo, os anagramas da palavra SOL são: SOL, SLO, OSL, OLS, LOS, LSO.

CAPÍTULO 2. PERMUTAÇÕES SEM ELEMENTOS REPETIDOS   23

- Decisão D_6: escolha da letra que ocupará a 6ª posição do anagrama. Temos agora $x_6 = 1$ opção, já que a primeira, a segunda, a terceira, a quarta e a quinta letras foram escolhidas.

Assim, pelo Princípio Multiplicativo, o número de maneiras diferentes que podem ser montados os anagramas é:
$$x_1.x_2.x_3.x_4.x_5 = 5.4.3.2.1 = 120$$
b) Quantos são os anagramas que começam e terminam por consoante?

Resolução:

Primeiramente, temos que fixar consoantes na primeira e na última posição. Ou seja, temos que tomar duas decisões:

- Decisão D_1: fixar uma consoante na 1ª posição. Como temos 3 consoantes, temos $x_1 = 3$ opções de escolha.

- Decisão D_2: fixar outra consoante na 6ª posição. Temos agora $x_2 = 2$ opções.

- Depois de fixadas as consoantes na primeira e na última posição, restam-nos 4 letras e 4 posições. Podemos, assim, decompor a decisão D_3: escolha das letras que ocuparão as outras quatro posições do anagrama, em quatro subdecisões:

- Subdecisão $D_{3.1}$: escolha da letra que ocupará a 2ª posição do anagrama. Como temos agora 4 letras, temos $x_{3.1} = 4$ opções de escolha.

- Subdecisão $D_{3.2}$: escolha da letra que ocupará a 3ª posição do anagrama. Como temos agora 3 letras, temos $x_{3.2} = 3$ opções de escolha.

- Subdecisão $D_{3.3}$: escolha da letra que ocupará a 4ª posição do anagrama. Como temos agora 2 letras, temos $x_{3.3} = 2$ opções de escolha.

- Subdecisão $D_{3.4}$: escolha da letra que ocupará a 5ª posição do anagrama. Como temos agora 1 letra, temos $x_{3.4} = 1$ opção de escolha, já que a primeira letra, a última, a segunda, a terceira e a quarta letras foram escolhidas.

Desta forma, temos que a decisão D_3 pode ser tomada de $x_3 = x_{3.1}.x_{3.2}.x_{3.3}.x_{3.4} = 4.3.2.1 = 24$ maneiras. Assim, pelo Princípio Multiplicativo, a quantidade de anagramas da palavra NÚMERO que começam e terminam por consoante é:

$$x_1.x_2.x_3 = 3.2.24 = 144$$

c) Quantos são os anagramas que começam por consoante e terminam por vogal?

Resolução:

- Decisão D_1: primeiramente, temos que fixar uma consoante na 1ª posição. Como temos 3 consoantes, temos $x_1 = 3$ opções de escolha.

- Decisão D_2: fixar uma vogal na última posição. Como temos 3 vogais, temos $x_2 = 3$ opções de escolha.

24 INTRODUÇÃO À COMBINATÓRIA E PROBABILIDADE

- Decisão D_3: depois de fixadas a 1^a e a última posição, restam-nos 4 letras (2 vogais e 2 consoantes) e 4 posições.

Portanto, da mesma forma que fizemos anteriormente, temos $x_3 = 4.3.2.1 = 24$ possibilidades. Mais uma vez, utilizando o Princípio Multiplicativo, a quantidade de anagramas da palavra NÚMERO que começam por consoante e terminam por vogal é:

$$x_1.x_2.x_3 = 3.3.24 = 216$$

2.2 Fatorial de um número inteiro positivo

Note que na resolução dos exemplos acima apareceu um produto de números naturais começando de 1 e indo até um certo número, no exemplo 1, esse número foi o 6 e nos exemplos seguintes, foi o 4. Esses tipos de produtos aparecem com frequência, não apenas no estudo da Análise Combinatória mas em vários outros tópicos da Matemática. Uma notação especial foi criada para esses produtos com o objetivo de simplificar, imagine escrever o produto de 1 até 1298 ! Assim surgiu o **fatorial de um número inteiro positivo.**

Definição. 2.2.1 - *Dado um número inteiro positivo* n *definimos o fatorial de* n, *que denotamos por* $n!$, *o resultado do produto dos números naturais de 1 até* n, *ou seja,*

$$n! = n \times (n-1) \times (n-2) \times \cdots 3 \times 2 \times 1$$

É interessante observar como o fatorial de um número cresce vertiginosamente rápido, vejamos alguns exemplos:

$3! = 3 \times 2 \times 1 = 6$
$4! = 4 \times 3 \times 2 \times 1 = 24$
$5! = 5 \times 4 \times 3 \times 2 \times 1 = 120$
$9! = 9 \times 8 \times 7 \times 6 \times 5 \times 4 \times 3 \times 2 \times 1 = 362.880$

Com o auxílio do sinal de fatorial, podemos simplificar a forma de escrever expressões numéricas. Por exemplo, como reescreveríamos $362.880!$ de uma forma mais resumida? Sabemos que 362.880 é o fatorial de 9, podemos então escrever: $362.880! = (9!)!$.

Segundo Malba Tahan, autor do famoso livro "O Homem que Calculava", esse número no qual figura um único algarismo, o 9, se fosse calculado e escrito com algarismos de tamanho comum teria cerca de 140 quilômetros de comprimento.

Vemos assim que o símbolo de fatorial nos permite simplificar expressões numéricas, já que é bem mais simples trabalhar com o símbolo $(9!)!$ do que com um número com $140Km$ de comprimento.

Exemplo 2.2.1 - *Vamos transformar as expressões abaixo em expressões que envolvam somente fatorial.*

a)$7 \times 6 \times 5$

b)$\dfrac{10 \times 9 \times 8}{3!}$

c) $\dfrac{9!}{5 \times 4}$

Resolução:

Lembrando que:

- $a = a.1$ qualquer que seja o valor de $a \in \mathbb{R}$.

- $\dfrac{a}{a} = 1$ qualquer que seja o valor de $a \in \mathbb{R} - \{0\}$

podemos escrever:

a)

$$7 \times 6 \times 5 = 7 \times 6 \times 5 \times 1 = 7 \times 6 \times 5 \times \frac{4 \times 3 \times 2 \times 1}{4 \times 3 \times 2 \times 1} = \frac{7 \times 6 \times 5 \times 4 \times 3 \times 2 \times 1}{4 \times 3 \times 2 \times 1} = \frac{7!}{4!}$$

.

b)

$$\frac{10 \times 9 \times 8}{3!} \times 1 = \frac{10 \times 9 \times 8}{3!} \times \frac{7 \times 6 \times 5 \times 4 \times 3 \times 2 \times 1}{7 \times 6 \times 5 \times 4 \times 3 \times 2 \times 1}$$

$$= \frac{10 \times 9 \times 8 \times 7 \times 6 \times 5 \times 4 \times 3 \times 2 \times 1}{3! \times 7 \times 6 \times 5 \times 4 \times 3 \times 2 \times 1}$$

$$= \frac{10!}{3! \times 7!}$$

c)

$$\frac{9!}{5 \times 4} = \frac{9!}{5 \times 4} \times 1 = \frac{9!}{5 \times 4} \times \frac{3 \times 2 \times 1}{3 \times 2 \times 1} = \frac{9! \times 3!}{5 \times 4 \times 3 \times 2 \times 1} = \frac{9! \times 3!}{5!}$$

Observação 2.1 - *Também será útil observar que:*

$$6! = 6 \times 5 \times 4 \times 3 \times 2 \times 1 = 6 \times \underbrace{(5 \times 4 \times 3 \times 2 \times 1)}_{=5!} = 6 \times 5!$$

Da mesma forma,

$$6! = 6 \times 5 \times 4 \times 3 \times 2 \times 1 = 6 \times 5 \times \underbrace{(4 \times 3 \times 2 \times 1)}_{=4!} = 6 \times 5 \times 4!$$

$$6! = 6 \times 5 \times 4 \times 3 \times 2 \times 1 = 6 \times 5 \times 4 \times \underbrace{(3 \times 2 \times 1)}_{=3!} = 6 \times 5 \times 4 \times 3!$$

$$6! = 6 \times 5 \times 4 \times 3 \times 2 \times 1 = 6 \times 5 \times 4 \times 3 \times \underbrace{(2 \times 1)}_{=2!} = 6 \times 5 \times 4 \times 3 \times 2!$$

26 INTRODUÇÃO À COMBINATÓRIA E PROBABILIDADE

Porém, muito cuidado: $6 \times 5 \times 4! \neq 120!$, *ou seja,* $6 \times 5 \times 4! \neq (6 \times 5 \times 4)!$. *O que estamos tentando deixar enfatizado é que o fatorial não é um símbolo que é colocado no final da expressão, como a exclamação em uma frase. O fatorial está ligado ao número que o precede. Desta forma,*

$$6 \times 5 \times 4! \neq 120!$$
$$6 \times 5! \times 4 \neq 120!$$
$$6! \times 5 \times 4 \neq 120!$$

na verdade, estas expressões significam:

$$6 \times 5 \times 4! = 6 \times 5 \times (4 \times 3 \times 2 \times 1) = 6 \times 5 \times 4 \times 3 \times 2 \times 1 = 6!$$
$$6 \times 5! \times 4 = 6 \times (5 \times 4 \times 3 \times 2 \times 1) \times 4 = (6 \times 5 \times 4 \times 3 \times 2 \times 1) \times 4 = 6! \times 4 \neq 24!$$
$$6! \times 5 \times 4 = (6 \times 5 \times 4 \times 3 \times 2 \times 1) \times 5 \times 4 = 6! \times 20 \neq 120!$$

Esse erro é muito comum, mas lembrem-se que em $6 \times 5 \times 4!$ o fatorial está apenas no 4, ou seja,

$$6 \times 5 \times 4! = 30 \times 4! = 30 \times 24 = 720$$

Podemos, então, resolver os exemplos acima de maneira mais direta:

a)$7 \times 6 \times 5 = 7 \times 6 \times 5 \times 1 = 7 \times 6 \times 5 \times \dfrac{4!}{4!} = \dfrac{7 \times 6 \times 5 \times 4!}{4!} = \dfrac{7!}{4!}$.

b)$\dfrac{10 \times 9 \times 8}{3!} = \dfrac{10 \times 9 \times 8}{3!} \times 1 = \dfrac{10 \times 9 \times 8}{3!} \times \dfrac{7!}{7!} = \dfrac{10 \times 9 \times 8 \times 7!}{3! \times 7!} = \dfrac{10!}{3! \times 7!}$.

c)$\dfrac{9!}{5 \times 4} = \dfrac{9!}{5 \times 4} \times 1 = \dfrac{9!}{5 \times 4} \times \dfrac{3!}{3!} = \dfrac{9!}{5 \times 4 \times 3!} = \dfrac{9! \times 3!}{5!}$.

2.3 Permutações Simples

Suponha que você está com 3 objetos distintos, A, B e C e deseja saber de quantas maneiras pode ordená-los em uma fila. Há, portanto, uma ordem a ser seguida: primeira, segunda e terceira posições. Listando todas as possibilidades, você encontrará 6 maneiras distintas:

$$\text{ABC}$$
$$\text{ACB}$$
$$\text{BAC}$$
$$\text{BCA}$$
$$\text{CAB}$$
$$\text{CBA}$$

Entretanto, se a quantidade de objetos aumentar muito, ficará inviável (quase impossível) descrever ilustrativamente o número de possibilidades, além de aumentar a chance de se omitir algum termo. Cada uma dessas possibilidades é chamada de uma permutação dos elementos A, B e C. Como poderemos então saber quantas permutações existem sem precisar listar todas as permutações possíveis? Em outras palavras:

CAPÍTULO 2. PERMUTAÇÕES SEM ELEMENTOS REPETIDOS   27

Dados n objetos distintos, de quantas maneiras é possível ordená-los?

Neste caso, podemos tomar as seguintes decisões:

- Decisão D_1: alocar um elemento na primeira posição - poderá ser qualquer um dos n objetos, portanto, temos $x_1 = n$ opções de escolha.

- Decisão D_2: alocar um elemento na segunda posição - poderá ser qualquer um dos n elementos, exceto o que já foi alocado na primeira posição, portanto, temos $x_2 = n-1$ opções de escolha.

- Decisão D_3: alocar um elemento na terceira posição - poderá ser qualquer um dos n elementos exceto aqueles alocados na primeira e segunda posições, portanto, temos $x_3 = n-2$ opções de escolha.

- Continuando desta maneira, depois de tomadas as $n-1$ primeiras decisões: tomaremos a decisão D_n: alocar um elemento na n-ésima posição - poderá ser qualquer elemento dos n elementos, exceto aqueles alocados nas $n-1$ primeiras posições, portanto, temos $x_n = n-(n-1) = 1$ opção de escolha.

Assim, pelo Princípio Multiplicativo, temos $x_1.x_2.\cdots.x_n = n.(n-1).\cdots.1 = n!$ maneiras de ordenar n objetos.

O importante aqui é que TODOS os elementos são utilizados, ou seja, temos n ELEMENTOS DISTINTOS e n LUGARES para alocá-los, ou ORDENÁ-LOS.

Podemos, agora, retornar aos primeiros exemplos e colocá-los no contexto das **Permutações Simples**.

No exemplo dado na introdução deste capítulo, você tem 6 atividades para fazer e não vai poder deixar de fazer nenhuma delas, ou seja, você tem 6 tarefas para colocar em ordem (todas elas), logo terá $6! = 720$ maneiras de fazê-las. No segundo exemplo, você tem que organizar uma fila com 5 pessoas e obrigatoriamente, todas as cinco terão de ficar nela, ou seja, você tem 5 pessoas para 5 lugares, portanto $5! = 120$ modos distintos de organizar. No exemplo 3, você tem a palavra NÚMERO e quer saber quantos anagramas são possíveis, ou seja, você tem 6 lugares para colocar as 6 letras distintas, portanto $6!$ possibilidades.

É como se você tivesse o mesmo número de pessoas (quando pensamos em pessoas, pensamos em pessoas diferentes, ou seja, não existe a possibilidade de termos cópias de uma mesma pessoa) e de lugares. Onde os lugares estão fixos e as pessoas devem ser aí alocadas de todas as maneiras possíveis. Mas o importante, não se esqueça, é que o número de pessoas e de lugares é sempre o mesmo (além de que as pessoas são distintas!).

Exemplo 2.3.1 - *Quantos números de 7 algarismos distintos podem ser formados com os algarismos $1, 2, 3, 4, 5, 6$ e 7 de modo que em todos os números formados, o algarismo 6 seja imediatamente seguido do algarismo 7?*

Resolução:

Temos 2 decisões a tomar:

28 INTRODUÇÃO À COMBINATÓRIA E PROBABILIDADE

- Decisão D_1: escolher uma posição para o número 6, e assim, automaticamente, já alocar o número 7, já que o 7 estará imediatamente após o 6. Podemos escolher a posição para o número 6 de $x_1 = 6$ maneiras distintas, uma vez que o 6 não pode assumir a última posição (pois se não, onde colocaríamos o 7?).

- Decisão D_2: alocar os números restantes. Já que o número 6 está alocado (e portanto o 7), isso pode ser feito de $x_2 = 5!$ maneiras uma vez que temos 5 lugares e 5 números.

Pelo Princípio Multiplicativo, podemos formar $x_1.x_2 = 6.5! = 6! = 720$ números de 7 algarismos distintos com os algarismos $1, 2, 3, 4, 5, 6$ e 7 de modo que em todos os números formados, o algarismo 6 seja imediatamente seguido do algarismo 7.

Exemplo 2.3.2 - *Em uma estante há nove livros diferentes: quatro de Física e cinco de Matemática. De quantos modos é possível arrumá-los em uma prateleira?*

a) sem restrições.

Resolução:

Se formos arrumar os livros na prateleira sem que nenhuma restrição seja feita, ou seja, se pudermos colocá-los em qualquer ordem, o problema se reduz à seguinte situação:

Nove objetos distintos devem ser alocados em 9 lugares. A resposta: permutação simples, ou seja 9! maneiras.

b) ficando os livros de Física juntos e os de Matemática juntos?

Resolução:

Faça 2 blocos: o bloco dos livros de Física (F) e o bloco dos livros de Matemática (M). Então temos duas decisões a tomar:

- *Decisão D_1: escolher a ordem dos blocos. Isso pode ser feito de $x_1 = 2$ maneiras: MF ou FM.*

- *Decisão D_2: arrumar os livros dentro de seu respectivo bloco. Essa decisão pode ser subdividida em duas outras, a saber:*

- *Subdecisão $D_{2.1}$: arrumar os livros do bloco de Física. No bloco de Física, temos 4 livros e 4 lugares, e, portanto, a arrumação desses livros pode ser feita de $x_{2.1} = 4!$ maneiras distintas.*

- *Subdecisão $D_{2.2}$: arrumar os livros do bloco de Matemática. No bloco de Matemática, temos 5 livros e 5 lugares, e, portanto, a arrumação desses livros pode ser feita de $x_{2.2} = 5!$ maneiras distintas.*

Logo, D_2 pode ser tomada de $x_2 = x_{2.1} \times x_{2.2} = 4! \times 5! = 24 \times 120 = 2.880$ modos distintos. Então, pelo Princípio Multiplicativo, a arrumação pode ser feita de $x_1 \times x_2 = 2 \times 2.880 = 5.760$ maneiras diferentes.

Exemplo 2.3.3 - *Delegados de 10 países devem se sentar em 10 cadeiras, em fila. De quantos modos isso pode ser feito se os delegados do Brasil e de Portugal devem sentar juntos?*

CAPÍTULO 2. PERMUTAÇÕES SEM ELEMENTOS REPETIDOS   29

Resolução:

Temos três decisões a tomar:

- Decisão D_1: quem colocar primeiro. Pode ser tomada de $x_1 = 2$ maneiras (Brasil ou Portugal).

- Decisão D_2: onde colocar o primeiro. Pode ser tomada de $x_2 = 9$ maneiras (lembre-se que não podemos colocá-lo na última posição, já que depois dele deve vir o outro!).

- Decisão D_3: onde colocar os demais. Pode ser tomada de $x_3 = 8!$ maneiras (8 lugares e 8 pessoas para ocupá-los).

Pelo Princípio Multiplicativo, a quantidade de maneiras dos delegados sentarem de modo que os delegados do Brasil e Portugal sentem juntos é $x_1 \times x_2 \times x_3 = 2 \times 9 \times 8! = 2 \times 9!$.

Exemplo 2.3.4 - *E se, ao invés de termos os delegados de Brasil e Portugal sentando juntos, eles tivessem que sentar separados?*

Resolução:

Analisemos por um instante a seguinte sequência de pensamentos:

Considere os seguintes conjuntos:

$A = \{\text{ordenações possíveis dos 10 delegados}\}$

$B = \{\text{ordenações possíveis dos 10 delegados com os delegados do Brasil e Portugal sentando juntos}\}$

$C = \{\text{ordenações possíveis dos 10 delegados com os delegados do Brasil e Portugal sentando separados}\}$

Se considerarmos um elemento A, esse elemento obrigatoriamente está em B ou C. Ou seja, se tomarmos qualquer configuração dos delegados, teremos os delegados de Brasil e Portugal sentando juntos ou separados. Os conjuntos B e C são disjuntos, já que em nenhuma configuração dos delegados pode acontecer de Brasil e Portugal estarem juntos e separados ao mesmo tempo. Então, pelo Princípio Aditivo, o número de elementos de A é igual ao número de elementos de B mais o número de elementos de C, ou seja,

$$n(A) = n(B) + n(C) \Rightarrow n(C) = n(A) - n(B)$$

O número de elementos de A é dado pela permutação simples, ou seja, $10!$, uma vez que temos 10 delegados para 10 lugares. O número de elementos de B obtivemos no exemplo anterior: $2! \times 9!$. Sendo assim, o número de elementos de C é dado por

$$10! - 2 \times 9! = 10 \times 9! - 2 \times 9! = (10 - 2) \times 9! = 8 \times 9!.$$

30 INTRODUÇÃO À COMBINATÓRIA E PROBABILIDADE

2.4 Exercícios propostos

1. Um show de música será constituído de 3 canções e 2 danças. De quantas maneiras distintas pode-se montar o programa, de forma que o show comece com uma canção, termine com uma canção e as duas danças não sejam uma imediatamente seguida da outra?

2. Na época de Lampião e Maria Bonita, muitas vezes quando caminhavam pela caatinga fechada, seu bando tinha que andar em fila. Supondo que seu bando tivesse 45 pessoas, contando já com Lampião e Maria Bonita. Sabendo que quando o bando estava em fila, Lampião tinha que ir no primeiro lugar e Maria Bonita logo em seguida, quantas filas diferentes podiam ser formadas?

3. Sabendo que numa boiada sempre existe o líder (que é o animal dominante) e é ele quem encabeça a boiada. Se nesta boiada existem 403 animais, para passar por uma porteira estreita onde só passa um animal por vez, de quantas formas diferentes podem esses animais atravessar?

4. Um sertanejo que se preza sempre tem seus 3 cachorros, os quais tem nomes de peixes, piaba, traíra, xaréu, etc. João tem 3 cachorros e sempre que ele chega na porteira de sua casa seus cachorros correm para lhe receber. Ele observou que nesta corrida de recepção nunca havia empate e que pela igualdade das condições físicas dos cachorros, sempre chegavam em uma formação diferente. Quantas maneiras de chegada podem existir?

5. Um sertanejo fez cinco leirões (canteiros) para plantar milho, feijão, alface, tomate e cenoura. De quantos modos diferentes ele pode organizar sua plantação, onde plantará uma cultura em cada leirão?

6. Permutam-se, de todos os modos possíveis, os algarismos $1, 2, 4, 6, 7$ e escrevem-se os números assim formados em ordem crescente.

   a)Que lugar ocupa o número 62.417?

   b)Qual o número que ocupa o 66° lugar, se estamos escrevendo os números em ordem crescente?

   c)Qual o 200° algarismo escrito, se estamos escrevendo os números em ordem crescente?

   d)Qual a soma de todos os números que são obtidos quando permutamos de todos os modos possíveis os algarismos $1, 2, 4, 6, 7$?

7. De quantas formas 15 pessoas podem ser divididas em 3 times, com 5 pessoas por time?

8. De quantas formas 15 pessoas podem ser divididas em 3 times, com 5 pessoas por time, sendo os times ABC, América e Alecrim?

9. Com relação à palavra **CAPÍTULO**:

   a)Quantos anagramas existem?

   b)Que começam pela letra **P**?

c)Que começam com **T** e terminam com **U**?

d)Que começam por consoante e terminam por vogal?

e)Que tenham as letras **CAP** juntas e nessa ordem?

f)Que tem as letras **CAP** juntas e em qualquer ordem?

g)Que tem vogais e consoantes intercaladas?

h)Que tem a letra **C** no 1º lugar e a letra **A** no 2º lugar?

i)Que tem a letra **C** no 1º lugar ou a letra **A** no 2º lugar?

10. Quantos anagramas da palavra **CEBOLA** apresentam as vogais em ordem alfebética?

11. Seja $I_n = \{1, 2, 3, \cdots, n\}$. Quantas bijeções $f : I_n \to I_n$ podem ser definidas?

12. (FUVEST-Adaptada) Uma lotação possui três bancos para passageiros, cada um com três lugares, e deve transportar os três membros da família Sousa, o casal Lúcia e Mauro e mais quatro pessoas. Além disso:

- A família Sousa quer ocupar um mesmo banco.
- Lúcia e Mauro querem sentar-se lado a lado.

Nessas condições, qual o número de maneiras distintas de dispor os nove passageiros na lotação?

13. Cinco cantores, **A, B, C, D** e **E**, se apresentam num teatro, numa mesma noite, apresentando-se um por vez no palco.

a)De quantas maneiras distintas a direção do espetáculo pode programar a ordem de apresentação dos cantores?

b)De quantas maneiras a direção do espetáculo pode programar a ordem de apresentação dos cantores, se o cantor **B** deve apresentar-se antes do cantor **A**?

14. Três ingleses, quatro americanos e cinco franceses serão dispostos em fila (dispostos em linha reta) de modo que as pessoas de mesma nacionalidade estejam sempre juntas. De quantas maneiras distintas a fila poderá ser formada, de modo que o primeiro da fila seja um francês?

15. Uma turma tem aulas às segundas, quartas e sextas, de 13 h às 14 h e de 14 h às 15 h. As matérias são Matemática, Física e Química, cada uma com duas aulas semanais em dias diferentes. De quantos modos pode ser feito o horário dessa turma?

16. Uma indústria alimentícia prepara um "buffet" com seus produtos para a apreciação de especialistas do setor. São 2 tipos de suco, 5 tipos de prato salgado e 4 tipos de sobremesa. Cada especialista prova o buffet individualmente e, entre um especialista e outro, o "buffet" é reorganizado em ordem diferente, seguindo as seguintes instruções:

    - Sucos, salgados e sobremesas devem ser dispostos em linha.
    - Cada tipo de produto deve ser agrupado de modo conjunto. Os sucos devem ficar juntos, assim como os pratos salgados e as sobremesas, ou seja, não se devem intercalar produtos de tipos diferentes.
    - A sequência dos tipos de produto pode ser alterada, ou seja, pode ser iniciada com os sucos, ou com os pratos salgados, ou ainda, pelas sobremesas.

    De quantas maneiras diferentes o "buffet" pode ser composto?

17. (ITA-SP) Quantos números de 6 algarismos distintos podemos formar, usando os dígitos 1, 2, 3, 4, 5 e 6, nos quais o 1 e o 2 nunca ocupem posições adjacentes, mas o 3 e o 4 sempre ocupem posições adjacentes?

18. Uma perua tem 4 filas de bancos de 3 lugares cada, sendo um deles destinado ao motorista. Dos 12 passageiros embarcados (onde todos sabem dirigir), 2 são namorados e vão sentar-se juntos. Considerando que nenhum dos namorados vai dirigir o veículo, qual o número de maneiras diferentes desses passageiros se acomodarem?

19. (UERN) Para pintar a figura abaixo são disponibilizadas 5 cores: **AZUL, VERMELHO, PRETO, VERDE** e **AMARELO**. Qual o número de modos que a figura pode ser pintada, tal que as regiões adjacentes tenham cores diferentes e as regiões **A** e **B** tenham a mesma cor?

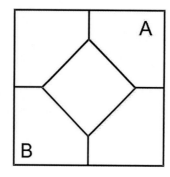

20. Cinco rapazes e cinco moças devem posar para uma fotografia, ocupando os cinco degraus de uma escadaria, de forma que em cada degrau fique uma moça e um rapaz. De quantas formas diferentes podemos arrumar este grupo?

CAPÍTULO 2. PERMUTAÇÕES SEM ELEMENTOS REPETIDOS 33

2.5 Resolução dos exercícios propostos

1. Observe que os lugares das danças e das canções estão definidos. Pelo que foi dito, as canções ocuparão o 1°, 3° e 5° lugares na apresentação e as danças ocuparão o 2° e 4° lugares. Desta forma, montar a apresentação se resume em duas decisões:

   - Decisão D_1: Selecionar os lugares que as músicas ocuparão no espetáculo, o que ocorrerá de 3! maneiras, já que temos 3 músicas e 3 lugares (1°, 3° e 5° lugares) e cada uma obrigatoriamente ocupará um desses lugares.

   - Decisão D_2: Selecionar os lugares que as danças ocuparão no espetáculo, o que ocorrerá de 2! maneiras, já que temos 2 danças e 2 (2° e 4° lugares) lugares e cada uma obrigatoriamente ocupará um desses lugares.

   Pelo Princípio Multiplicativo, a quantidade de maneiras distintas de se montar o show, seguindo as restrições sugeridas, é $3! \times 2! = 6 \times 2 = 12$.

2. A situação descrita no enunciado requer a tomada das seguintes decisões:

   - Decisão D_1: escolher a pessoa que ocupará o primeiro lugar na fila, temos 1 maneira (Lampião).

   - Decisão D_2: escolher a pessoa que ocupará o segundo lugar na fila, temos 1 maneira (Maria Bonita vem logo depois de Lampião).

   - Decisão D_3: escolher as posições das pessoas restantes, temos 43! maneiras (temos 43 lugares e 43 pessoas).

   Pelo Princípio Multiplicativo, podiam ser formadas $1 \times 1 \times 43! = 43!$ filas diferentes.

3. Segundo o enunciado do problema, só passa pela porteira um animal de cada vez. Podemos, então, pensar que os animais atravessarão em fila e resolvermos como no exercício anterior.

   - Decisão D_1: escolher o primeiro animal que atravessará a porteira, temos 1 maneira (observe que foi dito na questão que o animal dominante sempre encabeça a boiada).

   - Decisão D_2: escolher as posições dos 402 animais restantes, temos 402! maneiras (temos 402 lugares e 402 animais).

   Pelo Princípio Multiplicativo, existem $1 \times 402! = 402!$ maneiras diferentes desses animais atravessarem a porteira.

4. Neste exercício temos que contar as possíveis disposições diferentes de chegada dos 3 cachorros. Note que temos três posições (1°, 2° e 3° lugares) e 3 cachorros para ocupar esses lugares de modo que nenhum lugar fique vazio, pelo que vimos se a quantidade de objetos é a mesma que a de lugares e todo lugar tem que ser preenchido, isso pode ser feito de $3! = 6$ maneiras.

5. Neste exercício, o sertanejo tem cinco leirões e cinco culturas (milho, feijão, alface, tomate e cenoura). Observe que todos os leirões serão ocupados e em cada leirão deverá ser plantada uma cultura diferente. Quero enfatizar para que isso fique claro: Temos 5 lugares (leirões) e 5 objetos (culturas) os quais devem ser distribuídos e que todos os lugares fiquem ocupados. Portanto, o número de maneiras de organizar a plantação é $5! = 120$

6. a)Como os números devem estar em ordem crescente:

34 INTRODUÇÃO À COMBINATÓRIA E PROBABILIDADE

- Inicialmente, fixaremos o número 1 na primeira posição e permutaremos os demais (já que todo número que inicia pelo número 1 antecede o número 62.417 quando todos os números formados ao permutarmos os algarismos $1, 2, 4, 6$ e 7 são listados em ordem crescente).

$$\boxed{1\,|\ |\ |\ |\ } \to 4! = 24 \text{ maneiras}$$

- Fixaremos, agora, o número 2 e também permutaremos os demais (já que o número desejado, 62.417 não se encontra neste bloco também).

$$\boxed{2\,|\ |\ |\ |\ } \to 4! = 24 \text{ maneiras}$$

- Fixaremos, agora, o número 4 e permutaremos os restantes.

$$\boxed{4\,|\ |\ |\ |\ } \to 4! = 24 \text{ maneiras}$$

- Fixaremos o número 6. Como o número procurado está neste bloco, vamos fixar o número 1 na 2ª posição (lembrando que os números estão sendo formados em ordem crescente) e permutaremos os demais (já que o número desejado, 62.417 não se encontra neste bloco).

$$\boxed{6\,|\,1\,|\ |\ |\ } \to 3! = 6 \text{ maneiras}$$

- Fixaremos, agora, o número 2 na 2ª posição. O número procurado está neste bloco, então vamos fixar o próximo e permutaremos os demais (já que o número desejado 62.417 não se encontra neste bloco).

$$\boxed{6\,|\,2\,|\,1\,|\ |\ } \to 2! = 2 \text{ maneiras}$$

- Fixaremos, agora, o número 4 na 3ª posição

$$\boxed{6\,|\,2\,|\,4\,|\ |\ } \to 2! = 2 \text{ maneiras}$$

- Continuando em ordem crescente, o próximo número a ser formado é extatamente 62.417. Portanto, até chegar nele escrevemos $4! + 4! + 4! + 3! + 2! + 1 = 81$ números. Assim, o número 62.417 está na 81ª posição.

b) Por um raciocínio análogo ao do item anterior, segue que

$$\boxed{1\,|\ |\ |\ |\ } \to 4! = 24 \text{ maneiras}$$

$$\boxed{2\,|\ |\ |\ |\ } \to 4! = 24 \text{ maneiras}$$

$$\boxed{4\,|\,1\,|\ |\ |\ } \to 3! = 6 \text{ maneiras}$$

$$\boxed{4\,|\,2\,|\ |\ |\ } \to 3! = 6 \text{ maneiras}$$

$$\boxed{4\,|\,6\,|\,1\,|\ |\ } \to 2! = 2 \text{ maneiras}$$

CAPÍTULO 2. PERMUTAÇÕES SEM ELEMENTOS REPETIDOS   35

$$\boxed{\begin{array}{|c|c|c|c|c|} \hline 4 & 6 & 2 & & \\ \hline \end{array}} \to 2! = 2 \text{ maneiras}$$

$$\boxed{\begin{array}{|c|c|c|c|c|} \hline 4 & 6 & 7 & 1 & \\ \hline \end{array}} \to 1! = 1 \text{ maneira}$$

$$\boxed{\begin{array}{|c|c|c|c|c|} \hline 4 & 6 & 7 & 2 & 1 \\ \hline \end{array}} \to 1! = 1 \text{ maneira}$$

Como $4! + 4! + 3! + 3! + 2! + 2! + 1 + 1! = 66$, segue que o número que ocupa a 66ª posição é o número 46.721.

c) Como cada número formado é composto por 5 algarismos, o número que estamos procurando é o último algarismo do $40°$ número que escrevemos. Note que o $3°$ algarismo a ser escrito está no $1°$ número que formamos 12467, já o $7°$ algarismo escrito está no $2°$ número escrito, 12476. Raciocinando de modo análogo aos dois itens anteriores,

$$\boxed{\begin{array}{|c|c|c|c|c|} \hline 1 & & & & \\ \hline \end{array}} \to 4! = 24 \text{ maneiras}$$

$$\boxed{\begin{array}{|c|c|c|c|c|} \hline 2 & 1 & & & \\ \hline \end{array}} \to 3! = 6 \text{ maneiras}$$

$$\boxed{\begin{array}{|c|c|c|c|c|} \hline 2 & 4 & & & \\ \hline \end{array}} \to 3! = 6 \text{ maneiras}$$

$$\boxed{\begin{array}{|c|c|c|c|c|} \hline 2 & 4 & 1 & & \\ \hline \end{array}} \to 2! = 2 \text{ maneira}$$

$$\boxed{\begin{array}{|c|c|c|c|c|} \hline 2 & 4 & 6 & 1 & 7 \\ \hline \end{array}} \to 1! = 1 \text{ maneira}$$

$$\boxed{\begin{array}{|c|c|c|c|c|} \hline 2 & 4 & 6 & 7 & 1 \\ \hline \end{array}} \to 1! = 1 \text{ maneiras}$$

Como $4! + 3! + 3! + 2! + 1! + 1! = 40$, segue que o $200°$ algarismo escrito é igual a 1.

d) Há duas maneiras para obtermos a soma dos 120 números que obtemos quando permutamos os algarismos 1, 2, 4, 6 e 7; a primeira é perceber que cada um desses algarismos aparece exatamente $4! = 24$ vezes em cada uma das posições. Para ver isso, basta fixarmos um dos 5 algarismos numa das cinco posições e permutar os 4 algarismos restantes. Além disso, quando um algarismo aparece na casa das unidades ele representa a quantidade de unidades, quando ele aparece na casa das dezenas ele representa a quantidade de dezenas e assim por diante. Assim, por exemplo, se fixarmos o algarismo 1 na casa das unidades (a última casa à esquerda!) ele aparecerá ali em $4! = 24$ dos $5! = 120$ números existentes e, portanto, fixado nesta última posição contribuirá para soma com $\underbrace{1 + 1 + 1 + \cdots + 1}_{24 \text{ vezes}} = 24$. Analogamente, o algarismo 1 aparecerá $4! = 24$ vezes na posição das dezenas, contribuindo para a soma com

$$\underbrace{1 \times 10 + 1 \times 10 + \cdots + 1 \times 10}_{24 \text{ vezes}} = 24 \times 10 = 240$$

36 INTRODUÇÃO À COMBINATÓRIA E PROBABILIDADE

Na casa das centenas,

$$\underbrace{1 \times 100 + 1 \times 100 + \cdots + 1 \times 100}_{24 \text{ vezes}} = 24 \times 100 = 2400$$

Na casa das unidades de milhar,

$$\underbrace{1 \times 1.000 + 1 \times 1.000 + \cdots + 1 \times 1.000}_{24 \text{ vezes}} = 24 \times 1.000 = 24.000$$

E, finalmente, nas dezenas de milhar,

$$\underbrace{1 \times 10.000 + 1 \times 10.000 + \cdots + 1 \times 10.000}_{24 \text{ vezes}} = 24 \times 10.000 = 240.000$$

Assim a contribuição total do 1 para a soma final é:

$$24 \times 1 + 24 \times 10 + 24 \times 100 + 24 \times 1.000 + 24 \times 10.000 =$$
$$= 24 \times (1 + 10 + 100 + 1.000 + 10.000)$$
$$= 24 \times 11.111$$

Raciocinando de modo análogo para os demais algarismos, podemos chegar a conclusão que a soma total dos 120 números obtidos quando permutamos os algarismos $1, 2, 4, 6$ e 7 é:

$$24 \times 1 \times 11.111 + 24 \times 2 \times 11.111 + 24 \times 4 \times 11.111 + 24 \times 6 \times 11.111 + 24 \times 7 \times 11.111 =$$

$$24 \times 11.111 \times (1 + 2 + 4 + 6 + 7) =$$

$$24 \times 11.111 \times 20 = 5.333.280$$

A segunda forma é usar um "truque muito esperto": Note que, para cada uma das 120 possíveis permutações dos algarismos $1, 2, 4, 6$ e 7 sempre há uma outra tal que a soma das duas é 88.888. Por exemplo,

$$12.467 + 76.421 = 88.888$$

$$26.471 + 62.417 = 88.888$$

Ora, como são 120 números e podemos agrupá-los de dois em dois, de modo que a soma de cada par seja 88.888, segue que a soma dos 120 números obtidos é

$$60 \times 88.888 = 5.333.280$$

visto que são 60 pares de números com cada par somando 88.888.

7. Inicialmente, arrumamos as 15 pessoas em fila, o que pode ser feito de 15! modos distintos. Para cada uma dessas filas imagine que as 5 primeiras pessoas fazem parte de um dos grupos, que chamaremos de grupo da frente, as 5 pessoas seguintes constituem o grupo do meio e as 5 pessoas restantes o último grupo, que chamaremos de grupo de trás. Mas, se trocarmos as 5 primeiras pessoas de posição entre elas (ainda mantendo-se no grupo da frente), o que pode ser feito de 5! maneiras distintas, se trocarmos as posições das 5 pessoas do grupo do meio de posição entre elas (ainda mantendo-se no grupo do meio), o que pode ser feito de 5! maneiras distintas, se trocarmos as 5 últimas pessoas de posição entre si (ainda mantendo-se

CAPÍTULO 2. PERMUTAÇÕES SEM ELEMENTOS REPETIDOS   37

no seu grupo no último de trás), o que pode ser feito de 5! maneiras distintas, ainda teremos a mesma divisão das 15 pessoas em 3 grupos de 5 pessoas. Além disso, como o enunciado não distingue os grupos, se mudarmos a posição dos grupos (o que pode ser feito de 3! modos distintos) ainda teremos a mesma divisão das 15 pessoas em 3 grupos de 5 pessoas. Assim a quantidade de maneiras distintas de dividirmos 15 pessoas em 3 grupos com 5 pessoas cada um é

$$\frac{\frac{15!}{5! \times 5! \times 5!}}{3!} = \frac{15!}{(5!)^3 \times 3!}$$

8. Agora os times são considerados diferentes, visto que apresentam nomes diferentes. Neste caso, raciocinando do mesmo modo da questão anterior, obtemos que o número de modos distintos de distribuirmos 15 pessoas em 3 times (com nomes diferentes) é

$$\frac{15!}{5! \times 5! \times 5!} = \frac{15!}{(5!)^3}$$

Note que, neste caso, em que os times são considerados distintos, por terem nomes distintos, não houve a divisão por 3!, pois se, por exemplo, feita uma determinada distribuição das 15 pessoas nos 3 times, se trocarmos as posições dos 5 jogadores do América, com os 5 jogadores do ABC teremos uma distribuição distinta da original, pois teremos um time do América com ex-jogadores do ABC e um time do ABC formado com ex-jogadores do América.

9. a)A palavra **CAPÍTULO** apresenta 8 letras distintas, portanto, o número total de anagramas que podemos formar permutando-se essas 8 letras distintas é 8! = 40.320.

b)Se fixarmos a letra **P** no início da palavra, poderemos permutar as outras 7 letras distintas, portanto, existem 7! = 5.040 anagramas da palavra **CAPÍTULO** que iniciam pela letra **P**.

c)Fixando a letra **P** no início e a letra **U** no final, podemos permutar à vontade as demais 6 letras, o que pode ser feito de 6! = 720 modos distintos. Portanto, existem 720 anagramas da palavra **CAPÍTULO** que começam por **P** e terminam por **U**.

d)A palavra **CAPÍTULO** possui 4 consoantes e 4 vogais distintas. Neste caso, temos que escolher uma consoante para iniciar o anagrama, o que pode ser feito de 4 modos distintos; escolher uma vogal para o final, o que pode ser feito de 4 modos distintos e, finalmente, podemos permutar à vontade as 6 letras restantes, o que pode ser feito de 6! = 720 modos distintos. Assim, pelo Princípio Multiplicativo, existem $4 \times 720 \times 4 = 11.520$ anagramas distintos da palavra **CAPÍTULO** que começam por consoante e que terminam por vogal.

e)Ora, se as letras **C, A** e **P** devem ficar juntas e nesta ordem devemos tratar **CAP** como um único objeto permutável. Assim devemos permutar os seguintes objetos distintos: o bloco **CAP** e as letras **I, T, U, L, O**, consistem então de 6 objetos distintos e, portanto, podem ser permutados de 6! = 720 modos distintos. Deste modo, existem 720 anagramas da palavra **CAPÍTULO** que apresentam as letras **C, A** e **P** juntas e nesta ordem.

f)Além do que já mencionamos no item anterior, agora as letras **C, A** e **P** além de ficarem juntas podem trocar de lugar entre si (o que pode ser feito de 3! = 6 modos distintos). Logo, existem $6! \times 3! = 720 \times 6 = 4.320$ anagramas da palavra **CAPÍTULO** que apresentam as letras **C, A** e **P** juntas em qualquer ordem.

38 INTRODUÇÃO À COMBINATÓRIA E PROBABILIDADE

g)Como a palavra **CAPÍTULO** possui 4 consoantes distintas e 4 vogais distintas, podemos ter duas categorias de anagramas em que as vogais e as consoantes estão intercaladas: o primeiro tipo é aquele que inicia por consoante, enquanto que o segundo tipo é aquele que inicia por vogal. No primeiro tipo há 4 consoantes distintas para ocuparem 4 lugares distintos, o que pode ser feito de 4! = 24 modos distintos. Para cada um desses modos há 4 lugares distintos para serem ocupados por 4 vogais distintas, o que pode ser feito de 4! = 24 modos distintos. Raciocinando de modo completamente análogo para os anagramas que iniciam por vogais chegamos a conclusão que a quantidade de anagramas da palavra **CAPÍTULO** que apresentam as vogais e as consoantes intercaladas é $2 \times 4! \times 4! = 2 \times 24 \times 24 = 1.152$.

h)Ora, se fixarmos a letra **C** na primeira posição e a letra **A** na segunda posição sobrarão 6 letras distintas para ocuparem 6 lugares, o que pode ser feito de 6! = 120 modos distintos. Assim, há 120 anagramas da palavra **CAPÍTULO** que apresentam a letra **C** na primeira posição e a letra **A** na segunda posição.

i)Inicialmente, vamos contar quantos são os anagramas da palavra **CAPÍTULO** que apresentam a letra **C** na primeira posição: fixando a letra **C** na primeira posição podemos permutar as outras 7 letras distintas, o que pode ser feito de 7! = 5.040 modos distintos. Portanto, existem 5.040 anagramas da palavra **CAPÍTULO** que iniciam pela letra **C**. Agora vamos contar quantos são os anagramas da palavra **CAPÍTULO** que apresentam a letra **A** na segunda posição. Fixando a letra **A** na segunda posição podemos permutar as demais 7 letras distintas, o que pode ser feito de 7! = 5.040 modos distintos. Finalmente, perceba que existem anagramas comuns a estas duas contagens que fizemos: os anagramas da palavra **CAPÍTULO** que apresentam a letra **C** na primeira posição e ao mesmo tempo apresentam a letra **A** na segunda posição. Ora, fixando a letra **C** na primeira posição e a letra **A** na segunda posição podemos permutar as demais 6 letras de 6! = 120 modos distintos. Portanto, a quantidade de anagramas da palavra **CAPÍTULO** que apresentam a letra **C** na primeira posição ou a letra **A** na segunda posição é:

$$7! + 7! - 6! = 5.040 + 5.040 - 720 = 9.360$$

10. Como a palavra **CEBOLA** apresenta seis letras distintas segue que podemos formar 6! = 120 anagramas com as letras da palavra **CEBOLA**. Por outro lado, fixadas as posições das consoantes **C, B e L**, as vogais **E, O e A** podem ser permutadas de 3! = 6 maneiras distintas e apenas em uma delas as vogais aparecem em ordem alfabética. Assim, por exemplo, se fixarmos as consoantes **C, B e L**, nesta ordem, como as três primeiras letras e permutarmos as vogais **E, O e A** nas três últimas posições formamos os seguintes anagramas da palavra **CEBOLA**:

CBLEOA

CBLEAO

CBLAEO

CBLAOE

CBLOAE

CBLOEA

Perceba que entre esses 6 anagramas apenas um (CBLAEO) apresenta as vogais em ordem alfabética. Diante do exposto, concluimos que de cada 6 anagramas apenas um apresenta as

CAPÍTULO 2. PERMUTAÇÕES SEM ELEMENTOS REPETIDOS 39

vogais em ordem alfabética, ou seja, as vogais aparecerão em ordem alfabética em $\frac{1}{6}$ do total de anagramas. Assim, dos 120 anagramas da palavra **CEBOLA**, $\frac{1}{6} \times 120 = 20$ apresentam as vogais em ordem alfabética.

11. Definir uma bijeção $f : I_n \to I_n$ consiste em tomar n decisões, a saber:

   - Decisão D_1: escolher o valor para $f(1)$, o que pode ser feito de n modos distintos.

   - Decisão D_2: escolher o valor para $f(2)$, o que pode ser feito de $n-1$ modos distintos, visto que não podemos repetir o mesmo valor escolhido para o $f(1)$, pois para ser uma função bijetiva, f, tem de ser injetiva, ou seja, valores diferentes do domínio tem de assumir imagens diferentes.

   - Decisão D_3: escolher o valor para $f(3)$, o que pode ser feito de $n - 2$ modos distintos, visto que não podemos repetir os valores já escolhidos para $f(1)$ e $f(2)$.

   - $\vdots$

   - Decisão D_n: escolher o valor para $f(n)$, o que pode ser feito de $n - (n - 1) = 1$ modo distinto, visto que não podemos repetir os valores já escolhidos para $f(1), f(2), \cdots, f(n-1)$.

   Assim, pelo Princípio Multiplicativo, existem $n \times (n-1) \times (n-2) \times 2 \times 1 = n!$ funções bijetivas de I_n em I_n.

12. Dispor as 9 pessoas nos 9 bancos satisfazendo todas as exigências impostas pelo enunciado, consiste em tomar as decisões, a saber:

   - Decisão D_1: Escolher o banco em que os três membros da família Sousa irão se sentar, o que pode ser feito de 3 modos distintos, pois na lotação existem exatamente 3 bancos distintos.

   - Decisão D_2: Uma vez escolhido o banco que a família Sousa ocupará, vamos agora sentá-los nos três lugares existentes no banco escolhido, o que pode ser feito de $3! = 6$ modos distintos, pois em cada banco do veículo há exatamente 3 lugares.

   - Decisão D_3: Escolher o banco em que o casal Lúcia e Mauro deve sentar, o que pode ser feito de 2 modos distintos, pois depois que a família Sousa sentou-se, ainda restam 2 bancos de três lugares vazios no veículo.

   - Decisão D_4: Uma vez escolhido o banco em que o casal Lúcia e Mauro irão sentar, vamos escolher os lugares em que eles ocuparão no banco escolhido, o que pode ser feito de 4 modos distintos, pois no banco escolhido para sentar Lúcia e Mauro temos as seguintes possibilidades para que eles sentem juntos:

     (Lúcia, Mauro, vazio), (Mauro, Lúcia, vazio),
     (vazio, Lúcia, Mauro) e (vazio, Mauro, Lúcia)

   - Decisão D_5: Acomodar as 4 pessoas restantes nos 4 lugares vazios que restaram após acomodar a família Sousa e o casal Lúcia e Mauro, o que pode ser feito de $4! = 24$ modos distintos.

   Assim pelo Princípio Multiplicativo, há $3 \times 6 \times 2 \times 4 \times 24 = 3.456$ modos distintos de acomodarmos as 9 pessoas na lotação satisfazendo as condições impostas pelo enunciado.

40 INTRODUÇÃO À COMBINATÓRIA E PROBABILIDADE

13. a)Como são 5 cantores distintos que devem apresentar-se um por vez, há $5! = 120$ maneiras distintas deles se apresentarem no palco.

b)De acordo com o item anterior existem 120 modos distintos dos 5 cantores apresentarem-se no palco. Se tomarmos qualquer uma destas 120 permutações, em que A se apresenta antes de B, existe uma outra permutação entre as 120 permutações, em que o B se apresenta antes do A e os demais mantêm a ordem de apresentação, por exemplo:

$$ABCDE \rightarrow BACDE$$

$$ACEDB \rightarrow BCEDA$$

$$EDACB \rightarrow EDBCA$$

$$\vdots$$

Assim, em metade das 120 configurações, o cantor A se apresenta antes do cantor B e na outra metade das 120 possíveis configurações, o cantor B apresenta-se antes do cantor A. Portanto, existem $\frac{1}{2} \times 120 = 60$ possibilidades para que o cantor B apresente-se antes do cantor A.

14. Sejam I_1, I_2 e I_3 os três ingleses, A_1, A_2, A_3 e A_4 os quatro americanos e F_1, F_2, F_3, F_4 e F_5 os cinco franceses. Para que todas essas pessoas sejam dispostas numa fila (em linha reta) de modo que as pessoas de mesma nacionalidade estejam sempre juntas e que a fila seja iniciada por um francês, devemos tomar as decisões, a saber:

- Decisão D_1: dispor os 5 franceses no início da fila (já que o primeiro da fila deve ser um francês e os franceses não podem ser separados!), o que pode ser feito de $5! = 120$ modos distintos.

- Decisão D_2: escolher a posição onde ficará o grupo dos americanos, o que pode ser feito de 2 modos distintos (logo após o grupo dos franceses ou no final da fila).

- Decisão D_3: dispor os 4 americanos nos seus 4 lugares, o que pode ser feito de $4! = 24$ modos distintos, visto que são 4 americanos para serem arrumados em 4 lugares.

- Decisão D_4: dispor os 3 ingleses nas suas posições, o que pode ser feito de $3! = 6$ modos distintos, visto que são 3 ingleses para serem arrumados em 3 lugares.

Assim, pelo Princípio Multiplicativo, existem $5! \times 2 \times 4! \times 3! = 120 \times 2 \times 24 \times 6 = 34.560$ modos distintos para dispor todas estas pessoas numa fila (em linha reta) de modo que as pessoas de mesma nacionalidade estejam sempre juntas e que a fila seja iniciada por um francês.

15. As possibilidades para as disciplinas de cada dia são 3, a saber:

$$\text{(Matemática e Química), (Matemática e Física), (Química e Física)}$$

Assim, há $3!$ modos distintos de permutar esses três blocos de disciplinas nos três dias (segunda, quarta e sexta). Além disso, cada bloco de duas disciplinas pode ser permutado de $2!$ modos distintos nos dois horários de aula que existem em cada dia. Assim, pelo Princípio Multiplicativo, existem $3! \times 2! \times 2! \times 2! = 48$ modos distintos para montar o horário das disciplinas respeitanto-se as restrições impostas pelo enunciado.

16. Para dispor o buffet, respeitando as regras impostas pelo enunciado, devemos tomar as decisões, a saber:

CAPÍTULO 2. PERMUTAÇÕES SEM ELEMENTOS REPETIDOS 41

- Decisão D_1: escolher a ordem em que os 3 grupos de produtos (sucos, salgados e sobremesas) serão dispostos, o que pode ser feito de 3! modos distintos.

- Decisão D_2: escolher a ordem em que os 2 tipos de sucos podem ser dispostos (sem se separarem), o que pode ser feito de 2! modos distintos.

- Decisão D_3: escolher a ordem em que os 5 tipos de salgados podem ser dispostos (sem se separarem), o que pode ser feito de 5! modos distintos.

- Decisão D_4: escolher a ordem em que os 4 tipos de sobremesas podem ser dispostos (sem se separarem), o que pode ser feito de 4! modos distintos.

Assim, pelo Princípio Multiplicativo, existem $3! \times 2! \times 5! \times 4! = 34.560$ modos distintos de dispor o buffet respeitando-se as restrições do enunciado.

17. Inicialmente, vamos contar quantas são as permutações dos algarismos $1, 2, 3, 4, 5$ e 6 em que os alga-

rismos 3 e 4 estão juntos. Para isso, vamos tratar os algarismos 3 e 4 como um só algarismo. Neste caso teremos 5 objetos permutáveis; os algarismos $1, 2, 5, 6$ e o bloco 34 (que não se separa), o que pode ser feito de $5! \times 2!$ maneiras distintas, pois devemos permutar os 5 objetos distintos ($1, 2, 5, 6$ e o bloco 34) e além disso, podemos permutar os algarismos 3 e 4, sem separá-los, o que pode ser feito de 2 modos distintos. Agora dessas $5! \times 2!$ permutações vamos contar em quantas permutações os algarismos 1 e 2 também estão juntos. Ora, deixando os algarismos 1 e 2 juntos e também os algarismos 3 e 4 juntos existem $4! \times 2! \times 2!$ permutações, pois neste caso são 4 objetos (distintos) permutáveis; o bloco 12, o bloco 34 e os algarismos 5 e 6. Além disso, podemos permutar os algarismos (sem separá-los) 1 e 2 entre si, o que pode ser feito de 2! e também permutar os algarismos 3 e 4 (sem separá-los), o que também pode ser feito de 2! modos distintos. Finalmente, para sabermos em quantas permutações dos algarismos $1, 2, 3, 4, 5$ e 6 os algarismos 3 e 4 estão juntos e os algarismos 1 e 2 nunca ocupem posições adjacentes basta subtrairmos o número de permutações dos algarismos $1, 2, 3, 4, 5$ e 6 em que os algarismos 3 e 4 são juntos do número de permutações dos algarismos $1, 2, 3, 4, 5$ e 6 em que os algarismos 1 e 2 estão juntos e os algarismos 3 e 4 também estão juntos, ou seja

$$5! \times 2! - 4! \times 2! \times 2! = 144$$

18. Como um dos bancos será ocupado pelo motorista e o casal de namorados vai sentar-se lado a lado (nenhum dos namorados vai dirigir), vamos supor as duas situações, a saber:

- O casal de namorados senta-se no mesmo banco que o motorista. Neste caso, há 2 lugares, lado a lado, para acomodar os namorados, o que pode ser feito de 2! modos distintos. Além disso, como nenhum dos namorados irá dirigir, podemos escolher o motorista de $12 - 2 = 10$ modos distintos. Arrumados os namorados e escolhido o motorista, as demais pessoas que são $12 - 3 = 9$ serão dispostas nos 9 lugares restantes, o que pode ser feito de 9! modos distintos. Assim, pelo Princípio Multiplicativo, existem

$$2! \times 10 \times 9!$$

modos distindos de dispor as 12 pessoas no veículo respeitanto-se as restrições impostas pelo enunciado e supondo que os 2 namorados sentam-se no mesmo banco que o motorista.

- O casal de namorados não senta-se no mesmo banco que o motorista. Neste caso, há 3 modos distintos de o casal escolher o banco onde irá sentar-se. Escolhido o banco, onde irá sentar-se o casal, tem 4 modos de sentar-se no banco de modo a ficarem lado a lado:

42 INTRODUÇÃO À COMBINATÓRIA E PROBABILIDADE

(homem, mulher, vazio), (mulher, homem vazio)
(vazio, mulher, homem) e (vazio, homem, mulher)

Escolhida a maneira de sentar-se no banco, sobram 10 lugares para dispor as 10 pessoas restantes, o que pode ser feito de 10! modos distintos. Assim, neste caso, o número de possibilidades distintas de arrumar as 12 pessoas respeitando-se as imposições do enunciado é $3 \times 4 \times 10!$.

Portanto, pelos Princípios Aditivo e Multiplicativo, a quantidade de maneiras distintas de dispormos as 12 pessoas, respeitando-se as condições impostas pelo enunciado é

$$2! \times 10 \times 9! + 3 \times 4 \times 10! = 50.803.200$$

19. Para pintarmos a figura dada no enunciado devemos tomar as seguintes decisões, a saber:

- Decisão D_1: escolhermos a cor que devemos pintar as regiões A e B (que segundo o enunciado devem ser pintadas da mesma cor!), o que pode ser feito de 5 modos distintos.
- Decisão D_2: escolhermos a cor para pintar a região central, o que pode ser feito de 4 modos distintos, visto que essa cor deve ser distinta da cor que já foi escolhida para pintar as regiões A e B, que são adjacentes à região central.
- Decisão D_3: escolhermos a cor para pintar a região superior esquerda, o que pode ser feito de 3 modos distintos, pois essa região não pode ter a mesma cor das regiões A, B e central, pois são adjacentes à região superior esquerda.
- Decisão D_4: escolhermos a cor para pintar a região inferior direita, o que pode ser feito de 3 modos distintos, pois essa região não pode ter a mesma cor das regiões A, B e central, pois são adjacentes à região superior esquerda.

Assim, pelo Princípio Multiplicativo, existem $5 \times 4 \times 3 \times 3 = 180$ modos distintos para pintarmos a figura tal que as regiões adjacentes tenham cores diferentes e as regiões A e B tenham a mesma cor.

20. Sendo R_1, R_2, R_3, R_4 e R_5 os cinco rapazes e M_1, M_2, M_3, M_4 e M_5 as cinco moças, imagine uma possível disposição destas dez pessoas nos cinco degraus, de modo que em cada degrau fique um rapaz e uma moça, por exemplo,

$$R_1, M_1$$
$$R_2, M_2$$
$$R_3, M_3$$
$$R_4, M_4$$
$$R_5, M_5$$

Para obtermos todas as possíveis configurações, basta permutarmos os 5 rapazes (deixando um rapaz em cada degrau), o que pode ser feito de 5! modos distintos, permutarmos as 5 moças (deixando uma moça em cada degrau), o que pode ser feito de 5! modos distintos e além disso, ainda devemos permutar as posições dos rapazes e das moças em cada degrau, o que pode ser feito de 2! modos distintos em cada um dos 5 degraus. Assim a quantidade de modos distintos de dispormos 5 rapazes e 5 moças para posar para uma fotografia, ocupando os cinco degraus de uma escadaria, de forma que em cada degrau fique uma moça e um rapaz é

$$5! \times 5! \times 2! \times 2! \times 2! \times 2! \times 2! = (5!)^2 \times (2!)^5 = 460.800$$

Capítulo 3

Arranjos e Combinações

3.1 Introdução

Você percebe alguma diferença entre as questões 1 e 2 a seguir? Será que o problema proposto nelas é o mesmo?

1. De quantas maneiras podemos formar dentre 4 pessoas um grupo de 3?

2. De quantas maneiras podemos formar dentre 4 pessoas um grupo de 3 para preencherem os cargos de presidente, de vice-presidente e de contador de uma empresa?

Antes de prosseguir a leitura e tentar formular uma defesa que exprima seu ponto de vista, analise cada problema. Suponhamos que os nomes das pessoas envolvidas sejam A, B, C e D.

Respondendo à primeira pergunta, podemos formar os seguintes grupos:

$$A, B, C \quad A, C, D \quad A, B, D \quad B, C, D$$

Ou seja, podemos formar 4 grupos com 3 pessoas.

Para respondermos à segunda pergunta, podemos imaginar que as pessoas de cada grupo formado na resposta da primeira pergunta irão disputar, entre elas, as posições de presidente, vice-presidente e contador da empresa. Ou seja, no caso da segunda pergunta, devemos tomar duas decisões, quais sejam:

- Decisão D_1: escolher o grupo formado por 3 pessoas, para disputar os cargos de presidente, vice-presidente e contador, que pela resposta da pergunta 1, temos $x_1 = 4$ possibilidades.

- Decisão D_2: escolher qual o cargo que cada pessoa do grupo escolhido irá ocupar. Dado, por exemplo, o grupo A, B, C, temos as seguintes possibilidades na distribuição dos cargos:

44 INTRODUÇÃO À COMBINATÓRIA E PROBABILIDADE

presidente	vice-presidente	contador
A	B	C
A	C	B
B	A	C
B	C	A
C	A	B
C	B	A

É importante observarmos que essas posições fazem diferença. A escolha B, A, C, por exemplo, é diferente da C, A, B. Escolhido, então, o grupo, temos 3 pessoas para ocuparem 3 lugares (cargos), ou seja, um problema de permutação simples, portanto $x_2 = 3!$ possibilidades de escolha. Assim, pelo Princípio Multiplicativo, existem

$$x_1 \times x_2 = 4 \times 3! = 4 \times 6 = 24$$

maneiras de escolhermos 3 pessoas para preencherem os cargos de presidente, vice-presidente e contador de uma empresa, dentre um grupo de 4 pessoas. O que estamos tentando ilustrar é que em algumas situações, os mesmos elementos estando em ordens diferentes representam resultados diferentes, já em outras, representam o mesmo resultado. Vejamos o próximo exemplo:

1º jogador	2º jogador	3º jogador
1	2	3
1	3	2
2	1	3
2	3	1
3	1	2
3	2	1

Suponha que três pessoas estão jogando um dado e que estejam interessadas na soma dos resultados obtidos. Então, os resultados das jogadas expressam o mesmo valor e podem ser considerados como o mesmo resultado, ou seja, o de que um deles tirou 1, o outro 2 e o terceiro 3, independentemente de qual deles tirou qual. Entretanto, se eles estão disputando para ver quem tira o número maior em cada jogada, esses resultados, certamente, serão diferentes, uma vez que

3, 1, 2 – ganhou o 1º jogador	1, 3, 2 – ganhou o 2º jogador	1, 2, 3 – ganhou o 3º jogador
3, 2, 1 – ganhou o 1º jogador	2, 3, 1 – ganhou o 2º jogador	2, 1, 3 – ganhou o 3º jogador

Ou seja, os mesmos resultados têm interpretações diferentes dependendo do problema que queremos resolver.

3.2 Combinações Simples

Queremos responder a seguinte questão: de quantos modos podemos escolher p objetos entre n objetos distintos dados? Podemos ver essa questão de outra maneira: quantos subconjuntos distintos

CAPÍTULO 3. ARRANJOS E COMBINAÇÕES   45

de p elementos podemos obter de um conjunto de n elementos distintos $\{a_1, a_2, \cdots, a_n\}$?

Cada subconjunto de p elementos é chamado de combinação simples de classe p dos n objetos $a_1, a_2, \cdots, a_n$.

Exemplo 3.2.1 - *Ache todas as combinações simples de classe* 2 *dos objetos* a_1, a_2, a_3, a_4

Resolução:

Seria natural pensarmos da seguinte maneira:

- Decisão D_1: escolher o primeiro elemento, para a qual temos $x_1 = 4$ possibilidades.

- Decisão D_2: escolher o segundo elemento, para a qual temos $x_2 = 4 - 1 = 3$ possibilidades (todos os elementos menos o escolhido na decisão 1).

Temos assim, pelo Princípio Multiplicativo, $x_1 \times x_2 = 4 \times 3 = 12$ possibilidades de tomarmos as decisões D_1 e D_2. No entanto, quando fazemos uso desse princípio, contamos os subconjuntos $\{a_1, a_2\}$ e $\{a_2, a_1\}$ como sendo conjuntos distintos, o que não é verdade, pois não estamos interessados na ordem (quem é o primeiro e quem é o segundo) em que esses elementos aparecem no conjunto.

Ilustremos o que calcula o Princípio Multiplicativo:

$$\{a_1, a_2\}, \{a_1, a_3\}, \{a_1, a_4\}$$

$$\{a_2, a_1\}, \{a_2, a_3\}, \{a_2, a_4\}$$

$$\{a_3, a_1\}, \{a_3, a_2\}, \{a_3, a_4\}$$

$$\{a_4, a_1\}, \{a_4, a_2\}, \{a_4, a_3\}$$

Ou seja, cada dupla de elementos foi contada 2 vezes (todas as possibilidades de ordenar 2 elementos), ao invés de apenas 1 vez. Dessa forma, o número que encontramos é na verdade 2 vezes o número real de possibilidades. Assim, podemos chegar ao resultado correto dividindo o que encontramos por 2:

$$\text{número de possibilidades} = \frac{x_1 \times x_2}{2} = \frac{4 \times 3}{2} = 6$$

Exemplo 3.2.2 - *Ache todas as combinações simples de classe* 3 *dos objetos* a_1, a_2, a_3, a_4, a_5.

Resolução:

Pensando em forma de decisões, temos:

- Decisão D_1: escolher o primeiro elemento para o qual temos $x_1 = 5$ possibilidades.

- Decisão D_2: escolher o segundo elemento para o qual temos $x_2 = 5 - 1 = 4$ possibilidades.

- Decisão D_3: escolher o terceiro elemento para o qual temos $x_3 = 4 - 1 = 3$ possibilidades.

46 INTRODUÇÃO À COMBINATÓRIA E PROBABILIDADE

Temos, assim, pelo Princípio Multiplicativo, $x_1 \times x_2 \times x_3 = 5 \times 4 \times 3$ maneiras de tomar as decisões D_1 e D_2 e D_3.

Ilustremos o que calcula o Princípio Multiplicativo.

$\{a_1, a_2, a_3\}, \{a_1, a_2, a_4\}, \{a_1, a_2, a_5\}, \{a_1, a_3, a_2\}, \{a_1, a_3, a_4\}, \{a_1, a_3, a_5\}, \{a_1, a_4, a_2\},$
$\{a_1, a_4, a_3\}, \{a_1, a_4, a_5\}, \{a_1, a_5, a_2\}, \{a_1, a_5, a_3\}, \{a_1, a_5, a_4\}$
$\{a_2, a_1, a_3\}, \{a_2, a_1, a_4\}, \{a_2, a_1, a_5\}, \{a_2, a_3, a_1\}, \{a_2, a_3, a_4\}, \{a_2, a_3, a_5\}, \{a_2, a_4, a_1\},$
$\{a_2, a_4, a_3\}, \{a_2, a_4, a_5\}, \{a_2, a_5, a_1\}, \{a_2, a_5, a_3\}, \{a_2, a_5, a_4\}$
$\{a_3, a_1, a_2\}, \{a_3, a_1, a_4\}, \{a_3, a_1, a_5\}, \{a_3, a_2, a_1\}, \{a_3, a_2, a_4\}, \{a_3, a_2, a_5\}, \{a_3, a_4, a_1\}$
$\{a_3, a_4, a_2\}, \{a_3, a_4, a_5\}, \{a_3, a_5, a_1\}, \{a_3, a_5, a_2\}, \{a_3, a_5, a_4\}$
$\{a_4, a_1, a_2\}, \{a_4, a_1, a_3\}, \{a_4, a_1, a_5\}, \{a_4, a_2, a_1\}, \{a_4, a_2, a_3\}, \{a_4, a_2, a_5\}, \{a_4, a_3, a_1\}$
$\{a_4, a_3, a_2\}, \{a_4, a_3, a_5\}, \{a_4, a_5, a_1\}, \{a_4, a_5, a_2\}, \{a_4, a_5, a_3\}$
$\{a_5, a_1, a_2\}, \{a_5, a_1, a_3\}, \{a_5, a_1, a_4\}, \{a_5, a_2, a_1\}, \{a_5, a_2, a_3\}, \{a_5, a_2, a_4\}, \{a_5, a_3, a_1\}$
$\{a_5, a_3, a_2\}, \{a_5, a_3, a_4\}, \{a_5, a_4, a_1\}, \{a_5, a_4, a_2\}, \{a_5, a_4, a_3\}$

Nele, os subconjuntos $\{a_1, a_2, a_3\}, \{a_1, a_3, a_2\}, \{a_2, a_1, a_3\}, \{a_2, a_3, a_1\}, \{a_3, a_1, a_2\}, \{a_3, a_2, a_1\}$ foram contados como sendo conjuntos distintos.

Ou seja, para cada tripla de elementos, contamos $6(= 3!)$ vezes (todas as possibilidades de ordenar 3 elementos), ao invés de apenas 1 vez. Dessa forma, o número que encontramos é na verdade 6 vezes o número real de possibilidades. Assim, podemos chegar ao resultado correto dividindo o que encontramos por 6 (ou 3!).

Vemos, então, que, para obtermos o número de subconjuntos de p elementos de um conjunto de n elementos, usamos o Princípio Multiplicativo e depois fazemos uma divisão pela quantidade de maneiras que podemos permutar os elementos escolhidos, ou seja,

- D_1 : Escolher o 1° elemento dos n possíveis, o que pode ser feito de n maneiras distintas.

- D_2 : Escolher o 2° elemento dos $n-1$ possíveis, o que pode ser feito de $n-1$ maneiras distintas.

$$\vdots$$

- D_p : Escolher o p^o elemento dos $n - (p - 1)$ possíveis, o que pode ser feito de $n - p + 1$ maneiras distintas.

Assim, pelo Princípio Multiplicativo, temos $n \times (n-1) \times (n-2) \times \cdots \times (n-p+1)$ possibilidades de escolher p elementos entre os n disponíveis (levando em consideração a ordem em que foram escolhidos). Por outro lado, existem p! modos distintos de ordenar os p elementos que foram escolhidos entre os n disponíveis. Portanto, a quantidade de subconjuntos com p elementos de um conjunto com n elementos é:

$$\frac{n \times (n - 1) \times (n - 2) \times \cdots \times (n - p + 1)}{p!}$$

Exemplo 3.2.3 - *No cardápio de uma festa, existem 10 tipos diferentes de salgadinhos, dos quais apenas quatro são servidos quentes. O garçom deverá montar as bandejas com apenas dois tipos diferentes de salgadinhos frios e dois tipos diferentes de salgadinhos quentes. De quantos modos diferentes o garçom pode montar as bandejas?*

Resolução:

Dos 10 salgadinhos, temos 4 quentes e 6 frios. Ou seja, o conjunto dos salgadinhos frios tem 6 elementos e o conjunto dos salgadinhos quentes tem 4 elementos e o garçom tem duas decisões a tomar:

- Decisão D_1: selecionar 2 tipos de salgadinhos frios dentre os 6 possíveis.

- Decisão D_2: selecionar 2 tipos de salgadinhos quentes dentre os 4 possíveis.

Descobrir de quantas maneiras ele pode tomar a decisão D_1 significa descobrir quantos subconjuntos distintos de 2 elementos podemos formar a partir de um conjunto com 6 elementos, ou seja,

$$x_1 = \frac{n \times (n-1) \times \cdots \times (n-p+1)}{p!}, \text{ com } n = 6 \text{ e } p = 2, \text{ o que nos leva a}$$

$$x_1 = \frac{n \times (n-1) \times \cdots \times (n-p+1)}{p!} = \frac{6 \times (6-2+1)}{2!} = \frac{6 \times 5}{2} = 15$$

Já, para a decisão D_2, significa descobrir quantos subconjuntos distintos de 2 elementos podemos formar a partir de um conjunto com 4 elementos, ou seja,

$$x_2 = \frac{n \times (n-1) \times \cdots \times (n-p+1)}{p!}, \text{ com } n = 4 \text{ e } p = 2, \text{ o que nos leva a}$$

$$x_1 = \frac{n \times (n-1) \times \cdots \times (n-p+1)}{p!} = \frac{4 \times (4-2+1)}{2!} = \frac{4 \times 3}{2} = 6$$

Portanto, o garçom pode montar as bandejas de $x_1 \times x_2 = 15 \times 6 = 90$ maneiras diferentes.

Podemos reescrever a expressão $\frac{n \times (n-1) \times \cdots \times (n-p+1)}{p!}$ usando apenas fatoriais, ou seja,

$$\frac{n \times (n-1) \times \cdots \times (n-p+1)}{p!} = \frac{n \times (n-1) \times \cdots \times (n-p+1)}{p!} \times \frac{(n-p)!}{(n-p)!} = \frac{n!}{(n-p)!.p!}$$

Como essa fórmula determina o número de subconjuntos de p elementos de um conjunto de n elementos, e como cada subconjunto é chamado de **combinação simples de classe p dos n objetos**, denotaremos essa fórmula por $C(n,p) = \frac{n!}{(n-p)!.p!}$, na qual devemos lembrar que $0 \leq p \leq n$, já que estamos tomando subconjuntos de p elementos de um conjunto de n elementos.

Observação 3.1 - *para $p = 0$, consideramos $C(n,p) = 1$, pois existe o conjunto vazio! O que nos força a definir $0! = 1$ para que valha a igualdade $\frac{n!}{n!0!} = 1$.*

Observação 3.2 - *Outras notações encontradas para $C(n,p)$ são $C_{n,p}$, C_n^p ou ainda $\binom{n}{p}$, as quais são lidas como combinação de n tomada p a p.*

Exemplo 3.2.4 - *Num hospital, há 3 vagas para trabalhar no berçário, 5 vagas, no banco de sangue e 2 vagas, na radioterapia. Se 6 pessoas se candidatarem para o berçário, 8 para o banco de sangue e 5 para a radioterapia, de quantas formas distintas essas vagas poderão ser preenchidas?*

Resolução:

Temos 3 decisões a tomar:

48 INTRODUÇÃO À COMBINATÓRIA E PROBABILIDADE

- Decisão D_1: escolher 3 pessoas para trabalhar no berçário dentre os 6 candidatos.

- Decisão D_2: escolher 5 pessoas para trabalhar no banco de sangue dentre os 8 candidatos.

- Decisão D_3: escolher 2 pessoas para trabalhar na radioterapia dentre os 5 candidatos.

Descobrir de quantas maneiras podemos tomar a decisão D_1 significa encontrar o número de subconjuntos com 3 elementos que podemos obter dentre um conjunto de 6 elementos, ou seja,

$$x_1 = C(6,3) = \frac{6!}{(6-3)!3!} = \frac{6!}{3!3!} = \frac{6 \times 5 \times 4 \times 3!}{3!3!} = \frac{6 \times 5 \times 4}{3!} = 20$$

Para a decisão D_2, queremos saber quantos subconjuntos de 5 elementos podemos obter de um conjunto de 8 elementos, ou seja,

$$x_2 = C(8,5) = \frac{8!}{(8-5)!5!} = \frac{8!}{3!5!} = \frac{8 \times 7 \times 6 \times 5!}{6.5!} = \frac{8 \times 7 \times 6}{6} = 56$$

Finalmente, para a decisão D_3, queremos saber quantos subconjuntos de 2 elementos podemos obter de um conjunto de 5 elementos, ou seja,

$$x_3 = C(5,2) = \frac{5!}{(5-2)!2!} = \frac{5!}{3!2!} = \frac{5 \times 4 \times 3!}{3!.2} = \frac{5 \times 4}{2} = 10$$

Portanto, pelo Princípio Multiplicativo, temos $x_1 \times x_2 \times x_3 = 20 \times 56 \times 10 = 11.200$ formas distintas de preencher essas vagas.

Exemplo 3.2.5 - *Quantos subconjuntos de 5 cartas contendo exatamente 3 ases podem ser formados com um baralho de 52 cartas?*

Resolução:

Em um baralho de 52 cartas, temos 4 ases. Como estamos interessados apenas nos subconjuntos que podemos obter com 3 ases, podemos então pensar que temos 2 decisões a tomar:

- Decisão D_1: escolher 3 ases dentre os 4 existentes.

- Decisão D_2: escolher 2 cartas dentre aquelas que não são ases, neste caso, nas 48 restantes.

Para escolhermos 3 ases entre os 4 possíveis, temos

$$C(4,3) = \frac{4!}{(4-3)!3!} = \frac{4!}{1!.3!} = \frac{4 \times 3!}{1.3!} = 4 \text{ possibilidades}$$

Escolhidos os 3 ases, precisamos escolher as 2 outras cartas das 48 restantes. Assim, temos

$$C(48,2) = \frac{48!}{(48-2)!.2!} = \frac{48!}{46!.2!} = \frac{48 \times 47 \times 46!}{46!.2} = \frac{48 \times 47}{2} = 1.128 \text{ possibilidades}$$

Portanto, temos $4 \times 1.128 = 4.512$ subconjuntos de 5 cartas contendo exatamente 3 ases. Às vezes, fica mais prático deixarmos o resultado em termos literais, nos utilizando da notação de combinação, ou seja, o resultado anterior ficaria bem preciso se tivéssemos escrito $C(4,3) \times C(48,2)$.

CAPÍTULO 3. ARRANJOS E COMBINAÇÕES   49

3.3 Arranjos Simples

Vamos agora analisar a seguinte situação:

Em uma corrida, estão competindo 10 pilotos, na qual apenas os três primeiros comparecem ao podium. Então, pergunta-se: de quantas maneiras diferentes o podium pode ser montado?

Note que, temos 3 decisões a tomar:

- Decisão D_1: escolher dentre os 10 competidores, o que ocupará o primeiro lugar no podium.

- Decisão D_2: escolher dentre os 9 competidores restantes, já que o primeiro lugar foi ocupado, aquele que ocupará o segundo lugar do podium.

- Decisão D_3: escolher dentre os 8 competidores restantes, já que o primeiro e o segundo lugar foram ocupados, aquele que ocupará o terceiro lugar no podium.

Pelo Princípio Multiplicativo, isso pode ser feito de $10 \times 9 \times 8 = 720$ maneiras distintas. Suponhamos que os competidores sejam $A, B, C, D, E, F, G, H, I$ e J. Note que, quando usamos o Princípio Multiplicativo, as composições

$$A, B, C \quad A, C, B \quad B, A, C \quad B, C, A \quad C, A, B \quad C, B, A$$

são consideradas respostas diferentes, pois estamos contando cada uma delas. E, nesse exemplo, isso deve ser feito, já que estamos interessados na ordem em que os elementos aparecem. Por exemplo, A chegar em primeiro, B em segundo e C em terceiro é diferente de A chegar em primeiro, C em segundo e B em terceiro. Vimos que, para encontrar todas as combinações simples de classe 2 dos objetos a_1, a_2, a_3, a_4, o Princípio Multiplicativo listou os seguintes conjuntos:

$$\{a_1, a_2\}, \{a_1, a_3\}, \{a_1, a_4\}$$

$$\{a_2, a_1\}, \{a_2, a_3\}, \{a_2, a_4\}$$

$$\{a_3, a_1\}, \{a_3, a_2\}, \{a_3, a_4\}$$

$$\{a_4, a_1\}, \{a_4, a_2\}, \{a_4, a_3\}$$

Porém, no caso da combinação, cada subconjunto se repetia 2 vezes, já que não estávamos interessados na ordem em que os elementos apareciam no conjunto, e assim dividimos o número total de subconjuntos por 2. Entretanto, se considerarmos que a resposta $\{a_1, a_2\}$ é diferente da resposta $\{a_2, a_1\}$, teremos, então, pelo Princípio Multiplicativo, $4 \times 3 = 12$ conjuntos. Para encontrarmos todas as combinações simples de classe 3 dos objetos a_1, a_2, a_3, a_4, a_5, listamos os subconjuntos:

$\{a_1, a_2, a_3\}, \{a_1, a_2, a_4\}, \{a_1, a_2, a_5\}, \{a_1, a_3, a_2\}, \{a_1, a_3, a_4\}, \{a_1, a_3, a_5\}, \{a_1, a_4, a_2\},$
$\{a_1, a_4, a_3\}, \{a_1, a_4, a_5\}, \{a_1, a_5, a_2\}, \{a_1, a_5, a_3\}, \{a_1, a_5, a_4\}$
$\{a_2, a_1, a_3\}, \{a_2, a_1, a_4\}, \{a_2, a_1, a_5\}, \{a_2, a_3, a_1\}, \{a_2, a_3, a_4\}, \{a_2, a_3, a_5\}, \{a_2, a_4, a_1\},$
$\{a_2, a_4, a_3\}, \{a_2, a_4, a_5\}, \{a_2, a_5, a_1\}, \{a_2, a_5, a_3\}, \{a_2, a_5, a_4\}$
$\{a_3, a_1, a_2\}, \{a_3, a_1, a_4\}, \{a_3, a_1, a_5\}, \{a_3, a_2, a_1\}, \{a_3, a_2, a_4\}, \{a_3, a_2, a_5\}, \{a_3, a_4, a_1\},$
$\{a_3, a_4, a_2\}, \{a_3, a_4, a_5\}, \{a_3, a_5, a_1\}, \{a_3, a_5, a_2\}, \{a_3, a_5, a_4\}$
$\{a_4, a_1, a_2\}, \{a_4, a_1, a_3\}, \{a_4, a_1, a_5\}, \{a_4, a_2, a_1\}, \{a_4, a_2, a_3\}, \{a_4, a_2, a_5\}, \{a_4, a_3, a_1\},$
$\{a_4, a_3, a_2\}, \{a_4, a_3, a_5\}, \{a_4, a_5, a_1\}, \{a_4, a_5, a_2\}, \{a_4, a_5, a_3\}$
$\{a_5, a_1, a_2\}, \{a_5, a_1, a_3\}, \{a_5, a_1, a_4\}, \{a_5, a_2, a_1\}, \{a_5, a_2, a_3\}, \{a_5, a_2, a_4\}, \{a_5, a_3, a_1\},$
$\{a_5, a_3, a_2\}, \{a_5, a_3, a_4\}, \{a_5, a_4, a_1\}, \{a_5, a_4, a_2\}, \{a_5, a_4, a_3\}$

50 INTRODUÇÃO À COMBINATÓRIA E PROBABILIDADE

e dividimos o número de subconjuntos encontrados por 3! (número de subconjuntos que possuem os mesmos 3 elementos), já que a ordem dos elementos em cada subconjunto não importava. Entretanto, agora cada subconjunto com os mesmos 3 elementos representa uma resposta diferente, pois estamos interessados na ordem em que os elementos aparecem, e portanto, devem ser contados, ou seja, temos $5 \times 4 \times 3$ subconjuntos.

De forma geral, se temos n elementos e queremos considerar p desses elementos, levando em consideração a ordem em que eles aparecem, teremos a mesma escolha inicial que a combinação, com a diferença de que não precisaremos dividir por $p!$, ou seja,

$$\text{número de possibilidades} = n \times (n-1) \times \cdots \times (n-p+1)$$

E um exercício de fatorial transforma a fórmula $n \times (n-1) \times \cdots \times (n-(p-1))$ em uma expressão envolvendo apenas fatorial:

$$n \times (n-1) \times \cdots \times (n-(p-1)) \times \frac{(n-p)!}{(n-p)!} = \frac{n!}{(n-p)!}$$

Essa fórmula determina o número de arranjos possíveis quando escolhemos de todas as formas aceitáveis p elementos de um conjunto de n elementos, levando em consideração que a alteração da ordem dos elementos implica um arranjo diferente do anterior. Muitos livros denotam essa fórmula por $A(n,p) = \frac{n!}{(n-p)!}$ na qual temos que lembrar que $0 \leq p \leq n$, já que estamos tomando subconjuntos de p elementos de um conjunto de n elementos. Outra notação encontrada para $A(n,p)$ é $A_{n,p}$ ou ainda A_n^p e lemos: **arranjos de n tomado p a p.**

Exemplo 3.3.1 - *A senha de uma conta bancária é formada de 6 números ou de 4 números dentre os números de 0 a 9, dependendo do banco. Os gerentes sempre aconselham utilizar todos os números distintos.*

a) Quantas senhas podem ser formadas no banco que utiliza 6 números, se a pessoa segue o conselho do gerente?

Resolução:

Note que a senha 123456 é diferente da senha 123465, ou seja, embora constituída pelos mesmos algarismos, a ordem as torna diferentes. Dessa maneira, temos que a quantidade de senhas distintas que podemos formar utilizando 6 dígitos é:

$$A(10,6) = \frac{10!}{(10-6)!} = \frac{10!}{4!} = \frac{10 \times 9 \times 8 \times 7 \times 6 \times 5 \times 4!}{4!} = 10 \times 9 \times 8 \times 7 \times 6 \times 5 = 151.200$$

b) Quantas senhas podem ser formadas no banco que utiliza 4 números, se a pessoa segue o conselho do gerente?

Resolução:

Utilizando o mesmo procedimento anterior, verificamos que o número de senhas distintas que podemos formar utilizando 4 dígitos é dado por:

$$A(10,4) = \frac{10!}{(10-4)!} = \frac{10!}{6!} = \frac{10 \times 9 \times 8 \times 7 \times 6!}{6!} = 10 \times 9 \times 8 \times 7 = 5.040$$

CAPÍTULO 3. ARRANJOS E COMBINAÇÕES   51

Exemplo 3.3.2 - *Na corrida de São Silvestre em São Paulo, largam na equipe de elite uma média de* 100 *corredores. Suponha que todos eles sejam iguais tecnicamente e que é impossível um corredor que não seja da equipe de elite passar por algum deles. Sabendo que o podium tem lugar para os 6 primeiros, de quantas maneiras diferentes podemos montar esse podium, caso*

a) todos os 100 *da equipe de elite terminem a prova.*

b) apenas 50 *dos corredores de elite terminem a prova.*

c) apenas 20 *dos corredores de elite terminem a prova.*

Resolução:

Ora, sabendo que o podium só vai ser composto pelos corredores de elite, já que nenhum corredor do pelotão normal consegue passar por nenhum deles e que, alterando a ordem dos premiados, o podium muda, temos então

a)

$$A(100,6) = \frac{100!}{(100-6)!} = \frac{100!}{94!} = \frac{100 \times 99 \times 98 \times 97 \times 96 \times 95 \times 94!}{94!}$$

$$= 100 \times 99 \times 98 \times 97 \times 96 \times 95$$

$$= 858.277.728.000 \; possibilidades$$

b)

$$A(50,6) = \frac{50!}{(50-6)}! = \frac{50!}{44!} = \frac{50 \times 49 \times 48 \times 47 \times 46 \times 45 \times 44!}{44!}$$

$$= 50 \times 49 \times 48 \times 47 \times 46 \times 45$$

$$= 11.441.304.000 \; possibilidades$$

c)

$$A(20,6) = \frac{20!}{(20-6)!} = \frac{20!}{14!} = \frac{20 \times 19 \times 18 \times 17 \times 16 \times 15 \times 14!}{14!}$$

$$= 20 \times 19 \times 18 \times 17 \times 16 \times 15$$

$$= 27.902.700 \; possibilidades$$

3.4   Exercícios propostos

1. Um sertanejo, com família grande, resolveu que a cada dia ele mataria 3 galinhas para o almoço. Se ele possui 200 galinhas, de quantas maneiras diferentes ele pode escolher 3 galinhas para o almoço do 1º dia? E do 2º? E do 10º?

2. O mesmo sertanejo da questão anterior possui 10 vacas, mas ele percebeu que o leite de 4 delas é o suficiente para o consumo do dia, incluindo o leite para o queijo, manteiga e consumo das

52 INTRODUÇÃO À COMBINATÓRIA E PROBABILIDADE

crianças. De quantos modos ele pode fazer a escolha de quais vacas ordenhar a cada dia? E se no dia seguinte ele não quiser utilizar as vacas que foram ordenhadas no dia anterior a fim de oferecer-lhes um descanso?

3. Um partido político recém-criado possui 10 participantes de renome nacional. Deseja-se montar uma chapa com os cargos de presidente, vice-presidente, senador, deputado federal e deputado estadual. De quantas maneiras isso pode ser feito?

4. Na corrida de jegue, de Campina Grande, realizada no mês de junho, são premiados apenas os três primeiros lugares. A estimativa para o ano que vem é de 20 participantes. Admitindo que os jegues estão equilibrados em termos físicos, de quantos modos diferentes podem ser preenchidos os três primeiros lugares?

5. Quantos subconjuntos de três elementos podemos formar de um conjunto que possui 5 elementos?

6. (FATEC-SP)Uma empresa distribui um questionário com três perguntas a cada candidato a emprego. Na primeira, o candidato deverá declarar sua escolaridade escolhendo uma de cinco alternativas. Na segunda, deve escolher, com ordem de preferência, três de seis locais onde gostaria de trabalhar. Na última, deve escolher os dois dias da semana em que quer folgar. Quantos questionários com conjuntos diferentes de respostas pode o examinador encontrar?

7. Dispomos de 10 produtos para a montagem de cestas básicas. Qual é o número de cestas que podem ser formadas com 6 desses produtos, de modo que um determinado produto seja sempre incluído?

8. (UERJ-2012)A tabela abaixo apresenta os critérios adotados por dois países para a formação de placas de automóveis. Em ambos os casos, podem ser utilizados quaisquer dos 10 algarismos de 0 a 9 e das 26 letras do alfabeto romano.

PAÍS	DESCRIÇÃO DO CRITÉRIO	EXEMPLO DE PLACA
X	3 letras e 3 algarismos, em qualquer ordem	M3MK09
Y	Um bloco de 3 letras, em qualquer ordem, à esquerda de outro bloco de 4 algarismos, também em qualquer ordem	YBW0299

Considere o número máximo de placas distintas que podem ser confeccionadas no país X igual a n e no país Y igual a p. A razão $\frac{n}{p}$ corresponde a:

9. A administração de um condomínio é feita por uma comissão colegiada, formada de oito membros: síndico, subsíndico e um conselho consultivo composto de seis pessoas. Sabendo que dez pessoas se dispõem a fazer parte de tal comissão, determine o número total de comissões colegiadas distintas que poderão ser formadas com essas dez pessoas.

10. Um campeonato com 25 clubes é disputado num ano, com um único turno, pelo sistema de pontos corridos (cada clube joga uma vez com cada um dos outros). Em cada semana há sempre o mesmo número de jogos e não há jogos na semana do Natal nem na do Carnaval. Qual o número de jogos que devem ser disputados em cada semana? (Considere que um ano possui 52 semanas).

11. Quantos números de 4 algarismos podemos formar com os dígitos 1, 2, 3, 4 e 5 de modo que haja pelo menos dois dígitos iguais?

12. Dispondo de um baralho de 52 cartas (4 naipes de 13 cada), determine quantos jogos de 5 cartas podem ser formados nas seguintes condições:
    a) 5 cartas quaisquer;
    b) Jogos com 3 reis e 2 valetes;
    c) Jogos com 3 cartas de copas e 2 cartas de ouros;
    d) Jogos com exatamente 2 ases.

13. A figura abaixo representa parte do teclado de um órgão (sete teclas brancas e cinco pretas). Considere que cada combinação de duas teclas brancas e uma preta pressionadas simultaneamente, produz um som diferente. Nessas condições, determine o número de sons distintos que se pode produzir com o teclado da figura

14. De quantas maneiras distintas podemos distribuir os algarismos 4, 5, 6, 7, 8 e 9 nos espaços abaixo de modo a satisfazer a dupla desigualdade?

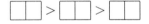

15. Uma pessoa quer convidar quatro entre 10 amigos para um jantar. No entanto, dois desses amigos têm fortes diferenças pessoais. De quantas maneiras pode ser formado o grupo dos quatro convidados, de modo que não compareçam simultaneamente as duas pessoas citadas?

16. (UFRN) Numa caixa, são colocadas 10 bolas, que têm a mesma dimensão. Três dessas bolas são brancas, e cada uma das outras sete é de uma cor diferente. Qual o número total de maneiras de se escolher um subconjunto de três bolas, dentre essas dez?

17. Uma prova de um concurso público engloba as disciplinas de Matemática e Inglês, contendo 10 questões cada uma. Segundo o edital do concurso, para ser aprovado, o candidato precisa acertar no mínimo 70% das questões da prova, além de obter acerto maior ou igual a 60% em cada disciplina. Em relação às questões da prova, quantas possibilidades diferentes têm o candidato de alcançar, exatamente, o índice mínimo para a aprovação?

18. O Jogo da MEGA-SENA consiste no sorteio de 6 números distintos, escolhidos ao acaso, entre os números 1, 2, 3, · · · , 60. Uma aposta consiste na escolha (pelo apostador) de 6 números distintos entre os 60 possíveis, sendo premiados aqueles que acertarem 4 (quadra), 5 (quina) ou todos os 6 (sena) números sorteados.

Um apostador que dispõe de muito dinheiro para jogar, escolhe 20 números e faz todos os $C(20,6) = 38.760$ jogos possíveis de serem realizados com esses 20 números. Realizado o sorteio, ele verifica que TODOS os 6 números sorteados estão entre os 20 números que ele escolheu. Além de uma aposta premiada com a sena,

a) quantas apostas premiadas com a quina este apostador conseguiu?

b) quantas apostas premiadas com a quadra este apostador conseguiu?

19. (UFCG) Um farmacêutico dispõe de 14 comprimidos de substâncias distintas, solúveis em água e incapazes de reagir entre si. Qual é a quantidade de soluções distintas que podem ser obtidas pelo farmacêutico, dissolvendo-se dois ou mais desses comprimidos em um recipiente com água?

20. (UFRJ) Em todos os 53 finais de semanas do ano 2000, Júlia irá convidar duas de suas amigas para sua casa em Teresópolis, sendo que nunca o mesmo par de amigas se repetirá durante o ano.

a) Determine o maior número possível de amigas que Júlia poderá convidar.

b) Determine o menor número possível de amigas que ela poderá convidar.

21. Quantos retângulos há formados por casas adjacentes em um tabuleiro de xadrez 8×8. Por exemplo, em um tabuleiro 2×2 há 9 retângulos, como mostra a figura abaixo.

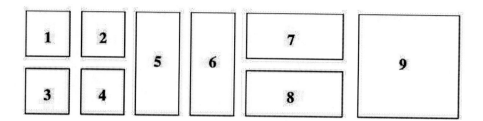

22. Cada peça de um dominó apresenta um par de números de 0 a 6, não necessariamente distintos. Quantas são essas peças? E se os números forem de 0 a 8?

23. Um trem com m passageiros tem de fazer n paradas. De quantas maneiras distintas os passageiros podem saltar dos trens nas paradas?

CAPÍTULO 3. ARRANJOS E COMBINAÇÕES 55

3.5 Resolução dos exercícios propostos

1. Queremos contar de quantas maneiras diferentes o sertanejo pode escolher 3 galinhas de um total de 200 galinhas. Em outras palavras, queremos encontrar o número de subconjuntos de 3 elementos que podemos obter de um conjunto de 200 elementos.

É importantíssimo observar que aqui a ordem dos elementos não importa. Um subconjunto formado pelas galinhas $\{a, b, c\}$ é o mesmo formado pelas galinhas $\{c, b, a\}$. Portanto, usaremos a combinação simples.

- 1° dia:

$$C(200, 3) = \frac{200!}{(200 - 3)!.3!} = \frac{200!}{197!.3!} = \frac{200 \times 199 \times 198 \times 197!}{197!.3!} = 1.313.400$$

- 2° dia: Note que o sertanejo não possui mais 200 galinhas (3 ele matou no dia anterior), então, o número de possibilidades passa a ser:

$$C(197, 3) = \frac{197!}{(197 - 3)!.3!} = \frac{197!}{194!.3!} = \frac{197 \times 196 \times 195 \times 194!}{194!.3!} = 1.254.890$$

- 10° dia: No segundo dia ele terá 3 galinhas a menos para escolher $(200 - 3 = 197)$, no terceiro dia ele terá 6 galinhas a menos para escolher $(200 - 6 = 200 - 2x3 = 194)$, continuando dessa forma, no décimo dia ele terá 27 galinhas a menos para escolher, $200 - 9x3 = 200 - 27 = 173$ galinhas, então, o número de possibilidades passa a ser:

$$C(173, 3) = \frac{173!}{(173 - 3)!.3!} = \frac{173!}{170!.3!} = \frac{173 \times 172 \times 171 \times 170!}{170!.3!} = 848.046$$

2. Queremos saber de quantos modos o sertanejo pode escolher 4 vacas para ordenhar de um total de 10 vacas. O mesmo seria dizer que queremos encontrar o número de subconjuntos de 4 elementos que podemos obter de um conjunto de 10 elementos.

Como no exercício anterior, observemos que a ordem dos elementos não importa. Usaremos, então, combinação simples.

a)De quantos modos o sertanejo pode fazer a escolha de quais vacas ordenhar a cada dia?

$$C(10, 4) = \frac{10!}{(10 - 4)!.4!} = \frac{10!}{6!.4!} = \frac{10 \times 9 \times 8 \times 7 \times 6!}{6!.4!} = 210$$

b)De quantos modos o sertanejo pode fazer a escolha de quais vacas ordenhar se ele não quiser utilizar as vacas que foram ordenhadas no dia anterior?

Note que se ele não utilizar as do dia anterior, a quantidade de vacas que terei a possibilidade de escolher para ordenhar será $10 - 4 = 6$ vacas e, portanto, teremos a seguinte quantidade de escolhas

56 INTRODUÇÃO À COMBINATÓRIA E PROBABILIDADE

$$C(6,4) = \frac{6!}{(6-4)!.4!} = \frac{6 \times 5 \times 4!}{2!.4!} = 15$$

3. Queremos saber quantas chapas diferentes podem ser montadas com os cargos de presidente, vice-presidente, senador, deputado federal e deputado estadual entre os 10 participantes. Em outras palavras, quantos subconjuntos de 5 elementos podem ser formados de um conjunto de 10 elementos. Basta, agora, verificar se a ordem é levada em consideração ou não. Para isso considere a situação:

   Suponhamos que o partido para facilitar a inscrição das chapas para os cargos monte uma tabela assim:

	Presidente	Vice-presidente	Senador	Dep. Federal	Dep. Estadual
CHAPA					
CHAPA					

   Suponha A, B, C, D, E são 5 dos 10 nomes. No preenchimento da ficha acima A, B, C, D, E e B, A, D, E, C são consideradas chapas diferentes, concorda? Na primeira, A é presidente, na segunda, B é presidente, logo, não representa a mesma chapa. Neste caso a ordem dos elementos é importante, e podemos calcular o número de chapas distintas usando a ideia de arranjo ou simplesmente o Princípio Multiplicativo:

$$A(10,5) = \frac{10!}{(10-5)!} = \frac{10!}{5!} = 10 \times 9 \times 8 \times 7 \times 6 = 30.240$$

4. Queremos saber de quantas maneiras diferentes podem ser preenchidos os três primeiros lugares da corrida, de um total de 20 participantes. Em outras palavras, quantos subconjuntos de 3 elementos podem ser formados de um conjunto de 20 elementos. Basta agora saber se a ordem é levada em consideração ou não. Para isso considere a situação: Se A, B, C são três dos jegues que estão competindo, se eu for descrever o pódium como uma sequência onde o primeiro lugar ocupará a primeira posição da sequência, o segundo, a segunda posição e o terceiro, a terceira posição. As sequências A, B, C e C, A, B são diferentes, concorda? Na primeira, estou dizendo que A foi o primeiro enquanto na segunda, o C foi primeiro, logo, a sequência é importante. Desta forma podemos calcular o número de pódiuns distintos usando a ideia de arranjo ou simplesmente o Princípio Multiplicativo:

$$A(20,3) = \frac{20!}{(20-3)!} = \frac{20!}{17!} = 20 \times 19 \times 18 = 6.840$$

5. Como num conjunto, a ordem em que os elementos são dispostos não importa, (pois dois conjuntos são iguais quando eles possuem os mesmos elementos) segue que a quantidade de subconjuntos com 3 elementos, que podemos formar a partir de um conjunto com 5 elementos, é $C(5,3) = \frac{5!}{3!2!} = 10$.

6. Para preencher o questionário, qualquer pessoa deve tomar três decisões, a saber:

   - Decisão D_1: Responder qual o seu grau de escolaridade, o que pode ser feito de 5 maneiras distintas, visto que neste caso a pessoa deve marcar uma entre 5 alternativas distintas.

CAPÍTULO 3. ARRANJOS E COMBINAÇÕES 57

- Decisão D_2: Escolher, com ordem de preferência, três de seis locais onde gostaria de trabalhar, o que, pelo Princípio Multiplicativo, pode ser feito de $6 \times 5 \times 4 = 120$ modos distintos (ou $A(6,3) = 120$, pois estamos levando em consideração a ordem de preferência).

- Decisão D_3: Escolher dois dias da semana para folgar, o que pode ser feito de $C(7,2) = \frac{7!}{5!2!} = 21$ modos distintos, visto que a ordem em que escolhemos 2 dias por semana para folgar não importa.

Assim, pelo Princípio Multiplicativo, existem $5 \times 120 \times 21 = 12.600$ modos distintos para que o questionário seja preenchido.

7. Neste caso devemos atentar para dois detalhes; o primeiro é que só devemos escolher 5 entre 9 produtos distintos, visto que um dos 10 produtos sempre deve estar presente na cesta; a segunda coisa é que não importa a ordem em que os produtos são escolhidos, pois o que vai diferenciar uma cesta da outra são os produtos que ela possui e não a ordem em que eles foram escolhidos. Assim, o número de cestas que podem ser formadas com 6 desses produtos, de modo que um determinado produto seja sempre incluído, é $C(9,5) = \frac{9!}{4!5!} = 126$.

8. No país X para formarmos uma placa devemos tomar as decisões, a saber:

- Decisão D_1: Escolher as 3 letras e os 3 algarismos que estarão presentes na placa, o que pode ser feito de $26 \times 26 \times 26 \times 10 \times 10 \times 10 = 26^3 \times 10^3$ formas distintas.

- Decisão D_2: Escolher as posições onde ficarão as 3 letras e os 3 algarismos que compõem a placa, o que pode ser feito de $C(6,3) = \frac{6!}{3!3!} = 20$ maneiras distintas, pois dos 6 lugares devemos escolher 3 para pôr as 3 letras e automaticamente nos outros 3 lugares serão colados os 3 algarismos. (note que não importa a ordem em que escolhemos os lugares em que colocaremos as letras; por exemplo, se escolhermos os lugares $1, 2$ e 3 gera o mesmo resultado que se escolhermos os lugares $3, 2$ e 1, o que importa são os lugares que são escolhidos, não a ordem em que eles são escolhidos!).

Assim, pelo Princípio Multiplicativo, no país X podemos formar $n = 26^3 \times 10^3 \times 20$ placas distintas.

Já no país Y, onde as placas são formadas por um bloco inicial de 3 letras acompanhado de um bloco de 4 algarismos, o total de placas é simplesmente

$$p = 26 \times 26 \times 26 \times 10 \times 10 \times 10 \times 10 = 26^3 \times 10^4$$

Assim,

$$\frac{n}{p} = \frac{26^3 \times 10^3 \times 20}{26^3 \times 10^4} = 2$$

9. Para compor uma comissão devemos tomar as seguintes decisões, a saber:

- Decisão D_1: Escolher um síndico, o que pode ser feito de 10 modos distintos, visto que qualquer uma das 10 pessoas pode ser o síndico.

- Decisão D_2: Escolher um subsíndico, o que pode ser feito de 9 maneiras distintas, visto que uma das 10 pessoas originais já foi escolhida como síndico.

58 INTRODUÇÃO À COMBINATÓRIA E PROBABILIDADE

- Decisão D_3: Escolher as 6 demais pessoas para compor o conselho consultivo (onde não há cargos distintos), o que pode ser feito de $C(8,6) = \frac{8!}{2!6!} = 28$ modos distintos. (neste caso usamos combinações, pois a ordem em que os conselheiros são escolhidos não importa, uma vez que no conselho consultivo não há diferenciação de cargos)

Assim, pelo Princípio Multiplicativo, existem $10 \times 9 \times 28 = 2.520$ modos distintos de formar a referida comissão.

10. O número de jogos deste campeonato é $C(25,2) = 300$, visto que para formarmos um jogo precisamos escolher duas das 25 equipes sem levar em consideração a ordem em que as equipes são escolhidas (o jogo A contra B é o mesmo que B contra A). Como num ano existem 52 semanas e não haverá jogos nas semanas do Natal e do Carnaval, segue que os 300 jogos devem ocorrer ao longo de $52 - 2 = 50$ semanas, o que será possível se ocorrerem $\frac{300}{50} = 6$ jogos por semana.

11. Inicialmente, vamos determinar quantos números de 4 algarismos podemos formar com os dígitos $1, 2, 3, 4$ e 5 , sem considerar nenhuma restrição. Pelo Princípio Multiplicativo, esse número é:

$$5 \times 5 \times 5 \times 5 = 625$$

Agora, desse total de números de 4 algarismos que podemos formar com os algarismos $1, 2, 3, 4$ e 5 vamos retirar aqueles que não nos interessam no problema; ou seja, aqueles cujos algarismos são todos distintos, que, pelo Princípio Multiplicativo são

$$A(5,4) = 5 \times 4 \times 3 \times 2 = 120$$

Assim o total de números de 4 algarismos que podemos formar com os dígitos $1, 2, 3, 4$ e 5 de modo que haja pelo menos dois dígitos iguais é $625 - 120 = 505$.

12. a)Este item pede exatamente o número de subconjuntos de 5 elementos do conjunto de 52 cartas. Portanto, existem $C(52,5) = \frac{52!}{47!5!} = 2.598.960$ jogos de 5 cartas distintas.

b)Como no baralho existem 4 reis (um em cada naipe) e 4 valetes (um em cada naipe), neste caso, o número de jogos que podem ser formados com 3 reis e 2 valetes é $C(4,3) \times C(4,2) = 4 \times 6 = 24$.

c)Como no baralho existem 13 cartas de copas e 13 cartas de ouro, neste caso o número de jogos que podem ser formados com 3 cartas de copas e 2 cartas de ouro é

$$C(13,3) \times C(13,2) = 286 \times 78 = 22.308$$

d)Como no baralho existem 4 ases (um de cada naipe) o número de jogos de 5 cartas que contêm exatamente 2 ases é $C(4,2) \times C(48,3) = 6 \times 17.296 = 103.776$. (Note que como queremos EXATAMENTE dois ases, escolhidos 2 ases dos 4 existentes, devemos escolher as outras 3 cartas das $52 - 4 = 48$ cartas que não são ases).

13. Ora, como no teclado aparecem 7 teclas brancas e 5 teclas pretas e além disso, cada combinação de 2 teclas brancas e 1 preta pressionadas simultaneamente, produz um som diferente, segue que a quantidade de sons diferentes que podem ser produzidos neste teclado é:

$$C(7,2) \times C(5,1) = 21 \times 5 = 105$$

CAPÍTULO 3. ARRANJOS E COMBINAÇÕES 59

14. Note que basta que o algarismo das dezenas do primeiro membro seja maior do que o algarismo das dezenas do segundo membro, que por sua vez, seja maior que o algarismo das dezenas do terceiro membro. Há $C(6,3) = 20$ maneiras distintas de escolhermos três algarismos para serem os algarismos mais à esquerda dos três membros; o maior vai para o primeiro membro, o do meio para o segundo membro e o menor, para o terceiro membro. Feito isso, permutamos os outros três algarismos entre as unidades, obtendo $3! = 6$ possibilidades. Assim, pelo Princípio Multiplicativo, podemos preencher a dupla desigualdade de $20 \times 6 = 120$ maneiras distintas.

15. Sejam A e B as duas das 10 pessoas que possuem fortes diferenças pessoais. Podemos raciocinar da seguinte forma: Inicialmente vamos determinar o total de comissões (grupos de 4 amigos) de 4 pessoas sem nenhuma restrição que é $C(10,4) = 210$. Agora vamos determinar quantas são as comissões não permitidas, ou seja, as comissões de 4 pessoas em que A e B estão presentes que são $C(8,2) = 28$ (das 8 pessoas restantes escolhemos 2 pessoas para completar a comissão de 4 pessoas). Assim a quantidade de maneiras de convidar 4 entre 10 pessoas, sendo que duas determinadas pessoas não possam participar de uma mesma comissão é $210 - 28 = 182$. Uma outra maneira de resolver essa questão seria inicialmente determinarmos quantas são as comissões em que A e B não estão presentes, que são $C(8,4) = 70$. Agora contamos quantas são as comissões em que a pessoa A está presente, mas a pessoa B ausente, que são $C(8,3) = 56$ (das 9 pessoas restantes a pessoa B não pode fazer parte da comissão, portanto escolhemos, sem nos preocuparmos com a ordem, 3 entre 8 pessoas) e finalmente contamos quantas são as comissões em que a pessoa B está presente, mas a pessoa A está ausente, que são $C(8,3) = 56$ (das 9 pessoas restantes a pessoa A não pode fazer parte da comissão, portanto escolhemos, sem nos preocuparmos com a ordem, 3 entre 8 pessoas). Assim o total de comissões possíveis é:

$$C(8,4) + 2 \times C(8,3) = 182$$

16. Imaginemos que as 10 bolas são $B, B, B, C_1, C_2, C_3, C_4, C_5, C_6$ e C_7. Queremos formar um SUBCONJUNTO com 3 das 10 bolas. Consideremos os casos a seguir:

- As três bolas são de mesma cor: Neste caso só há uma única possibilidade, a saber, $\{B, B, B\}$.
- São duas bolas de uma mesma cor e uma terceira de uma cor diferente: Neste caso, o subconjunto será da forma $\{B, B, C_*\}$, onde a bola C_* deve ser escolhia entre $C_1, C_2, C_3, C_4, C_5, C_6$ e C_7, o que evidentemente pode ser feito de 7 modos distintos.
- As três bolas são de cores diferentes: Neste caso temos as cores $B, C_1, C_2, C_3, C_4, C_5, C_6$ e C_7, o que pode ser feito de $C(8,3) = 56$ modos distintos.

Assim podemos formar um subconjunto de três das dez bolas de $1 + 7 + 56 = 64$ modos distintos.

17. Ora, como a prova possui no total 20 questões (10 de Matemática e 10 de Inglês) e, segundo o edital, o candidato precisa acertar no mínimo 70% das questões, segue que a quantidade mínima de acertos é $0,70 \times 20 = 14$ questões. Além disso, o candidato deve acertar 60% ou mais em cada disciplina, o que equivale a $0,60 \times 10 = 6$ questões em cada disciplina. Assim as possibilidades de acertos (necessários para a pontuação mínima para a aprovação) são:

Matemática	Inglês	Número de possibilidades
7	7	$C(10,7) \times C(10,7) = 14.400$
6	8	$C(10,6) \times C(10,8) = 9.450$
8	6	$C(10,8) \times C(10,6) = 9.450$

60 INTRODUÇÃO À COMBINATÓRIA E PROBABILIDADE

Portanto, a quantidade de maneiras distintas de obter a pontuação mínima para aprovação, acertando no mínimo 60% das questões de cada disciplina é

$$14.400 + 9.450 + 9.450 = 33.300$$

18. a) O número de apostas premiadas com uma quina é $C(6,5) \times C(14,1) = 84$, visto que para um cartão (entre os que ele jogou) possuir uma quina é preciso que apresente 5 dos 6 números sorteados e 1 dos 14 números (entre os 20 previamente escolhidos) que não foram sorteados.

b) O número de apostas premiadas com uma quadra é $C(6,4) \times C(14,2) = 1.365$, visto que para um cartão (entre os que ele jogou) possuir uma quadra é preciso que apresente 4 dos 6 números sorteados e 2 dos 14 números (entre os 20 previamente escolhidos) que não foram sorteados.

19. Como queremos formar soluções com dois ou mais comprimidos, segue que o número total de possibilidades é:

$$C(14,2) + C(14,3) + \cdots + C(14,14)$$

Uma maneira bem prática de obtermos essa soma é utilizarmos um resultado que será demonstrado no capítulo 12, segundo o qual para todo n natural temos:

$$C(n,0) + C(n,1) + C(n,2) + \cdots + C(n,n) = 2^n$$

Assim,

$$C(n,2) + \cdots + C(n,n) = 2^n - C(n,0) - C(n,1)$$

Portanto,

$$C(14,2) + C(14,3) + \cdots + C(14,14) = 2^{14} - C(14,0) - C(14,1) = 16.369$$

20. a) O maior número possível de amigas ocorrerá quando Júlia convidar em cada um dos 53 finais de semana duas amigas sempre distintas (nunca repetindo nenhuma das amigas). Ora, como são 53 fins de semana, se Júlia convidar sempre duas amigas distintas, o número máximo de amigas convidadas durante o ano é $53 \times 2 = 106$ amigas.

b) Seja n o menor número de amigas que Júlia deveria possuir para que fosse suficiente convidar a cada final de semana duas amigas sem nunca repetir as mesmas duas amigas. A cada final de semana Júlia irá convidar duas da n amigas, o que pode ser feito de $C(n,2) = \frac{n(n-1)}{2}$ modos distintos. Para que nunca sejam repetidas as mesmas duas amigas devemos ter $C(n,2) = \frac{n(n-1)}{2}$ no mínimo igual a 53, ou seja,

$$C(n,2) = \frac{n(n-1)}{2} \geq 53 \Leftrightarrow n(n-1) \geq 106$$

Note que o menor valor de n para o qual $n(n-1) \geq 106$ é $n = 11$, pois $11.(11-1) = 110 > 106$. Assim o número mínimo de amigas que Júlia precisa possuir para que consiga convidar duas amigas em cada um dos 53 finais de semana sem nunca repetir duas mesmas amigas é 11.

21. Num tabuleiro 8×8 há 9 linhas horizontais e 9 linhas verticais. Note que toda vez que escolhemos duas das 9 linhas horizontais e duas das 9 linhas verticais formamos um único retângulo. Assim o número de retângulos que podem ser formados corresponde ao número de maneiras distintas de escolhermos duas das 9 linhas horizontais e duas das 9 linhas verticais, o que pode ser feito de $C(9,2) \times C(9,2) = 1.296$ modos distintos.

CAPÍTULO 3. ARRANJOS E COMBINAÇÕES   61

22. Como as peças têm números de 0 a 6, teremos, neste caso, 7 peças com números iguais (de $0 - 0$ a $6 - 6$) e existem $C(7, 2) = 21$ peças com números diferentes, produzindo um total de $7 + 21 = 28$ peças. Se os números presentes nas peças dos dominós fossem de 0 a 8 teríamos 9 peças com números iguais (de $0 - 0$ a $8 - 8$) e $C(9, 2) = 36$ peças com números diferentes, produzindo um total de $9 + 36 = 45$ peças.

23. Cada um dos m passageiros pode descer em qualquer uma das n paradas. Assim, o primeiro passageiro tem n opções para descer, o segundo passageiro também tem n opções para descer, e finalmente o m–ésimo passageiro também tem n opções para descer do trem. Portanto, pelo Princípio Multiplicativo, segue que o número de maneiras distintas dos m passageiros saltarem nas n paradas é:

$$\underbrace{n \times n \times \cdots \times n}_{m \text{ vezes}} = n^{m}$$

Capítulo 4

Permutação de elementos nem todos distintos

4.1 Introdução

No dia a dia, nem sempre trabalhamos com elementos distintos, por exemplo, no nosso estojo de lápis, provavelmente, temos duas ou mais canetas iguais, ou duas borrachas iguais, dentre outros. Em uma caixa temos 10 disquetes iguais, ou seja, se trocarmos a ordem de dois deles não perceberemos nenhuma diferença na coleção (a menos que sejam de cores distintas ou estejam etiquetados). Na Química, por exemplo, H_2O significa que temos a presença de dois átomos de hidrogênio e um átomo de oxigênio e muitos outros compostos apresentam vários elementos, dentre os quais, muitos são iguais. O que estamos querendo dizer é que nem sempre trabalhamos, organizamos ou agrupamos elementos distintos, na maioria das vezes, elementos repetidos se fazem presentes. Neste capítulo, vamos apresentar uma técnica de contagem que resolve esse tipo de problema: organizar objetos nem todos distintos, a chamada Permutação com Repetição.

4.2 Permutação com Repetição

Relembrando o que aprendemos no capítulo 2 (Permutações Simples), vamos encontrar a quantidade de anagramas da palavra PRÁTICO.

Temos 7 decisões a tomar, são elas: selecionar as letras P, R, A, T, I, C e O para cada uma das 7 posições da palavra composta de 7 letras.

- Decisão D_1: escolher uma letra dentre as 7 dadas para ocupar o 1º lugar da palavra, ou seja, $x_1 = 7$.

- Decisão D_2: escolher uma letra dentre as 6 restantes para ocupar o 2º lugar da palavra, ou seja, $x_2 = 6$.

- Decisão D_3: escolher uma letra dentre as 5 restantes para ocupar o 3º lugar da palavra, ou seja, $x_3 = 5$.

- Decisão D_4: escolher uma letra dentre as 4 restantes para ocupar o 4º lugar da palavra, ou seja, $x_4 = 4$.

64 INTRODUÇÃO À COMBINATÓRIA E PROBABILIDADE

- Decisão D_5: escolher uma letra dentre as 3 restantes para ocupar o 5° lugar da palavra, ou seja, $x_5 = 3$.

- Decisão D_6: escolher uma letra dentre as 2 restantes para ocupar o 6° lugar da palavra, ou seja, $x_6 = 2$.

- Decisão D_7: colocar a letra restante no 7° e último lugar da palavra, ou seja, $x_7 = 1$.

Logo, pelo Princípio Multiplicativo, temos $x_1 \times x_2 \times x_3 \times x_4 \times x_5 \times x_6 \times x_7 = 7 \times 6 \times 5 \times 4 \times 3 \times 2 \times 1 = 7!$ anagramas distintos da palavra PRÁTICO.

Note que na palavra PRÁTICO todas as letras são distintas.

E quantos são os anagramas da palavra ANA?

Utilizando o Princípio Multiplicativo, como fizemos para o caso de PRÁTICO, temos três decisões a tomar.

- Decisão D_1: escolha da primeira letra da formação do anagrama, ou seja, $x_1 = 3$.

- Decisão D_2: escolha da segunda letra da formação do anagrama, ou seja, $x_2 = 2$.

- Decisão D_3: escolha da terceira letra da formação do anagrama, ou seja, $x_3 = 1$.

Teríamos dessa forma $3! = 6$ anagramas, mas, construindo os anagramas, obtemos

$$AAN, ANA, NAA = 3 \neq 3! = 6$$

. O que foi que aconteceu? Por que não deu certo?

Lembremos que, quando fazemos as permutações, contamos toda e qualquer disponibilidade das letras. Ou seja, contamos $A_1 N A_2$ e $A_2 N A_1$ como sendo diferentes (a diferença do primeiro para o segundo é que trocamos os A de lugar). Mas, existe diferença entre essas duas palavras ANA? Não! Entretanto, para o Princípio da Multiplicação, elas são diferentes, já que a partir dele apenas se conta, não se olha nem se identifica os elementos.

E da palavra ARARA?

$$AAARR, AARAR, AARRA, ARARA, ARRAA, RARAA, RRAAA, ARAAR, RAARA, RAAAR$$
$$= 10 \neq 5! = 120$$

Para explicar detalhadamente o que está acontecendo, enumeremos as letras da seguinte forma: como temos três A e dois R, escreveremos A_1, A_2, A_3 e R_1, R_2. Ao utilizarmos o Princípio Multiplicativo, contamos

$$A_1 A_2 A_3 R_1 R_2, A_1 A_3 A_2 R_1 R_2, A_2 A_1 A_3 R_1 R_2, A_2 A_3 A_1 R_1 R_2, A_3 A_1 A_2 R_1 R_1, A_3 A_2 A_1 R_1 R_2,$$

$$A_1 A_2 A_3 R_2 R_1, A_1 A_3 A_2 R_2 R_1, A_2 A_1 A_3 R_2 R_1, A_2 A_3 A_1 R_2 R_1, A_3 A_1 A_2 R_2 R_1, A_3 A_2 A_1 R_2 R_1$$

como sendo respostas diferentes, enquanto, na verdade, são todas iguais ao anagrama AAARR. Ou seja, uma vez fixada uma ordem das letras iguais, fazendo-as permutarem entre seus lugares, não teremos mudança visual no anagrama (ele continua o mesmo), entretanto, o Princípio Multiplicativo conta como diferente cada permutação dessa.

CAPÍTULO 4. PERMUTAÇÃO DE ELEMENTOS NEM TODOS DISTINTOS   65

No caso da ARARA, contamos $2! \times 3!$ vezes o mesmo anagrama levando em consideração a mudança de posição entre letras iguais, quando, na verdade, deveríamos ter contado apenas uma vez. O $3!$ diz respeito às permutações das 3 letras A e o $2!$ as permutações das 2 letras R. O produto decorre do Princípio Multiplicativo, ou seja, a primeira decisão seria de quantas formas podemos permutar os A após fixar suas posições e a segunda seria de quantas formas podemos permutar os R após também fixar suas posições. Dessa forma, para obtermos o número de anagramas que realmente podemos distinguir um do outro, devemos dividir o resultado obtido pela quantidade $2! \times 3!$. Logo, o total de anagramas da palavra ARARA é $\frac{5!}{3!.2!} = 10$, como já sabíamos.

Seguindo esse raciocínio para a palavra ANA, temos: $\frac{3!}{2!.1!} = 3$ anagramas. De um modo geral, se temos uma palavra com n letras em que destas n temos p distintas nas quantidades $n_1, n_2, \cdots, n_p$, respectivamente, então, o número de anagramas diferentes com essas letras é $\frac{n!}{n_1!.n_2!.\cdots.n_p!}$, e denotamos esse tipo quociente por $P_n^{n_1, n_2, \cdots, n_p}$.

Só relembrando, o $n!$ é o número obtido pelo Princípio da Multiplicação, considerando todas as permutações possíveis como diferentes. Então, fixada a posição das letras, é necessário observar quantas permutações podemos realizar entre as letras repetidas, de modo a não alterarmos o anagrama. Esse número é a quantidade de vezes que contamos cada anagrama, enquanto, na verdade, deveríamos ter contado apenas uma vez. Precisamos, então, dividir $n!$ por esse número para obtermos a quantidade de anagramas distintos quando utilizamos letras iguais.

Exemplo 4.2.1 - *Quantos números com seis algarismos podemos formar usando apenas os algarismos* $1, 1, 1, 1, 2$ *e* 3?

Note que, ao formarmos um número com esses algarismos, se alterarmos as posições dos 1 entre eles, não teremos diferença no número obtido, ou seja, estamos no mesmo caso de anagramas com letras repetidas em que $n_1 = 4, n_2 = 1$ e $n_3 = 1$, portanto, a quantidade de números distintos é

$$P_6^{4,1,1} = \frac{6!}{4!.1!.1!} = 30$$

Exemplo 4.2.2 - *Quantos números com cinco algarismos podemos formar usando apenas os algarismos* $1, 1, 1, 1, 2$ *e* 3?

Com cinco algarismos, podemos ter quatro 1 ou três 1 em cada número. E como os números formados com três 1 são diferentes daqueles formados com quatro 1, o conjunto dos números de 5 algarismos formados com três 1 é disjunto do conjunto dos números de 5 algarismos formados com quatro 1.

Então, pelo Princípio Aditivo, o número total é a soma da quantidade de elementos desses dois conjuntos. Calculemos a quantidade de números formados com três 1.

Devemos formar um número de 5 algarismos, e já temos três 1, falta, então, mais dois outros algarismos diferentes do 1. Portanto, teremos obrigatoriamente o 3 e o 2 no conjunto desses algarismos, sendo a quantidade de números distintos formados com esses algarismos é

$$P_5^{3,1,1} = \frac{5!}{3!.1!.1!} = 20$$

66 INTRODUÇÃO À COMBINATÓRIA E PROBABILIDADE

Calculemos agora a quantidade de números formados com quatro algarismos 1. Se temos quatro 1, então, para completar o total de cinco algarismos, devemos ter o 3 ou o 2 no conjunto desses algarismos. Note, também, que o conjunto de números com quatro 1 e um 3 é disjunto do conjunto de números formado com quatro 1 e um dois. Usando o 2, obtemos

$$P_5^{4,1} = \frac{5!}{4!.1!} = 5$$

De maneira análoga, usando o 3, obtemos

$$P_5^{4,1} = \frac{5!}{4!.1!} = 5$$

Assim, pelo Princípio Aditivo, a quantidade de números distintos formados com quatro algarismos 1 é

$$P_5^{4,1} + P_5^{4,1} = 5 + 5 = 10$$

E concluímos, dessa forma, que a quantidade de números com cinco algarismos formados utilizando-se apenas $1,1,1,1,2$ e 3 é: $20 + (5+5) = 30$. Note que coincidência: a quantidade obtida (30) é a mesma obtida no exemplo anterior, no qual estávamos interessados em formar números com seis algarismos utilizando quatro 1, um 2 e um 3.

4.3 Exercícios propostos

1. Uma rendeira trabalha fazendo toalhas de mesa. Sua obra consiste em "rendar"4 faixas e, em seguida, juntá-las por meio de costura. Ela dispõe de linhas de 4 cores distintas: azul, amarelo, verde e branco e utiliza apenas uma das cores para rendar cada faixa.
Fixadas duas cores, por exemplo, verde e amarelo, pergunta-se:

   a)

   - Quantos modelos diferentes de toalhas ela pode montar com 3 faixas verdes e 1 amarela?
   - Quantos modelos diferentes de toalhas ela pode montar com 2 faixas verdes e 2 amarelas?
   - Quantos modelos diferentes de toalhas ela pode montar com 1 faixa verde e 3 amarelas?
   - Quantos modelos diferentes de toalhas ela pode montar com 4 faixas verdes?
   - Quantos modelos diferentes de toalhas ela pode montar com 4 faixas amarelas?
   - Quantos modelos diferentes de toalhas ela pode montar com as cores verde e/ou amarelo?
   - Quantos modelos diferentes de toalhas ela pode fazer utilizando exatamente 2 cores, em que de uma delas deve haver três faixas e da outra deve haver apenas uma faixa?

   b) Quantos modelos de toalhas distintas ela pode fazer utilizando 3 cores, ou seja, duas faixas deve ter a mesma cor e as outras devem ser de cores distintas?

   c) Quantos modelos de toalhas distintas podem ser feitos utilizando 2 cores em que de cada uma delas deve haver duas faixas?

   d) Quantos modelos de toalhas distintas ela pode fazer utilizando uma faixa de cada cor?

CAPÍTULO 4. PERMUTAÇÃO DE ELEMENTOS NEM TODOS DISTINTOS

2. O dono de um self-service, sabendo que sua freguesia tem preferência pelo seu prato especial, a famosa "fava temperada", decidiu disponibilizá-la em dois lugares da sua mesa de pratos quentes. Tendo em vista que a mesa do seu restaurante é do formato abaixo e que existem 5 pratos quentes, sendo um deles a fava, pergunta-se:

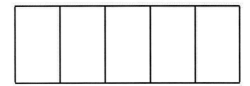

a) de quantos modos ele pode arrumar sua mesa de pratos quentes com dois espaços para a fava e três para outros pratos distintos?

b) de quantas maneiras ele pode fazer essa arrumação se desejar colocar também dois espaços para o arroz e apenas mais uma outra opção de prato quente?

3. Um grupo de 11 pessoas era composto de: quadrigêmeos europeus, trigêmeos africanos, um par de gêmeos asiáticos e um par de gêmeos americanos. E, para variar, os de mesma nacionalidade usavam roupas idênticas. Se fôssemos fotografá-los para mostrar a alguém que não conhece nenhuma dessas pessoas, quantas fotos poderiam ser consideradas diferentes?

4. Efetuando-se a multiplicação dos fatores 5 e 3, com uma calculadora, lê-se, no visor, o resultado 1.125. Para que isso aconteça, digitam-se, algumas vezes, as teclas 3 e 5, intercaladas pela digitação da tecla × e, finalmente, digita-se a tecla =. Qual o número de sequências diferentes de teclas que pode ser digitado?

5. Em um torneio de futsal um time obteve 8 vitórias, 5 empates e 2 derrotas, nas 15 partidas disputadas. De quantas maneiras distintas esses resultados podem ter ocorrido?

6. Ao preencher um cartão da loteria esportiva, André optou pelas seguintes marcações: 4, coluna um, 6, coluna do meio e 3 coluna dois. De quantas maneiras distintas André poderá marcar os cartões?

7. (UFRJ) Uma partícula desloca-se sobre uma reta, percorrendo 1cm para a esquerda, ou para a direita, a cada movimento. Calcule de quantas maneiras diferentes a partícula pode realizar uma sequência de 10 movimentos terminando na posição de partida.

8. Determine quantos números de 7 algarismos podemos obter, permutando-se os algarismos do número 3.053.345.

9. A figura representa o mapa de uma cidade, na qual há 7 avenidas na direção norte-sul e 6 avenidas na direção leste-oeste.

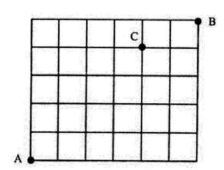

a) Quantos são os trajetos de comprimento mínimo ligando o ponto A ao ponto B?
b) Quantos desses trajetos passam por C?

10. Uma prova consta de 10 proposições. Cada uma delas deve ser classificada como verdadeira (V) ou falsa (F). Qual o número de maneiras de se responder as 10 questões dessa prova, a fim de se obter pelo menos 70% dos acertos?

11. Quantos são os anagramas da palavra ARARAQUARA que não possuem 2 letras "A" juntas?

12. Um professor deve ministrar 20 aulas em três dias consecutivos, tendo para cada um dos dias as opções de ministrar 4, 6 ou 8 aulas. Qual o número de distribuições possíveis dessas 20 aulas nos três dias?

13. (UERJ) Uma rede é formada de triângulos equiláteros congruentes, conforme a representação abaixo.

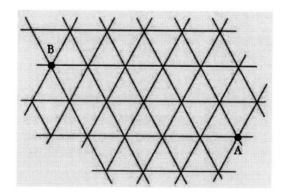

Uma formiga se desloca do ponto A para o ponto B sobre os lados dos triângulos, percorrendo X caminhos distintos, cujos comprimentos totais são todos iguais a d. Sabendo que d corresponde ao menor valor possível para os comprimentos desses caminhos, determine X.

14. Quantos números pares de 8 algarismos podemos formar com os dígitos 1, 1, 1, 2, 3, 3, 5 e 9 respeitando-se as repetições?

CAPÍTULO 4. PERMUTAÇÃO DE ELEMENTOS NEM TODOS DISTINTOS 69

15. Uma equipe de futebol disputou 8 jogos em um torneio: venceu 4, perdeu 2 e empatou 2.

a)De quantos modos distintos pode ter ocorrido a sequência de resultados?

b)Supondo que a equipe estreou no torneio com vitória e o encerrou também com vitória, de quantos modos distintos pode ter ocorrido a sequência dos outros resultados?

16. Se 9 pessoas vão sentar-se numa fila de cadeiras que possui 15 cadeiras, de quantas formas distintas essas 9 pessoas podem sentar-se (uma pessoa por cadeira) de modo que não fiquem duas cadeiras consecutivas vazias.

17. Quantos são os anagramas da palavra TIKTAK tais que em cada um deles não há duas letras iguais vizinhas?

18. Quantos são os números naturais de 7 dígitos nos quais o dígito 4 figura exatamente 3 vezes e o dígito 8 exatamente 2 vezes?

19. Quantos números maiores que $3.000.000$ podem ser formados permutando-se os dígitos $1, 2, 2, 4, 6, 6, 6$?

20. De quantas formas distintas 3 homens e 4 mulheres podem sentar-se numa mesma fila de cadeiras de um cinema, sabendo-se que existem 11 cadeiras e que os homens devem sentar-se juntos uns dos outros e as mulheres também devem sentar-se juntas umas das outras?

4.4 Resolução dos exercícios propostos

1. Consideremos:

n_1 - número de faixas de cor azul;

n_2 - número de faixas de cor amarela;

n_3 - número de faixas de cor verde;

n_4 - número de faixas de cor branca.

então $P_n^{n_1, n_2, n_3, n_4}$ representará quantas formas distintas existem de permutar n elementos onde temos n_1 de um tipo, n_2 de outro tipo, etc. Assim,
a)

- Temos $n = 4, n_1 = 0, n_2 = 1, n_3 = 3$ e $n_4 = 0$. Portanto, a quantidade de toalhas distintas é:
$$P_4^{0,1,3,0} = \frac{4!}{0! \times 1! \times 3! \times 0!} = 4.$$

- Temos $n = 4, n_1 = 0, n_2 = 2, n_3 = 2$ e $n_4 = 0$. Portanto, a quantidade de toalhas distintas é:
$$P_4^{0,2,2,0} = \frac{4!}{0! \times 2! \times 2! \times 0!} = 6.$$

70 INTRODUÇÃO À COMBINATÓRIA E PROBABILIDADE

- Temos $n = 4, n_1 = 0, n_2 = 3, n_3 = 1$ e $n_4 = 0$. Portanto, a quantidade de toalhas distintas é:

$$P_4^{0,3,1,0} = \frac{4!}{0! \times 3! \times 1! \times 0!} = 4.$$

- Temos $n = 4, n_1 = 0, n_2 = 0, n_3 = 4$ e $n_4 = 0$. Portanto, a quantidade de toalhas distintas é:

$$P_4^{0,1,3,0} = \frac{4!}{0! \times 0! \times 4! \times 0!} = 1.$$

- Temos $n = 4, n_1 = 0, n_2 = 4, n_3 = 0$ e $n_4 = 0$. Portanto, a quantidade de toalhas distintas é:

$$P_4^{0,4,0,0} = \frac{4!}{0! \times 4! \times 0! \times 0!} = 1.$$

- Considere os seguintes conjuntos:

  $A = \{$toalhas de 4 faixas formadas com 4 faixas verdes e 0 amarela$\}$.

  $B = \{$toalhas de 4 faixas formadas com 3 faixas verdes e 1 amarela$\}$.

  $C = \{$toalhas de 4 faixas formadas com 2 faixas verdes e 2 amarelas$\}$.

  $D = \{$toalhas de 4 faixas formadas com 1 faixa verde e 3 amarelas$\}$.

  $E = \{$toalhas de 4 faixas formadas com 0 faixa verde e 4 amarelas$\}$.

  Note que qualquer toalha de 4 faixas utilizando apenas as cores verde e amarela que façam o resultado está em um destes conjuntos, ou seja, o conjunto das toalhas de 4 faixas que se utiliza apenas as cores verde e amarela é a união de A, B, C, D e E. Além disso, esses conjuntos são disjuntos, pois em cada um deles a quantidade de faixas verde muda, por exemplo, se um elemento está em C (toalha que possui 2 faixas verdes) ele não pode estar em B(toalha que possui 3 faixas verdes). Calculando a quantidade de elementos de cada conjunto desse, temos:

$$n(A) = P_4^{0,0,4,0} = 1, \quad n(B) = P_4^{0,1,3,0} = 4, \quad n(C) = P_4^{0,2,2,0} = 6$$
$$n(D) = P_4^{0,3,1,0} = 4, \quad n(E) = P_4^{0,4,0,0} = 1$$

  portanto, a resposta é $1 + 4 + 6 + 4 + 1 = 16$.

- Para satisfazer o enunciado devemos tomar três decisões, a saber:
  - D_1: Escolher a cor que terá 3 faixas na toalha, o que pode ser feito de $x_1 = 4$ maneiras.
  - D_2: Escolher a cor que terá 1 faixa na toalha, o que pode ser feito de $x_2 = 3$ maneiras.
  - D_3: Montar a toalha com estas faixas, o que pode ser feito de $x_3 = P_4^{3,1} = \frac{4!}{3!1!} = 4$ maneiras.

  Portanto, pelo Princípio Multiplicativo, o número de toalhas distintas satisfazendo as condições impostas pelo enunciado é:

$$4 \times 3 \times 4 = 48$$

CAPÍTULO 4. PERMUTAÇÃO DE ELEMENTOS NEM TODOS DISTINTOS   71

b)Para satisfazer as condições impostas pelo enunciado devemos tomar as decisões, a saber:

- D_1: Escolher a cor que será repetida (duas faixas devem ter a mesma cor), o que pode ser feito de 4 modos distintos.

- D_2: Escolher as outras duas cores que irão compor a toalha, o que pode ser feito de $C(3,2) = 3$ modos distintos.

- D_3: Montar as toalhas com as cores escolhidas nas faixas da toalha, o que pode ser feito de $P_4^{2,1,1,0} = 12$ modos distintos.

Portanto, pelo Princípio Multiplicativo, o número de toalhas distintas satisfazendo as condições impostas pelo enunciado é:

$$4 \times 3 \times 12 = 144$$

c)Neste caso temos que tomar as duas decisões, a saber:

- D_1: Escolher duas cores, o que pode ser feito de $C(4,2) = 6$ modos distintos.

- D_2: Permutar as 2 cores escolhidas nas 4 faixas existentes na toalha, o que pode ser feito de $P_4^{2,2} = 6$ modos distintos.

Portanto, pelo Princípio Multiplicativo, podemos produzir $6 \times 6 = 36$ toalhas com as restrições impostas pelo enunciado.

d)Neste caso, basta apenas permutar as 4 cores disponíveis nas 4 faixas, o que pode ser feito de $4! = 24$ modos distintos.

2. a)Estamos permutando 5 pratos com dois deles sendo iguais em cinco lugares na mesa. Como dois desses pratos são iguais, usaremos Permutação com elementos nem todos distintos,

$$P_5^{2,1,1,1} = \frac{5!}{2! \times 1! \times 1! \times 1!} = 60$$

b)Continuamos permutando 5 pratos em 5 lugares da mesa, só que agora com 2 deles iguais a fava e dois deles iguais a arroz, pratos em cinco lugares na mesa. Portanto, usaremos Permutação com elementos nem todos distintos,

$$P_5^{2,2,1} = \frac{5!}{2! \times 2! \times 1!} = 30$$

3. Neste caso temos 11 pessoas para distribuirmos em 11 lugares (posições) na foto. Observe, entretanto, que os irmãos de mesma nacionalidade estão vestidos com roupas idênticas e as fotos serão mostradas para alguém que não os conhece, logo serão indistinguíveis para quem observar a foto. Façamos uma ilustração em que As representa asiático; Am, americano; Eu, europeu e Af, africano.

$$As_1 \quad As_2 \quad Am_2 \quad Am_1 \quad Eu_1 \quad Eu_2 \quad Eu_3 \quad Eu_4 \quad Af_1 \quad Af_2 \quad Af_3$$

E notemos que não há diferença visual com

$$As_1 \quad As_2 \quad Am_2 \quad Am_1 \quad Eu_3 \quad Eu_2 \quad Eu_1 \quad Eu_4 \quad Af_1 \quad Af_2 \quad Af_3$$

Então, o número de disposições diferentes é obtido com permutação de elementos nem todos distintos, assim,

$$P_{11}^{4,3,2,2} = \frac{11!}{4! \times 3! \times 2! \times 2!} = 69.300$$

72 INTRODUÇÃO À COMBINATÓRIA E PROBABILIDADE

4. Decompondo-se 1.125 em fatores primos, obtemos $1.125 = 3^2 \times 5^3$. Assim para obtermos o número 1.125 precisamos digitar 2 vezes o número 3 e 3 vezes o número 5, ou seja, devemos digitar os algarismos $3, 3, 5, 5, 5$ em alguma ordem. Portanto, o número de maneiras de obter-se o número 1.125 corresponde ao número de maneiras de permutarmos os digitos $3, 3, 5, 5, 5$, o que pode ser feito de $P_5^{2,3} = \frac{5!}{2!3!} = 10$ modos distintos.

5. Representando cada vitória pela letra V, cada empate pela letra E e cada derrota pela letra D, segue que cada uma das maneiras de ocorrerem 8 vitórias, 5 empates e 2 derrotas corresponde a uma das permutações das letras VVVVVVVVEEEEEDD e reciprocamente, isto é, cada uma das permutações das letras V,V,V,V,V,V,V,V,E,E,E,E,E,D,D corresponde a uma maneira de ocorrerem as 8 vitórias, os 5 empates e as 2 derrotas. Assim, a quantidade de maneiras distintas de ocorrerem as 8 vitórias, os 5 empates e as 2 derrotas é $P_{15}^{8,5,2} = \frac{15!}{8!.5!.2!} = 135.135$.

6. Representando cada marcação na coluna um pela letra A, na coluna do meio pela letra B e na coluna dois pela letra C, segue que, cada uma das maneiras de André marcar 4 vezes a coluna um, 6 vezes a coluna do meio e 3 vezes a coluna dois corresponde a uma permutação das letras A,A,A,A,B,B,B,B,B,B,C,C,C e reciprocamente, isto é, cada uma das permutações da letras A,A,A,A,B,
B,B,B,B,B,C,C,C corresponde a uma maneira de André marcar a coluna um 4 vezes, a coluna do meio 6 vezes e a coluna dois 3 vezes. Assim, o número de maneiras distintas de André marcar 4 vezes a coluna um, 6 vezes a coluna do meio e 3 coluna dois, é $P_{13}^{4,6,3} = \frac{13!}{4!.6!.3!} = 60.060$.

7. Sejam x e y os números de movimentos dados, respectivamente, para a diteira e para a esquerda, a partir do ponto inicial (que chamaremos de origem). De acordo com o enunciado, após 10 movimentos, a partícula retorna à posição de origem. Assim,

$$\begin{cases} x + y = 10 \\ x - y = 0 \end{cases} \Rightarrow x = y = 5$$

ou seja, para que após 10 movimentos retorne ao ponto inicial é preciso que sejam dados 5 movimentos para direita e 5 movimentos para a esquerda. Assim, o número de maneiras diferentes da partícula realizar uma sequência de 10 movimentos terminando na posição de partida é

$$\frac{10!}{5!.5!} = 252$$

8. Aqui devemos tomar um cuidado especial com o 0 que é um dos algarismos que serão permutados e não devemos considerar as permutações em que o algarismo 0 aparece na primeira posição, visto que, por exemplo, $0.353.345 = 353.345$, que é um número de 6 e não de 7 algarismos. Neste problema podemos proceder da seguinte forma: contamos quantas são todas as permutações sem nenhuma restrição e depois descontamos aquelas permutações que iniciam pelo algarismo 0 (que não são válidas). A quantidade total de permutações dos algarismos $3, 0, 5, 3, 3, 4, 5$ é $P_7^{3,2,1,1} = \frac{7!}{3! \times 2! \times 1! \times 1!} = 420$ (são 7 algarismos no total, com 3 algarismos 3 e 2 algarismos 5, 1 algarismo 0 e 1 algarismo 4). Por outro lado, a quantidade de permutações que iniciam pelo algarismo 0 é $P_6^{3,2,1} = \frac{6!}{3! \times 2! \times 1!} = 60$ (agora estamos permutando 6 algarismos, onde 3 algarismos iguais a 3 e 2 algarismos iguais a 5 e 1 algarismo igual a 4). Assim, a quantidade de números de 7 algarismos que podemos obter, permutando-se os algarismos do número 3.053.345 é $420 - 60 = 360$.

9. a)Cada um dos possíveis caminhos ligando os pontos A e B é constituído por 6 passos horizontais e 5 passos verticais. Assim, o número de caminhos ligando os pontos A e B respeitando-se

CAPÍTULO 4. PERMUTAÇÃO DE ELEMENTOS NEM TODOS DISTINTOS 73

as regras impostas pelo enunciado, é o mesmo que o número de permutações formadas por 6 letras H (horizontal) e 5 letras V(vertical), ou seja,

$$P_{11}^{6,5} = \frac{11!}{6! \times 5!} = 462$$

b)Cada um dos caminhos ligando os pontos A e C é constituído por 4 passos horizontais e por 4 passos verticais, portanto, o número de caminhos ligando os pontos A e C corresponde ao número de permutações de 8 letras, sendo 4 letras iguais a H e 4 letras V, que é igual a

$$P_8^{4,4} = \frac{8!}{4! \times 4!} = 70$$

Além disso, cada um dos caminhos ligando os pontos C e B é constituído por 2 passos horizontais e por 1 passo vertical, portanto, o número de caminhos ligando os pontos C e B corresponde ao número de permutações de 3 letras, sendo 2 letras iguais a H e 1 letra V, que é igual a

$$P_2^{2,1} = \frac{3!}{2! \times 1!} = 3$$

Ora, como existem 70 caminhos ligando os pontos A e C e 3 caminhos ligando os pontos C e B, segue, pelo Princípio Multiplicativo, que o número total de caminhos ligando os pontos A e B passando por C é $70 \times 3 = 210$.

10. Para obtermos pelo menos 70% de acertos numa prova de 10 questões, devemos acertar $7, 8, 9$ ou 10 questões. Assim, temos as seguintes situações, a saber:

  - Marcar 7 questões corretamente e 3 questões de forma errada, que corresponde uma sequência de 7 letras C e 3 letras E, ou seja, uma permutação das letras CCCCCCCEE, o que pode ser feito de $\frac{10!}{7!3!} = 120$.

  - Marcar 8 questões corretamente e 2 questões de forma errada, que corresponde uma sequência de 8 letras C e 2 letras E, ou seja, uma permutação das letras CCCCCCCCEE, o que pode ser feito de $\frac{10!}{8!2!} = 45$.

  - Marcar 9 questões corretamente e 1 questão de forma errada, que corresponde uma sequência de 9 letras C e 1 letra E, ou seja, uma permutação das letras CCCCCCCCCE, o que pode ser feito de $\frac{10!}{9!1!} = 10$.

  - Marcar 10 questões corretamente e nenhuma questão de forma errada, que corresponde uma sequência de 10 letras C, ou seja, uma permutação das letras CCCCCCCCCC, o que pode ser feito de $\frac{10!}{10!0!} = 1$.

Assim, o número de maneiras distintas para obtermos pelo menos 70% de acertos numa prova de 10 questões corretamente(C) ou de forma errada(E) é

$$120 + 45 + 10 + 1 = 176$$

11. As letras diferentes de A são R, R, Q, U, R que podem ser permutadas de $\frac{5!}{3!.1!.1!} = 10$ modos distintos. Agora imagine uma dessas 10 permutações, por exemplo

RRQUR

Agora, perceba que para encaixarmos as 5 letras A, que ainda faltam, podemos raciocinar da seguinte forma: Imagine seis espaços conforme ilustramos a seguir:

| R | R | Q | U | R |

Assim temos 6 espaços para encaixarmos 5 letras iguais a A, o que pode ser feito de $C(6,5) = 6$ modos distintos. Como isso ocorre para cada uma das permutações das letras R, R, Q, U, R, portanto, o número de anagramas da palavra ARARAQUARA em que duas letras A não aparecem juntas, pelo Princípio Multilicativo é

$$\frac{5!}{3!.1!.1!} \times C(6,5) = 10 \times 6 = 60$$

12. Inicialmente perceba que, para que sejam ministradas 20 aulas em 3 dias, respeitando-se a condição que as possibilidades para os números de aulas em cada um dos três dias são 4, 6 ou 8 aulas, segue que os números possíveis de aulas serão 8, 8, 4 ou 8, 6, 6. É claro que, em qualquer ordem que sejam apresentados esses mesmos números de aulas, a sua soma sempre será igual a 20. Assim, o número de maneiras distintas de distruibuirmos essas 20 aulas em 3 dias corresponde ao número de maneiras distintas de permutarmos os números 8, 8, 4 ou 8, 6, 6. Ora, em cada uma destas duas últimas listas de números sempre temos três números, onde dois são iguais (permutações de três elementos, onde dois são repetidos), assim o número de permutações é:

$$\frac{3!}{2!} + \frac{3!}{2!} = 3 + 3 = 6$$

Portanto, existem 6 maneiras distintas de ministrar as 20 aulas nos 3 dias, respeitando-se as exigências impostas pelo enunciado.

13. O trajeto da formiga será mínimo quando ela caminha sempre para o oeste (esquerda) ou para o norte (para cima, sobre os lados dos triângulos). Note que qualquer um dos caminhos que a formiga pode fazer para sair do ponto A para o ponto B, ela sempre dará 4 passos para a esquerda e 2 passos para cima (sempre caminhando sobre os lados dos triângulos equiláteros que são dados na figura). Representanto cada passo para a esquerda pela letra E e cada passo para cima por N, segue que para cada caminho que a formiga percorre de A até B existe uma sequência de 6 letras, sendo 4 letras E e 2 letras N e reciprocamente, ou seja, para cada sequência de 6 letras, sendo 4 letras iguais a E e 2 letras iguais a N existe um caminho a ser percorrido pela formiga de A até B, respeitando as restrições impostas pelo enunciado. Diante do exposto, o número de caminhos (mínimos) de A até B corresponde ao número de permutações de 6 letras, sendo 4 letras E e 2 letras N, que é $\frac{6!}{4!2!} = 15$.

14. Ora, como queremos formar números pares, segue que o algarismo das unidades (último algarismo da direita) tem de ser par. Os algarismos dados são 1, 1, 1, 2, 3, 3, 5 e 9 e entre eles o único par é o 2, segue que os números que queremos são da forma:

Agora resta distribuir os 7 digitos 1, 1, 1, 2, 3, 3, 5 nos 7 lugares restantes, o que pode ser feito de $P_7^{3,1,2,1} = \frac{7!}{3!.1!.2!.1!} = 840$ maneiras distintas. Assim, existem 840 números pares de 8 algarismos que podemos formar com os dígitos 1, 1, 1, 2, 3, 3, 5 e 9 respeitando-se as repetições.

15. a) Representando cada vitória por V, cada empate por E e cada derrota por D, segue que o número de maneiras distintas de terem ocorrido 4 vitórias, 2 empates e 2 derrotas corresponde ao número de maneiras distintas de permutarmos as letras V, V, V, V, E, E, D, D que é igual a

$$P_8^{4,2,2} = \frac{8!}{4!.2!.2!} = 420$$

b)Ora, se a equipe estreou o torneio com uma vitória e também encerrou o torneio com uma vitória, temos a configuração a seguir:

Agora resta apenas encaixar as demais letras V, V, E, E, D, D nos 6 espaços que ainda permanecem vazios, o que pode ser feito de $P_6^{2,2,2} = \frac{6!}{2!.2!.2!} = 90$ modos distintos. Portanto, existem 90 modos distintos de ter estreado e encerrado o torneio com vitória, sabendo que ao longo do torneio venceu 4 partidas empatou 2 partidas e perdeu 2 partidas.

16. Sejam $P_1, P_2, \cdots, P_9$ as 9 pessoas e V cada um dos 6 lugares vazios. Claramente existem 9! maneiras distintas de organizarmos essas 9 pessoas em fila. Imagine, por exemplo, uma dessas 9! possibilidades, a seguir

$$P_1 \quad P_2 \quad P_3 \quad P_4 \quad P_5 \quad P_6 \quad P_7 \quad P_8 \quad P_9$$

Agora vamos "encaixar" os 6 lugares vazios, o que pode ser feito de $C(10,6) = \frac{10!}{4!.6!} = 210$ modos distintos, pois temos 10 locais possíveis para encaixarmos as 6 letras V (antes da pessoa P_1, entre as pessoas P_1 e P_2, entre as pessoas P_2 e P_3, ..., após a pessoa P_9). Assim, pelo Princípio Multiplicativo, o número de maneiras distintas que as 9 pessoas podem sentar (uma pessoa por cadeira) de modo que não fiquem duas cadeiras consecutivas vazias é

$$9! \times C(10,6) = 362.880 \times 210 = 76.204.800$$

17. As letras da palavra TIKTAK são T, T, K, K, I, A. Assim, o número total de anagramas da palavra TIKTAK é $P_6^{2,2,1,1} = \frac{6!}{2!.2!.1!.1!} = 180$. Além disso, o número de anagramas em que as duas letras T estão juntas é

$$(T,T), K, K, I, A \rightarrow P_5^{1,2,1,1} = \frac{5!}{1!.2!.1!.1!} = 60$$

Note que, neste caso, o bloco (T, T) foi contado como um único objeto permutável!.

Analogamente, o número de anagramas em que as duas letras K estão juntas é

$$T, T, (K, K), I, A \rightarrow P_5^{1,2,1,1} = \frac{5!}{1!.2!.1!.1!} = 60$$

Neste ponto é preciso prestar atenção que existem anagramas da palavra TIKTAK que apresentam simultaneamente as duas letras T e as duas letras K juntas e, portanto, esses anagramas foram contados nos dois casos acima. Assim, a quantidade dos anagramas é

$$(T,T), (K,K), I, A \rightarrow 4! = 24$$

Assim, o número de anagramas da palavra TIKTAK, em que há duas letras iguais vizinhas iguais, é

$$60 + 60 - 24 = 96$$

Finalmente, para sabermos quantos são os anagramas da palavra TIKTAK, que não apresentam duas letras iguais vizinhas, basta do total de anagramas, que são 180, subtrair o número de anagramas que apresentam duas letras iguais vizinhas, ou seja

$$180 - 96 = 84$$

76 INTRODUÇÃO À COMBINATÓRIA E PROBABILIDADE

18. Ora, como os números que queremos possuem 7 digítos e os dígitos 4 e 8 aparecem exatamente 3 e 2 vezes (respectivamente), segue que ainda podemos escolher 2 algarismos que não podem ser nem 4 nem 8, visto que os algarismos 4 e 8 não podem aparecer mais que 3 e 2 vezes, respectivamente. Se imaginarmos que a e b são os algarismos escolhidos, teremos então os seguintes algarismos para formar os números pedidos pelo enunciado:

$$a, b, 4, 4, 4, 8, 8$$

Agora vamos considerar dois casos, a saber:

- 1° Caso: $a = b$.

  Neste caso podemos escolher os valores de a e b (que são iguais) de $10 - 2 = 8$ maneiras distintas pois não podemos escolher os algarismos 4 e 8, visto que não podemos acrescentar o 4 nem o 8 além dos que já estão presentes. Uma vez escolhido o valor de $a = b$ teremos os seguintes algarismos: $a, a, 4, 4, 4, 8, 8$ que podem ser permutados de $P_7^{2,3,2} = \frac{7!}{2!.3!.2!} = 210$. Assim, pelo Princípio Multiplicativo, neste caso existem $8 \times 210 = 1680$ números. Aqui ainda há um detalhe: entre esses 1.680 números estão incluídos aqueles que começam pelo algarismo 0, que evidentemente devem ser excluídos. Neste caso, os números que começam por 0 são da forma

$$\boxed{0}\ \square\ \square\ \square\ \square\ \square\ \square$$

  Assim, fixando o algarismo 0 na primeira posição, podemos permutar os 6 outros algarismos que são $0, 4, 4, 4, 8, 8$, o que pode ser feito de $P_6^{1,3,2} = \frac{6!}{1!.3!.2!} = 60$ modos distintos. Portanto, neste caso, existem $1.680 - 60 = 1.620$ números válidos.

- 2° Caso: $a \neq b$.

  Neste caso, pelo Princípio Multiplicativo, existem $C(8,2) = 28$ maneiras distintas de escolhermos os algarismos a e b, visto que o a e o b são distintos e não podem ser 4 nem 8. Escolhidos os algarismos a e b (distintos) devemos, pois, permutar os algarismos $a, b, 4, 4, 4, 8, 8$, o que pode ser feito de $P_7^{1,1,3,2} = \frac{7!}{1!.1!.3!.2!} = 420$. Assim, pelo Princípio Multiplicativo, existem neste caso $28 \times 420 = 11.760$ números. Destes 11.520 números devemos excluir aqueles que iniciam pelo algarismo 0, ou seja, os algarismos da forma:

$$0, b, 4, 4, 4, 8, 8$$

  que, pelo Princípio Multiplicativo, são $7 \times P_6^{1,3,2} = 7 \times 60 = 420$. Assim dos 11.760 números existentes, neste caso, devemos excluir os 420 números que iniciam por 0. Logo, existem $11.760 - 420 = 11.340$ números permitidos.

Assim, pelo que foi exposto, existem $1.620 + 11.340 = 12.960$ números de 7 algarismos em que o algarismo 4 aparece exatamente 3 vezes e o algarismo 8 aparece exatamente 2 vezes.

19. Como queremos formar números maiores que 3.000.000 permutando-se os algarismos $1, 2, 2, 4, 6, 6, 6$ segue que, o primeiro algarismo dos números que formaremos só pode ser 4 ou 6. Assim, supondo que o primeiro algarismo seja o 4, os números serão da forma

$$\boxed{4}\ \square\ \square\ \square\ \square\ \square\ \square$$

Neste caso, fixado o algarismo 4 na primeira posição, para formarmos os demais números basta permutarmos os demais algarismos que são $1, 2, 2, 6, 6, 6$, o que pode ser feito de $P_6^{1,2,3} =$

CAPÍTULO 4. PERMUTAÇÃO DE ELEMENTOS NEM TODOS DISTINTOS   77

$\frac{6!}{1!.2!.3!} = 60$ modos distintos. Portanto, permutando os algarismos $1, 2, 2, 4, 6, 6, 6$ podemos formar 60 números que são iniciados pelo algarismo 4.

No caso em que o primeiro algarismo é o 6, para obtermos os demais números, basta permutarmos os demais algarismos que, neste caso são: $1, 2, 2, 4, 6, 6$, o que pode ser feito de $P_6^{1,2,1,2} = \frac{6!}{1!.2!.1!.2!} = 180$ modos distintos. Portanto, permutando os algarismos $1, 2, 2, 4, 6, 6$ podemos formar 180 números que são iniciados pelo algarismo 6.

Diante do exposto, a quantidade de números maiores que $3.000.000$ que podem ser obtidos permutando-se os algarismos $1, 2, 2, 4, 6, 6, 6$ é igual a

$$60 + 180 = 240.$$

20. Suponhamos que H_1, H_2, H_3 representem os 3 homens, que M_1, M_2, M_3, M_4 as 4 mulheres e V cada uma das 4 cadeiras que ficarão vazias (são no total 11 cadeiras e só são $3 + 4 = 7$ pessoas, portanto, $11 - 7 = 4$ cadeiras vazias). Queremos saber de quantos modos distintos podemos dispor os 3 homens e as 4 mulheres nas 11 cadeiras (pondo uma pessoa por cadeira) de modo que os homens devem sentar-se juntos uns dos outros e as mulheres também devem sentar-se juntas umas das outras. Uma possível configuração é

$$(H_1 \ H_2 \ H_3) \ (M_1 \ M_2 \ M_3 \ M_4) \ V \ V \ V \ V$$

Para obtermos as demais configurações devemos permutar o grupo dos homens, o grupo das mulheres e as quatro letras V (que correspondem as 4 cadeiras que ficarão vazias), o que pode ser feito de $P_6^{1,1,4} = \frac{6!}{1!.1!.4!} = 30$ modos distintos. Além disso, permutar os homens dentro do seu grupo, o que pode ser feito de $P_3 = 3! = 6$ modos distintos e as mulheres dentro do seu grupo, o que pode ser feito de $P_4 = 4! = 24$ modos distintos. Assim, pelo Princípio Multiplicativo, o número de formas distintas que 3 homens e 4 mulheres podem sentar-se numa mesma fila de 11 cadeiras de um cinema, deixando sempre os homens juntos entre si e também as mulheres juntas entre si é

$$30 \times 6 \times 24 = 4.320$$

Capítulo 5

O Princípio da Inclusão-Exclusão

5.1 Princípio da Inclusão-Exclusão

Observe a seguinte figura:

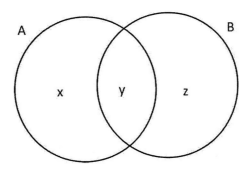

Na figura acima, x, y e z representam a quantidade de elementos de cada parte dos conjuntos. Sendo assim, a quantidade de elementos de A é x+y, a quantidade de elementos de B é y+z, a quantidade de elementos de A ∩ B é y e a quantidade de elementos de A ∪ B é x + y + z, ou seja,

$$n(A \cup B) = x + y + z \tag{5.1}$$

Suponha que pudéssemos recortar esses conjuntos com o objetivo de estudá-los separadamente, conforme a figura a seguir

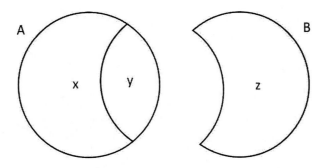

Note agora que o conjunto da direita não é mais B. Para obtermos o conjunto B, devemos acrescentar o pedaço com y elementos.

80 INTRODUÇÃO À COMBINATÓRIA E PROBABILIDADE

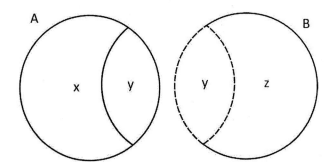

Para fazermos isso na expressão (5.1), devemos (já que estamos somando o valor positivo y a um dos lados da equação) retirar no mesmo instante a quantidade y, ou seja,

$$n(A \cup B) = x + y + z + (y - y)$$

da qual obtemos

$$n(A \cup B) = (x + y) + (z + y) - y = n(A) + n(B) - n(A \cap B) \tag{5.2}$$

Observação 5.1 - *Quando os conjuntos A e B são disjuntos, ou seja, $A \cap B = \phi$, temos que $n(A \cap B) = 0$ e a expressão (5.2) torna-se*

$$n(A \cup B) = n(A) + n(B)$$

Observação 5.2 - *Agora, se os conjuntos A e B não são disjuntos, ou seja, $A \cap B \neq \phi$, temos que $n(A \cap B) > 0$ e, a partir da expressão (5.2), obtemos*

$$n(A \cup B) < n(A) + n(B)$$

Considere agora 3 conjuntos que se intersectam como mostra a figura a seguir:

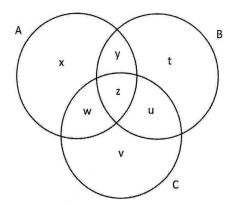

Temos, então, que o conjunto A possui $x+y+z+w$ elementos, B possui $y+z+t+u$ elementos, C possui $w+z+u+v$ elementos, $A \cap B$ possui $y+z$ elementos, $B \cap C$ possui $z+u$ elementos, A?∩ C possui $w+z$ elementos, $A \cap B \cap C$ possui z elementos e, finalmente, o conjunto $A \cup B \cup C$ possui $x+y+z+w+t+u+v$ elementos, ou seja,

$$n(A \cup B \cup C) = x + y + z + w + t + u + v \tag{5.3}$$

Fazendo a mesma decomposição realizada quando tínhamos 2 conjuntos, obtemos

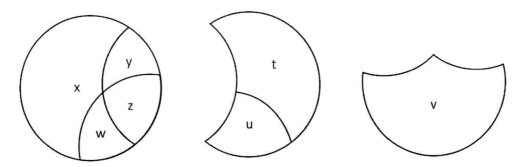

A partir dos conjuntos obtidos na figura acima, reconstruímos, na figura abaixo, o conjunto B. Com o objetivo de não alterarmos a equação (5.3), somamos e subtraímos a mesma quantidade y + z, ou seja,

$$n(A \cup B \cup C) = x + y + z + w + t + u + v + (y + z) - (y + z) \tag{5.4}$$

E na figura a seguir, reconstruímos o conjunto C:

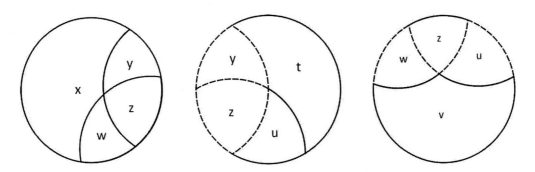

E a equação (5.4) torna-se

$$n(A \cup B \cup C) = x + y + z + w + t + u + v + (y + z) - (y + z) + (w + z + u) - (w + z + u) \tag{5.5}$$

Com o objetivo de escrevermos a equação (5.5) apenas com números relacionados às interseções A? ∩ B, B ∩ C, A? ∩ C e A ∩ B ∩ C, escrevemos:

$$n(A \cup B \cup C) = x + y + z + w + t + u + v + (y + z) - (y + z) + (w + z + u) - (w + z) - u \tag{5.6}$$

Note, entretanto, que o número u não representa a quantidade de elementos de nenhuma das interseções conhecidas. Mas, acrescentando e retirando a quantidade z (número de elementos de A? ∩ B? ∩ C), podemos reescrever (5.6) da seguinte maneira:

$$n(A \cup B \cup C) = x + y + z + w + t + u + v + (y + z) - (y + z) + (w + z + u) - (w + z) - (z + u) + z$$

Ou seja,

$$n(A \cup B \cup C) = n(A) + n(B) + n(C) - n(A \cap B) - n(A \cap C) - n(B \cap C) + n(A \cap B \cap C)$$

Essa igualdade é conhecida como o Princípio da Inclusão-Exclusão para 3 conjuntos. Espero que você tenha notado como está sendo construída essa sequência do lado direito da igualdade anterior. Caso não tenha notado, volte à expressão do Princípio da Inclusão-Exclusão para 2 e 3 conjuntos. Observe atentamente: primeiro somou-se o número dos elementos dos conjuntos isoladamente ($n(A), n(B), \cdots$); depois subtraiu-se o número de elementos de todas as interseções envolvendo dois conjuntos ($n(A \cap B), n(A \cap C), \cdots$) (no caso de dois conjuntos, paramos aqui); e,

82 INTRODUÇÃO À COMBINATÓRIA E PROBABILIDADE

em seguida, adicionou-se o número de elementos de todas as interseções envolvendo três conjuntos $(n(A \cap B \cap C), \cdots)$ (no caso de três conjuntos, encerramos aqui). Seguindo essa ideia, poderíamos pensar que para quatro o próximo passo seria subtrair o número de elementos de todas as interseções envolvendo quatro conjuntos, encerrando-se nesse ponto, não é? E você está certo, para quatro conjuntos finitos, temos:

$$
\begin{aligned}
n(A \cup B \cup C \cup D) = \ & n(A) + n(B) + n(C) + n(D) - n(A \cap B) \\
- \ & n(A \cap C) - n(A \cap D) - n(B \cap C) - n(B \cap D) - n(C \cap D) \\
+ \ & n(A \cap B \cap C) + n(A \cap B \cap D) + n(A \cap C \cap D) + n(B \cap C \cap D) \\
- \ & n(A \cap B \cap C \cap D)
\end{aligned}
$$

A ideia é exatamente essa, vai-se alternando o sinal e entrando na expressão o número de elementos de interseções, envolvendo cada vez mais conjuntos, até a interseção de todos os conjuntos. O Princípio da Inclusão-Exclusão vale para uma quantidade finita qualquer de n conjuntos finitos, ou seja, se $A_1, A_2, \cdots, A_n$ são conjuntos finitos, então, o número de elementos da união desses conjuntos é dado por:

$$
n(A_1 \cup A_2 \cdots \cup A_n) =
$$

$$
n(A_1) + \cdots + n(A_n) - n(A_1 \cap A_2) - \cdots - n(A_{n-1} \cap A_n) + n(A_1 \cap A_2 \cap A_3) + \cdots
$$

$$
\cdots + n(A_{n-2} \cap A_{n-1} \cap A_n) - \cdots + (-1)^{n-1} n(A_1 \cap \cdots \cap A_n)
$$

Para demonstrar tal fato, podemos usar uma técnica de demonstração chamada Princípio da Indução Finita.

Exemplo 5.1.1 - *Em uma sala de aula, existem 45 alunos e todos praticam pelo menos um destes esportes: vôlei e basquete. Foi feito um levantamento e descobriu-se que 30 alunos praticam vôlei e que 35 basquete. Pergunta-se: quantos alunos dessa sala praticam os dois esportes?*

Se considerarmos os conjuntos

$$
A = \{\text{alunos da sala que praticam vôlei}\}
$$

$$
B = \{\text{alunos da sala que praticam basquete}\}
$$

Temos que: $n(A) = 30$, $n(B) = 35$; e $n(A \cup B) = 45$, ou seja, o total de alunos da sala, uma vez que todos os alunos praticam pelo menos um dos esportes e que estamos procurando $n(A \cap B)$. Pelo Princípio da Inclusão-Exclusão, temos que

$$
n(A \cup B) = n(A) + n(B) - n(A \cap B) \Rightarrow 45 = 30 + 35 - n(A \cap B) \Rightarrow n(A \cap B) = 20
$$

Portanto, 20 alunos dessa sala praticam os dois esportes.

Exemplo 5.1.2 - *Sabemos que existem 3 tipos de hepatite:* A, B *e* C. *Em um grupo de 120 pessoas, foi realizado o exame e verificou-se que todo indivíduo tinha pelo menos um tipo de hepatite; e que: 50 pessoas tinham hepatite do tipo* A; *50 tinham hepatite do tipo* B; *e 50 do tipo* C. *Também verificou-se que a quantidade de pessoas que possuíam dois tipos de hepatite era igual a 10, ou seja, 10 pessoas possuíam os tipos* A *e* B, *10 pessoas possuíam o* B *e o* C, *e 10 pessoas possuíam o* A *e o* C. *Pergunta-se: quantas pessoas possuíam os três tipos de hepatite?*

Considere os conjuntos:

CAPÍTULO 5. O PRINCÍPIO DA INCLUSÃO-EXCLUSÃO   83

$$A = \{\text{indivíduos que têm hepatite A}\}$$

$$B = \{\text{indivíduos que têm hepatite B}\}$$

$$C = \{\text{indivíduos que têm hepatite C}\}$$

A união desses três conjuntos nos dá a quantidade de indivíduos da amostra (120 pessoas), uma vez que nela cada indivíduo tem algum tipo de hepatite. Também sabemos que $n(A) = n(B) = n(C) = 50$ e que $n(A \cap B) = n(A \cap C) = n(B \cap C) = 10$. Pelo Princípio da Inclusão-Exclusão, temos:

$$n(A \cup B \cup C) = n(A) + n(B) + n(C) - n(A \cap B) - n(A \cap C) - n(B \cap C) + n(A \cap B \cap C)$$

ou seja,

$$120 = 50 + 50 + 50 - 10 - 10 - 10 + n(A \cap B \cap C) \Rightarrow n(A \cap B \cap C) = 0$$

O que nos leva a concluir que nenhum dos indivíduos da amostra tem hepatite dos três tipos, pois $n(A \cap B \cap C) = 0$.

Exemplo 5.1.3 - *Um grupo de 10 rapazes conversavam sobre suas habilidades. Todos eles sabiam andar de bicicleta ou montar a cavalo. Perguntados sobre quem sabia andar de bicicleta, 7 levantaram a mão e, quando quem sabia montar a cavalo, 5 levantaram a mão. Quantos desse grupo sabem andar tanto de bicicleta quanto montar a cavalo?*

Se considerarmos os conjuntos:

$$A = \{\text{rapazes que sabem andar de bicicleta}\}$$

$$B = \{\text{rapazes que sabem montar a cavalo}\}$$

temos que, o grupo todo de rapazes é representado por $A \cup B$, pois todos eles sabem andar de bicicleta ou montar a cavalo. Pelo Princípio da Inclusão-Exclusão, temos

$$n(A \cup B) = n(A) + n(B) - n(A \cap B)$$

O número procurado é representado por $n(A \cap B)$, que é o número de rapazes com as duas habilidades. Preenchendo os valores na equação anterior, temos:

$$10 = 7 + 5 - n(A \cap B) \Rightarrow n(A \cap B) = 12 - 10 = 2$$

Logo, 2 rapazes desse grupo sabem andar de bicicleta, como também montar a cavalo.

Exemplo 5.1.4 - *Numa escola, existem 3000 alunos e todos sabem jogar, pelo menos, um dos esportes: vôlei, basquete ou futsal. A diretora fez um levantamento dos alunos que sabiam jogar um ou dois dos esportes, montando a seguinte tabela.*

84 INTRODUÇÃO À COMBINATÓRIA E PROBABILIDADE

Esporte	Nº de alunos
Vôlei	1100
Basquete	1200
Futsal	1300
Vôlei e Basquete	200
Vôlei e Futsal	300
Basquete e Futsal	400

A escola foi convidada para participar de um torneio que envolvia os três esportes. Como a viagem e hospedagem custam caro e o colégio não quer gastar muito, decidiu-se montar os times apenas com atletas que sabiam jogar os três esportes. De quantos atletas nessa situação o colégio dispõe?

Considere os conjuntos:

$$V = \{\text{alunos que sabem jogar vôlei}\}$$

$$B = \{\text{alunos que sabem jogar basquete}\}$$

$$F = \{\text{alunos que sabem jogar futsal}\}$$

A partir destes, podemos montar outros conjuntos, por exemplo,

$$V \cap B = \{\text{alunos que sabem jogar vôlei e basquete}\}$$

$$V \cap F = \{\text{alunos que sabem jogar vôlei e futsal}\}$$

$$B \cap F = \{\text{alunos que sabem jogar basquete e futsal}\}$$

Pelo Princípio da Inclusão-Exclusão, temos:

$$n\left(V \cup B \cup F\right) = n(V) + n(B) + n(F) - n\left(V \cap B\right) - n\left(V \cap F\right) - n\left(B \cap F\right) + n\left(V \cap B \cap F\right)$$

Preenchendo os valores na equação anterior, temos:

$$3000 = 1100 + 1200 + 1300 - 200 - 300 - 400 + n\left(V \cap B \cap F\right) \Rightarrow n\left(V \cap B \cap F\right) = 300$$

Desse modo, a escola conta com 300 alunos dos quais podem dispor para montar a equipe que representará a escola no torneio.

Exemplo 5.1.5 - *Numa comunidade rural, todos os 1000 cadastrados na cooperativa local tinham algum tipo de criação: galinha, bode ou gado. A cooperativa fez um levantamento dos criadores, mas, ao montar o questionário, conseguiu as seguintes informações.*

CAPÍTULO 5. O PRINCÍPIO DA INCLUSÃO-EXCLUSÃO 85

Criação	Nº de cooperados
Galinha	300
Bode	620
Gado	200
Os três	100

E ainda que o número de criadores de galinha e bode era igual ao de galinha e gado e de bode e gado. Entretanto, esse número não foi registrado. Que número é esse?

Considere os seguintes conjuntos:

$$A = \{\text{criadores de galinha}\}$$

$$B = \{\text{criadores de bode}\}$$

$$C = \{\text{criadores de gado}\}$$

A partir das informações anteriores, temos que $n(A) = 300$, $n(B) = 620$ e $n(C) = 200$. Pelo fato de que cada cooperado cria pelo menos um tipo de animal, temos que:

$$n(A \cup B \cup C) = 1000$$

ou seja, cada cooperado está em A, B ou C. Temos também que $n(A \cap B \cap C) = 100$ e que $n(A \cap B) = n(A \cap C) = n(B \cap C) = x$, ou seja, que o número de criadores que têm dois tipos de produtos é o mesmo e não sabemos que número é esse. Pelo Princípio da Inclusão-Exclusão, temos:

$$n(A \cup B \cup C) = n(A) + n(B) + n(C) - n(A \cap B) - n(A \cap C) - n(B \cap C) + n(A \cap B \cap C)$$

Preenchendo os valores na equação anterior, temos

$$1000 = 300 + 620 + 200 - x - x - x + 100 \Rightarrow 3x = 120 \Rightarrow x = 40$$

Desse modo, temos 40 criadores que criam galinha e bode, 40 que criam galinha e gado e 40 que criam bode e gado.

5.2 Exercícios propostos

1. Numa pesquisa feita com 500 pessoas, perguntava-se ao entrevistado se ele lia o jornal A ou o jornal B. O resultado foi

Resposta	Nº de pessoas
Jornal A	210
Jornal B	240
Não lia jornal	200

86 INTRODUÇÃO À COMBINATÓRIA E PROBABILIDADE

Pergunta-se: quantas pessoas lêem os dois jornais?

2. Numa creche da rede pública, existem dois tipos de merendas: frutas ou biscoito com leite. Houve uma entrevista com os 220 alunos dessa creche e ficou claro que todos gostavam de pelo menos um tipo de lanche. Obteve-se ainda a informação de que o número de alunos que gostavam de biscoito com leite era o dobro do número dos que gostavam de frutas, e que 50 alunos gostavam dos dois tipos de lanche. Pergunta-se: quantos alunos gostavam de frutas? Quantos gostavam de biscoito com leite?

3. Quantos são os anagramas da palavra SECA que começam com A ou terminam com S?

4. Numa frente de trabalho, verificou-se que a marmita dos 100 trabalhadores era composta de carne assada, fava e pelo menos mais um complemento. Esses complementos variavam entre arroz, macaxeira ou milho cozido. A seguinte tabela foi montada.

Complementos	Nº de marmitas
Arroz	75
Macaxeira	47
Milho	39
Arroz e Macaxeira	30
Arroz e Milho	21
Macaxeira e Milho	15

Quantos trabalhadores tinham todos os complementos em sua marmita (Arroz, Macaxeira e Milho)?

5. Determine a quantidade de elementos do conjunto $A = \{1, 2, 3, \cdots, 60\}$ que são divisíveis por pelo menos um dos números $2, 3$ e 5.

6. Determine o número de permutações dos algarismos $1, 2, 3$ e 4 tais que pelo menos um dos elementos aparece na sua posição natural (a posição natural do algarismo 1 é a primeira, a do 2 é a segunda, ...)

7. Determine o número de palavras de 5 letras que podem ser formadas com as letras a, b e c em que pelo menos uma das letras não está presente.

8. Determine o número de permutações dos dígitos $1, 2, 3, \cdots, 9$ em que os blocos $23, 45$ e 678 não aparecem.

9. Determine o número de permutações dos dígitos $1, 2, 3, \cdots, 9$ em que os blocos $34, 45$ e 738 não aparecem.

10. Determine a quantidade de elementos do conjunto $A = \{1, 2, 3, \cdots, 210\}$ que são relativamente primos com 210.

CAPÍTULO 5. O PRINCÍPIO DA INCLUSÃO-EXCLUSÃO

11. A função φ de Euler, é definida por $\varphi : \mathbb{N} \to \mathbb{N}$ tal que $\varphi(n)$ é a quantidade de números naturais $\leq n$ que são relativamente primos com n. Se a decomposição em fatores primos de n é $n = p_1^{\alpha_1} . p_2^{\alpha_2} . \cdots . p_k^{\alpha_k}$, mostre que:

$$\varphi(n) = n\left(1 - \frac{1}{p_1}\right)\left(1 - \frac{1}{p_2}\right)\cdots\left(1 - \frac{1}{p_k}\right)$$

12. Quantas são as permutações dos dígitos $0, 1, 2, \cdots, 9$ em que o primeiro dígito é maior que 1 e o último é menor que 8?

13. Quantos são os anagramas das 26 letras do alfabeto em que não aparecem as sequências LIVRO, FEITO, NA, UFRN.

14. Quantas n–uplas distintas $(x_1, x_2, \cdots, x_n)$ com $x_i \in \{0, 1, 2\}$, $\forall\, 1 \leq i \leq n$ em que o 0, o 1 e o 2 sempre estão presentes?

15. De quantas formas distintas podemos selecionar 5 cartas de um baralho comum de 52 cartas, de modo que entre as 5 cartas selecionadas exista pelo menos uma de cada naipe?

16. Determine o número de permutações das letras AABBCCDD nas quais não há letras iguais adjacentes.

17. Um GRAFO é um conjunto de pontos, chamados vértices, ligados por um conjunto de segmentos, chamados de arestas. Na figura abaixo representamos um grafo com 4 vértices e 5 arestas:

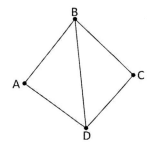

Supondo que possuímos tintas de 10 cores distintas, de quantas formas distintas podemos colorir os vértices do grafo acima, de modo que dois vértices que possuam uma aresta em comum tenham cores distintas?

18. Quantos são os inteiros de 1 a 1.000.000 que não são nem quadrados perfeitos nem cubos perfeitos?

19. a) Sejam A e B conjuntos finitos tais que $n(A) = n$ e $n(B) = k$, com $n, k \in \mathbb{N}$ tais que $n \geq k$. Mostre que a quantidade de funções sobrejetivas $f : A \to B$ é dada por

$$T(n, k) = \sum_{i=0}^{k}(-1)^i \binom{k}{i}(k-i)^n$$

b) Consideremos um conjunto de 9 pessoas, em que todas sabem dirigir. De quantas maneiras distintas essas 9 pessoas podem se agrupar para levar 4 carros de uma cidade A para uma cidade B? (Não considerando "quem dirige", no caso de duas ou mais pessoas estarem num mesmo carro, ou seja, só levando em consideração a quantidade de pessoas em cada carro!)

20. As salas de uma casa circular são mostradas na figura abaixo:

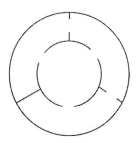

Dispondo-se de 10 cores distintas, de quantas formas diferentes podemos pintar as salas desta casa circular, de modo que as salas que possuem uma porta em comum tenham cores distintas.

5.3 Resolução dos exercícios propostos

1. Sejam X e Y os conjuntos:

$$X = \{\text{pessoas que lêem o Jornal A}\}$$

$$Y = \{\text{pessoas que lêem o Jornal B}\}$$

De acordo com os dados da tebela do enunciado, segue que $n(X) = 210$ e $n(Y) = 240$. além disso, como das 500 pessoas entrevistadas 200 não liam jornais, segue que $n(X \cup Y) = 500 - 200 = 300$. Por outro lado, o número de pessoas que lêem os dois jornais é $n(X \cap Y)$. Assim, pelo Princípio da inclusão-exclusão segue que:

$$n(X \cup Y) = n(X) + n(Y) - n(X \cap Y) \Rightarrow$$

$$300 = 210 + 240 - n(X \cap Y) \Rightarrow n(X \cap Y) = 150$$

Portanto, das 500 pessoas entrevistadas, 150 lêem os dois jornais.

2. Sejam A e B os conjuntos:

$$A = \{\text{alunos que gostam do lanche de frutas}\}$$

$$B = \{\text{alunos que gostam do lanche biscoito com leite}\}$$

De acordo com o enunciado, todos os 220 alunos gostam de pelo menos um tipo de lanche, o que implica que $n(A \cup B) = 220$. Além disso, o número de alunos que gostavam do lanche de biscoito com leite era o dobro do número dos que gostavam do lanche de frutas, e que 50 alunos gostavam dos dois tipos de lanche, o que implica que $n(B) = 2.n(A)$ e que $n(A \cap B) = 50$. Assim, pelo Princípio da Inclusão-Exclusão segue que:

$$n(A \cup B) = n(A) + n(B) - n(A \cap B) \Rightarrow$$

$$220 = n(A) + 2.n(A) - 50 \Rightarrow 3.n(A) = 270 \Rightarrow n(A) = 90$$

Portanto 90 alunos gostam do lanche de frutas e 180 alunos gostam do lanche de biscoito com leite.

CAPÍTULO 5. O PRINCÍPIO DA INCLUSÃO-EXCLUSÃO   89

3. Sejam A e B os conjuntos:

$$A = \{\text{Anagramas da palavra SECA que começam por A}\}$$

$$B = \{\text{Anagramas da palavra SECA que terminam com S}\}$$

Assim, o conjunto $A \cup B$ corresponde ao conjunto dos anagramas da palavra SECA que começam por A ou terminam por S e $A \cap B$ é conjunto dos anagrams da palavra SECA que começam por A e terminam por S.

Para determinarmos o número de elementos do conjunto $n(A)$ basta fixarmos a letra A na primeira posição e permutarmos as 3 outras letras, o que pode ser feito de $3! = 6$ modos distintos. Assim, $n(A) = 6$. Analogamente, para descobrirmos o número de elementos dos conjunto B, basta fixarmos o S na última posição e permutarmos as outras 3 letras, o que pode ser feito de $3! = 6$ modos distintos. Assim, $n(B) = 6$. Fixando o A na primeira posição e o S na última posição e permutando as 2 outras letras podemos formar $2! = 2$ anagramas, assim $n(A \cap B) = 2$. Finalmente pelo Princípio da Inclusão-Exclusão, segue que

$$n(A \cup B) = n(A) + n(B) - n(A \cap B) \Rightarrow$$

$$n(A \cup B) = 6 + 6 - 2 = 10 \Rightarrow$$

Portanto, existem 10 anagramas da palavra SECA que começam por A ou que terminam por S.

4. Sejam A, B e C os conjuntos:

$$A = \{\text{Marmitas que contêm arroz}\}$$

$$B = \{\text{Marmitas que contêm macaxeira}\}$$

$$C = \{\text{Marmitas que contêm milho}\}$$

De acordo com os dados da tabela do enunciado, segue que

$$n(A \cup B \cup C) = 100, n(A) = 75, n(B) = 47, n(C) = 39$$

$$n(A \cap B) = 30, n(A \cap C) = 21 \text{ e } n(B \cap C) = 15$$

Assim, pelo Princípio da Inclusão-Exclusão, segue que

$$n(A \cup B \cup C) = n(A) + n(B) + n(C) - n(A \cap B) - n(A \cap C) - n(B \cap C) + n(A \cap B \cap C) \Rightarrow$$

$$100 = 75 + 47 + 39 - 30 - 21 - 15 + n(A \cap B \cap C) \Rightarrow n(A \cap B \cap C) = 5$$

Portanto, existiam 5 trabalhadores que possuíam todos os complementos na marmita.

5. Sejam X, Y e Z os conjuntos:

$$X = \{n \in A; 2|n\}$$

$$Y = \{n \in A; 3|n\}$$

$$Z = \{n \in A; 5|n\}$$

90   INTRODUÇÃO À COMBINATÓRIA E PROBABILIDADE

Sendo [x] a parte inteira do número real x, segue que

$$n(X) = \left[\frac{60}{2}\right] = [30] = 30$$

$$n(Y) = \left[\frac{60}{3}\right] = [20] = 20$$

$$n(Z) = \left[\frac{60}{5}\right] = [12] = 12$$

Além disso, como 2, 3 e 5 são números primos, segue que

$$X \cap Y = \{n \in A; 2|n \text{ e } 3|n\} = \{n \in A; 6|n\} \Rightarrow n\,(X \cap Y) = \left[\frac{60}{6}\right] = [10] = 10$$

$$X \cap Z = \{n \in A; 2|n \text{ e } 5|n\} = \{n \in A; 10|n\} \Rightarrow n\,(X \cap Z) = \left[\frac{60}{10}\right] = [6] = 6$$

$$Y \cap Z = \{n \in A; 3|n \text{ e } 5|n\} = \{n \in A; 15|n\} \Rightarrow n\,(Y \cap Z) = \left[\frac{60}{15}\right] = [4] = 4$$

E, finalmente,

$$X \cap Y \cap Z = \{n \in A; 2|n, 3|n \text{ e } 5|n\} = \{n \in A; 30|n\} \Rightarrow n\,(X \cap Y) = \left[\frac{60}{30}\right] = [2] = 2$$

Assim, pelo Princípio da Inclusão-Exclusão segue que:

$$n\,(X \cup Y \cup Z) = n(X) + n(Y) + n(Z) - n\,(X \cap Y) - n\,(X \cap Z) - n\,(Y \cap Z) + n\,(X \cap Y \cap Z) \Rightarrow$$

$$n\,(X \cup Y \cup Z) = 30 + 20 + 12 - 10 - 6 - 4 + 2 = 44$$

Portanto, no conjunto $A = \{1, 2, 3, \cdots, 60\}$ existem 44 números que são divisíveis por 2, 3 ou 5.

6. Sejam A_1, A_2, A_3 e A_4 os seguintes conjuntos:

$$A_1 = \{\text{permutações do número 1234 em que o 1 está na primeira posição}\}$$

$$A_2 = \{\text{permutações do número 1234 em que o 2 está na segunda posição}\}$$

$$A_3 = \{\text{permutações do número 1234 em que o 3 está na terceira posição}\}$$

$$A_4 = \{\text{permutações do número 1234 em que o 4 está na quarta posição}\}$$

Assim, fixando o algarismo 1 na primeira posição e permutando-se os demais algarismos, obtemos $n\,(A_1) = 3!$. Analogamente, fixando-se o algarismos 2, 3 e 4 (um por vez) nas suas respectivas posições, e permutando-se os demais algarismos, obtemos $n\,(A_2) = n\,(A_3) = n\,(A_4) = 3!$. Por outro lado para determinarmos o número de elementos do conjunto $A_1 \cap A_2$ cujos elementos são as permutações do número 1234 em que os algarismos 1 e 2 são mantidos nas suas posições naturais é $n\,(A_1 \cap A_2) = 2!$ (mantêm-se os algarismos 1 e 2 nas suas posições naturais e permutamos os algarismos 3 e 4).

Analogamente, $n\,(A_1 \cap A_3) = 2!$, $n\,(A_1 \cap A_4) = 2!$, $n\,(A_2 \cap A_3) = 2!$, $n\,(A_2 \cap A_4) = 2!$ e

CAPÍTULO 5. O PRINCÍPIO DA INCLUSÃO-EXCLUSÃO 91

$n(A_3 \cap A_4) = 2!$. Fixando-se os algarismos $1, 2$ e 3 nas suas posições naturais, obtemos os elementos do conjunto $A_1 \cap A_2 \cap A_3$. Portanto, $n(A_1 \cap A_2 \cap A_3) = 1!$. Analogamente, $n(A_1 \cap A_2 \cap A_4) = 1!$, $n(A_1 \cap A_3 \cap A_4) = 1!$ e $n(A_2 \cap A_3 \cap A_4) = 1!$. Finalmente o conjunto $A_1 \cap A_2 \cap A_3 \cap A_4$ tem como o único elemento, a permutação 1234 em que cada um dos algarismos aparece na sua posição natural. Assim, $n(A_1 \cap A_2 \cap A_3 \cap A_4) = 1!$. Finalmente aplicando o Princípio da Inclusão-Exclusão, segue que:

$$
\begin{aligned}
n(A_1 \cup A_2 \cup A_3 \cup A_4) &= n(A_1) + n(A_2) + n(A_2) + n(A_3) \\
&\quad - n(A_1 \cap A_2) - n(A_1 \cap A_3) - n(A_1 \cap A_4) \\
&\quad - n(A_2 \cap A_3) - n(A_2 \cap A_4) - n(A_3 \cap A_4) \\
&\quad + n(A_1 \cap A_2 \cap A_3) + n(A_1 \cap A_2 \cap A_4) \\
&\quad + n(A_1 \cap A_3 \cap A_4) + n(A_2 \cap A_3 \cap A_4) \\
&\quad - n(A_1 \cap A_2 \cap A_3 \cap A_4)
\end{aligned}
$$

Portanto,

$$n(A_1 \cup A_2 \cup A_3 \cup A_4) = 4.3! - 6.2! + 4.1! - 1! = 15$$

7. Consideremos os conjuntos:

$A_1 = \{\text{palavras de 5 letras pertencentes a } \{a, b, c\} \text{ em que a letra } a \text{ não está presente}\}$

$A_2 = \{\text{palavras de 5 letras pertencentes a } \{a, b, c\} \text{ em que a letra } b \text{ não está presente}\}$

$A_3 = \{\text{palavras de 5 letras pertencentes a } \{a, b, c\} \text{ em que a letra } c \text{ não está presente}\}$

Pelo Princípio Multiplicativo, segue que:

$$n(A_1) = 2^5 = 32 \ , \ n(A_2) = 2^5 = 32 \ , \ n(A_3) = 2^5 = 32$$

Além disso,

$A_1 \cap A_2 = \{\text{palavras de 5 letras em que as letras } a \text{ e } b \text{ não estão presentes}\}$

$A_1 \cap A_3 = \{\text{palavras de 5 letras em que as letras } a \text{ e } c \text{ não estão presentes}\}$

$A_2 \cap A_3 = \{\text{palavras de 5 letras em que as letras } b \text{ e } c \text{ não estão presentes}\}$

$A_1 \cap A_2 \cap A_3 = \{\text{palavras de 5 letras em que as letras } a, b \text{ e } c \text{ não estão presentes}\}$

Pelo Princípio Multiplicativo, segue que:

$$n(A_1 \cap A_2) = 1 \ , \ n(A_1 \cap A_3) = 1 \ , \ n(A_2 \cap A_3) = 1 \text{ e } n(A_1 \cap A_2 \cap A_3) = 0$$

Perceba, também, que o conjunto das palavras de 5 letras, formadas com as letras a, b e c, em que pelo menos uma das letras não está presente é $A_1 \cup A_2 \cup A_3$. Finalmente, pelo Princípio da Inclusão-Exclusão, segue que:

$$
\begin{aligned}
n(A_1 \cup A_2 \cup A_3) &= n(A_1) + n(A_2) + n(A_3) \\
&\quad - n(A_1 \cap A_2) - n(A_1 \cap A_3) - n(A_2 \cap A_3) \\
&\quad + n(A_1 \cap A_2 \cap A_3)
\end{aligned}
$$

Assim,

$$n(A_1 \cup A_2 \cup A_3) = 32 + 32 + 32 - 1 - 1 - 1 + 0 = 93$$

92 INTRODUÇÃO À COMBINATÓRIA E PROBABILIDADE

8. Consideremos os conjuntos

$$U = \{\text{Todas as permutações dos algarismos } 1, 2, 3, \cdots, 9\}$$

$$A = \{\text{Todas as permutações dos algarismos } 1, 2, 3, \cdots, 9 \text{ em que o bloco 23 aparece}\}$$

$$B = \{\text{Todas as permutações dos algarismos } 1, 2, 3, \cdots, 9 \text{ em que o bloco 45 aparece}\}$$

$$C = \{\text{Todas as permutações dos algarismos } 1, 2, 3, \cdots, 9 \text{ em que o bloco 678 aparece}\}$$

Note que $n(U) = 9!, n(A) = n(B) = 8!, n(C) = 7!, n(A \cap B) = 7!, n(A \cap C) = n(B \cap C) = 6!$ e $n(A \cap B \cap C) = 5!$ (estes resultados são obtidos resolvendo os exercícios de permutações correspondentes a cada um destes casos). Logo, pelo Princípio da Inclusão-Exclusão, segue que

$$
\begin{aligned}
n(A \cup B \cup C) &= n(A) + n(B) + n(C) \\
&\quad - n(A \cap B) - n(A \cap C) - n(B \cap C) \\
&\quad + n(A \cap B \cap C) \\
&= 8! + 8! + 7! - 7! - 6! - 6! + 5! \\
&= 79.320
\end{aligned}
$$

Assim, a quantidade de permutações dos algarismos $1, 2, 3, \cdots, 9$ em que os blocos $34, 45$ e 738 não aparecem é igual a

$$9! - 79.320 = 283.560$$

9. Consideremos os conjuntos

$$U = \{\text{Todas as permutações dos algarismos } 1, 2, 3, \cdots, 9\}$$

$$A = \{\text{Todas as permutações dos algarismos } 1, 2, 3, \cdots, 9 \text{ em que o bloco 34 aparece}\}$$

$$B = \{\text{Todas as permutações dos algarismos } 1, 2, 3, \cdots, 9 \text{ em que o bloco 45 aparece}\}$$

$$C = \{\text{Todas as permutações dos algarismos } 1, 2, 3, \cdots, 9 \text{ em que o bloco 738 aparece}\}$$

Note que $n(U) = 9!, n(A) = n(B) = 8!, n(C) = 7!, n(A \cap B) = 7!, n(A \cap C) = 0, n(B \cap C) = 6!$ e $n(A \cap B \cap C) = 0$ (estes resultados são obtidos resolvendo os exercícios de permutações correspondentes a cada um desses casos). Logo, pelo Princípio da Inclusão-Exclusão, segue que

$$
\begin{aligned}
n(A \cup B \cup C) &= n(A) + n(B) + n(C) \\
&\quad - n(A \cap B) - n(A \cap C) - n(B \cap C) \\
&\quad + n(A \cap B \cap C) \\
&= 8! + 8! + 7! - 7! - 0 - 6! + 0 \\
&= 79.920
\end{aligned}
$$

Assim, a quantidade de permutações dos algarismos $1, 2, 3, \cdots, 9$ em que os blocos $23, 45$ e 678 não aparecem é igual a

$$9! - 79.920 = 282.960$$

10. A decomposição do número 210 em fatores primos é $210 = 2 \times 3 \times 5 \times 7$. Sendo $A = \{1, 2, 3, \cdots, 210\}$, consideremos os conjuntos

$$A_1 = \{n \in A; 2|n\}$$

$$A_2 = \{n \in A; 3|n\}$$

$$A_3 = \{n \in A; 5|n\}$$
$$A_4 = \{n \in A; 7|n\}$$

Assim,

$$n(A_1) = \left[\frac{210}{2}\right] = [105] = 105$$

$$n(A_2) = \left[\frac{210}{3}\right] = [70] = 70$$

$$n(A_3) = \left[\frac{210}{5}\right] = [42] = 42$$

$$n(A_4) = \left[\frac{210}{7}\right] = [30] = 30$$

$$n(A_1 \cap A_2) = \left[\frac{210}{2.3}\right] = [35] = 35$$

$$n(A_1 \cap A_3) = \left[\frac{210}{2.5}\right] = [21] = 21$$

$$n(A_1 \cap A_4) = \left[\frac{210}{2.7}\right] = [15] = 15$$

$$n(A_2 \cap A_3) = \left[\frac{210}{3.5}\right] = [14] = 14$$

$$n(A_2 \cap A_4) = \left[\frac{210}{3.7}\right] = [10] = 10$$

$$n(A_3 \cap A_4) = \left[\frac{210}{5.7}\right] = [6] = 6$$

$$n(A_1 \cap A_2 \cap A_3) = \left[\frac{210}{2.3.5}\right] = [7] = 7$$

$$n(A_1 \cap A_2 \cap A_4) = \left[\frac{210}{2.3.7}\right] = [5] = 5$$

$$n(A_1 \cap A_3 \cap A_4) = \left[\frac{210}{2.5.7}\right] = [3] = 3$$

$$n(A_2 \cap A_3 \cap A_4) = \left[\frac{210}{3.5.7}\right] = [2] = 2$$

$$n(A_1 \cap A_2 \cap A_3 \cap A_4) = \left[\frac{210}{2.3.5.7}\right] = [1] = 1$$

Portanto, o número de elementos do conjunto $A = \{1, 2, 3, \cdots, 210\}$ que possui pelo menos um dos fatores $2, 3, 5$ ou 7 é

$$n(A_1 \cup A_2 \cup A_3 \cup A_4) = 105 + 70 + 42 + 30 - 35 - 21 - 15 - 14 - 10 - 6 + 7 + 5 + 3 + 2 - 1 = 162$$

Por outro lado, perceba que os elementos do conjunto $A = \{1, 2, 3, \cdots, 210\}$ que são relativamtne primos com 210 são aqueles que não possuem fatores primos em comum com o número 210, ou seja, são aqueles que não apresentam nenhum dos fatores primos $2, 3, 5$ e 7. Assim a quantidade de elementos do $A = \{1, 2, 3, \cdots, 210\}$ que são relativamente primos com 210 é $210 - 162 = 48$.

94 INTRODUÇÃO À COMBINATÓRIA E PROBABILIDADE

11. Seja $A = \{1, 2, 3, \cdots, n\}$. A decomposição do número n em fatores primos é $n = p_1^{\alpha_1} \cdot p_2^{\alpha_2} \cdot \cdots \cdot p_k^{\alpha_k}$, consideremos os conjuntos

$$A_1 = \{j \in A \ ; \ p_1 | j\}$$

$$A_2 = \{j \in A \ ; \ p_2 | j\}$$

$$A_3 = \{j \in A \ ; \ p_3 | j\}$$

$$\vdots$$

$$A_k = \{j \in A \ ; \ p_k | j\}$$

Assim,

$$n(A_1) = \left[\frac{n}{p_1}\right] = \frac{n}{p_1}$$

$$n(A_2) = \left[\frac{n}{p_2}\right] = \frac{n}{p_2}$$

$$n(A_3) = \left[\frac{n}{p_3}\right] = \frac{n}{p_3}$$

$$\vdots$$

$$n(A_k) = \left[\frac{n}{p_k}\right] = \frac{n}{p_k}$$

Se considerarmos r (com $2 \le r \le k$) conjuntos $A_1, A_2, \cdots, A_r$, temos:

$$A_1 \cap A_2 \cap \cdots \cap A_r = \{j \in A \ ; \ p_1 | n, \ p_2 | n, \cdots p_r | j\} = \{j \in A \ ; \ p_1 p_2 \cdots p_r | j\}$$

o que implica que

$$n(A_1 \cap A_2 \cap \cdots \cap A_r) = \left[\frac{n}{p_1 p_2 \cdots p_r}\right] = \frac{n}{p_1 p_2 \cdots p_r}$$

Diante do exposto,

$$n(A_s) = \frac{n}{p_s} \ , \ 1 \le s \le k$$

$$n(A_s \cap A_t) = \frac{n}{p_s p_t} \ , \ 1 \le s < t \le k$$

$$\vdots$$

$$n(A_1 \cap A_2 \cap \cdots \cap A_k) = \frac{n}{p_1 p_2 \cdots p_k}$$

Assim, pelo Princípio da Inclusão-Exclusão, segue que

$$n(A_1 \cup A_2 \cup \cdots \cup A_k) = \sum_s n(A_s) - \sum_{s<t} n(A_s \cap A_t) + \cdots + (-1)^{k-1} \cdot n(A_1 \cap A_2 \cap \cdots \cap A_k)$$

$$= \sum_s \frac{n}{p_s} - \sum_{s<t} \frac{n}{p_s p_t} + \cdots + (-1)^{k-1} \frac{n}{p_1 p_2 \cdots p_k}$$

CAPÍTULO 5. O PRINCÍPIO DA INCLUSÃO-EXCLUSÃO 95

Finalmente, como $\varphi(n)$ representa a quantidade de elementos do conjunto $A = \{1, 2, 3, \cdots, n\}$ que são relativamente primos com n, ou seja, que não possuem fatores primos em comum com n, segue que

$$
\begin{aligned}
\varphi(n) \ &= n - n\,(A_1 \cap A_2 \cap \cdots \cap A_k) \\
&= n - \sum_s \frac{n}{p_s} - \sum_{s<t} \frac{n}{p_s p_t} + \cdots + (-1)^k \frac{n}{p_1 p_2 \cdots p_k} \\
&= n \left(1 - \sum_s \frac{1}{p_s} - \sum_{s<t} \frac{1}{p_s p_t} + \cdots + (-1)^k \frac{1}{p_1 p_2 \cdots p_k} \right) \\
&= n \left(1 - \frac{1}{p_1} \right) \left(1 - \frac{1}{p_2} \right) \cdots \left(1 - \frac{1}{p_k} \right)
\end{aligned}
$$

12. Consideremos os conjuntos

$$U = \{\text{Todas as permutações dos algarismos } 0, 1, 2, \cdots, 9\}$$

$$A = \{\text{Permutações de } U \text{ em que o primeiro algarismo é } 0 \text{ ou } 1\}$$

$$B = \{\text{Permutações de } U \text{ em que o último algarismo é } 8 \text{ ou } 9\}$$

Tomando o conjunto U como universo, segue que A^c é o conjunto das permutações de U em que o primeiro algarismo é maior que 1 e B^c é o conjunto das permutações de U em que o último elemento é menor que 8. Assim, $A^c \cap B^c$ é justamente o conjunto das permutações de U em que o primeiro algarismo é maior que 1 e o último elemento é menor que 8. Portanto,

$$n\,(A^c \cap B^c) = n(U) - n\,(A \cup B)$$

Mas, $n(U) = 10!$ (permutações de 10 algarismos distintos), $n(A) = 2.9!$ (temos 2 possibilidades para escolher o primeiro algarismo e, uma vez escolhido o primeiro algarismo podemos permutar livremente os outros 9 algarismos distintos, o que pode ser feito de 9! modos distintos), $n(B) = 2.9!$ (temos 2 possibilidades para escolher o último algarismo e, uma vez escolhido o último algarismo, podemos permutar livremente os outros 9 algarismos distintos, o que pode ser feito de 9! modos distintos) e finalmente $n\,(A \cap B) = 2.2.8!$ (temos 2 possibilidades de escolher o primeiro algarismo (0 ou 1), uma vez escolhido o primeiro algarismo, temos 2 possibilidades para escolhermos o último algarismo e uma vez escolhidos o primeiro e o último algarismo, podemos permutar livremente os demais 8 algarismos nas 8 posições restantes, o que pode ser feito de 8! modos distintos). Além disso, sabemos que

$$n\,(A \cup B) = n(A) + n(B) - n\,(A \cap B) \Rightarrow$$

$$n\,(A \cup B) = 2.9! + 2.9! - 2.2.8!$$

Como $n\,(A^c \cap B^c) = n(U) - n\,(A \cup B)$, segue que

$$n\,(A^c \cap B^c) = 10! - 2.9! - 2.9! + 2.2.8! = 2.338.560$$

Portanto, existem 2.338.560 permutações dos algarismos $0, 1, 2, \cdots, 9$ em que o primeiro algarismo é maior que 1 e o último algarismo é menor que 8.

96 INTRODUÇÃO À COMBINATÓRIA E PROBABILIDADE

13. Consideremos os conjuntos

$$U = \{\text{Todas as permutações das 26 letras do alfabeto}\}$$

$A_1 = \{\text{Todas as permutações das 26 letras do alfabeto em que o anagrama LIVRO ocorre }\}$

$A_2 = \{\text{Todas as permutações das 26 letras do alfabeto em que o anagrama FEITO ocorre }\}$

$A_3 = \{\text{Todas as permutações das 26 letras do alfabeto em que o anagrama NA ocorre }\}$

$A_4 = \{\text{Todas as permutações das 26 letras do alfabeto em que o anagrama UFRN ocorre }\}$

Portanto, o conjunto $A_1 \cup A_2 \cup A_3 \cup A_4$ corresponde ao conjuto das permutações das 26 letras do alfabeto em que pelo menos um entre os anagramas LIVRO, FEITO, NA, UFRN ocorre. Além disso,

$$n(U) = 26!, n(A_1) = (26 - 5 + 1)! = 22!, n(A_2) = (26 - 5 + 1)! = 22!$$

$$n(A_3) = (26 - 2 + 1)! = 25!, n(A_4) = (26 - 4 + 1)! = 23!$$

Note que os anagramas LIVRO e FEITO não podem ocorrer simultaneamente (pois possuem as letras I e O em comum). Assim,

$$n(A_1 \cap A_2) = 0$$

Seguindo o mesmo raciocínio, segue que:

$$n(A_1 \cap A_3) = (26 - 7 + 2)! = 21!$$

$$n(A_1 \cap A_4) = 0$$

$$n(A_2 \cap A_3) = (26 - 7 + 2) = 21!$$

$$n(A_2 \cap A_4) = 0$$

$$n(A_3 \cap A_4) = (26 - 5 + 1) = 22!, \text{é possível aparecer UFRNA}$$

$$n(A_1 \cap A_2 \cap A_3) = 0$$

$$n(A_1 \cap A_2 \cap A_4) = 0$$

$$n(A_1 \cap A_3 \cap A_4) = 0$$

$$n(A_2 \cap A_3 \cap A_4) = 0$$

$$n(A_1 \cap A_2 \cap A_3 \cap A_4) = 0$$

Pelo Princípio da Inclusão-Exclusão segue que

$$
\begin{aligned}
n(A_1 \cup A_2 \cup A_3 \cup A_4) \ &= n(A_1) + n(A_2) + n(A_3) + n(A_4) \\
&\quad - n(A_1 \cap A_2) - n(A_1 \cap A_3) - n(A_1 \cap A_4) \\
&\quad - n(A_2 \cap A_3) - n(A_2 \cap A_4) - n(A_3 \cap A_4) \\
&\quad + n(A_1 \cap A_2 \cap A_3) + n(A_1 \cap A_2 \cap A_4) \\
&\quad + n(A_1 \cap A_3 \cap A_3) + n(A_2 \cap A_3 \cap A_4) \\
&\quad - n(A_1 \cap A_2 \cap A_3 \cap A_4) \\
&= 22! + 22! + 25! + 23! - 0 - 21 - 0 - 21! - 0 - 22! \\
&= 25! + 23! + 22! - 2 \times 21!
\end{aligned}
$$

CAPÍTULO 5. O PRINCÍPIO DA INCLUSÃO-EXCLUSÃO 97

Por outro lado,

$$\begin{aligned} n\left(A_1^c \cap A_2^c \cap A_3^c \cap A_4^c\right) &= n(U) - n\left(A_1 \cup A_2 \cup A_3 \cup A_4\right) \\ &= 26! - (25! + 23! + 22! - 2 \times 21!) \\ &= 387.753.377.247.692.330.434.560.000 \end{aligned}$$

Portanto, existem $387.753.377.247.692.330.434.560.000$ anagramas das 26 letras do alfabeto em que não aparecem as sequências LIVRO, FEITO, NA, UFRN.

14. Consideremos os seguintes conjuntos

$$U = \{(x_1, x_2, \cdots, x_n) \ ; \ x_i \in \{0, 1, 2\}, \ \forall \ 1 \le i \le n\}$$

$$A_0 = \{(x_1, x_2, \cdots, x_n) \ ; \ x_i \in \{1, 2\}, \ \forall \ 1 \le i \le n\}$$

$$A_1 = \{(x_1, x_2, \cdots, x_n) \ ; \ x_i \in \{0, 2\}, \ \forall \ 1 \le i \le n\}$$

$$A_2 = \{(x_1, x_2, \cdots, x_n) \ ; \ x_i \in \{0, 1\}, \ \forall \ 1 \le i \le n\}$$

Portanto, o conjunto $A_0 \cup A_1 \cup A_2$ corresponde ao conjunto de todas as $n-$uplas $(x_1, x_2, \cdots, x_n)$ onde pelo menos um entre os números $0, 1$ ou 2 não está presente. Por outro lado, pelo Princípio Multiplicativo, segue que:

$$n(U) = \underbrace{3 \times 3 \times 3 \times \cdots \times 3}_{n \text{ fatores}} = 3^n$$

$$n\left(A_0\right) = n\left(A_1\right) = n\left(A_2\right) = 2^n$$

$$n\left(A_0 \cap A_1\right) = n\left(A_0 \cap A_2\right) = n\left(A_1 \cap A_2\right) = 1$$

$$n\left(A_0 \cap A_1 \cap A_2\right) = 0$$

Pelo Princípio da inclusão-exclusão segue que

$$\begin{aligned} n\left(A_0 \cup A_1 \cup A_2\right) &= n\left(A_0\right) + n\left(A_1\right) + n\left(A_2\right) \\ &\quad - n\left(A_0 \cap A_1\right) - n\left(A_0 \cap A_2\right) - n\left(A_1 \cap A_2\right) \\ &\quad + n\left(A_0 \cap A_1 \cap A_2\right) \\ &= 2^n + 2^n + 2^n - 1 - 1 - 1 + 0 \\ &= 3.2^n - 3 \end{aligned}$$

Por outro lado,

$$\begin{aligned} n\left((A_0 \cup A_1 \cup A_2)^c\right) &= n(U) - n\left(A_0 \cup A_1 \cup A_2\right) \\ &= 3^n - (3.2^n - 3) \\ &= 3^n - 3.2^n + 3 \end{aligned}$$

Portanto, a quantidade de $n-$uplas $(x_1, x_2, \cdots, x_n)$ com $x_i \in \{0, 1, 2\}, \ \forall \ 1 \le i \le n$ é $3^n - 3.2^n + 3$.

15. Consideremos os conjuntos:

$$U = \{ \text{ todos os agrupamentos de 5 das 52 cartas} \}$$

$$A_1 = \{ \text{ todos os agrupamentos de 5 das 52 cartas em que não há uma carta de ouro} \}$$

$$A_2 = \{ \text{ todos os agrupamentos de 5 das 52 cartas em que não há uma carta de paus} \}$$

98 INTRODUÇÃO À COMBINATÓRIA E PROBABILIDADE

$A_3 = \{$ todos os agrupamentos de 5 das 52 cartas em que não há uma carta de espadas$\}$

$A_4 = \{$ todos os agrupamentos de 5 das 52 cartas em que não há uma carta de copas$\}$

Portanto, o conjunto $A_1^c \cap A_2^c \cap A_3^c \cap A_4^c$ corresponde ao conjunto de todos os agrupamentos de 5 das 52 cartas em que há pelo menos uma carta de cada naipe. Além disso,

$$n(A_1) = n(A_2) = n(A_3) = n(A_4) = C(39,5) = 575.757$$

$$n(A_1 \cap A_2) = n(A_1 \cap A_3) = \cdots = n(A_3 \cap A_4) = C(26,5) = 65.780$$

$$n(A_1 \cap A_2 \cap A_3) = \cdots = n(A_2 \cap A_3 \cap A_4) = C(13,5) = 1.827$$

$$n(A_1 \cap A_2 \cap A_3 \cap A_4) = 0$$

Assim, pelo Princípio da Inclusão-Exclusão, segue que

$$
\begin{aligned}
n(A_1 \cup A_2 \cup A_3 \cup A_4) &= n(A_1) + n(A_2) + n(A_3) + n(A_4) \\
&\quad -n(A_1 \cap A_2) - n(A_1 \cap A_3) - n(A_1 \cap A_4) \\
&\quad -n(A_2 \cap A_3) - n(A_2 \cap A_4) - n(A_3 \cap A_4) \\
&\quad +n(A_1 \cap A_2 \cap A_3) + n(A_1 \cap A_2 \cap A_4) \\
&\quad +n(A_1 \cap A_3 \cap A_4) + n(A_2 \cap A_3 \cap A_4) \\
&\quad -n(A_1 \cap A_2 \cap A_3 \cap A_4) \\
&= 4 \times 575.757 - 6 \times 65.780 + 4 \times 1.827 + 0 = 1.913.496
\end{aligned}
$$

Por outro lado,

$$
\begin{aligned}
n(A_1^c \cap A_2^c \cap A_3^c \cap A_4^c) &= n(U) - n(A_1 \cup A_2 \cup A_3 \cup A_4) \\
&= C(52,5) - 1.913.496 \\
&= 2.598.960 - 1.913.496 \\
&= 685.464
\end{aligned}
$$

portanto, existem 685.464 agrupamentos com 5 das 52 cartas de um baralho comum em que há pelo menos uma carta de cada naipe.

16. Consideremos os conjuntos:

$$U = \{\text{permutações das letras } AABBCCDD\}$$

$$A_1 = \{\text{permutações de } U \text{ em que as duas letras } A \text{ são adjacentes}\}$$

$$A_2 = \{\text{permutações de } U \text{ em que as duas letras } B \text{ são adjacentes}\}$$

$$A_3 = \{\text{permutações de } U \text{ em que as duas letras } C \text{ são adjacentes}\}$$

$$A_4 = \{\text{permutações de } U \text{ em que as duas letras } D \text{ são adjacentes}\}$$

Assim,

$$n(U) = P_8^{2,2,2,2} = \frac{8!}{2!2!2!2!} = 2.520$$

$$n(A_1) = n(A_2) = n(A_3) = n(A_4) = \frac{7!}{2!2!2!1!} = 630$$

$$n(A_1 \cap A_2) = n(A_1 \cap A_3) = \cdots = n(A_3 \cap A_4) = \frac{6!}{2!2!1!1!} = 180$$

$$n(A_1 \cap A_2 \cap A_3) = \cdots = n(A_2 \cap A_3 \cap A_4) = \frac{5!}{2!1!1!1!} = 60$$

$$n(A_1 \cap A_2 \cap A_3 \cap A_4) = 4! = 24$$

Agora, pelo Princípio da Inclusão-Exclusão, segue que

$$\begin{aligned}n(A_1 \cup A_2 \cup A_3 \cup A_4) &= n(A_1) + n(A_2) + n(A_3) + n(A_4)\\ &\quad -n(A_1 \cap A_2) - n(A_1 \cap A_3) - n(A_1 \cap A_4)\\ &\quad -n(A_2 \cap A_3) - n(A_2 \cap A_4) - n(A_3 \cap A_4)\\ &\quad +n(A_1 \cap A_2 \cap A_3) + n(A_1 \cap A_2 \cap A_4)\\ &\quad +n(A_1 \cap A_3 \cap A_4) + n(A_2 \cap A_3 \cap A_4)\\ &\quad -n(A_1 \cap A_2 \cap A_3 \cap A_4)\\ &= 4 \times 630 - 6 \times 180 + 4 \times 60 - 24\\ &= 1.656\end{aligned}$$

Por outro lado,

$$\begin{aligned}n(A_1^c \cap A_2^c \cap A_3^c \cap A_4^c) &= n(U) - n(A_1 \cup A_2 \cup A_3 \cup A_4)\\ &= 2.520 - 1.656\\ &= 864\end{aligned}$$

portanto, existem 864 permutações das letras AABBCCDD em que não há duas letras adjacentes iguais.

17. Seja G o grafo dado, inicialmente, chamemos de a_1, a_2, a_3, a_4 e a_5 as arestas de G e consideremos (para $i = 1, 2, 3, 4, 5$) os conjuntos A_i de todas as possíveis colorações do grafo G em que os vértices da aresta a_i possuem a mesma cor.

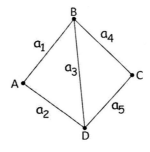

Note que $n(A_i) = 1000$, visto que, pelo Princípio Multiplicativo, existem $10 \times 1 \times 10 \times 10 = 10^3 = 1000$ para que os dois vértices da aresta a_i possuam a mesma cor. (note que o fator 1 vem do fato de que temos 10 modos distintos de escolhermos a cor do primeiro vértice da aresta a_i, e uma vez escolhida a cor do primeiro vértice, só há 1 modo de escolhermos a cor do segundo vértice, que é exatamente a mesma cor já escolhida para o primeiro vértice). Seguindo este mesmo raciocínio segue que $n(A_i \cap A_j) = 10 \times 1 \times 10 \times 1 = 100$. Um cuidado especial deve ser tomado na contagem do número de elementos do conjunto $A_i \cap A_j \cap A_t$, especificamente com as arestas a_1, a_2 e a_3, que estão interconectadas. Note que $n(A_1 \cap A_2 \cap A_3) = 10 \times 1 \times 1 \times 10 = 100$ (uma cor para os vértices A, B, D e uma cor para o vértice C). Analogamente, $n(A_3 \cap A_4 \cap A_5) = 10 \times 1 \times 1 \times 10 = 100$. Além disso, para quaisquer três outros conjuntos, temos $n(A_i \cap A_j \cap A_t) = 10$ (escolhemos uma cor para o primeiro vértice da aresta a_i, o que

100 INTRODUÇÃO À COMBINATÓRIA E PROBABILIDADE

pode ser feito de 10 modos distintos, e uma vez feita esta escolha, o outro vértice da aresta a_i deve possuir a mesma cor do primeiro, o que pode ser feito de 1 modo. Além disso, queremos aqui, que os vértices das arestas a_j e a_t possuam a mesma cor dos vértices da aresta a_i, o que pode ser feito de 1 modo, assim pelo Princípio Multiplicativo, existem $10 \times 1 \times 1 = 10$ modos distintos de deixarmos os vértices das arestas a_i, a_j e a_t com a mesma cor). Seguindo o mesmo raciocínio podemos concluir que:

$$n(A_1 \cap A_2 \cap A_3 \cap A_4) = 10$$

$$n(A_1 \cap A_2 \cap A_3 \cap A_4 \cap A_5) = 10$$

Finalmente, pelo Princípio da Inclusão-Exclusão, segue que:

$$n(A_1 \cup A_2 \cup A_3 \cup A_4 \cup A_5) = \binom{5}{1}1000 - \binom{5}{2}100 + \left[2.100 + \left(\binom{5}{3} - 2\right).10\right] - \binom{5}{4}.10 + \binom{5}{5}.10$$
$$= 4.240$$

Como existem $10 \times 10 \times 10 \times 10 = 10^4 = 10.000$ maneiras distintas para pintarmos os 4 vértices do grafo G com as 10 cores distintas, segue que a quantidade de maneiras distintas de pintarmos os vértices do grafo G, dispondo de 10 cores distintas, de modo que os vértices que possuem arestas em comum tenham cores diferentes é $10.000 - 4.240 = 5.760$.

18. Consideremos os conjuntos

$$A = \{1, 2, 3, \cdots, 1.000.000\}$$

$$B = \left\{n \in A \; ; \; n = k^2 \text{ com } k \in \mathbb{Z}\right\}$$

$$C = \left\{n \in A \; ; \; n = t^3 \text{ com } t \in \mathbb{Z}\right\}$$

Além disso, perceba que:

$$B \cap C = \left\{n \in A \; ; \; n = s^6 \text{ com } s \in \mathbb{Z}\right\}$$

Portanto,

$$n(A) = 1.000.000$$

$$n(B) = \left[\sqrt{1.000.000}\right] = 1.000$$

$$n(C) = \left[\sqrt[3]{1.000.000}\right] = 100$$

$$n(B \cap C) = \left[\sqrt[6]{1.000.000}\right] = 10$$

Ora, tomando o conjunto A como conjunto universo, temos que B^c é o conjunto dos elementos de A que não são quadrados perfeitos e C^c é o conjunto dos elementos de A que não são cubos perfeitos. Assim, $B^c \cap C^c$ o conjunto dos elementos e A que não são quadrados perfeitos nem são cubos perfeitos. Por outro lado,

$$n(B^c \cap C^c) = n(A) - n(B \cup C) \Rightarrow$$

$$n(B^c \cap C^c) = n(A) - n(B) - n(C) + n(B \cap C) \Rightarrow$$

$$n(B^c \cap C^c) = 1.000.000 - 1.000 - 100 + 10 = 998.910$$

Portanto, nos números naturais de 1 a 1.000.000 existem 998.910 números que não são quadrados perfeitos nem são cubos perfeitos.

CAPÍTULO 5. O PRINCÍPIO DA INCLUSÃO-EXCLUSÃO   101

19. a)Como $n(A) = n$ e $n(B) = k$ (com $n \geq k$), podemos supor que $A = \{x_1, x_2, \cdots, x_n\}$ e $B = \{y_1, y_2, \cdots, y_k\}$. Para determinarmos uma função $f : A \to B$ basta determinarmos os valores para $f(x_1), f(x_2), \cdots, f(x_n)$. Assim, pelo Princípio Multiplicativo, existem $\underbrace{k \times k \times \cdots k}_{n \text{ vezes}} = k^n$ funções de A em B. Neste caso, estamos querendo mais ainda: estamos querendo que f seja sobrejetiva. Para tal, consideremos os conjuntos, a saber:

$$A_1 = \{f : A \to B \ ; \ f(x) \neq y_1 \ \forall x \in A\}$$

$$A_2 = \{f : A \to B \ ; \ f(x) \neq y_2 \ \forall x \in A\}$$

$$\vdots$$

$$A_k = \{f : A \to B \ ; \ f(x) \neq y_k \ \forall x \in A\}$$

Para ser sobrejetiva $f : A \to B$ não pode pertencer a nenhum dos conjuntos acima, ou seja, o conjunto das funções sobrejetivas é exatamente

$$(A_1 \cup A_2 \cup \cdots \cup A_k)^c = A_1^c \cap A_2^c \cap \cdots \cap A_k^c$$

Pelo Princípio da Inclusão-Exclusão, segue que:

$$n(A_1 \cup A_2 \cup \cdots \cup A_k) = \sum_{i \geq 1} n(A_i) - \sum_{1 \leq i < j} n(A_i \cap A_j) + \cdots + (-1)^{k-1} n(A_1 \cap A_2 \cap \cdots \cap A_k)$$

Note que para definirmos uma função $f : A \to B$ em que $f(x) \neq y_i$ para todo $x \in A$, basta escolhermos os valores $f(x_1), f(x_2), \cdots, f(x_n)$ entre os valores $y_1, \cdots y_{i-1}, y_{i+1}, \cdots y_k$, o que, pelo Princípio Multiplicativo, pode ser feito de $\underbrace{(k-1) \times (k-1) \times \cdots \times (k-1)}_{n \text{ fatores}} = (k-1)^n$ modos distintos. Seguindo este mesmo raciocínio, segue que:

$$n(A_i \cap A_j) = (k-2)^n$$

$$n(A_i \cap A_j \cap A_t) = (k-3)^n$$

$$\cdots$$

$$n(A_1 \cap A_2 \cap \cdots \cap A_k) = (k-k)^n$$

Portanto,

$$n(A_1 \cup A_2 \cup \cdots \cup A_k) = \binom{k}{1}(k-1)^n - \binom{k}{2}(k-2)^n + \binom{n}{3}(k-3)^n + \cdots + (-1)^{k-1}\binom{k}{k}(k-k)^n$$

ou seja, a quantidade de funções $f : A \to B$ que não são sobrejetivas é dada por

$$n(A_1 \cup A_2 \cup \cdots \cup A_k) = \sum_{i=1}^{k} (-1)^{i-1} \binom{k}{i}(k-i)^n$$

Como a quantidade total de funções $f : A \to B$ é k^n, segue que a quantidade de funções sobrejetivas $f : A \to B$, $T(n, k)$, é dada por:

$$T(n, k) = k^n - \sum_{i=1}^{k} (-1)^{i-1} \binom{k}{i}(k-i)^n = \sum_{i=0}^{k} (-1)^{i} \binom{k}{i}(k-i)^n$$

b) Imaginemos que X seja o conjunto cujos elementos são $P_1, P_2, \cdots, P_9$ as 9 pessoas e Y o conjunto cujos elementos são C_1, C_2, C_3 e C_4 os 4 carros. Como cada carro deve possuir um motorista e todas as 9 pessoas sabem dirigir, segue que cada maneira de distribuir as 9 pessoas nos 4 carros, deixando pelo menos uma pessoa (motorista) em cada carro, corresponde à quantidade de funções sobrejetivas $f: X \to Y$, que pelo item anterior é

$$T(9,4) = \sum_{i=0}^{4}(-1)^i \binom{4}{i}(4-i)^9 = \binom{4}{0}4^9 - \binom{4}{1}3^9 + \binom{4}{2}2^9 - \binom{4}{3}1^9 + \binom{4}{4}0^9 = 186.481$$

Assim, existem 146.480 modos distintos dessas 9 pessoas agruparem-se para levar 4 carros de uma cidade A para uma cidade B

20. Podemos imaginar as salas como vértices de um grafo G em que há uma aresta entre dois vértices quando as duas salas são conectadas por uma porta. Conforme ilustra a figura abaixo:

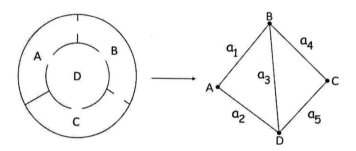

Ora, como queremos que salas com uma porta em comum tenham cores diferentes, isto corresponde no grafo a vértices, que são extremidades de uma mesma aresta, possuírem cores distintas, isto é justamente o que contamos no problema 17. Portanto, a quantidade de maneiras distintas de pintarmos as 4 salas, dispondo de 10 cores distintas, sem que salas que tenham uma porta em comum tenham uma mesma cor é 5.760 (seguindo a mesma resolução do problema 17).

Capítulo 6

Permutações Circulares

6.1 Introdução

Até o momento, estudamos situações nas quais estávamos interessados em distribuir pessoas em uma fila, organizar objetos em gavetas, construir os anagramas de uma palavra, ou seja, situações que tinham em comum a mesma estrutura do tipo fila, em que a preocupação era: quem vem na frente de quem. Muitas situações interessantes acontecem também em estruturas do tipo círculo, por exemplo, uma artesã que faz pulseiras de conchas e que dispõe de três tipos de conchas para trabalhar está interessada em saber quantas pulseiras diferentes ela pode fabricar utilizando os três tipos. Ou ainda, de quantas maneiras diferentes uma pessoa pode pintar um gráfico tipo pizza, dividido em 7 pedaços, com 7 cores distintas?

6.2 Permutações Circulares

Quem não conhece a famosa música cantada nas rodas de ciranda de Olinda-PE: "Esta ciranda quem me deu foi Lia que mora na ilha de Itamaracá ... ". A música pode ser bastante conhecida, mas o que não se discute muito, pelo menos nos livros do ensino médio, é de quantas maneiras distintas podemos formar uma ciranda, ou ainda, um círculo com um determinado número de objetos. Comecemos com uma ciranda formada por três pessoas. Temos três posições, 1, 2 e 3, a serem preenchidas por três pessoas: Fulana (F), Beltrana (B) e Cicrana (C).

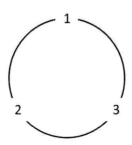

Ou seja, o número de lugares é igual ao número de pessoas que queremos alocar. Como vimos nas Permutações Simples, quando isso acontece, temos um problema de permutação simples, o que nos leva a 3! maneiras de montarmos a ciranda. Quais sejam:

104 INTRODUÇÃO À COMBINATÓRIA E PROBABILIDADE

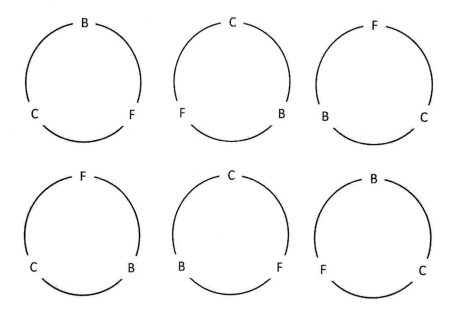

Considere a primeira ciranda (Figura 1), ao girá-la, obtemos outras duas configurações (Figuras 2 e 3),

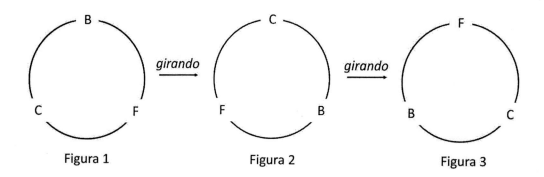

que, na verdade, representam a mesma ciranda inicial, pois em qualquer delas temos a mesma disposição posicional, a saber:

- B está entre F e C;
- C está entre B e F;
- F está entre C e B.

No entanto, foram contadas individualmente na permutação simples por representarem a combinação de 3 letras em três espaços dados: CBF, FCB e BFC.

Observamos então que, formada uma configuração circular inicial, qualquer outra que girando a partir dela consegue voltar à inicial é, na verdade, a mesma configuração inicial! As Figuras 4, 5 e 6 também ilustram tal fato:

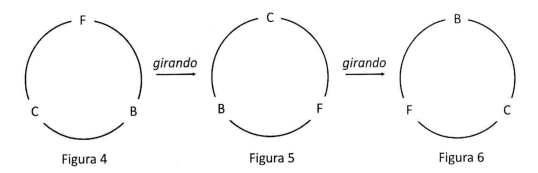

Figura 4 Figura 5 Figura 6

Note que as configurações obtidas na Figura 1 são distintas das configurações obtidas na Figura 4, pois, partindo de qualquer uma das cirandas da Figura 1, por mais que giremos, nunca chegaremos a alguma das configurações da Figura 4. Fazendo uma analogia com o problema de filas, podemos representar as cirandas na forma de blocos

$$(BFC) \to (CBF) \to (FCB)$$

$$(FBC) \to (CFB) \to (BCF)$$

em que blocos de 3 letras são considerados iguais quando podemos, partindo de um, chegar aos outros pelo deslizamento das letras da esquerda para a direita (ou da direita para a esquerda) sendo que, nesse deslocamento, a letra que está no final volta ao início.

Então, recapitulando, por permutação simples, temos 3! possibilidades, entretanto, cada possibilidade real, no caso, cada ciranda, está sendo contada 3 vezes no cálculo das permutações. Ou seja,

3! = número de configurações obtidas na permutação simples = 3× número de configurações distintas.

Por configurações distintas, entendemos que, dadas as configurações, não conseguimos obter uma a partir da outra simplesmente girando a ciranda. Portanto, para esse caso, temos que a quantidade de cirandas distintas que podemos formar é

$$\text{número de configurações distintas} = \frac{3!}{3} = \frac{3 \times 2!}{3} = 2!$$

As duas configurações distintas, no caso, as duas cirandas obtidas, são o que chamamos de permutação circular de 3 elementos. Suponhamos agora que André (A) se junte a Fulana, Beltrana e Cicrana para brincar de roda. Assumindo a da esquerda como sendo a roda inicial, obtemos ao girar, quatro configurações equivalentes:

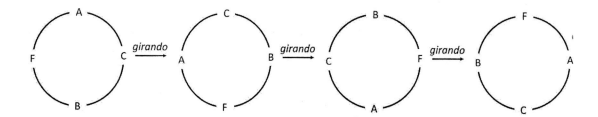

Por outro lado, usando permutação simples, obtemos um total de 4! configurações (4 letras a serem alocadas em 4 posições), e mais uma vez podemos encontrar o número de permutações circulares através da igualdade:

4! = número total de configurações obtidas por permutação simples = 4× número de permutações circulares.

É interessante observar que quando formamos uma roda com 3 pessoas, ao girá-la, obtemos 3 rodas iguais, já em uma roda com 4 pessoas, obtemos, girando, 4 rodas iguais. Continuando dessa forma, podemos afirmar que, para n pessoas brincando de roda, teremos a quantidade de n rodas iguais à inicial. Ou seja, ao computar o número de configurações distintas, cada n delas representa na verdade uma mesma roda. E podemos assim encontrar o número de configurações distintas ou, ainda, o número de permutações circulares com n elementos através da seguinte equação:

n! = número total de configurações obtidas por permutação simples = n× número de permutações circulares.

Ou ainda, fazendo x = número de permutações circulares, obtemos:

$$x = \frac{n!}{n} = \frac{n \times (n-1) \times \cdots \times 3 \times 2 \times 1}{n} = (n-1) \times (n-2) \times \cdots \times 3 \times 2 \times 1 = (n-1)!$$

Exemplo 6.2.1 - *Suponha que uma artesã trabalhe fazendo pulseiras de pedrinhas da seguinte maneira: em um elástico, ela coloca 7 pedrinhas de cores distintas e depois amarra as pontas. Pergunta-se: quantas pulseiras distintas ela pode fazer?*

Resolução:

Ao final do trabalho, ela fecha a pulseira amarrando as pontas, formando assim uma roda composta por 7 pedrinhas de cores distintas. Ou seja, estamos com um problema de permutação circular com 7 elementos e, portanto,

$$(7-1)! = 6! = 6 \times 5 \times 4 \times 3 \times 2 \times 1 = 720.$$

Dessa forma, 720 modelos distintos de pulseiras podem ser criados.

Exemplo 6.2.2 - *Numa escolinha, com 10 crianças, há, na hora do recreio, uma brincadeira que não pode faltar: a roda. De quantas maneiras a professora pode montar uma roda?*

CAPÍTULO 6. PERMUTAÇÕES CIRCULARES

Resolução:

Essa questão se encaixa exatamente com o número de cirandas que podem ser montadas com 10 pessoas, que é um problema de permutação circular com 10 elementos e, portanto, $(10-1)! = 9!$ rodas diferentes podem ser montadas.

Exemplo 6.2.3 - *E se na escolinha do exemplo 6.2.2, dois coleguinhas estiverem brigados e, para evitar problemas, a professora queira montar a roda sem que eles fiquem juntos. De quantas maneiras ela pode formar essa roda?*

Resolução:

Consideremos os seguintes conjuntos:

A = {todas as rodas}.
B = {todas as rodas em que os dois coleguinhas estejam juntos}.
C = {todas as rodas em que os dois coleguinhas estejam separados}.

A resposta da questão é o número de elementos do conjunto C. Note que $A = B \cup C$ e que B e C são disjuntos. Então, pelo Princípio Aditivo, temos que

$$n(A) = n(B) + n(C)$$

O $n(A)$ é exatamente a permutação circular dos 10 alunos, ou seja, $n(A) = 9!$. Para encontrar $n(B)$, vamos considerar cada elemento que irá compor a roda como um par de mãos, como os dois coleguinhas estarão obrigatoriamente juntos, ou seja, de mãos dadas, iremos considerá-los um par de mãos na formação da roda. Dessa forma, podemos pensar em montar rodas com esses coleguinhas juntos, a partir de duas decisões:

- Decisão D_1 : juntar os dois coleguinhas a fim de serem vistos como um único par de mãos. Isso pode ser feito de 2 maneiras distintas, ou seja,

- Decisão D_2 : montar as rodas com os outros coleguinhas. Isto é, fazer uma permutação circular de 9 pessoas (já que estamos considerando os dois coleguinhas que estão juntos como um único elemento da roda), ou seja, 8!.

Pelo Princípio Multiplicativo, temos que o n(B) é $2 \times 8!$ e pelo Princípio Aditivo, podemos calcular o n(C) da seguinte forma:

$$n(C) = n(A) - n(B) = 9! - 2 \times 8! = 9 \times 8! - 2 \times 8! = (9-2) \times 8! = 7 \times 8!$$

Outra forma de resolver esse exemplo é considerarmos todas as rodas que podemos formar sem os coleguinhas que brigaram, ou seja, com os 8 coleguinhas. Isso pode ser feito de 7! maneiras. Agora, imaginemos os espaços em que os dois podem entrar na roda sem que fiquem juntos.

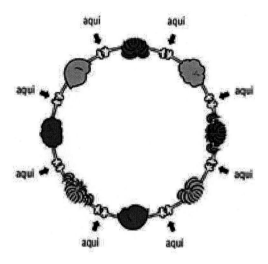

Temos então, 8 lugares que podem ser ocupados pelos 2 alunos, em que a ordem na qual eles ficarão importa na contagem final. Dessa forma, a quantidade de maneiras pelas quais eles podem ocupar esses lugares é

$$A(8,2) = \frac{8!}{(8-2)!} = \frac{8!}{6!}$$

Então, pelo Princípio Multiplicativo, temos:

$$7! \cdot \frac{8!}{6!} = \frac{7 \times 6! \times 8!}{6!} = 7 \times 8!$$

Exemplo 6.2.4 - *Ainda falando de escolinha. Sabemos que existem aqueles coleguinhas que sempre estão juntos em qualquer brincadeira, então, se entre os 10 (do exemplo 6.2.2), 3 são inseparáveis, pergunta-se: sabendo que esses 3 estarão juntos na roda, quantas rodas poderemos formar?*

Resolução:

Como os três alunos estarão juntos na roda, podemos considerá-los como um único e, com isso, temos duas etapas na construção dessa roda:

- Decisão D_1: organizar os três amigos, o que pode ser feito de 3! maneiras;
- Decisão D_2: montar as rodas considerando os amigos como um integrante da roda. Isso pode ser feito de 7! maneiras, já que haverá 8 pessoas na roda.

Pelo Princípio Multiplicativo, o número total de rodas é:

$$3! \times 7! = 6 \times 7!$$

Outra maneira de resolver o exemplo anterior é a seguinte:

- Decisão D_1: Montar sem os três amigos. Isso é uma permutação circular de 7 pessoas, ou seja, 6!.

- Decisão D_2: Colocar os três amigos em um dos lugares possíveis. No desenho abaixo, vemos que isso pode ser feito de 7 maneiras.

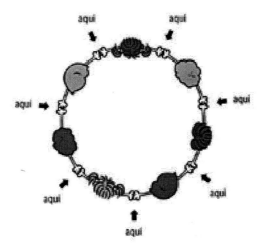

- Decisão D_3: Fazer os três amigos variarem suas posições no lugar da roda em que se encontram. Há 3! maneiras de se fazer isso, já que temos 3 amigos e 3 lugares a serem ocupados.

Pelo Princípio Multiplicativo, o número total de rodas é

$$6! \times 7 \times 3! = 7! \times 3! = 6 \times 7!$$

Exemplo 6.2.5 - *Um cientista maluco estava fazendo o seguinte experimento: tomou 10 elementos químicos distintos, dos quais classificou 5 como sendo P, para representar positivo, e 5 como N, para negativo. Ele imaginou uma ligação circular entre esses elementos, preocupado apenas com o fato de não podermos ter 2 P nem 2 N juntos. Quantas ligações circulares são possíveis atendendo a essa restrição?*

Resolução:

Relembrando como construímos a fórmula, primeiro calculávamos todas as formas possíveis de organizar os elementos e depois dividíamos pelo total de vezes que cada configuração se repetia. Calculando o número de formas possíveis de organizar os elementos.

- Decisão D_1: Escolha do primeiro elemento. Isso pode ser feito de 10 maneiras.

- Decisão D_2: Escolha do segundo elemento. Isso pode ser feito de 5 maneiras, uma vez que, se foi escolhido P, só podemos escolher N e vice-versa.

110 INTRODUÇÃO À COMBINATÓRIA E PROBABILIDADE

- Decisão D_3: Escolha do terceiro elemento. Isso pode ser feito de 4 maneiras, uma vez que já escolhemos um (primeira posição) elemento desse tipo.

- Decisão D_4: Escolha do quarto elemento. Isso pode ser feito de 4 maneiras, uma vez que já escolhemos um (segunda posição) elemento desse tipo.

- Decisão D_5: Escolha do quinto elemento. Isso pode ser feito de 3 maneiras, uma vez que já escolhemos dois (primeira e terceira posições) elementos desse tipo.

- Decisão D_6: Escolha do sexto elemento. Isso pode ser feito de 3 maneiras, uma vez que já escolhemos dois (segunda e quarta posições) elementos desse tipo.

- Decisão D_7: Escolha do sétimo elemento. Isso pode ser feito de 2 maneiras, uma vez que já escolhemos três (primeira, terceira e quinta posições) elementos desse tipo.

- Decisão D_8: Escolha do oitavo elemento. Isso pode ser feito de 2 maneiras, uma vez que já escolhemos três (segunda, quarta e sexta posições) elementos desse tipo.

- Decisão D_9: Escolha do nono elemento. Isso pode ser feito de 1 maneira, uma vez que já escolhemos quatro (primeira, terceira, quinta e sétima posições) elementos desse tipo.

- Decisão D_{10}: Escolha do décimo elemento. Isso pode ser feito de 1 maneira, uma vez que já escolhemos quatro (segunda, quarta, sexta e oitava posições) elementos desse tipo.

Pelo Princípio Multiplicativo, temos:

$$10 \times 5 \times 4 \times 4 \times 3 \times 3 \times 2 \times 2 \times 1 \times 1 = 10 \times 5! \times 4!$$

Por estarem em uma roda, temos que cada configuração se repete na contagem 10 vezes, portanto, o número real de ligações circulares distintas é:

$$\frac{10 \times 5! \times 4!}{10} = 5! \times 4!$$

Observação 6.1 *A permutação circular nos diz apenas quantas são as possíveis configurações diferentes no sentido de quem está à esquerda e à direita de quem, mas sem se importar em que posição do círculo cada um se encontra. Por exemplo, se você está em um ginásio de forma circular (imagine que existem duas saídas no mesmo nível da sua arquibancada), se mudarem o lugar de todo mundo, apenas girando no sentido horário, as posições relativas de todo mundo mantiveram-se, entretanto sua posição pode ser considerada diferente da anterior uma vez que sua posição relativa à saída mudou. Por isso chamamos a atenção para que vocês, em seus problemas, vejam que situação melhor se adequa a cada problema. Nos exercícios a seguir, em alguns deles chamamos a atenção dessa característica novamente.*

6.3 Exercícios propostos

1. Nas festas das padroeiras das cidades do interior, sempre têm parques de diversão. Uma das brincadeiras mais conhecidas é a roleta, em que você aposta numa cor e ela é girada. Se a cor escolhida aparecer embaixo, você ganha o prêmio. O dono da roleta sabe que tem uma dada posição que aparece mais vezes e, para que as pessoas não fiquem associando a vitória com uma cor, ele costuma mudar as cores de lugar periodicamente. Se sua roleta tem 15 posições, de quantos modos distintos ele pode pintá-la?

CAPÍTULO 6. PERMUTAÇÕES CIRCULARES   111

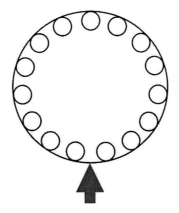

2. Na época de São João, particularmente no Nordeste do Brasil, a quadrilha é uma tradição. Num dado momento da quadrilha, faz-se o que se chama de grande roda, na qual os casais ficam de mãos dadas e homem não pega na mão de homem nem mulher na mão de mulher (a menos que tenham errado o passo). Quantas rodas distintas são possíveis formar dessa maneira, se na quadrilha estão dançando 32 casais?

3. Numa escola de jardim de infância, a diretora está querendo montar o presente do dia das mães. Ela quer fazer um colar utilizando macarrão colorido daquele redondinho. Nessa escola, temos 5.000 alunos. A diretora quer que todo colar tenha a mesma quantidade de macarrão. Pergunta-se: sabendo que o colar é composto de macarrão de cores diferentes, quantas cores precisamos ter (e, consequentemente, quantos macarrões formarão o colar) para que nenhum colar fique igual?

4. O vendedor de leite de uma cidade do interior decidiu pintar os pneus de seu carro (caminhonete, 86) para chamar mais atenção. Ele quer fazer tipo fatias de pizzas de cores diferentes, gastando menos tinta possível. Qual a quantidade de cores de que ele necessita para pintar os quatro pneus que, embora no mesmo formato (mesma quantidade de fatias) tenham cores dispostas diferentemente, de modo a originar pizzas distintas entre si?

5. Uma moça quer montar um colar de seis pérolas distintas, igualmente espaçadas. Quantas possibilidades de montagem deste tipo de colar existem?

6. De quantos modos 5 mulheres e 6 homens podem formar uma roda de ciranda de modo que as mulheres permaneçam juntas?

7. Numa pizzaria, ficou determinado que as pizzas seriam cortadas em 6 fatias. Se a pizzaria oferece 10 sabores de recheio, quantos tipos de pizza diferentes podem ser criados sendo todas as suas fatias de um tipo diferente de recheio? Explicando melhor: uma pizza não tem duas fatias de mesmo sabor; uma pizza é considerada igual à outra, se, rodando uma delas, consigo uma configuração de sabores igual à da outra na mesma posição. (Dica: use o Princípio Multiplicativo com duas decisões: primeiro, escolher os recheios; segundo, montar a pizza.)

8. a) Encontre o número de maneiras de se acomodarem 12 pessoas tais que 7 delas fiquem numa mesa redonda e as 5 restantes em outra mesa redonda.

b) Encontre o número de maneiras de se acomodarem 12 pessoas tais que 7 delas fiquem numa mesa redonda e as 5 restantes em uma fila ordenada.

9. (OBM)Soninha tem muitos cartões, todos com o mesmo desenho em uma das faces. Ela vai usar cinco cores diferentes (verde, amarelo, azul, vermelho e laranja) para pintar cada uma das cinco partes do desenho, cada parte com uma cor diferente, de modo que não haja dois cartões pintados da mesma forma. Na figura abaixo, por exemplo, os cartões são iguais, pois um deles pode ser girado para se obter o outro. Quantos cartões diferentes Soninha conseguirá produzir?

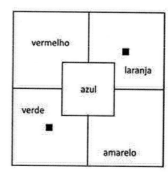

10. De quantos modos distintos 5 homens e 3 mulheres podem sentar-se nos 8 lugares disponíveis de uma mesa circular se:

    a) Não há nenhuma restrição.

    b) O homem H_1 e a mulher M_1 não podem sentar-se em lugares adjacentes.

    c) As mulheres não devem sentar-se em posições adjacentes.

11. De quantas formas distintas n casais (n homens e n mulheres) podem sentar-se em torno de uma mesa circular em cada um dos seguintes casos:

    a) Os homens e as mulheres sentam-se em lugares alternados.

    b) Cada marido senta-se próximo de sua esposa.

12. De quantos modos 12 crianças podem ocupar os 6 bancos de dois lugares em uma roda gigante?

13. Uma roda gigante possui 9 bancos de dois lugares cada um. De quantos modos distintos 16 crianças podem ocupar 8 de seus bancos, ficando duas crianças em cada banco?

14. Um cubo deve ser pintado, cada face de uma única cor, utilizando-se exatamente 5 cores, sendo que as únicas faces de mesma cor devem ser opostas. De quantas formas distintas isso pode ser feito?

15. De quantas formas distintas 3 argentinos, 4 peruanos, 4 chilenos e 2 brasileiros podem sentar numa mesa redonda, de modo que as pessoas de mesma nacionalidade se sentem juntas?

16. Um grupo de 6 amigos, decidem ir a um acampamento e a noite fazem uma fogueira. De quantas formas distintas eles podem sentar ao redor da fogueira, se 2 determinados amigos (Alfredo e Bernardo) não querem se sentar lado a lado.

CAPÍTULO 6. PERMUTAÇÕES CIRCULARES

17. Um grupo de 6 amigos composto por 3 homens e 3 mulheres, decidem ir a um acampamento e a noite fazem uma fogueira. De quantas formas distintas eles podem sentar ao redor da fogueira, se duas determinadas amigas (Ana de Betty) desejam sentar o mais distante possível.

18. Vinte crianças vão fazer uma roda e entre as crianças estão os irmãos Leonardo e Juliana. Quando Leonardo não dá a mão para Juliana ele chora muito. De quantas maneiras, podem essas crianças dar as mãos e formar uma roda, de modo que não perturbe o pequeno Leonardo?

19. Um calendário de mesa consiste de um dodecaedro regular com um mês diferente sobre cada uma das suas doze faces pentagonais. De quantas maneiras, essencialmente distintas, podemos arrumar os meses nas faces do dodecaedro para formar o calendário? (Se uma arrumação puder ser obtida de outra, por uma rotação, as duas **não** são essencialmente distintas!)

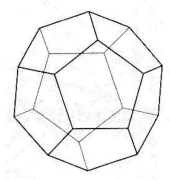

20. (UFPE)Semelhante ao dominó, mas feito de pedras triangulares equiláteras, o jogo de trominó apresenta na face triangular superior um certo número de pontos com repetições, escolhidos de 1 a n, dispostos ao longo de cada aresta (ver figura).

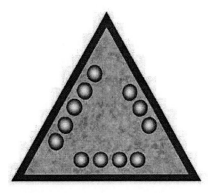

Quantas peças há no trominó, supondo $n = 6$?

6.4 Resolução dos exercícios propostos

1. Temos, nesta questão, uma roleta formada por 15 círculos de cores distintas, que é um problema de permutação circular. Portanto, a roleta pode ser pintada de $(15-1)! = 14!$ maneiras distintas.

2. Para resolver esta questão, usaremos o Princípio Multiplicativo, para calcular o número de maneiras possíveis de organizar as pessoas.

   - D_1: Escolha da primeira pessoa, que pode ser feita de 64 maneiras.
   - D_2: Escolha da segunda pessoa, que pode ser feita de 32 maneiras (se o 1º foi homem, agora só poderá ser mulher e vice-versa).
   - D_3: Escolha da terceira pessoa, que pode ser feita de 31 maneiras (já escolhemos uma pessoa desse sexo, na 1ª posição).
   - D_4: Escolha da quarta pessoa, que pode ser feita de 31 maneiras (já escolhemos uma pessoa desse sexo, na 2ª posição).
   - D_5: Escolha da terceira pessoa, que pode ser feita de 30 maneiras (já escolhemos uma pessoa desse sexo, na 1ª e 3ª posições).
   - D_6: Escolha da terceira pessoa, que pode ser feita de 30 maneiras (já escolhemos uma pessoa desse sexo, na 2ª e 4ª posições).

   Prosseguindo desta forma, teremos $64 \times 32! \times 31!$. Porém, é importante observar que cada configuração se repete 64 vezes (por estarmos montando rodas). Portanto, o número real de rodas distintas é
   $$\frac{64 \times 32! \times 31!}{64} = 32! \times 31!$$

3. Primeiramente, observemos que a escola tem 5.000 alunos e todos eles receberão um colar para entregar para suas respectivas mães. Assim, precisaremos de 5.000 colares. Queremos saber quantas cores (n) precisaremos ter para montar 5.000 colares, sendo que nenhum deles poderá ser repetido. A equação que teremos que resolver é:
   $$(n-1)! = 5.000$$

   Lembrando que usamos $(n-1)!$ porque estamos formando uma roda composta por n macarrões. Por simples verificação podemos notar que, se tivermos $n = 7$, poderemos formar $(n-1)! = 6! = 720$ colares distintos. Logo, $n = 7$ não é suficiente, pois para montar os 5.000 desejados teríamos obrigatoriamente que repetir colares. Se tivermos $n = 8$, poderemos formar $(n-1)! = 7! = 5040$ colares distintos. Assim, $n = 8$ é o menor número de macarrões que me possibilita montar 5.000 colares diferentes.

4. Note que o vendedor quer saber como ele deve dividir as rodas do carro dele de modo que utilizando menos cores possíveis possa pintar cada roda de forma diferente. Ele está pensando então como será a forma que a roda assumirá se, assim

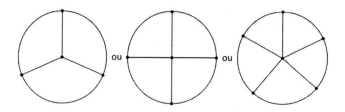

Esta questão recai no mesmo problema da questão anterior: queremos saber quantas cores diferentes, e, portanto, o número de fatias (n) que precisamos ter para montar 4 rodas diferentes, no formato de pizza. Novamente, por verificação, se $n = 3$, teremos $(n-1)! = 2! = 2$

CAPÍTULO 6. PERMUTAÇÕES CIRCULARES 115

maneiras de pintar uma pizza com 3 fatias de modo que elas sejam diferentes. No entanto temos 4 rodas. Logo, para $n = 3$, não conseguimos pintar os quatro pneus com cores dispostas diferentemente.

Se $n = 4$, teremos $(n - 1)! = 3! = 6$ maneiras de pintar uma pizza com 4 fatias de modo que elas sejam diferentes. Precisamos apenas pintar as 4 rodas, dessa forma, $n = 4$ é o menor número de fatias (de cores) que nos possibilita pintar os 4 pneus de forma que sejam diferentes entre si.

5. Neste caso basta fazer uma permutação circular de 6 objetos distintos, que corresponde a $(6 - 1)! = 5! = 120$ modos distintos para montar o colar.

6. Neste caso temos que tomar duas decisões, a saber:

   - D_1: Permutar as 5 mulheres entre si, o que pode ser feito de $5! = 120$ modos distintos.

   - D_2: Permutar circularmente os 6 homens e o grupo das 5 mulheres, ou seja, realizar uma permutação circular de 7 objetos, o que pode ser feito de $(7 - 1)! = 6! = 720$.

   Assim, pelo Princípio Multiplicativo, o número de maneiras distintas que 5 mulheres e 6 homens podem formar uma roda de ciranda de modo que as mulheres permaneçam juntas, é $5! \times 6! = 120 \times 720 = 86.400$.

7. Aqui também devemos tomar as duas decisões, a saber:

   - D_1: Escolher 6 entre os 10 sabores disponíveis, o que pode ser feito de $C(10,6) = 210$ modos distintos.

   - D_2: Distribuir os 6 sabores escolhidos em D_1 nas 6 fatias da pizza, o que pode ser feito de $(6 - 1)! = 5! = 120$ modos distintos.

   Assim, pelo Princípio Multiplicativo, o número de maneiras distintas de fabricarmos uma pizza respeitando-se as condições impostas pelo enunciado é de $C(10,6) \times 5! = 210 \times 120 = 25.200$.

8. a) Neste caso devemos tomar as três decisões, a saber:

   - D_1: Escolher 7 entre as 12 pessoas disponíveis para que fiquem na mesa, o que pode ser feito de $C(12,7) = 792$ modos distintos.

   - D_2: Permutar as 7 pessoas escolhidas em D_1 numa mesa redonda, o que pode ser feito de $(7 - 1)! = 6! = 720$ modos distintos

   - D_3: Arrumar as 5 pessoas restantes numa mesa redonda, o que pode ser feito de $(5-1)! = 4! = 24$ modos distintos

   Assim, pelo Princípio Multiplicativo, o número de maneiras distintas de se acomodarem 12 pessoas tais que 7 delas fiquem numa mesa redonda e as 5 restantes em outra mesa redonda é igual a $C(12,7) \times 6! \times 4! = 13.685.760$.

   Observação 6.2 *Aqui estamos supondo que se todos da mesa mudarem para a cadeira à esquerda, a configuração continua a mesma. Se por acaso, considerarmos que tal movimento implica em uma configuração diferente, o resultado seria:* $C(12,7) \times 7! \times 5!$.

   b) Neste caso devemos tomar as três decisões, a saber:

116 INTRODUÇÃO À COMBINATÓRIA E PROBABILIDADE

- D_1: Escolher 7 entre as 12 pessoas disponíveis para que fiquem na mesa, o que pode ser feito de $C(12,7) = 792$ modos distintos.

- D_2: Permutar as 7 pessoas escolhidas em D_1 numa mesa redonda, o que pode ser feito de $(7-1)! = 6! = 720$ modos distintos.

- D_3: Arrumar as 5 pessoas restantes numa fila ordenada, o que pode ser feito de $5! = 120$ modos distintos.

Assim, pelo Princípio Multiplicativo, o número de maneiras distintas de se acomodarem 12 pessoas tais que 7 delas fiquem numa mesa redonda e as 5 restantes em uma fila ordenada é igual a $C(12,7) \times 6! \times 5! = 68.428.800$.

A mesma observação do item anterior se aplica aqui.

9. Para que Soninha pinte um cartão ela deve tomar as duas decisões, a saber:

- D_1: Escolher uma entre as 5 cores disponíveis para pintar o quadradinho central, o que pode ser feito de 5 modos distintos.

- D_2: Distribuir as 4 cores restantes nos outros 4 quadradinhos, o que pode ser feito de $(4-1)! = 3! = 6$ modos distintos.

Assim, pelo Princípio Multiplicativo, a quantidade de cartões distintos que Soninha pode produzir é $5 \times 3! = 30$.

10. a)Ora, como são 5 homens e 3 mulheres e neste item não está imposta nenhuma restrição, segue que existem $(5+3-1)! = 7! = 5040$ modos distintos para que esssa 8 pessoas sentem-se nos 8 lugares disponíveis na mesa circular.

b)Neste caso podemos raciocinar da seguinte forma: momentaneamente esquecemos a restrição imposta pelo problema do homem H_1 e da mulher M_1 não poderem sentar-se lado a lado e ao final diminuimos deste total o número de configurações em que o homem H_1 e a mulher M_1 estão lado a lado. Ora, sem nenhuma restição, já vimos no item (a) que existem 5.040 configurações possíveis. Por outro lado se exigirmos que o homem H_1 e mulher M_1 fiquem juntos devemos permutar circularmemte o grupo H_1M_1 e mais as 6 outras pessoas, ou seja, uma permutação circular de 7 objetos, o que corresponde a $(7-1)! = 6! = 720$. Além disso, também não podemos esquecer que o homem H_1 e a mulher M_1 podem ficar juntos numa outra ordem, a saber: M_1H_1. Portanto, o total de configurações proibidas é $2 \times 720 = 1.440$. Portanto, existem $5.040 - 1.440 = 3.600$ maneiras distintas para que o homem H_1 e a mulher M_1 não sentem em lugares adjacentes.

c)Neste caso devemos tomar as duas decisões, a saber:

- D_1: Dispor os 5 homens na mesa circular, o que pode ser realizado de $(5-1)! = 4! = 24$ modos distintos.

- D_2: Dispor a mulher M_1 na mesa, o que pode ser feito de 5 modos distintos, pois uma vez que todos os 5 homens já estão dispostos na mesa, existem 5 lugares entre eles para que a mulher M_1 possa ser colocada.

- D_3: Dispor a mulher M_2 na mesa, o que pode ser feito de 4 modos distintos, pois ela não poderá ficar adjacente a mulher M_1, portanto só poderá ficar num dos 4 lugares que restam apenas entre homens.

- D_4: Dispor a mulher M_3 na mesa, o que pode ser feito de 3 modos distintos, pois ela não poderá ficar adjacente à mulher M_1 nem a mulher M_2, portanto só poderá ficar num dos 3 lugares que restam apenas entre homens.

CAPÍTULO 6. PERMUTAÇÕES CIRCULARES   117

Assim, pelo Princípio Multiplicativo, existem $24 \times 5 \times 4 \times 3 = 1.440$ modos distintos para dispor os 5 homens e as 3 mulheres em torno de uma mesa circular sem que as mulheres não sentem-se em posições adjacentes.

11. a)Neste caso devemos tomar duas decisões, a saber:

- D_1: Dispor os n homens em torno da mesa circular, o que pode ser feito de $(n-1)!$ modos distintos.

- D_2: Encaixar as n mulheres nas n posições existentes entre os homens, o que pode ser feito de $n!$ modos distintos.

Assim, pelo Princípio Multiplicativo, existem $(n-1)! \times n!$ modos distintos de arrumar n casais (n homens e n mulheres) em torno de uma mesa circular de modo que os homens e as mulheres sentam-se em lugares alternados.

Observação 6.3 *Aqui estamos supondo que se uma configuração de homens for girada em torno da mesa, a configuração continua a mesma. Se por acaso, considerarmos que tal movimento implica em uma configuração diferente, o resultado seria: $n!n!$.*

b)Imagine que $H_1M_1, H_2M_2, \cdots, H_nM_n$ são os n casais, como queremos que os n casais permeneçam juntos, temos que tomar as duas decisões, a saber:

- D_1: Dispor os n casais em torno de uma mesa circular, o que pode ser feito de $(n-1)!$ modos distintos.

- D_2: Permutar os componentes de cada casal entre si, o que pode ser feito de 2^n modos distintos (2 modos para cada casal).

Assim, pelo Princípio Multiplicativo, existem $(n-1)! \times 2^n$ modos de arrumar n casais (n homens e n mulheres) em torno de uma mesa circular de modo que cada marido sente-se próximo a sua esposa.
A mesma observação acima se aplica a esse item.

12. Aqui devemos tomar duas decisões, a saber:

- D_1: Inicialmente vamos separar as 12 crianças em 6 grupos, o que pode ser feito de

$$\frac{C(12,2) \times C(10,2) \times C(8,2) \times C(6,2) \times C(4,2) \times C(2,2)}{6!} = \frac{12!}{2^6.6!}$$

modos distintos.

- D_2: Permutar circularmente as 6 duplas nas 6 cadeiras da roda gigante, o que pode ser feito de $(6-1)! = 5!$ modos distindos.

- D_3: Permutar cada dupla de crianças em cada uma das 6 cadeiras da roda gigante, o que pode ser feito de 2^6 modos distintos (são 2 modos distintos para cada par de crianças).

Assim, pelo Princípio Multiplicativo, existem $\frac{12!}{2^6.6!} \times 5! \times 2^6 = \frac{12!}{6}$ modos distintos das 12 crianças podem ocuparem os 6 bancos de dois lugares em uma roda gigante.

13. Aqui devemos tomar duas decisões, a saber:

118 INTRODUÇÃO À COMBINATÓRIA E PROBABILIDADE

- D_1: Inicialmente vamos separar as 16 crianças em 8 grupos, o que pode ser feito de

$$\frac{C(16,2) \times C(14,2) \times C(12,2) \times C(10,2) \times \cdots \times C(4,2) \times C(2,2)}{8!} = \frac{16!}{2^8.8!}$$

  modos disitintos.

- D_2: Permutar circularmente as 8 duplas da roda gigante, o que pode ser feito de $(8-1)! = 7!$ modos distintos.

- D_3: Permutar cada dupla de crianças em cada uma das 8 cadeiras da roda gigante em que elas foram postas, o que pode ser feito de 2^8 modos distintos (são 2 modos distintos para cada par de crianças).

- D_4: Finalmente escolher um lugar entre as 8 duplas para colocar a cadeira que ficará vazia, o que pode ser feito de 8 modos distintos.

Assim, pelo Princípio Multiplicativo, existem $\frac{16!}{2^8.8!} \times 7! \times 2^8 \times 8 = 16!$ modos distintos das 16 crianças podem ocupar os 8 bancos de dois lugares em uma roda gigante que possui 9 bancos.

14. Neste caso as decisões a serem tomadas são as seguintes:

- D_1: Escolher a cor que pintaremos a primeira face (a de cima, por exemplo), o que pode ser feito de 5 modos distintos, visto que há 5 cores disponíveis.

- D_2: Escolher a cor que pintaremos a face oposta da que já foi pintada inicialmente, o que só pode ser feito de 1 único modo, visto que esta face tem de possuir a mesma cor que foi utilizada na primeira face.

- D_3: Agora devemos distribuir as 4 cores restantes nas 4 faces que ainda não foram pintadas, o que pode ser feito de $(4-1)! = 3! = 6$ modos distintos.

Utilizando o Princípio Multiplicativo, temos $5 \times 1 \times 6 = 30$ modos distintos de tomar as decisões acima citadas. Aqui há um detalhe que é o seguinte: se no lugar de começar pintando o cubo pela face superior tivéssemos começado por uma face lateral (a frente, por exemplo), poderíamos gerar uma pintura idêntica a que foi gerada pela nossa contagem, já que naturalmente duas pinturas serão consideradas distintas se uma não puder ser obtida a partir da outra por rotações. Portanto, uma mesma pintura do cubo poderia ser feita começando pela face superior ou por uma face lateral, o que revela que a resposta final neste caso é $\frac{30}{2} = 15$.

15. Aqui temos que tomar as decisões, a saber:

- D_1: Permutar circularmente os 4 grupos de nacionalidades diferentes, o que pode ser feito de $(4-1)! = 3! = 6$ modos distintos.

- D_2: Permutar o grupo formado pelos 3 argentinos, o que pode ser feito de $3! = 6$ modos distintos.

- D_3: Permutar o grupo formado pelos 4 peruanos, o que pode ser feito de $4! = 24$ modos distintos.

- D_4: Permutar o grupo formado pelos 4 chilenos, o que pode ser feito de $4! = 24$ modos distintos.

- D_5: Permutar o grupo formado pelos 2 brasileiros, o que pode ser feito de $2! = 2$ modos distintos.

CAPÍTULO 6. PERMUTAÇÕES CIRCULARES 119

Assim, pelo Princípio Multiplicativo, existem $6 \times 6 \times 24 \times 24 \times 2 = 41.472$ modos distintos dos 3 argentinos, 4 peruanos, 4 chilenos e 2 brasileiros podem sentar numa mesa redonda, de modo que as pessoas de mesma nacionalidade se sentem juntas.

Observação 6.4 *Note que neste problema estamos supondo que ao girarmos uma dada configuração, esta nova configuração será considerada igual a anterior. Caso ao girarmos uma configuração ela fosse considerada diferente, a resposta seria* $13\times$ *o resultado anterior.*

16. Neste caso podemos tomar três decisões, a saber:

- D_1: Arrumar os 4 outros amigos (fora Alfredo e Bernardo) ao redor da fogueira, o que pode ser feito de $(4-1)! = 3! = 6$ modos distintos.

- D_2: Colocar Alfredo ao redor da fogueira, o que pode ser feito de 4 modos distintos, visto que Alfredo pode ser colocado em qualquer um dos 4 lugares que existem entre os 4 amigos que foram colocados inicialmente.

- D_3: Colocar Bernardo ao redor da fogueira, o que pode ser feito de 3 modos distintos, visto que não pode ser colocado ao lado de Alfredo, mas pode ser colocado ao lado de 3 dos 4 amigos que foram colocados inicialmente ao redor da fogueira.

Assim, pelo Princípio Multiplicativo, existem $6 \times 4 \times 3 = 72$ modos distintos para que os 6 amigos sentem-se ao redor da fogueira sem que Alfredo e Bernardo sentem-se juntos. **Obs: Aqui estamos considerando que se uma dada configuração girar em um dado sentido, a configuração é considerada a mesma. Caso isso não seja considerado, o resultado será $5\times$ o resultado obtido anteriormente.**

17. Imagine que sejam marcadas seis posições na roda, igualmente espaçadas. Ora, como queremos que Ana e Betty sentem-se o mais distante possível, podemos raciocinar da seguinte forma:

- D_1: Escolher o lugar para colocar Betty, pode ser escolhido de 6 maneiras.

- D_2: Escolher o lugar diametralmente oposto para colocar Ana, pode ser escolhido de 1 maneira.

- D_3: Escolher o lugar para colocar os demais, pode ser escolhido de 4! maneiras.

Como cada configuração se repete 6 vezes, o resultado será $4! = 24$. Assim existem 24 modos distintos que eles podem sentar ao redor da fogueira, se duas determinadas amigas (Ana de Betty) sentam-se o mais distante possível.

Observação 6.5 *Caso, ao rodarmos cada configuração, não considerarmos como a mesma configuração, então o resultado seria* $6 \times 4!$.

18. Para que o pequeno Leonardo não fique triste devemos apenas considerar as rodas em que Leonardo e Juliana ficam lado a lado. Para isso temos que tomar as duas decisões, a saber:

120 INTRODUÇÃO À COMBINATÓRIA E PROBABILIDADE

- D_1: Permutar circularmente 19 crianças, pensando no par JL (Juliana e Leonardo) como uma só criança, o que pode ser feito de $(19-1)! = 18!$ modos distintos.

- D_2: Considerar todas as ordens de juntar Juliana e Leonardo lado a lado, o que pode ser feito de $2! = 2!$ modos distintos.

Assim, pelo Princípio Multiplicativo, existem $18! \times 2!$ modos distintos de dispormos as 20 crianças de modo que Juliana e Leonardo fiquem juntos.

19. Neste exemplo as decisões a serem tomadas são as seguintes:

- D_1: Escolha uma das 12 faces para colocar o mês de Janeiro, isto pode ser feito de 1 maneira, pois, inicialmente, as 12 faces estão livres e o dodecaedro regular é totalmente simétrico.

- D_2: Uma vez escolhida a face em que será colocada o mês de Janeiro, existem $C(11,5) = 462$ modos distintos de escolhermos os meses que ocuparão o "anel"das faces adjacentes àquela que contém o mês de Janeiro.

- D_3: Escolhidos os 5 meses que ocuparão o "anel"em torno da face ocupada pelo mês de Janeiro, podemos permutá-los circularmente nesse "anel"de $(5-1)! = 4! = 24$ modos distintos.

- D_4: Neste momento, se olharmos para o dodecaedro veremos que ainda existe um segundo "anel"de faces adjacentes ao primeiro anel. Para esse segundo anel, podemos escolher de $C(6,5) = 6$ maneiras distintas os meses para ocupar estas 5 faces.

- D_5: Escolhidos os 5 meses que ocuparão este segundo anel, existem $5! = 120$ maneiras de arrumar esses 5 meses neste segundo anel.

- D_6: Finalmente colocamos o mês que sobrou na única face que ainda está disponível no dodecaedro.

Assim, pelo Princípio Multiplicativo, existem

$$C(11,5) \times 4! \times C(6,5) \times 5! \times 1 = 462 \times 24 \times 6 \times 120 \times 1 = 7.983.360$$

calendários essencialmente distintos.

Observação 6.6 *Note que para os meses que ocupam o segundo anel não foi usado $(5-1)!$ e sim $5!$ pois agora cada um deles está ligado a um mês do anel de cima e, agora, ao girar esses meses, eles se ligarão a meses diferentes que têm que ser considerados diferentes.*

20. Podemos dividir as peças do trominó em três categorias, a saber:

- Os três números presentes na peça são iguais: Como os números que podem aparecer nas peças são de 1 a 6, teremos 6 peças deste tipo, que são as peças $1-1$ a $6-6$.

- A peça apresenta, exatamente, dois números iguais: Neste caso, temos 6 maneiras de escolher o número que será repetido duas vezes e 5 maneiras de escolher o outro número que aparecerá na peça. Assim, pelo Princípio Multiplicativo, existem $6 \times 5 = 30$ peças deste tipo.

 A peça apresenta os três números distintos: Neste caso há $C(6,3) = 20$ maneiras de escolhermos os três números distintos que aparecerão nas peças. Uma vez escolhidos os três números distintos que aparecerão na peça devemos agora arrumá-los na peça, o que

CAPÍTULO 6. PERMUTAÇÕES CIRCULARES 121

pode ser feito de 2 modos distintos, (há duas maneiras distintas de dispor 3 elementos distintos ao redor de um círculo!). Assim, pelo Princípio Multiplicativo, existem $20 \times 2 = 40$ peças nesta categoria.

Diante do exposto o trominó, com as peças apresentando os números de 1 a 6, possui $6 + 30 + 40 = 76$ peças.

Uma outra maneira de resolver o problema seria raciocinar da seguinte maneira: como de cada lado podemos colocar de 1 a 6 pontos, temos (aparentemente) então $6 \times 6 \times 6 = 216$ peças. No meio dessas 216 peças estão as peças que têm a mesma quantidade de pontos em cada lado, que são 6 (a peça $1, 1, 1$, a peça $2, 2, 2$ até a peça $6, 6, 6$). Das 216 peças, retiramos então, as 6 peças que têm os três números iguais, ficando assim com $216 - 6 = 210$ peças. Mas essas 210 peças não são de fato distintas, pois, por exemplo, a peça $1, 2, 3$ pode ser vista de três modos distintos 1 na esquerda, 2 na direita e 3 embaixo ou 3 na esquerda, 1 na direita e 2 embaixo ou ainda 2 na esquerda, 3 na direita e 1 embaixo, assim cada uma das 210 peças foi contada três vezes como se fossem distintas. Assim, a quantidade de peças que não têm os três números iguais, é na verdade $210/3 = 70$. Portanto, o total de peças do trominó é $70 + 6 = 76$.

Capítulo 7

Combinações com elementos repetidos

7.1 Introdução

Aprendemos no Capítulo 3 (Combinações e Arranjos) a resolver a seguinte questão: de quantas maneiras distintas podemos escolher p elementos dentre n elementos oferecidos? Foi o que chamamos de combinação n tomados p a p. Uma característica muito clara nesse tipo de questão é que, depois de escolhido um elemento, não existe mais a possibilidade de escolher outro do mesmo tipo, ou seja, só existe um elemento de cada tipo. É como se alguém chegasse com um chaveiro, um espelho, um tijolo e um relógio e pedisse para você escolher dois quaisquer objetos dentre os quatro dados. Neste capítulo, responderemos a situações como a seguinte: se um cliente chega a uma loja em que são oferecidas 5 marcas de chocolate e a unidade de qualquer marca tem o mesmo preço, de quantas maneiras distintas ele pode comprar 3 chocolates?

7.2 Combinações completas

Voltemos à questão dos chocolates, mencionada anteriormente. Ao tentar resolvê-la, você deve ter chegado à resposta $C(5,3)$. Pensemos um pouco: suponha que c_1 represente o chocolate da marca 1; c_2 o chocolate da marca 2; e assim sucessivamente. A resposta dada $C(5,3)$ demonstra as seguintes situações:

$$c_1c_2c_3, c_1c_2c_4, c_1c_2c_5, c_1c_3c_4, c_1c_3c_5, c_1c_4c_5, c_2c_3c_4, c_2c_3c_5, c_2c_4c_5, c_3c_4c_5$$

Contudo, o cliente pode ter preferência pelo chocolate da marca 1 e comprar todos dessa marca, ou seja, $c_1c_1c_1$. E, no entanto, essa possibilidade não está contemplada no número que calculamos. Se ele tem a possibilidade de escolher todos iguais ou dois iguais e um diferente ou, ainda, os três diferentes, ele terá no total as seguintes possibilidades:

$$c_1c_1c_1, \quad c_1c_1c_2, \quad c_1c_1c_3, \quad c_1c_1c_4, \quad c_1c_1c_5, \quad c_1c_2c_3, \quad c_1c_2c_4, \quad c_1c_2c_5, \quad c_1c_3c_4,$$
$$c_1c_3c_5, \quad c_1c_4c_5, \quad c_2c_2c_2 \quad c_2c_2c_1, \quad c_2c_2c_3, \quad c_2c_2c_4, \quad c_2c_2c_5, \quad c_2c_3c_4, \quad c_2c_3c_5,$$
$$c_2c_4c_5, \quad c_3c_3c_3, \quad c_3c_3c_1, \quad c_3c_3c_2, \quad c_3c_3c_4, \quad c_3c_3c_5, \quad c_3c_4c_5, \quad c_4c_4c_4, \quad c_4c_4c_1,$$
$$c_4c_4c_2, \quad c_4c_4c_3, \quad c_4c_4c_5, \quad c_5c_5c_5, \quad c_5c_5c_1, \quad c_5c_5c_2, \quad c_5c_5c_3, \quad c_5c_5c_4$$

Isto é, pela listagem anterior, ele tem 35 possibilidades de compra.

Note que a combinação simples está contida nas possibilidades listadas, ou seja, esse tipo de combinação é mais abrangente, a qual chamamos de combinação completa. Analisemos mais uma situação.

124 INTRODUÇÃO À COMBINATÓRIA E PROBABILIDADE

Exemplo 7.2.1 - *De quantas maneiras podemos montar uma refeição composta por 4 porções de comida em um restaurante do tipo self-service que oferece 7 opções (entre elas, arroz e feijão)?*

Resolução:

Antes de começarmos a contar, vamos pensar um pouco...
- Podemos colocar todas as porções de um único tipo? Sim!
- Podemos colocar duas porções de um tipo e as outras duas porções de outro tipo? Sim!
Ou seja, podemos montar a refeição da maneira que acharmos melhor. É uma questão de gosto!
Ao contar, usando o Princípio Multiplicativo, obtemos:

$$7 \times 7 \times 7 \times 7 \times = 7^4$$

Em que, por exemplo, a opção arroz arroz arroz arroz foi contada uma vez, a opção arroz arroz feijão feijão foi contada $P_4^{2,2}$ vezes e a opção arroz arroz arroz feijão foi contada $P_4^{3,1}$ vezes. Portanto, o Princípio Multiplicativo não se aplica nesse caso, uma vez que contamos várias vezes a mesma opção, ou seja, contamos mais opções do que as que verdadeiramente existem.

Então, que tal usarmos combinação simples? Também não podemos, pois quando utilizamos combinação simples estamos supondo que os 4 tipos de comida que iremos escolher são distintos, o que não é o caso. Usando combinação, contaríamos menos opções do que as que verdadeiramente existem.
Como resolveremos, então, esse problema?
Em casa, quando estamos organizando nosso quarto e queremos saber o que possuímos, costumamos montar um diagrama para nos auxiliar no trabalho, geralmente da seguinte forma:

Tênis	Camisa	Calça	Livros	Meias

E, à medida que vamos encontrando os objetos em nosso guarda-roupa, vamos marcando no nosso esquema:

Tênis	Camisa	Calça	Livros	Meias
•	••	•		•••

E, ao final da organização, temos um levantamento de tudo que possuímos em nosso ORGANIZADO quarto.

Vamos utilizar essa mesma ideia para representar as opções de escolha usando os símbolos • e |, da seguinte maneira:

Tipo de comida	1	2	3	4	5	6	7
Escolha	•	•	•	•			

Ou seja, nessa escolha montamos a refeição com uma porção tipo 1, uma porção do tipo 2, uma porção do tipo 3 e uma porção do tipo 4.

CAPÍTULO 7. COMBINAÇÕES COM ELEMENTOS REPETIDOS 125

Perceba que o símbolo | está sendo usado para separar os espaços entre os 7 tipos de comida, existindo, assim, 6 deles; enquanto o símbolo • está sendo usado para representar o determinado tipo de comida que aparece na escolha feita e, portanto, irá sempre aparecer 4 deles.

Outra escolha possível seria

Tipo de comida	1		2		3		4		5		6		7
Escolha	••	|		|		|	••	|		|		|	

Nesse caso, escolhemos duas porções de comida do tipo 1 e duas porções de comida do tipo 4. O interessante ao fazermos uso dessa simbologia é que se considerarmos • e | como letras, esse problema coincide com aquele no qual buscávamos saber quantos anagramas era possível formar utilizando letras repetidas. Sendo que, no caso anterior, teríamos 6 letras representadas pelo símbolo | e 4 letras representadas pelo símbolo •. Dessa forma, sabemos a resposta, a qual aprendemos no capítulo 4 (Permutação com repetição): existem

$$P_{10}^{4,6} = \frac{10!}{4!.6!} = 210$$

possibilidades distintas de montarmos a refeição.

Voltemos ao exemplo dos cinco tipos de chocolate.

Tipo de chocolate	C_1		C_2		C_3		C_4		C_5
Escolha	•	|		|	••	|		|	

Nesse caso, teríamos 7 letras das quais 4 são do tipo | e 3 são do tipo •. Portanto, a resposta à pergunta "de quantas maneiras o cliente pode escolher 3 chocolates dos 5 tipos oferecidos"é

$$P_7^{3,4} = \frac{7!}{3!4!} = 35$$

como já havíamos mostrado esquematicamente no início deste Capítulo.

Exemplo 7.2.2 - *Qual a quantidade de soluções da equação*

$$x_1 + x_2 + x_3 + x_4 + x_5 + x_6 + x_7 = 4$$

em que $x_1, x_2, x_3, x_4, x_5, x_6, x_7$ *são inteiros positivos?*

Resolução:

Se pensarmos nesse problema da seguinte maneira:

Variáveis	x_1		x_2		x_3		x_4		x_5		x_6		x_7
Solução	•	|	•	|	•	|	•	|		|		|	

126 INTRODUÇÃO À COMBINATÓRIA E PROBABILIDADE

No esquema anterior, estamos representando a seguinte solução particular do problema

$$x_1 = x_2 = x_3 = x_4 = 1, x_5 = x_6 = x_7 = 0$$

Uma outra solução seria, por exemplo,

Variáveis	x_1	x_2	x_3	x_4	x_5	x_6	x_7
Solução	••			•			•

ou seja,

$$x_1 = 2, x_2 = x_3 = 0, x_4 = 1, x_5 = x_6 = 0, x_7 = 1$$

Podemos, então, calcular todas as soluções possíveis pela expressão

$$P_{10}^{4,6} = \frac{10!}{4!6!} = 210$$

Exemplo 7.2.3 - *Na feira de Caruaru, a carne de porco, de bode e de peba (um tipo de tatu) estão sendo vendidas pelo mesmo preço, entretanto, só podem ser compradas em pacotes de 1 Kg. Você deseja comprar 5 Kg de carne. De quantas maneiras você pode efetuar essa compra?*

Resolução:

Observe que temos três tipos de carne. Representemos por x_1, x_2 e x_3 o número de pacotes de 1 Kg da carne de porco, de bode e de peba, respectivamente. A soma do número de pacotes que desejamos comprar deve totalizar 5, ou seja,

$$x_1 + x_2 + x_3 = 5$$

Como é possível que você escolha apenas carne de bode, temos que x_1, x_2 ou x_3 podem assumir o valor zero. Então, o problema inicial pode ser traduzido como o número de soluções não negativas da equação $x_1 + x_2 + x_3 = 5$. Se refizermos o esquema, anteriormente explicado, ficamos com

Variáveis	x_1	x_2	x_3
Solução	••	•	••

No esquema anterior, estamos representando a seguinte solução particular do problema $x_1 = 2, x_2 = 1, x_3 = 2$. Isto é, 2 Kg de porco, 1 Kg de bode e 2 Kg de peba. Uma outra solução seria, por exemplo,

Ou seja, 5 Kg de peba.

CAPÍTULO 7. COMBINAÇÕES COM ELEMENTOS REPETIDOS 127

Podemos, assim, calcular todas as soluções possíveis pela expressão

$$P_7^{5,2} = \frac{7!}{5!2!} = 21$$

Observe que utilizamos combinação completa quando queremos escolher uma certa quantidade de objetos de uma coleção que possuem elementos iguais em quantidade que nos permitam escolher a quantidade desejada de qualquer um dos tipos. Por exemplo, escolher 5 anéis dentre as opções ouro, platina e ouro branco.

Tipos	Ouro		Platina		Ouro Branco
Solução	●●●	|	●●	|	

Já fizemos esse cálculo algumas vezes e temos $P_7^{5,2} = \frac{7!}{5!2!} = 21$ maneiras de fazer essa difícil escolha!

Exemplo 7.2.4 - *Um produtor rural produz pitomba, umbu, seriguela, cajá, acerola e pitanga e vende sua produção na feira. Ele vende seus produtos em saquinhos, cada um com 1 Kg do produto. O comprador quer comprar 2 Kg de frutas. De quantas maneiras ele pode realizar essa compra?*

Resolução:

Consideremos x_1, x_2, x_3, x_4, x_5 e x_6 a quantidade de quilos de pitomba, umbu, seriguela, cajá, acerola e pitanga, respectivamente. Sabemos que a quantidade de quilos que queremos comprar é 2, assim, podemos associar esse problema com o problema que visa encontrar todas as soluções inteiras não negativas da seguinte equação

$$x_1 + x_2 + x_3 + x_4 + x_5 + x_6 = 2$$

que pode ser pensada da seguinte maneira:

Variáveis	x_1		x_2		x_3		x_4		x_5		x_6
Solução	●	|	●	|		|		|		|	

E que tem $P_7^{5,2} = \frac{7!}{5!2!} = 21$ maneiras de fazer essa escolha.

7.3 Combinações completas (ou com repetição)

Já vimos, anteriormente, que dados objetos de n tipos distintos $a_1, a_2, \cdots, a_n$ existem $C(n, p) = \frac{n!}{(n-p)!p!}$ modos distintos de escolhermos p objetos distintos entre os n tipos de objetos disponíveis. E se os p objetos a serem escolhidos entre os n tipos disponíveis pudessem ser repetidos? Neste caso, podemos raciocinar da seguinte forma:

Sejam $x_1, x_2, \cdots, x_n$, as respectivas quantidades de objetos $a_1, a_2, \cdots, a_n$ que serão selecionados. Ora, como queremos escolher p objetos dentre os n tipos disponíveis, segue que

$$x_1 + x_2 + \cdots + x_n = p$$

128 INTRODUÇÃO À COMBINATÓRIA E PROBABILIDADE

onde $x_1 \geq 0, x_2 \geq 0, \cdots, x_n \geq 0$. Como sabemos, a equação $x_1 + x_2 + \cdots + x_n = p$ possui $\frac{(n+p-1)!}{(n-1)!p!}$ soluções inteiras e não negativas. Além disso, cada solução inteira e não negativa da equação $x_1 + x_2 + \cdots + x_n = p$ corresponde a exatamente uma maneira de selecionarmos p objetos dentre os n tipos disponíveis, onde é permitido selecionar mais que um elemento de cada tipo. Este número $\frac{(n+p-1)!}{(n-1)!p!}$ corresponde então ao número de **combinações completas (ou com repetição)** de n objetos tomados p e p, que é representado por $CR(n, p)$. Assim,

$$CR(n,p) = C(n+p-1,p) = \frac{(n+p-1)!}{(n-1)!.p!}.$$

Observação 7.1 *Note que quando usamos combinação $C(n, p)$, obrigatoriamente $n \geq p$, pois estamos tomando subconjuntos de p elementos de um conjunto de n elementos, ou seja, não existe um subconjunto que tenha mais elementos que o próprio conjunto. Já na $C(n, p)$, o p pode ser maior que n, sem nenhum problema, pois estamos apenas contando de quantas maneiras podemos selecionar p elementos dentre n variedades ofertadas. No exemplo do chocolate, poderíamos perguntar de quantas formas poderíamos escolher 10 chocalates dentre as 5 marcas (sabores) ofertadas.*

Exemplo 7.3.1 - *De quantas formas distintas podemos comprar 4 pastéis numa pastelaria que oferece 10 sabores distintos?*

Resolução:

Como podemos, eventualmente, repetir sabores de pastéis, a quantidade de maneiras distintas de escolhermos (comprarmos) 4 pastéis entre os 10 sabores oferecidos é

$$CR(10,4) = C(10+4-1,4) = C(13,4) = \frac{13!}{9!.4!} = 715.$$

7.4 Exercícios propostos

1. Quantas soluções inteiras e não negativas possui a equação $x + y + z + w = 8$?

2. Quantas soluções inteiras positivas possui a equação $x + y + z + w = 8$?

3. Quantas soluções inteiras e não negativas possui a inequação $x + y + z + w < 6$?

4. De quantas formas distintas podemos decompor o número 20 como soma de cinco parcelas inteiras e não negativas (levando em consideração a ordem das parcelas)?

5. Quantas soluções inteiras e não negativas possui a equação $5x_1 + x_2 + x_3 + x_4 = 14$?

6. Quantas soluções inteiras possui a equação $x + y + z + w = 20$, satisfazendo as condições:

$$x \geq 3 \ , \ y \geq 1 \ , \ z \geq 0 \ e \ w \geq 5$$

7. Quantas soluções inteiras possui a equação $x + y + z + w = 20$, satisfazendo as condições:

$$x \geq 2 \ , \ y \geq 0 \ , \ z \geq -5 \ e \ w \geq 8$$

8. Quantas são as soluções inteiras não negativas da equação $x + y + z + w = 20$ em que $x > y$?

CAPÍTULO 7. COMBINAÇÕES COM ELEMENTOS REPETIDOS 129

9. Sabendo que uma lanchonete oferece 4 tipos de doce, pergunta-se:

   a)de quantas maneiras você pode escolher 2 doces?

   b)de quantas maneiras você pode escolher 2 doces distintos?

10. Na sorveteria mais badalada da cidade, 37 sabores distintos de sorvetes são oferecidos. Quantas são suas opções para a escolha de um sorvete de 3 bolas?

11. Um sertanejo deseja comprar 5 bodes de um criador que dispõe de 3 raças distintas. De quantas maneiras ele pode proceder para a compra desses bodes?

12. De quantas maneiras 5 bolas iguais podem ser colocadas em 5 caixas distintas de modo que exatamente uma caixa fique vazia?

13. De quantas formas distintas podemos distribuir p objetos iguais em n caixas distintas?

14. De quantas formas distintas podemos distribuir 4 laranjas idênticas e 6 maçãs diferentes em 5 caixas distintas?

15. Uma pessoa quer comprar 6 empadas numa lanchonete. Há empadas de camarão, frango, legumes e palmito. Sabendo-se que podem ser compradas de zero a 6 empadas de cada tipo, de quantas maneiras diferentes esta compra pode ser feita?

16. De quantas formas distintas você pode comprar 8 sorvetes numa sorveteria que oferece 5 sabores distintos de sorvete, sendo que você deve comprar pelo menos um sorvete de cada sabor?

17. Um trem com m passageiros tem de fazer n paradas. De quantas maneiras distintas o trem pode ser esvaziado ao longo das n paradas, se levarmos em consideração, apenas as quantidades de passageiros que descem do trem em cada uma das n paradas, ou seja, o que estamos interessados, são quantos passageiros descem em cada parada e não quais.

18. De 1 até 1.000.000 quantos números existem tais que a soma dos seus algarismos é igual a 6?

19. Quantas são as soluções inteiras e não negativas da equação

$$x_1 + x_2 + x_3 + x_4 + x_5 + x_6 = 20$$

nas quais exatamente 3 incógnitas são nulas?

20. Se dispomos de 10 sucos de abacaxi, 1 suco de limão e 1 suco de uva, de quantas maneiras distintas podemos distribuir esses 12 sucos para 4 pessoas de modo que cada pessoa receba pelo menos um suco e que os sucos de limão e uva sejam dados para pessoas diferentes?

7.5 Resolução dos exercícios propostos

1. De acordo com o que já vimos no desenvolvimento da teoria, sabemos que o número de soluções inteiras e não negativas da equação $x + y + z + w = 8$ é igual ao número de permutações de 8 pontos (iguais) e 3 barras (iguais) que é

$$P_{11}^{8,3} = \frac{11!}{8!.3!} = 165$$

130 INTRODUÇÃO À COMBINATÓRIA E PROBABILIDADE

2. Fazendo a mudança de variáveis

$$x = u + 1$$
$$y = v + 1$$
$$z = t + 1$$
$$w = s + 1$$

impondo que $u \geq 0, v \geq 0, t \geq 0$ e $s \geq 0$, segue que $x \geq 1, y \geq 1, z \geq 1$ e $w \geq 1$ e

$$x + y + z + w = 8 \Rightarrow$$
$$(u + 1) + (v + 1) + (t + 1) + (s + 1) = 8 \Rightarrow$$
$$u + v + t + s = 4$$

Agora basta perceber que para cada solução inteira e não negativa da equação $u + v + t + s = 4$ corresponde a uma (única) solução da equação original e vice-versa. Assim a quantidade de soluções inteiras e positivas da equação $x + y + z + w = 8$ é igual a quantidade de soluções inteiras e não negativas da equação $u + v + t + s = 4$, que de acordo com a ideia que usamos na questão 1 é igual a $\frac{7!}{4!.3!} = 35$.

3. Ora, como queremos soluções inteiras e não negativas da inequação $x + y + z + w < 6$, segue que pelo menos uma das igualdades abaixo deve ocorrer:

$$x + y + z + w = 0 \text{ , que possui } \frac{3!}{0!.3!} = 1 \text{ solução inteira e não negativa}$$

$$x + y + z + w = 1 \text{ , que possui } \frac{4!}{1!.3!} = 4 \text{ soluções inteiras e não negativas}$$

$$x + y + z + w = 2 \text{ , que possui } \frac{5!}{2!.3!} = 10 \text{ soluções inteiras e não negativas}$$

$$x + y + z + w = 3 \text{ , que possui } \frac{6!}{3!.3!} = 20 \text{ soluções inteiras e não negativas}$$

$$x + y + z + w = 4 \text{ , que possui } \frac{7!}{4!.3!} = 35 \text{ soluções inteiras e não negativas}$$

$$x + y + z + w = 5 \text{ , que possui } \frac{8!}{5!.3!} = 56 \text{ soluções inteiras e não negativas}$$

Assim, a quantidade de soluções inteiras e não negativas da inequação $x + y + z + w < 6$ é

$$1 + 4 + 10 + 20 + 35 + 56 = 126$$

Há uma saída mais engenhosa, a saber:

Defina a *"variável folga"* f como sendo

$$f = 6 - (x + y + z + w)$$

Agora perceba que para cada solução inteira e não negativa da inequação $x + y + z + w < 6$ corresponde a exatamente uma solução inteira e não negativa da equação $x + y + z + w + f = 6$, com $f \geq 1$ (sendo $x + y + z + w$ é no máximo igual a 5, segue que $f = 6 - (x + y + z + w)$ é no mínimo 1). Fazendo a mudança de variáveis $f = r + 1$ e impondo que $r \geq 0$, segue que a

CAPÍTULO 7. COMBINAÇÕES COM ELEMENTOS REPETIDOS 131

quantidade de soluções inteiras e não negativas da equação $x + y + z + w + f = 6$, com $f \geq 1$ é igual a quantidade de soluções inteiras e não negativas da equação

$$x + y + z + w + (r + 1) = 6 \Rightarrow$$

$$x + y + z + w + r = 5$$

que pelo que já vimos é $\frac{9!}{5!.4!} = 126$.

4. Denotando por x, y, z, w e t as cinco parcelas, devemos ter

$$x + y + z + w + t = 20$$

que possui $\frac{24!}{20!.4!} = 10.626$ soluções inteiras e não negativas. Percebendo que cada uma das 10.626 soluções corresponde a uma maneira de escever o número 20 como soma de cinco parcelas, segue que podemos escrever o número 20 como soma de cinco parcelas inteiras e não negativas (levando em consideração a ordem das parcelas) é igual a 10.626.

5. Inicialmente, perceba que $x_1 = 0, x_1 = 1$ ou $x_1 = 2$, visto que $x_1 > 2$ implicaria que $5x_1 + x_2 + x_3 + x_4 > 14$. Analisando separadamente cada um dos três casos, temos:

- Se $x_1 = 0$, segue que

$$5x_1 + x_2 + x_3 + x_4 = 14 \Rightarrow x_2 + x_3 + x_4 = 14$$

que possui $\dfrac{16!}{14!.2!} = 120$ soluções inteiras e não negativas.

- Se $x_1 = 1$, segue que

$$5x_1 + x_2 + x_3 + x_4 = 14 \Rightarrow x_2 + x_3 + x_4 = 9$$

que possui $\dfrac{11!}{9!.2!} = 55$ soluções inteiras e não negativas.

- Se $x_1 = 2$, segue que

$$5x_1 + x_2 + x_3 + x_4 = 14 \Rightarrow x_2 + x_3 + x_4 = 4$$

que possui $\dfrac{6!}{4!.2!} = 15$ soluções inteiras e não negativas.

Assim, pelo Princípio Aditivo, a equação $5x_1 + x_2 + x_3 + x_4 = 14$ possui $120 + 55 + 15 = 190$ soluções inteiras e não negativas.

6. Fazendo a mudança de variáveis

$$x = u + 3$$
$$y = v + 1$$
$$w = s + 5$$

impondo que $u \geq 0, v \geq 0, z \geq 0$ e $s \geq 0$, segue que $x \geq 3, y \geq 1$ e $w \geq 5$ e

$$x + y + z + w = 20 \Rightarrow$$

132 INTRODUÇÃO À COMBINATÓRIA E PROBABILIDADE

$$(u + 3) + (v + 1) + z + (s + 5) = 20 \Rightarrow$$
$$u + v + z + s = 11$$

Agora basta perceber que para cada solução inteira e não negativa da equação $u+v+z+s = 11$ corresponde a uma (única) solução da equação original e vice-versa. Assim a quantidade de soluções inteiras da equação $x + y + z + w = 20$, tais que $x \geq 3, y \geq 1, z \geq 0$ e $w \geq 5$ é igual a quantidade de soluções inteiras e não negativas da equação $u + v + z + s = 11$, que é igual a $\frac{14!}{11!.3!} = 364$.

7. Neste caso podemos fazer as seguintes mudanças de variáveis

$$x = u + 2$$
$$z = v - 5$$
$$w = t + 8$$

segue que

$$x + y + z + w = 20 \Rightarrow$$
$$(u + 2) + y + (v - 5) + (t + 8) = 20 \Rightarrow$$
$$u + y + v + t = 15$$

impondo que $u \geq 0, v \geq 0, t \geq 0$ e $z \geq 0$, segue que a quantidade de soluções inteiras e não negativas da equação $x+y+z+w = 20$ satisfazendo as condições $x \geq 2, y \geq 0, z \geq -5$ e $w \geq 8$ é a mesma que a quantidade de soluções inteiras e não negativas da equação $u + y + v + t = 15$ que é igual a $\frac{18!}{15!.3!} = 816$.

8. Inicialmente, vamos determinar a quantidade de soluções inteiras e não negativas da equação $x + y + z + w = 20$ em que $x = y$. Ora, se $x = y$, segue que

$$x + y + z + w = 20 \Rightarrow 2x + z + w = 20$$

Agora perceba que o valor máximo que x pode assumir é 10, pois se $x > 10$ teremos $2x+z+w > 20$ (supondo, é claro, que $z \geq 0, w \geq 0$). Assim,

$$x = 0 \Rightarrow z + w = 20 \text{ , que possui } \frac{21!}{20!.1!} = 21 \text{ soluções inteiras e não negativas}$$

$$x = 1 \Rightarrow z + w = 18 \text{ , que possui } \frac{19!}{18!.1!} = 19 \text{ soluções inteiras e não negativas}$$

$$x = 2 \Rightarrow z + w = 16 \text{ , que possui } \frac{17!}{16!.1!} = 17 \text{ soluções inteiras e não negativas}$$

$$\vdots$$

$$x = 9 \Rightarrow z + w = 2 \text{ , que possui } \frac{3!}{2!.1!} = 3 \text{ soluções inteiras e não negativas}$$

$$x = 10 \Rightarrow z + w = 0 \text{ , que possui } \frac{1!}{0!.1!} = 1 \text{ solução inteira e não negativa}$$

Assim, a quantidade de soluções inteiras e não negativas da equação $x + y + z + w = 20$ com $x = y$ é igual a

$$1 + 3 + \cdots + 19 + 21 = 121$$

CAPÍTULO 7. COMBINAÇÕES COM ELEMENTOS REPETIDOS 133

Por outro lado, a quantidade de soluções inteiras e não negativas da equação $x + y + z + w = 20$ é, como sabemos, $\frac{23!}{20!.3!} = 1.771$. Assim a quantidade de soluções inteiras e não negativas da equação $x + y + z + w = 20$ em que $x \neq y$ é $1.771 - 121 = 1.650$. Finalmente, perceba que para cada solução em que $x > y$, temos uma outra solução em que $x < y$ (e as demais variáveis ficam fixas), por exemplo, se considerarmos a solução $(10, 6, 4, 0)$ em que $x > y$, temos a solução $(6, 10, 4, 0)$ em que $x < y$ e as outras duas variáveis são mantidas constantes. Isso implica que há uma bijeção entre o conjunto A das soluções em que $x > y$ e o conjunto B das soluções em que $x < y$ e, portanto, os conjuntos A e B possuem o mesmo número de elementos. Desse modo, a quantidade de soluções inteiras e não negativas da equação $x + y + z + w = 20$ em que $x > y$ é $\frac{1.650}{2} = 825$.

9. a) O número de maneiras de escolher 2 doces entre os 4 tipos oferecidos é:

$$CR(4, 2) = C(4 + 2 - 1, 2) = C(5, 2) = \frac{5!}{3!.2!} = 10$$

b) O número de maneiras de escolher 2 doces **distintos** entre os 4 tipos oferecidos é:

$$C(4, 2) = \frac{4!}{2!.2!} = 6$$

10. O número de maneiras de escolher 3 sabores (bolas) entre os 37 tipos oferecidos é:

$$CR(37, 3) = C(37 + 3 - 1, 3) = C(39, 3) = \frac{39!}{36!.3!} = 9.139$$

11. O número de maneiras de escolher 5 bodes entre as 3 raças disponíveis é:

$$CR(3, 5) = C(3 + 5 - 1, 5) = C(7, 5) = \frac{7!}{2!.5!} = 21$$

12. Para fixar as ideias sejam C_1, C_1, C_3, C_4 e C_5 as 5 caixas distintas, e x_1, x_2, x_3, x_4 e x_5 as quantidades de bolas em cada uma das caixas, respectivamente. Assim, $x_1 \geq 0, x_2 \geq 0, x_3 \geq 0, x_4 \geq$ e $x_5 \geq 0$ e além disso,

$$x_1 + x_2 + x_3 + x_4 + x_5 = 5$$

Queremos que exatamente uma das caixas fique vazia. Inicialmente, vamos analisar o caso em que apenas a caixa C_1 é a caixa vazia. Neste caso, $x_1 = 0$, o que implica que

$$x_2 + x_3 + x_4 + x_5 = 5$$

Por outro lado $x_2 \geq 1, x_3 \geq 1, x_4 \geq 1$ e $x_5 \geq 1$, pois queremos que em cada uma das caixas diferentes da caixa C_1 exista pelo menos uma bola. Fazendo a mudança de variáveis

$$x_2 = u + 1$$

$$x_3 = v + 1$$

$$x_4 = t + 1$$

$$x_5 = r + 1$$

134 INTRODUÇÃO À COMBINATÓRIA E PROBABILIDADE

e impondo que $u \geq 0, v \geq 0, t \geq 0$ e $r \geq 0$, segue que $x_2 \geq 1, x_3 \geq 1, x_4 \geq 1$ e $x_5 \geq 1$ e

$$x_2 + x_3 + x_4 + x_5 = 5 \Rightarrow$$

$$(u + 1) + (v + 1) + (t + 1) + (r + 1) = 5 \Rightarrow$$

$$u + v + t + r = 1$$

que possui $\frac{4!}{3!.1!} = 4$ soluções inteiras e não negativas. Lembrando que a quantidade de soluções inteiras e não negativas da equação $u + v + t + r = 1$ é igual a quantidade de soluções inteiras e positivas da equação $x_2 + x_3 + x_4 + x_5 = 5$, segue que essa última equação possui 4 soluções inteiras e positivas. Como podemos escolher a caixa que ficará vazia de 5 modos distintos, segue, pelo Princípio Multiplicativo, que a quantidade de maneiras distintas de distribuirmos 5 bolas iguais em 5 caixas distintas de modo que exatamente uma caixa fique vazia é $5 \times 4 = 20$.

13. Sejam $C_1, C_2, \cdots, C_n$ as n caixas distintas e $x_1, x_2, \cdots, x_n$ as quantidades de objetos que serão colocados nessas n caixas, respectivamente. Ora, como serão distrubuídos p objetos, segue que:

$$x_1 + x_2 + \cdots + x_n = p$$

Finalmente, cada solução inteira e não negativa da equação acima, representa uma única maneira de distrubuir os p objetos iguais nas n caixas distintas. Como a equação $x_1 + x_2 + \cdots + x_n = p$ possui $CR(n, p) = C(n + p - 1, p)$ soluções inteiras e não negativas, segue que existem $CR(n, p) = C(n + p - 1, p)$ maneiras distintas de distribuirmos p objetos iguais em n caixas distintas.

14. De acordo com a questão anterior existem $CR(5, 4) = C(5 + 4 - 1, 4) = C(8, 4) = \frac{8!}{4!.4!} = 70$ de distribuir as 4 laranjas iguais nas 5 caixas distintas e, pelo Princípio Multiplicativo, existem

$$5 \times 5 \times 5 \times 5 \times 5 \times 5 = 5^6 = 15.625$$

modos distintos de distrubuir as 6 maçãs diferentes nas 5 caixas distintas. Assim, pelo Princípio Multiplicativo, existem $70 \times 15.625 = 1.093.750$ modos distintos de distribuirmos 4 laranjas idênticas e 6 maçãs diferentes em 5 caixas distintas.

15. Ora, como são 4 sabores distintos e devemos comprar 6 empadas, segue que a quantidade de modos distintos de realizar essa tarefa é

$$CR(4, 6) = C(4 + 6 - 1, 6) = C(9, 6) = \frac{9!}{3!.6!} = 84.$$

16. Sejam $S_1, S_2, \cdots, S_5$ os 5 sabores e $x_1, x_2, \cdots, x_5$ as respectivas quantidades de sorvetes de cada sabor que serão compradas. Assim,

$$x_1 + x_2 + x_3 + x_4 + x_5 = 8$$

Como queremos comprar pelo menos um sorvete de cada sabor, devemos impor as restrições, a saber:

$$x_1 = u_1 + 1, \quad x_2 = u_2 + 1, \quad \cdots, \quad x_5 = u_5 + 1 \quad \text{com} \quad u_i \geq 0 \;\; \forall i = 1, ..., 5.$$

Assim,

$$x_1 + x_2 + x_3 + x_4 + x_5 = 8 \Rightarrow$$

CAPÍTULO 7. COMBINAÇÕES COM ELEMENTOS REPETIDOS   135

$$(u_1 + 1) + (u_2 + 1) + (u_3 + 1) + (u_4 + 1) + (u_5 + 1) = 8 \Rightarrow$$

$$u_1 + u_2 + u_3 + u_4 + u_5 = 3$$

que possui $\frac{7!}{3!.4!} = 35$ soluções inteiras e não negativas. Ora, como cada solução inteira e não negativa da equação $u_1 + u_2 + u_3 + u_4 + u_5 = 3$, corresponde a uma solução inteira e positiva da equação $x_1 + x_2 + x_3 + x_4 + x_5 = 8$ (e cada uma dessas soluções representa um modo de comprar 8 sorvetes, sendo pelo menos um de cada sabor), segue que existem 35 modos distintos de comprar 8 sorvetes numa sorveteria que oferece 5 sabores distintos de sorvete, sendo que devemos comprar pelo menos um sorvete de cada sabor.

17. Sejam $P_1, P_2, \cdots, P_n$ as n paradas e $x_1, x_2, \cdots, x_n$ as quantidades de passageiros que desceram em cada uma as n paradas, respectivamente. Ora, como no total são m passageiros, segue que

$$x_1 + x_2 + \cdots + x_n = m$$

Além disso, perceba que cada solução inteira e não negativa da equação $x_1 + x_2 + \cdots + x_n = m$ corresponde a uma maneira distinta de todos os m passageiros terem descido do trem ao longo das n paradas. Como a equação $x_1 + x_2 + \cdots + x_n = m$ possui $\frac{(n+m-1)!}{(n-1)!.m!}$ soluções inteiras e não negativas, segue que existem $\frac{(n+m-1)!}{(n-1)!.m!}$ maneiras distintas do trem ser esvaziado ao longo das n paradas.

18. A primeira coisa que pode ser observada é, que, basta considerar os números de 1 até 999.999, visto que o número 1.000.000 não possui soma dos seus algarismos igual a 6. Diante disso, vamos imaginar todos os números de 1 até 999.999 como sendo números de 6 algarismos. Por exemplo, o número 567 pode ser imaginado como 000567 e assim com qualquer outro número de 1 até 999.999. Assim podemos imaginar um número de 1 até 999.999 como sendo da forma $x_1x_2x_3x_4x_5x_6$, onde $0 \le x_i \le 9$ para todo $1 \le i \le 6$. Ora, como estamos interessados nos números 1 até 999.999 cuja soma dos algarismos é igual a 6, segue que

$$x_1 + x_2 + x_3 + x_4 + x_5 + x_6 = 6$$

Note que cada solução inteira e não negativa da equação $x_1 + x_2 + x_3 + x_4 + x_5 + x_6 = 6$ representa um número 1 até 999.999 que tem soma dos algarismos igual a 6. Assim, como a equação $x_1 + x_2 + x_3 + x_4 + x_5 + x_6 = 6$ possui $\frac{11!}{6!.5!} = 462$ soluções inteiras e não negativas, segue que existem 462 números 1 até 999.999 que possuem soma dos seus algarismos igual a 6.

19. A primeira coisa a fazer é escolher quais das 6 variáveis devem assumir o valor 0, o que pode ser feito de $C(6, 3) = \frac{6!}{3!.3!} = 20$ modos distintos. Fixadas as incógnitas que serão nulas, a equação poderá ser escrita na forma $u + v + t = 20$, onde $u \ge 1, v \ge 1$ e $t \ge 1$ (pois só queremos exatamente 3 incógnitas iguais a 0). Fazendo a mudança de variáveis $u = a + 1, v = b + 1$ e $t = c + 1$, segue que

$$u + v + t = 20 \Rightarrow$$

$$(a + 1) + (b + 1) + (c + 1) = 20 \Rightarrow$$

$$a + b + c = 17$$

impondo as condições $a \ge 0, b \ge 0$ e $c \ge 0$, segue que o número de soluções inteiras e não negativas da equação $a + b + c = 17$ é $\frac{19!}{17!.2!} = 171$. Como a cada solução inteira e não negativa da equação $a + b + c = 17$ corresponde a exatamente uma solução inteira e positiva da equação

136 INTRODUÇÃO À COMBINATÓRIA E PROBABILIDADE

$u + v + t = 20$, segue que esta última equação possui 171 soluções inteiras e positivas. Assim, pelo Princípio Multiplicativo, existem $20 \times 171 = 3.420$ soluções inteiras e não negativas da equação $x_1 + x_2 + x_3 + x_4 + x_5 + x_6 = 20$ nas quais exatamente 3 incógnitas são nulas.

20. Inicialmente devemos escolher 2 entre as 4 pessoas para distribuirmos os sucos de limão e uva (que são distintos!), o que pode ser feito de $4 \times 3 = 12$ modos distintos. Agora resta distribuir os 10 sucos de abacaxi entre as 4 pessoas, de modo que as duas pessoas que ainda não receberam sucos, necessariamente, recebam pelo menos um suco de abacaxi. Para fixar as ideias sejam P_1, P_2, P_3 e P_4, as 4 pessoas e, x_1, x_2, x_3 e x_4 as quantidades de sucos de abacaxi que cada uma das 4 pessoas recebem (respectivamente). Assim devemos ter $x_1 + x_2 + x_3 + x_4 = 10$, com $x_1 \geq 0, x_2 \geq 0, x_3 \geq 0$ e $x_4 \geq 0$ e mais ainda; como duas das 4 pessoas já receberam sucos (uma limão e outra uva) e queremos que cada uma das 4, pessoas receba pelo menos um suco, devem impor também que as duas incógnitas x_i e x_j que correspondem as pessoas que ainda não receberam sucos sejam maiores ou iguais a 1. Para fixar as ideias imaginemos que elas sejam x_1 e x_2. Nestas condições podemos fazer as mudanças de variáveis $x_1 = u + 1$ e $x_2 = v + 1$, o que implica que

$$x_1 + x_2 + x_3 + x_4 = 10 \Rightarrow$$

$$(u + 1) + (v + 1) + x_3 + x_4 = 10 \Rightarrow$$

$$u + v + x_3 + x_4 = 8$$

que impondo as condições $u \geq 0, v \geq 0, x_3 \geq 0$ e $x_4 \geq 0$, a equação $u + v + x_3 + x_4 = 8$ possui $\frac{11!}{8!.3!} = 165$ soluções inteiras e não negativas. Lembrem-se que cada solução inteira e não negativa da equação $u + v + x_3 + x_4 = 8$ corresponde a exatamente uma solução inteira e não negativa da equação $x_1 + x_2 + x_3 + x_4 = 10$ em que $x_1 \geq 1$ e $x_2 \geq 1$. Por fim, como há 12 modos distintos de distribuirmos inicialmente os sucos de limão e uva, segue pelo Princípio Multiplicativo, que existem $12 \times 165 = 1.980$ modos distintos de distribuirmos os 12 sucos para as 4 pessoas de modo que cada pessoa receba pelo menos um suco e que os sucos de limão e uva sejam dados para pessoas diferentes.

Capítulo 8

Permutações Caóticas

8.1 Introdução

Imagine que você organizou os sete volumes de uma coleção de livros que você possui em ordem na prateleira de seu quarto e foi jogar bola com os amigos para se distrair um pouco. Nesse meio tempo, sua irmãzinha caçula entrou no quarto e "não gostou da maneira"que você organizou os livros e resolveu reorganizá-los. Depois do jantar, você decidiu ver novamente sua estimada coleção de livros e percebeu que nenhum deles estava no lugar, inicialmente deixado por você. A pergunta é: de quantas maneiras sua irmãzinha poderia ter feito isso? Será que é muito difícil colocar uma coleção de livros em uma ordem na qual nenhum livro fique na sua posição inicial?

8.2 Permutações Caóticas

Definição. 8.2.1 - *Uma permutação dos números* $1, 2, \cdots, n$ *é dita caótica (ou um desordenamento) quando nenhum número está no seu lugar primitivo.*

Assim, por exemplo, se considerarmos a posição inicial dos seus sete livros como $(1, 2, 3, 4, 5, 6, 7)$, temos que $(2, 1, 3, 5, 4, 7, 6)$ e $(3, 2, 1, 5, 4, 7, 6)$ não são permutações caóticas, já que na primeira o 3 e na segunda o 2 estão nos seus lugares iniciais. Entretanto, $(4, 3, 2, 1, 7, 5, 6)$ e $(7, 3, 2, 1, 4, 5, 6)$ são permutações caóticas.

Com o objetivo de responder a nossa pergunta inicial, considere os seguintes conjuntos:

$A_1 = \{$todas as permutações em que o primeiro elemento esteja no seu lugar inicial$\}$
$A_2 = \{$todas as permutações em que o segundo elemento esteja no seu lugar inicial$\}$
$A_3 = \{$todas as permutações em que o terceiro elemento esteja no seu lugar inicial$\}$
$A_4 = \{$todas as permutações em que o quarto elemento esteja no seu lugar inicial$\}$
$A_5 = \{$todas as permutações em que o quinto elemento esteja no seu lugar inicial$\}$
$A_6 = \{$todas as permutações em que o sexto elemento esteja no seu lugar inicial$\}$
$A_7 = \{$todas as permutações em que o sétimo elemento esteja no seu lugar inicial$\}$

Dessa forma, o conjunto das permutações que não preservam nenhum elemento em seu lugar inicial é dado por $(A_1 \cup A_2 \cup A_3 \cup A_4 \cup A_5 \cup A_6 \cup A_7)^c$. Uma permutação que pertença a esse conjunto não tem nenhum elemento em sua posição original.

138 INTRODUÇÃO À COMBINATÓRIA E PROBABILIDADE

Por que?

Porque se uma permutação pertence $A_1 \cup A_2 \cup A_3 \cup A_4 \cup A_5 \cup A_6 \cup A_7$, temos que pelo menos um dos 7 elementos da permutação está no seu lugar inicial. Portanto, se a permutação não está nesse conjunto, ou melhor, se ela está no complementar desse conjunto, implica que nenhum elemento está no seu lugar inicial, ou seja, ela é uma permutação caótica. Então, o que precisamos encontrar para resolver essa questão é o número de elementos que pertencem ao conjunto $(A_1 \cup A_2 \cup A_3 \cup A_4 \cup A_5 \cup A_6 \cup A_7)^c$. Como faremos isso?

Consideremos

$$S = (A_1 \cup A_2 \cup A_3 \cup A_4 \cup A_5 \cup A_6 \cup A_7) \cup (A_1 \cup A_2 \cup A_3 \cup A_4 \cup A_5 \cup A_6 \cup A_7)^c$$

O conjunto S representa todas as permutações dos 7 elementos, uma vez que representa todas as permutações caóticas e não caóticas. Se não está claro, basta observar que na primeira união temos as permutações em que algum objeto está no seu lugar original e, na segunda união, temos as que nenhum objeto está no seu lugar original.

Os conjuntos são disjuntos, logo, pelo **Princípio Aditivo**, temos que:

$$n(S) = n(A_1 \cup A_2 \cup A_3 \cup A_4 \cup A_5 \cup A_6 \cup A_7) + n(A_1 \cup A_2 \cup A_3 \cup A_4 \cup A_5 \cup A_6 \cup A_7)^c$$

Mas, como encontrar a quantidade de elementos de $A_1 \cup A_2 \cup A_3 \cup A_4 \cup A_5 \cup A_6 \cup A_7$ foi visto no capítulo 5 (Princípio da Inclusão-Exclusão). Para não começarmos com uma grande quantidade de conjuntos, comecemos com uma coleção composta de 4 elementos e vamos aumentando a quantidade de elementos até chegarmos a uma quantidade qualquer de elementos.

Suponhamos, então, que sua coleção seja formada por 4 livros, organizados da seguinte forma $(1, 2, 3, 4)$. Montemos os conjuntos
$A_1 = \{$todas as permutações em que o primeiro elemento esteja no seu lugar inicial$\}$
$A_2 = \{$todas as permutações em que o segundo elemento esteja no seu lugar inicial$\}$
$A_3 = \{$todas as permutações em que o terceiro elemento esteja no seu lugar inicial$\}$
$A_4 = \{$todas as permutações em que o quarto elemento esteja no seu lugar inicial$\}$

Sabemos que queremos encontrar o número de elementos do conjunto $A_1 \cup A_2 \cup A_3 \cup A_4$, o qual, pelo **Princípio da Inclusão-Exclusão**, é dado por

$$
\begin{aligned}
n(A_1 \cup A_2 \cup A_3 \cup A_4) \ &= n(A_1) + n(A_2) + n(A_3) + n(A_4) \\
&- n(A_1 \cap A_2) - n(A_1 \cap A_3) - n(A_1 \cap A_4) \\
&- n(A_2 \cap A_3) - n(A_2 \cap A_4) - n(A_3 \cap A_4) \\
&+ n(A_1 \cap A_2 \cap A_3)\, n(A_1 \cap A_2 \cap A_4) \\
&+ n(A_1 \cap A_3 \cap A_4) + n(A_2 \cap A_3 \cap A_4) \\
&- n(A_1 \cap A_2 \cap A_3 \cap A_4)
\end{aligned}
\tag{8.1}
$$

Olhemos mais detalhadamente para cada um desses conjuntos.

- $A_1 \cap A_2$ é o conjunto de todas as permutações em que o primeiro e o segundo elementos estão nos seus lugares iniciais, simultaneamente.

CAPÍTULO 8. PERMUTAÇÕES CAÓTICAS   139

- $A_1 \cap A_2 \cap A_3$ é o conjunto de todas as permutações em que o primeiro, o segundo e o terceiro elementos estão nos seus lugares iniciais, simultaneamente.

- $A_1 \cap A_2 \cap A_3 \cap A_4$ é o conjunto de todas as permutações em que o primeiro, o segundo, o terceiro e o quarto elementos estão nos seus lugares iniciais, simultaneamente.

Por que insistimos nesse "simultaneamente" ao final de cada afirmativa?

Porque queremos deixar claro que

- $(3, 2, 1, 4)$ e $(1, 3, 2, 4)$ não pertencem a $A_1 \cap A_2$;

- $(3, 2, 1, 4)$ e $(1, 3, 2, 4)$ não pertencem a $A_1 \cap A_2 \cap A_3$;

- $(3, 1, 2, 4)$ e $(4, 1, 3, 2)$ não pertencem a $A_1 \cap A_2 \cap A_3 \cap A_4$.

Enquanto que

- $(1, 2, 3, 4)$ e $(1, 2, 4, 3)$ pertencem a $A_1 \cap A_2$;

- $(1, 2, 3, 4)$ pertencem a $A_1 \cap A_2 \cap A_3$;

- $(1, 2, 3, 4)$ é o único elemento que pertencem a $A_1 \cap A_2 \cap A_3 \cap A_4$.

Calculemos o número de elementos de cada conjunto envolvido na equação (8.1) para encontrarmos o valor que desejamos.

Número de elementos de A_1.

Os elementos deste conjunto são todas as permutações possíveis de quatro elementos que começam com 1. Então, podemos usar o **Princípio Multiplicativo** para calcular o número de elementos deste conjunto. Para calcular quantas permutações existem neste conjunto, basta tomarmos 3 decisões, que são:

- D_1: Escolher a segunda entrada, visto que a primeira já é 1. Isso pode ser feito de $x_1 = 3$ maneiras distintas.

- D_2: Escolher a terceira entrada, visto que a primeira é 1 e que escolhemos a segunda. Isso pode ser feito de $x_2 = 2$ maneiras distintas.

- D_3: Escolher a quarta entrada, visto que a primeira é 1 e que escolhemos a segunda e a terceira entradas. Isso pode ser feito de $x_3 = 1$ maneira.

Desse modo, pelo **Princípio Multiplicativo**, teremos $x_1 \times x_2 \times x_3 = 3 \times 2 \times 1 = 3!$ maneiras distintas de fazer isso. Do mesmo modo, podemos calcular os números de elementos dos conjuntos A_2, A_3 e A_4. Considerando que a entrada que já está ocupada no conjunto A_2 é a entrada 2, no conjunto A_3 é a entrada 3 e no conjunto A_4 é a entrada 4; então, temos que o número de elementos de cada um dos conjuntos A_1, A_2, A_3 e A_4 é 3!.

Número de elementos de $A_1 \cap A_2$.

Os elementos deste conjunto são todas as permutações possíveis de quatro elementos que começam com 1 e que têm a segunda entrada igual a 2. Então, podemos usar o **Princípio Multiplicativo** para calcular o número de elementos desse conjunto. Para calcular quantas permutações existem nesse conjunto, basta tomarmos 2 decisões, que são:

140 INTRODUÇÃO À COMBINATÓRIA E PROBABILIDADE

- D_1: Escolher a terceira entrada, visto que a primeira é 1 e a segunda é 2. Isso pode ser feito de $x_1 = 2$ maneiras distintas.

- D_2: Escolher a quarta entrada, visto que a primeira é 1, a segunda é 2 e que já escolhemos a terceira entrada. Isso pode ser feito de $x_2 = 1$ maneira.

Desse modo, teremos $x_1 \times x_2 = 2 \times 1 = 2!$ maneiras de fazer isso.

Do mesmo modo, podemos calcular os números de elementos dos conjuntos $A_1 \cap A_3, A_1 \cap A_4, A_2 \cap A_3, A_2 \cap A_4$ e $A_3 \cap A_4$ com as mudanças pertinentes, por exemplo, em $A_1 \cap A_3$, temos que a primeira e a terceira entradas já estão ocupadas por 1 e 3, respectivamente, e precisamos preencher as outras entradas com os elementos restantes. Isso é feito tomando 2 decisões, a saber:

- D_1: Escolher a segunda entrada, visto que a primeira é 1 e a terceira é 3. Isso pode ser feito de $x_1 = 2$ maneiras distintas.

- D_2: Escolher a quarta entrada, visto que a primeira é 1, a terceira é 3 e que já escolhemos a segunda entrada. Isso pode ser feito de $x_2 = 1$ maneira.

Desse modo, teremos $x_1 \times x_2 = 2 \times 1 = 2!$ maneiras de fazer isso.

Então, temos que o número de elementos de cada interseção a seguir, $A_1 \cap A_3, A_1 \cap A_4, A_2 \cap A_3, A_2 \cap A_4$ e $A_3 \cap A_4$, é $2!$.

Número de elementos de $A_1 \cap A_2 \cap A_3$.

Os elementos deste conjunto são todas as permutações possíveis de quatro elementos que começam com 1 e que tenham a segunda entrada igual a 2 e a terceira igual a 3. Então, podemos usar o **Princípio Multiplicativo** para calcular o número de elementos desse conjunto. Para calcular quantas permutações existem neste conjunto, basta tomarmos uma única decisão, a saber:

- D_1: Escolher a quarta entrada, visto que a primeira é 1, a segunda é 2 e a terceira entrada é 3. Isso pode ser feito de $x_1 = 1$ maneira.

Desse modo, teremos $x_1 = 1$ maneira de fazer isso. Do mesmo modo, podemos calcular o número de elementos de $A_1 \cap A_2 \cap A_4$, $A_1 \cap A_3 \cap A_4$, $A_2 \cap A_3 \cap A_4$ encontrando a resposta 1 em cada caso. Assim, segue que:

$$n(A_1 \cup A_2 \cup A_3 \cup A_4) = 4.3! - 6.2! + 4.1! - 1 = ?$$

Observação 8.1 - *Perceba que cada grupo de interseções tem o mesmo número de elementos, ou seja, o número de elementos na interseção de quaisquer dois conjuntos distintos é o mesmo. O número de elementos na interseção de quaisquer três conjuntos distintos é o mesmo, e assim sucessivamente. Note também que o número de elementos na interseção de quaisquer dois conjuntos distintos pode ser (e, em geral, é) diferente do número de elementos na interseção de quaisquer três conjuntos distintos.*

E que número é esse?

Observe que cada vez que interceptamos uma certa quantidade desses conjuntos, o que fixamos é a quantidade de entradas que serão preenchidas. Logo, o número de elementos dessa interseção

CAPÍTULO 8. PERMUTAÇÕES CAÓTICAS 141

será $(n-p)!$, em que n é o tamanho das permutações envolvidas e p, o número de conjuntos que estão se intersectando.

No nosso caso, quando fizemos a interseção de quaisquer dois conjuntos, mostramos que, pelo **Princípio Multiplicativo**, o número de elementos dessa interseção é $(4-2)!$ elementos, já que 2 elementos já estão fixados, restando-nos $4-2$ elementos que podem permutar livremente. E quantas vezes aparecerá esse número?

O número de interseções possíveis diferentes que podemos fazer com 2 dos 4 subconjuntos possíveis, ou seja, $C(4,2)=6$ vezes. Dessa forma, podemos simplificar essa fórmula da seguinte maneira

$$
\begin{aligned}
n\left(A_1 \cup A_2 \cup A_3 \cup A_4\right) = \quad & C(4,1).n \text{ (cada conjunto individualmente)} + \\
& -C(4,2).n \text{ (cada interseção de dois conjuntos)} + \\
& +C(4,3).n \text{ (cada interseção de três conjuntos)} + \\
& -C(4,4).n \text{ (cada interseção dos quatro conjuntos)} \\
= \quad & \frac{4!}{3!.1!}.3! - \frac{4!}{2!.2!}.2! + \frac{4!}{1!.3!}.1! - \frac{4!}{4!.0!}.1! \\
= \quad & \frac{4!}{1!} - \frac{4!}{2!} + \frac{4!}{3!} - \frac{4!}{4!}
\end{aligned}
$$

Mas ainda não é isso o que queremos calcular!

Na verdade, queremos calcular $n\left(A_1 \cup A_2 \cup A_3 \cup A_4\right)^c = n(S) - n\left(A_1 \cup A_2 \cup A_3 \cup A_4\right)$, que resulta em

$$
\begin{aligned}
n\left(A_1 \cup A_2 \cup A_3 \cup A_4\right)^c = \quad & 4! - n\left(A_1 \cup A_2 \cup A_3 \cup A_4\right) \\
= \quad & 4! - \left(\frac{4!}{1!} - \frac{4!}{2!} + \frac{4!}{3!} - \frac{4!}{4!}\right) \\
= \quad & 4!\left(1 - \frac{1}{1!} + \frac{1}{2!} - \frac{1}{3!} + \frac{1}{4!}\right) \\
= \quad & 4!\left(\frac{1}{0!} - \frac{1}{1!} + \frac{1}{2!} - \frac{1}{3!} + \frac{1}{4!}\right)
\end{aligned}
$$

Façamos agora o caso em que sua coleção seja formada por 5 livros, organizada da seguinte forma $(1,2,3,4,5)$. Montemos os conjuntos:

$A_1 = \{$todas as permutações em que o primeiro elemento esteja no seu lugar inicial$\}$
$A_2 = \{$todas as permutações em que o segundo elemento esteja no seu lugar inicial$\}$
$A_3 = \{$todas as permutações em que o terceiro elemento esteja no seu lugar inicial$\}$
$A_4 = \{$todas as permutações em que o quarto elemento esteja no seu lugar inicial$\}$
$A_5 = \{$todas as permutações em que o quinto elemento esteja no seu lugar inicial$\}$

Sabemos que queremos encontrar o número de elementos de $A_1 \cup A_2 \cup A_3 \cup A_4 \cup A_5$, o qual,

142 INTRODUÇÃO À COMBINATÓRIA E PROBABILIDADE

pelo **Princípio da Inclusão-Exclusão**, é dado por

$$n\,(A_1 \cup A_2 \cup A_3 \cup A_4 \cup A_5) = \sum_{1 \le i \le 5} n\,(A_i) - \sum_{1 \le i < j \le 5} n\,(A_i \cap A_j)$$

$$+ \sum_{1 \le i < j < k \le 5} n\,(A_i \cap A_j \cap A_k) - \sum_{1 \le i < j < k < p \le 5} n\,(A_i \cap A_j \cap A_k \cap A_p)$$

$$+ \ n\,(A_1 \cap A_2 \cap A_3 \cap A_4 \cap A_5)$$

$$(8.2)$$

Com $i, j, k, p \in \{1, 2, 3, 4, 5\}$. Agora, olhando mais detalhadamente para cada um dos conjuntos anteriores:

- $A_1 \cap A_2$ é o conjunto de todas as permutações de 5 elementos em que o primeiro e o segundo elementos estão nos seus lugares iniciais, simultaneamente.

- $A_1 \cap A_2 \cap A_3$ é o conjunto de todas as permutações de 5 elementos em que o primeiro, o segundo e o terceiro elementos estão nos seus lugares iniciais, simultaneamente.

- $A_1 \cap A_2 \cap A_3 \cap A_4$ é o conjunto de todas as permutações de 5 elementos em que o primeiro, o segundo, o terceiro e o quarto elementos estão nos seus lugares iniciais, simultaneamente.

- $A_1 \cap A_2 \cap A_3 \cap A_4 \cap A_5$ é o conjunto de todas as permutações de 5 elementos em que o primeiro, o segundo, o terceiro, o quarto e o quinto elementos estão nos seus lugares iniciais, simultaneamente.

Se fizermos o mesmo procedimento anterior para a determinação do número de elementos dos conjuntos envolvidos na equação (8.2), atentando para o fato de que agora temos permutações de 5 elementos, obtemos:

- os conjuntos A_1, A_2, A_3, A_4 e A_5 tem a mesma quantidade de elementos e essa quantidade é igual a $4! = (5-1)!$(em que 5 é o número de entradas e 1 é o número de entradas já escolhidas);

- o número de elementos de $A_1 \cap A_2, A_1 \cap A_3, A_1 \cap A_4, A_1 \cap A_5, A_2 \cap A_3, A_2 \cap A_4,$ $A_2 \cap A_5, A_3 \cap A_4, A_3 \cap A_5, A_4 \cap A_5$ que é igual a $3! = (5-2)!$ (sendo 5 o número de entradas e 2 o número de entradas já escolhidas);

- o número de elementos de $A_1 \cap A_2 \cap A_3, A_1 \cap A_2 \cap A_4, A_1 \cap A_2 \cap A_5, A_1 \cap A_3 \cap A_4,$ $A_1 \cap A_3 \cap A_5, A_1 \cap A_4 \cap A_5, A_2 \cap A_3 \cap A_4, A_2 \cap A_3 \cap A_5, A_2 \cap A_4 \cap A_5$ e $A_3 \cap A_4 \cap A_5$ é igual a $2! = (5-3)!$ (sendo 5 o número de entradas e 3 o número de entradas já escolhidas);

- o número de elementos de $A_1 \cap A_2 \cap A_3 \cap A_4, A_1 \cap A_2 \cap A_3 \cap A_5, A_1 \cap A_2 \cap A_4 \cap A_5,$ $A_1 \cap A_3 \cap A_4 \cap A_5$ e $A_2 \cap A_3 \cap A_4 \cap A_5$ que é igual a $1! = (5-4)!$ (sendo 5 o número de entradas e 4 o número de entradas já escolhidas);

- o número de elementos de $A_1 \cap A_2 \cap A_3 \cap A_4 \cap A_5$ que é igual a $1 = 0! = (5-5)!$ (sendo 5 o número de entradas e 5 o número de entradas já escolhidas).

Agora vamos determinar a quantidade de vezes que cada grupo de interseções aparece, vejamos:

- Número de maneiras de tomar um conjunto dentre 5 possíveis é igual a $C(5, 1)$;

- Número de maneiras de fazer interseções com 2 conjuntos dentre 5 possíveis é igual a $C(5, 2)$;

CAPÍTULO 8. PERMUTAÇÕES CAÓTICAS 143

- Número de maneiras de fazer interseções com 3 conjuntos dentre 5 possíveis é igual a $C(5,3)$;

- Número de maneiras de fazer interseções com 4 conjuntos dentre 5 possíveis é igual a $C(5,4)$;

- Número de maneiras de fazer interseções com 5 conjuntos dentre 5 possíveis é igual a $C(5,5)$.

Portanto, podemos calcular o número de elementos do conjunto $A_1 \cup A_2 \cup A_3 \cup A_4 \cup A_5$ da seguinte forma:

$$
\begin{aligned}
n\left(A_1 \cup A_2 \cup A_3 \cup A_4 \cup A_5\right) = \quad & C(5,1).n\,(\text{cada conjunto individualmente}) + \\
& -C(5,2).n\,(\text{cada interseção de dois conjuntos}) + \\
& +C(5,3).n\,(\text{cada interseção de três conjuntos}) + \\
& -C(5,4).n\,(\text{cada interseção dos quatro conjuntos}) + \\
& +C(5,5).n\,(\text{cada interseção dos quatro conjuntos}) \\
= \quad & \frac{5!}{4!.1!}.4! - \frac{5!}{2!.3!}.2! + \frac{5!}{3!.2!}.1! - \frac{5!}{1!.4!}.1! + \frac{5!}{0!.5!}.1! \\
= \quad & \frac{5!}{1!} - \frac{5!}{2!} + \frac{5!}{3!} - \frac{5!}{4!} + \frac{5!}{5!}
\end{aligned}
$$

Finalmente, calculemos o que desejamos, ou seja,

$$
n\left(A_1 \cup A_2 \cup A_3 \cup A_4 \cup A_5\right)^c = n(S) - n\left(A_1 \cup A_2 \cup A_3 \cup A_4 \cup A_5\right)
$$

que resulta em

$$
\begin{aligned}
n\left(A_1 \cup A_2 \cup A_3 \cup A_4 \cup A_5\right)^c = \quad & 5! - n\left(A_1 \cup A_2 \cup A_3 \cup A_4\right) \\
= \quad & 5! - \left(\frac{5!}{1!} - \frac{5!}{2!} + \frac{5!}{3!} - \frac{5!}{4!} + \frac{5!}{5!}\right) \\
= \quad & 5!\left(1 - \frac{1}{1!} + \frac{1}{2!} - \frac{1}{3!} + \frac{1}{4!} - \frac{5!}{5!}\right) \\
= \quad & 5!\left(\frac{1}{0!} - \frac{1}{1!} + \frac{1}{2!} - \frac{1}{3!} + \frac{1}{4!} - \frac{1}{5!}\right)
\end{aligned}
$$

Creio que agora tenha ficado claro como é o procedimento para obter a resposta da pergunta que fizemos no início deste capítulo: De quantas maneiras sua irmãzinha pode arrumar suas 7 aulas sem que nenhuma fique no seu lugar original? Antes, porém, vamos tentar obter a expressão para uma quantidade qualquer de elementos.

Vamos supor que tenhamos permutações de tamanho n, isto é, que nosso conjunto de todas as permutações de n elementos na forma inicial seja $(1, 2, 3, ., n)$. Depois, precisamos definir os conjuntos:

$A_1 = \{$todas as permutações em que o primeiro elemento esteja no seu lugar inicial$\}$
$A_2 = \{$todas as permutações em que o segundo elemento esteja no seu lugar inicial$\}$
$A_3 = \{$todas as permutações em que o terceiro elemento esteja no seu lugar inicial$\}$
$\vdots$

144 INTRODUÇÃO À COMBINATÓRIA E PROBABILIDADE

$A_n = \{$todas as permutações em que o n−ésimo elemento esteja no seu lugar inicial$\}$

Mas, na verdade, estamos interessados em saber a quantidade de elementos do conjunto

$$(A_1 \cup A_2 \cup A_3 \cup \cdots \cup A_n)^c$$

Para tanto, precisamos inicialmente calcular o número de elementos do conjunto $(A_1 \cup A_2 \cup A_3 \cup \cdots \cup A_n)$ usando o **Princípio da Inclusão-Exclusão**, ou seja,

$$n\,(A_1 \cup A_2 \cdots \cup A_n) =$$

$$n\,(A_1) + \cdots + n\,(A_n) - n\,(A_1 \cap A_2) - \cdots - n\,(A_{n-1} \cap A_n) + n\,(A_1 \cap A_2 \cap A_3) + \cdots$$

$$\cdots + n\,(A_{n-2} \cap A_{n-1} \cap A_n) - \cdots + (-1)^{n-1} n\,(A_1 \cap \cdots \cap A_n)$$

Podemos simplificar bastante essa expressão se soubermos o número de elementos de cada um desses conjuntos e quantas vezes cada grupo de interseções aparece na expressão anterior. Seguindo as mesmas ideias já expostas anteriormente, segue que:

- $n\,(A_1) = n\,(A_2) = \cdots = n\,(A_n) = (n-1)!$, em que n é o número de entradas e 1, o número de entradas fixadas;

- $n\,(A_1 \cap A_2) = n\,(A_1 \cap A_3) = \cdots = n\,(A_{n-1} \cap A_{n-2}) = (n-2)!$, em que n é o número de entradas e 2, o número de entradas fixadas;

- $n\,(A_1 \cap A_2 \cap A_3) = n\,(A_1 \cap A_2 \cap A_4) = \cdots = n\,(A_{n-2} \cap A_{n-1} \cap A_n) = (n-3)!$, em que n é o número de entradas e 3, o número de entradas fixadas;

$$\vdots$$

- $n\,(A_1 \cap A_2 \cap A_3 \cap \cdots \cap A_n) = (n-n)!$, em que n é o número de entradas e n, o número de entradas fixadas;

Além disso,

- O número de maneiras de tomar um conjunto dentre n possíveis é $C(n,1)$;

- A quantidade de interseções com 2 conjuntos dentre n possíveis é $C(n,2)$

- A quantidade de interseções com 3 conjuntos dentre n possíveis é $C(n,3)$

$$\vdots$$

- A quantidade de interseções com n conjuntos dentre n possíveis é $C(n,n)$

Portanto,

$$
\begin{aligned}
n\,(A_1 \cup A_2 \cdots \cup A_n) \;&= C(n,1).(n-1)! - C(n,2).(n-2)! + \cdots + (-1)^{n-1} C(n,n).(n-n)! \\
&= \frac{n!}{(n-1)!.1!}.(n-1)! - \frac{n!}{(n-2)!.2!}.(n-2)! + \cdots + (-1)^{n-1} \frac{n!}{0!.n!}.0! \\
&= \frac{n!}{1!} - \frac{n!}{2!} + \frac{n!}{3!} - \cdots + (-1)^{n-1} \frac{n!}{n!}
\end{aligned}
$$

CAPÍTULO 8. PERMUTAÇÕES CAÓTICAS 145

Calculemos, finalmente, o número desejado:

$$n\left(A_1 \cup A_2 \cdots \cup A_n\right)^c = n\left(S\right) - n\left(A_1 \cup A_2 \cdots \cup A_n\right)$$

$$= n! - \left(\frac{n!}{1!} - \frac{n!}{2!} + \frac{n!}{3!} - \cdots + (-1)^{n-1}\frac{n!}{n!}\right)$$

$$= n!\left(1 - \frac{1}{1!} + \frac{1}{2!} - \frac{1}{3!} + \cdots + (-1)^n\frac{1}{n!}\right)$$

$$= n!\left(\frac{1}{0!} - \frac{1}{1!} + \frac{1}{2!} - \frac{1}{3!} + \cdots + (-1)^n\frac{1}{n!}\right)$$

Denotaremos por $D_n = n!\left(\dfrac{1}{0!} - \dfrac{1}{1!} + \dfrac{1}{2!} - \dfrac{1}{3!} + \cdots + (-1)^n\dfrac{1}{n!}\right)$ e o chamaremos do número de **permutações caóticas** de n elementos.

Agora, podemos, então, responder à pergunta feita no início deste capítulo, a qual nos levou a essa dedução.

De acordo com o que foi desenvolvido, temos que a resposta é

$$D_7 = 7!\left(\frac{1}{0!} - \frac{1}{1!} + \frac{1}{2!} - \frac{1}{3!} + \frac{1}{4!} - \frac{1}{5!} + \frac{1}{6!} - \frac{1}{7!}\right) = 1.854$$

Assim, sua irmãzinha teria 1.854 maneiras distintas de organizar seus livros sem que nenhum livro ficasse na sua posição original. Muito, não é? E quantas são as maneiras nas quais pelo menos uma das aulas fique no seu lugar original?

No início deste capítulo, mostramos que essa quantidade é dada, neste caso, por $7! - D_7$, que resulta em 3.186 maneiras. Se ela fizer a organização sem perceber o que está fazendo, terá mais chances de deixar pelo menos um livro no lugar original (questões envolvendo chances serão abordadas nos últimos capítulos, quando falaremos de probabilidade).

Exemplo 8.2.1 - *No parque de exposições de uma cidade do interior, todos os 10 proprietários mais abastados da região chegavam a cavalo e amarravam seus animais na cocheira. Entretanto, na hora da explosão dos fogos de artifícios, houve um incêndio e uma correria daquelas. Naquele atropelo, cada proprietário pegou um cavalo sem prestar atenção se era mesmo o seu e saiu em disparada. De quantas maneiras pode ter acontecido de nenhum proprietário ter saído com seu próprio cavalo?*

Resolução:

Esse tipo de questão é exatamente típica da permutação caótica, ou seja, você tem uma ordem $(1, 2, 3, 4, 5, 6, 7, 8, 9, 10)$ dos cavalos e quer saber o número de maneiras em que ninguém pegou seu cavalo original; é como se você tivesse ordenado sem que nenhum elemento ficasse no seu lugar original. Isso pode ser feito de D_{10} maneiras, ou seja, existem

$$D_{10} = 10!\left(\frac{1}{0!} - \frac{1}{1!} + \frac{1}{2!} - \frac{1}{3!} + \frac{1}{4!} - \frac{1}{5!} + \frac{1}{6!} - \frac{1}{7!} + \frac{1}{8!} - \frac{1}{9!} + \frac{1}{10!}\right) = 1.334.961$$

maneiras distintas de nenhum proprietário ter pego o seu próprio cavalo.

146 INTRODUÇÃO À COMBINATÓRIA E PROBABILIDADE

8.3 Outra forma de calcular D_n

Para finalizar este capítulo, vamos mostrar uma outra (e interessantíssima) maneira de calcular-mos o número de permutações caóticas de n objetos distintos. Denotando por D_n o número de permutações caóticas de n objetos distintos, vamos provar que D_n é igual ao número inteiro mais próximo do número $\frac{n!}{e}$, onde e é o número de Euler, cujo valor aproximado é $2,71$. De fato, se $n = 1$ não há nenhuma permutação caótica com apenas um objeto e, portanto, neste caso, $D_1 = 0$, por outro lado, $\frac{1!}{e} \approx 0,3$ e, portanto, o inteiro mais próximo de $\frac{1!}{e}$ é o 0, o que demonstra que o resultado funciona para $n = 1$.

No caso em que $n = 2$ temos apenas uma permutação caótica de 2 objetos distintos (aquela que inverte a posição original dos 2 objetos), ou seja, quando $n = 2$ temos $D_1 = 1$. Por outro lado, $\frac{2!}{e} \approx 0,7$ e portanto o inteiro mais próximo de $\frac{2!}{e}$ é o 1, o que demonstra que o resultado funciona para $n = 2$.

Para $n > 2$, vejamos a demonstração geral, a saber:

Do Cálculo, sabe-se que:

$$e^x = \sum_{k=0}^{\infty} \frac{x^k}{k!} = \frac{1}{0!} + \frac{x}{1!} + \frac{x^2}{2!} + \frac{x^3}{3!} + \cdots$$

Fazendo $x = -1$ obtemos:

$$e^{-1} = \frac{1}{0!} - \frac{1}{1!} + \frac{1}{2!} - \frac{1}{3!} + \cdots$$

Multiplicando ambos os membros por $n!$, obtemos:

$$n!e^{-1} = n! \left(\frac{1}{0!} - \frac{1}{1!} + \frac{1}{2!} - \frac{1}{3!} + \cdots \right)$$

$$\frac{n!}{e} = n! \left(\frac{1}{0!} - \frac{1}{1!} + \frac{1}{2!} - \frac{1}{3!} + \cdots \right)$$

Para mostrarmos que D_n é o inteiro mais próximo do número $\frac{n!}{e}$, basta perceber que D_n é inteiro e que a distância de D_n ao número $\frac{n!}{e}$ é sempre menor que $\frac{1}{2}$ para todo $n \in \mathbb{N}$ e $n > 2$. De fato, isto ocorre, pois

$$
\begin{aligned}
\left| D_n - \tfrac{n!}{e} \right| &= \left| n!\left(\frac{1}{0!} - \frac{1}{1!} + \frac{1}{2!} - \frac{1}{3!} + \cdots + (-1)^n \frac{1}{n!} \right) - n!\left(\frac{1}{0!} - \frac{1}{1!} + \frac{1}{2!} - \frac{1}{3!} + \cdots \right) \right| \\[2mm]
&= n! \left| \frac{(-1)^{n+1}}{(n+1)!} + \frac{(-1)^{n+2}}{(n+2)!} + \cdots \right| \\[2mm]
&\leq n! \left(\frac{1}{(n+1)!} + \frac{1}{(n+2)!} + \cdots \right) \\[2mm]
&= \frac{1}{(n+1)} + \frac{1}{(n+1)(n+2)} + \frac{1}{(n+1)(n+2)(n+3)} + \cdots \\[2mm]
&\leq \frac{1}{(n+1)} + \frac{1}{(n+1)^2} + \frac{1}{(n+1)^3} + \cdots \\[2mm]
&= \frac{\frac{1}{n+1}}{1 - \frac{1}{n+1}} \\[2mm]
&= \frac{1}{n} < \frac{1}{2}
\end{aligned}
$$

o que mostra que, para $n \in \mathbb{N}$ e $n > 2$, tem-se $\left| D_n - \tfrac{n!}{e} \right| < \tfrac{1}{2}$.

Como D_n é um número inteiro (pois é uma quantidade de permutações) e D_n está a uma distância menor do que $\tfrac{1}{2}$ do número $\tfrac{n!}{e}$, segue que D_n é o número inteiro mais próximo do número real $\tfrac{n!}{e}$, para todo $n \in \mathbb{N}$, visto que nos casos $n = 1$ e $n = 2$ já tínhamos verificado este fato separadamente.

Exemplo 8.3.1 - *No parque de exposições de uma cidade do interior, todos os 10 proprietários mais abastados da região chegavam a cavalo e amarravam seus animais na cocheira. Entretanto, na hora da explosão dos fogos de artifícios, houve um incêndio e uma correria daquelas. Naquele atropelo, cada proprietário pegou um cavalo sem prestar atenção se era mesmo o seu e saiu em disparada. De quantas maneiras pode ter acontecido de nenhum proprietário ter saído com seu próprio cavalo?*

Resolução:

Pelo que vimos no último exemplo resolvido, o número de maneiras de nenhum proprietário ter saído com seu próprio cavalo é exatamente D_{10} e pelo que vimos na discussão anterior, D_{10} é o inteiro mais próximo do número real $\tfrac{10!}{e} \approx 1.334.960,91$, ou seja,

$$
D_{10} = 1.334.961
$$

8.4 Exercícios propostos

1. Num forró de pé-de-serra, 10 casais chegaram para se divertir. No meio da noite, os homens estavam conversando, quando acabou o querosene das lamparinas. Naquela escuridão, eles foram procurar suas mulheres pelo tato. De quantas maneiras essa procura pode resultar em casais sem que nenhum casal seja o que inicialmente chegou à festa?

148 INTRODUÇÃO À COMBINATÓRIA E PROBABILIDADE

2. Era de costume, antigamente, os homens andarem de chapéu, principalmente no interior. Num baile, havia 16 homens e, portanto, 16 chapéus pendurados no cabide. O baile estava animado, quando se soube que Lampião estava nas proximidades da região. Foi um alvoroço tamanho! Todo mundo saiu correndo. De quantas maneiras pode ter acontecido de nenhum dos 16 homens ter pegado seu chapéu original?

3. Numa festa familiar, quatro pessoas costumavam tomar um tipo especial de bebida. Todas as bebidas eram diferentes, mas tinham a mesma cor. O dono da casa, para fazer as honras, serviu uma dose de cada bebida. De quantas maneiras pode ter ocorrido de nenhum deles ter pegado a bebida que apreciava?

4. Três casais que se comunicavam pela Internet marcaram um encontro no mesmo local. Eles não se conheciam e apenas disseram a cor da roupa que iriam vestir. Por coincidência, os homens foram vestidos com roupas da mesma cor, assim como as mulheres. De quantas maneiras pode ocorrer que nenhum deles se encontre com a moça com quem conversava pelo computador?

5. Numa determinada ala de um hospital, existiam 6 doentes, todos tomando medicação oral em forma de comprimidos. Na hora da medicação, a enfermeira chefe havia saído com os prontuários dos doentes e a enfermeira encarregada queria medicar os pacientes no horário correto. De quantas maneiras a enfermeira pode ter dado os remédios de modo que nenhum paciente tenha realmente tomado o seu remédio correto?

6. Dado um conjunto $A = \{1, 2, 3, \cdots, n\}$, podemos considerar uma permutação como uma bijeção $\pi : A \to A$. Dizemos que $a \in A$ é um ponto fixo da bijeção π quando $\pi(a) = a$. Quantas permutações do conjunto $A = \{1, 2, 3, 4\}$ tem menos de três pontos fixos.

7. Quantas permutações do conjunto $A = \{1, 2, 3, 4\}$ tem dois ou mais pontos fixos?

8. O número de permutações caóticas D_n é dado por

$$D_n = n! \left[1 - \frac{1}{1!} + \frac{1}{2!} - \frac{1}{3!} + \cdots + (-1)^n \frac{1}{n!} \right]$$

Mostre que $D_n = (n - 1)(D_{n-1} + D_{n-2})$.

9. De quantas formas distintas podemos distribuir 15 livros diferentes para 15 crianças (um livro para cada criança), depois recolher os livros e novamente fazer a distribuição de forma que nenhuma criança receba o mesmo livro que havia recebido anteriormente?

10. Numa festa n pessoas encontram-se sentadas numa sala com $n + 1$ cadeiras. Elas vão para outra sala. Quando elas retornam e sentam novamente é observado que nenhuma delas ocupa a mesma cadeira que antes. Mostre que isto pode ocorrer de $D_n + D_{n+1}$ modos distintos.

8.5 Resolução dos exercícios propostos

1. Ora, queremos saber o número de possibilidades em que nenhum dos 10 homens encontrou a sua própria esposa, ou seja, estamos querendo o número de permutações das 10 esposas em que nenhuma delas termina emparelhada com o seu próprio marido, este número é justamente

CAPÍTULO 8. PERMUTAÇÕES CAÓTICAS 149

o número de permutações caóticas de 10 elementos distintos, ou seja, D_{10}, que pode ser calculado por:

$$D_{10} = 10! \left(\frac{1}{0!} - \frac{1}{1!} + \frac{1}{2!} - \frac{1}{3!} + \frac{1}{4!} - \frac{1}{5!} + \frac{1}{6!} - \frac{1}{7!} + \frac{1}{8!} - \frac{1}{9!} + \frac{1}{10!} \right) = 1.334.961$$

ou como o inteiro mais próximo do número real $\frac{10!}{e} \approx 1.334.960,91$ que é justamente $D_{10} = 1.334.961$.

2. O número de maneiras distintas para que nenhum dos 16 homens pegue o seu próprio chapéu é justamente D_{16}, que pode ser calculado por

$$D_{16} = 16! \left(\frac{1}{0!} - \frac{1}{1!} + \frac{1}{2!} - \frac{1}{3!} + \frac{1}{4!} - \frac{1}{5!} + \cdots + \frac{1}{16!} \right)$$

ou alternativamente como sendo o número inteiro mais próximo do número real $\frac{16!}{e}$.

3. O número de modos distintos de que ninguém pegue a bebida que apreciava é justamente o número de permutações caóticas de 4 objetos distintos, que pode ser calculado por

$$D_4 = 4! \left(\frac{1}{0!} - \frac{1}{1!} + \frac{1}{2!} - \frac{1}{3!} + \frac{1}{4!} \right) = 9$$

ou alternativamente como sendo o número inteiro mais próximo de $\frac{4!}{e} \approx 8,82$, que é $D_4 = 9$.

4. O número de maneiras distintas de que nenhum homem encontre a mulher com quem combinou o encontro pela Internet é justamente o número de permutações caóticas das três mulheres, que é

$$D_3 = 3! \left(\frac{1}{0!} - \frac{1}{1!} + \frac{1}{2!} - \frac{1}{3!} \right) = 2$$

ou alternativamente como sendo o número inteiro mais próximo de $\frac{3!}{e} \approx 2,20$, que é $D_3 = 2$.

5. O número de maneiras distintas de que nenhum dos 6 pacientes tenha tomado o seu remédio correto é justamente o número de permutações caóticas de 6 elementos distintos que é

$$D_6 = 6! \left(\frac{1}{0!} - \frac{1}{1!} + \frac{1}{2!} - \frac{1}{3!} + \frac{1}{4!} - \frac{1}{5!} + \frac{1}{6!} \right) = 265$$

ou alternativamente como sendo o número inteiro mais próximo de $\frac{6!}{e} \approx 264,87$, que é $D_6 = 265$.

6. Ora, estamos querendo as permutações que possuem menos de três pontos fixos, ou seja, $0, 1$ ou 2 pontos fixos. Vamos analisar cada caso separadamente. Vejamos

- Uma permutação dos elementos de A que não possui nenhum ponto fixo é justamente uma permutação caótica do conjunto A. Como sabemos, o número de permutações caóticas de 4 elementos distintos é dado por

$$D_4 = 4! \left(\frac{1}{0!} - \frac{1}{1!} + \frac{1}{2!} - \frac{1}{3!} + \frac{1}{4!} \right) = 9$$

150 INTRODUÇÃO À COMBINATÓRIA E PROBABILIDADE

- Agora vamos contar quantas são as permutações do conjunto A com exatamente 1 ponto fixo. Para tal, temos que tomar duas decisões, a saber: a primeira é escolher entre os elementos de A qual será o ponto fixo, o que pode ser feito de 4 modos distintos. A segunda é permutar os outros 3 elementos de A sem deixar nenhum ponto fixo, ou seja, fazer uma permutação caótica dos outros 3 elemetos de A, o que pode ser feito de $D_3 = 2$ modos distintos. Assim, pelo **Princípio Multiplicativo**, existem $4 \times 2 = 8$ permutações do conjunto A com exatamente um ponto fixo.

- Finalmente vamos contar quantas são as permutações do conjunto A com exatamente 2 pontos fixos. Para tal devemos tomar duas decisões, a saber: a primeira é escolher entre os 4 elementos de A quais serão os 2 pontos fixos, o que pode ser feito de $C(4,2) = 6$ modos distintos. A segunda é permutar os outros 2 elementos de A sem deixar nenhum ponto fixo, ou seja, fazer uma permutação caótica dos outros 2 elementos de A, o que pode ser feito de $D_2 = 1$ modo. Assim, pelo Princípio Multiplicativo, existem $6 \times 1 = 6$ permutações do conjunto A com exatamente dois pontos fixos.

Portanto, pelo **Princípio Aditivo**, existem $9 + 8 + 6 = 23$ permutações do conjunto A com menos de três pontos fixos.

Observação: Poderíamos resolver este problema de modo imediato percebendo que se uma permutação $\pi : A \to A$ tem 3 pontos fixos então ela tem na verdade os 4 pontos fixos. Assim das $4! = 24$ permutações existentes apenas uma (a identidade, ou seja $\mathrm{Id}_A : A \to A$, definida por $\mathrm{Id}_A(x) = x, \ \forall x \in A$) não apresenta menos de 3 pontos fixos. Assim o número de permutações do conjunto A que apresentam menos de 3 pontos fixos é $24 - 1 = 23$.

7. De acordo com a resolução da questão anterior, o número de permutações do conjunto A que tem exatamente 2 pontos fixos é 6. Além disso, pela observação que fizemos no final da questão anterior só há 1 permutação dos elementos de A com mais de 2 pontos fixos. Portanto, o número de permutações do conjunto $A = \{1, 2, 3, 4\}$ com 2 ou mais pontos fixos é $6 + 1 = 7$.

8. Ora, como $D_n = n! \left[1 - \frac{1}{1!} + \frac{1}{2!} - \frac{1}{3!} + \cdots + (-1)^n \frac{1}{n!}\right]$, segue que:

$$D_{n-1} = (n-1)! \left[1 - \frac{1}{1!} + \frac{1}{2!} - \frac{1}{3!} + \cdots + (-1)^{n-1} \frac{1}{(n-1)!}\right]$$

$$D_{n-2} = (n-2)! \left[1 - \frac{1}{1!} + \frac{1}{2!} - \frac{1}{3!} + \cdots + (-1)^{n-2} \frac{1}{(n-2)!}\right]$$

Multiplicando cada uma das igualdades acima por $(n-1)$, obtemos:

$$(n-1)D_{n-1} = (n-1)(n-1)! \left[1 - \frac{1}{1!} + \frac{1}{2!} - \frac{1}{3!} + \cdots + (-1)^{n-1} \frac{1}{(n-1)!}\right]$$

$$(n-1)D_{n-2} = (n-1)(n-2)! \left[1 - \frac{1}{1!} + \frac{1}{2!} - \frac{1}{3!} + \cdots + (-1)^{n-2} \frac{1}{(n-2)!}\right]$$

Lembrando que $(n-1)(n-2)! = (n-1)!$ obtemos:

$$(n-1)D_{n-1} = (n-1)(n-1)! \left[1 - \frac{1}{1!} + \frac{1}{2!} - \frac{1}{3!} + \cdots + (-1)^{n-1} \frac{1}{(n-1)!}\right]$$

$$(n-1)D_{n-2} = (n-1)! \left[1 - \frac{1}{1!} + \frac{1}{2!} - \frac{1}{3!} + \cdots + (-1)^{n-2}\frac{1}{(n-2)!} \right]$$

Adicionando membro a membro, temos

$$
\begin{aligned}
(n-1)\left(D_{n-1} + D_{n-2}\right) &= (n-1)(n-1)! \left[\sum_{i=0}^{n-1} \frac{(-1)^i}{i!} \right] + (n-1)! \left[\sum_{i=0}^{n-2} \frac{(-1)^i}{i!} \right] \\[2mm]
&= (n-1)! \left[\sum_{i=0}^{n-2} \frac{(-1)^i}{i!} + (n-1) \sum_{i=0}^{n-1} \frac{(-1)^i}{i!} \right] \\[2mm]
&= (n-1)! \left[\sum_{i=0}^{n-2} \frac{(-1)^i n}{i!} + \frac{(-1)^{n-1}(n-1)}{(n-1)!} \right] \\[2mm]
&= (n-1)! \left[\sum_{i=0}^{n-2} \frac{(-1)^i n}{i!} + \frac{(-1)^{n-1} n}{(n-1)!} + \frac{(-1)^n}{(n-1)!} \right] \\[2mm]
&= (n-1)! \left[\sum_{i=0}^{n-1} \frac{(-1)^i n}{i!} + \frac{(-1)^n n}{n(n-1)!} \right] \\[2mm]
&= (n-1)! \left[\sum_{i=0}^{n-1} \frac{(-1)^i n}{i!} + \frac{(-1)^n n}{n!} \right] \\[2mm]
&= n(n-1)! \left[\sum_{i=0}^{n} \frac{(-1)^i n}{i!} \right].
\end{aligned}
$$

Assim,

$$(n-1)\left(D_{n-1} + D_{n-2}\right) = n! \left[1 - \frac{1}{1!} + \frac{1}{2!} - \frac{1}{3!} + \cdots + (-1)^n\frac{1}{n!} \right] = D_n$$

Observação: Há uma demonstração bastante elegante para esta identidade que é a seguinte: Consideremos o conjunto $A = \{1, 2, 3, \cdots, n\}$. O número de permutações caóticas de A é D_n. Por outro lado as permutações caóticas podem ser divididas em dois grupos, a saber: O primeiro grupo é aquele em que o número 1 ocupa o lugar do número que está ocupando o primeiro lugar e o segundo grupo é constituído pelas permutações do conjunto A em que isso não ocorre.

Note que para formar uma permutação do primeiro grupo, devemos escolher o número que deverá trocar de lugar com o número 1, o que pode ser feito de $n-1$ modos distintos e em seguida devemos arrumar os demais $n-2$ elementos sem que nenhum deles fique na sua posição original, o que pode ser feito de D_{n-2} modos distintos. Assim, pelo **Princípio Multiplicativo** há $(n-1).D_{n-2}$ elementos no primeiro grupo. Para formar uma permutação do segundo grupo temos que escolher o lugar que será ocupado pelo número 1 (chamamos esse lugar de k), o que pode ser feito de $n-1$ modos distintos (o 1 só não pode ocupar o seu próprio lugar!) e em seguida devemos arrumar os $n-1$ números nos demais $n-1$ lugares, sem que o elemento k fique no primeiro lugar (que originalmente era do 1) e sem que nenhum

152 INTRODUÇÃO À COMBINATÓRIA E PROBABILIDADE

dos demais elementos ocupe a sua posição original. Note que, se neste momento imaginarmos que o algarismo k fosse posto momentaneamente na posição do original do 1, agora teríamos que arrumar $n-1$ números em $n-1$ lugares, sem que nenhum deles ocupe o seu lugar original (perceba que estamos considerando neste momento que é como se o lugar original do k fosse o primeiro lugar, que antes era ocupado pelo algarismo 1), o que pode ser feito de D_{n-1} modos distintos. Assim, pelo **Princípio Multiplicativo**, há $(n-1).D_{n-1}$ elementos no segundo grupo. Assim, pelo **Princípio Aditivo**, segue que:

$$D_n = (n-1)D_{n-2} + (n-1)D_{n-1}$$

portanto,

$$D_n = (n-1)(D_{n-1} + D_{n-2})$$

9. Inicialmente perceba que podemos distribuir os 15 livros distintos para as 15 crianças de 15! modos distintos. Para cada uma destas 15! maneiras distintas, na segunda distribuição há D_{15} maneiras distintas de que nenhuma criança receba o mesmo livro que havia recebido na primeira distribuição. Assim, pelo **Princípio Multiplicativo**, existem 15!.D_{15} modos distintos de que na segunda distribuição nenhuma criança receba o mesmo livro que havia recebido anteriormente.

10. Quando as n pessoas retornam para a sala onde estavam, inicialmente, duas coisas podem ocorrer: a primeira é que elas escolham para sentar-se novamente as mesmas n cadeiras que estavam ocupadas inicialmente; neste caso, o número de maneiras para que estas n pessoas sentem-se nas mesmas n cadeiras que estavam ocupadas inicialmente, sem que nenhuma dessas n pessoas sente-se na mesma cadeira que havia sentado antes, é justamente o número de permutações caóticas de n elementos distintos, ou seja D_n.
A segunda é que elas não escolham exatamente as mesmas n cadeiras que haviam sentado anteriormente. Neste caso, as pessoas devem escolher a cadeira que estava vazia no início e $n-1$ cadeiras entre as que já haviam sido ocupadas, existindo pois, $C(n, n-1) = n$ possibilidades de fazer a escolha de n cadeiras sem que elas sejam exatamente as mesmas n cadeiras que estavam ocupadas no início. Uma vez escolhidas as cadeiras que serão ocupadas, agora devemos determinar o número de maneiras das n pessoas sentarem-se nas n cadeiras escolhidas, de modo que ninguém sente-se no mesmo lugar que havia sentado anteriormente. Para isso podemos pensar assim: Pomos uma dada pessoa (digamos a pessoa k) na cadeira que estava inicialmente vazia e então temos duas situações disjuntas:

- A primeira é aquela em que entre as $n-1$ cadeiras escolhidas (além da cadeira que estava inicialmente vazia e que agora está com a pessoa k), em que vamos arrumar as $n-1$ pessoas, não está a cadeira da pessoa k que foi posta na cadeira que estava inicialmete vazia. Neste caso, perceba que as $n-1$ cadeiras que ainda estão disponíveis (entre as que foram escolhidas) são justamente as $n-1$ cadeiras que eram inicialmente ocupadas pelas $n-1$ pessoas que ainda vão sentar-se. Portanto, o número de maneiras de que estas $n-1$ pessoas sentem-se nas $n-1$ cadeiras que estavam inicialmente ocupadas por elas, sem que nenhuma delas sente-se na mesma cadeira que estava sentada originalmente, é justamente o número de permutações caóticas de $n-1$ elementos distintos, que é D_{n-1}.

- A segunda é aquela em que entre as $n-1$ cadeiras (além da cadeira que estava inicialmente vazia e que agora está com a pessoa k), em que vamos arrumar as $n-1$ pessoas, está a cadeira da pessoa k que foi posta na cadeira que estava inicialmete vazia. Neste

CAPÍTULO 8. PERMUTAÇÕES CAÓTICAS 153

caso, existem D_n modos distintos de arrumarmos as n pessoas sem que nenhuma fique na sua cadeira original.

Diante do exposto, no caso em que as n cadeiras escolhidas não são exatamente as mesmas n cadeiras que eram ocupadas originalmente, existem $n.(D_{n-1} + D_n)$ modos distintos para que a configuração desejada seja formada. Assim, o número total de maneiras distintas para que as n pessoas retornem e sentem-se sem que nenhuma delas ocupe a mesma cadeira que antes é

$$D_n + n.(D_{n-1} + D_n)$$

Por outro lado, de acordo com a questão 8, temos que $D_{n+1} = n.(D_{n-1} + D_n)$, portanto, a resposta pode ser escrita como:

$$D_n + \underbrace{n.(D_{n-1} + D_n)}_{=D_{n+1}} = D_n + D_{n+1}$$

Capítulo 9

Lemas de Kaplansky

9.1 Introdução

Neste capítulo vamos responder à seguinte pergunta: quantos são os subconjuntos do conjunto $A = \{1, 2, \cdots, n\}$ com p elementos (p−subconjuntos), de modo que em cada subconjunto não haja elementos consecutivos? Na verdade, trataremos de dois casos, a saber: o primeiro é aquele em que o primeiro elemento do conjunto A (que é o 1) não é considerado consecutivo ao último elemento do conjunto A, que é o n. No segundo caso, imaginamos que os elementos do conjunto A estão dispostos (em ordem crescente num certo sentido) em torno de um círculo que neste caso, o 1 é considerado consecutivo do n. Estes tipos de problemas podem ser resolvidos com os chamados **lemas de Kaplansky**, como veremos a seguir. (Os lemas de Kaplansky foram estabelecidos pelo Matemático canadense Irving Kaplansky em 1943).

9.2 Primeiro Lema de Kaplansky

Antes de enunciar o primeiro lema de Kaplansky, o qual irá tratar da primeira situação exposta na introdução, vamos introduzir uma notação que nos auxiliará na obtenção da quantidade estabelecida no lema.

Como poderíamos proceder para obter a quantidade de subconjuntos de p elementos de um dado conjunto $A = \{1, 2, ..., n\}$ de modo que seus elementos não sejam adjacentes uns aos outros?
Vamos tentar escrever os subconjuntos de uma forma que nos ajudem a responder essa questão, por exemplo, e se os subconjuntos fossem visualizados da seguinte maneira: marcamos com o sinal + os elementos do conjunto que pertencerão ao subconjunto e com o sinal − os elementos que não pertencerão ao subconjunto considerado?

Para fixar essa ideia, imaginemos o conjunto $A = \{1, 2, 3, 4, 5\}$. Os 3-subconjuntos $A_1 = \{1, 2, 3\}, A_2 = \{2, 3, 5\}, A_3 = \{1, 4, 5\}$ são representados pelas seguintes sequências de sinais + ou −:

$$A_1 = \{1, 2, 3\} \rightarrow + + + - -$$

$$A_2 = \{2, 3, 5\} \rightarrow - + + - +$$

$$A_3 = \{1, 4, 5\} \rightarrow + - - + +$$

Portanto, para formar 3-subconjuntos sem que seus elementos sejam consecutivos, devemos colocar 3 sinais + e 2 sinais − em fila, sem que haja dois sinais + consecutivos, certo?
Note que isso não será possível caso o número de sinais + seja maior que o número de sinais de −

156 INTRODUÇÃO À COMBINATÓRIA E PROBABILIDADE

+2. Neste exemplo, sabemos que o número de sinais de + e de − é igual ao número de elementos do conjunto (5). Se tivermos 4 sinais de + e 1 sinal de −, não tem como distribuir esses sinais de modo a não ter sinais de + separados por sinais de −. Assim só teremos subconjuntos com a característica pedida se, p (número de sinais de +) for menor ou igual a $n-p+1$ (número de sinais de − mais 1). Isso é o que vai permitir ter todos os sinais de + separados por sinais de −.

Quando isso acontecer, como conseguiremos a quantidade de subconjuntos desejada?

Basta dispor os sinais de menos em linha e vemos que teremos $n-p+1$ lugares para distribuir os p sinais de +. No nosso exemplo, se quisermos saber quantos 2−subconjuntos sem elementos adjacentes podemos montar, teremos $p=2$ sinais de + e $n-p=3$ sinais de −, assim distribuindo os sinais de −, teremos

$$X - X - X - X$$

teremos 4 lugares onde podemos colocar os 2+ de modo que tenhamos um 2-subconjuntos com elementos não adjacentes. De quantas formas podemos escolher 2 dentre 4 elementos (a ordem não importa) é $C(4,2)$, ou $C(n-p+1,p)$. Vamos ver o que o primeiro lema revela.

Teorema 1 - (Primeiro Lema de Kaplansky) *O número de* p−*subconjuntos de* $\{1,2,\cdots,n\}$ *nos quais não há números consecutivos é* $f(n,p)=C(n-p+1,p)$.

Demonstração:

No caso geral, de um p−subconjunto temos p sinais + e $n-p$ sinais −, segue que depois de espalharmos os $n-p$ sinais de −, teremos $n-p+1$ lugares que podemos escolher para colocar os p sinais de +, ou seja, teremos que escolher p dos $n-p+1$ lugares (a ordem importando), o que pode ser feito de

$$f(n,p)=1 \times C(n-p+1,p)=C(n-p+1,p)$$

.

Exemplo 9.2.1 - *Encontre a quantidade de* 2−*subconjuntos de* $\{1,2,3,4\}$*, em que não há dois elementos consecutivos.*

Resolução:

$$f(4,2)=C(4-2+1,2)=C(3,2)=\frac{3!}{2!.1!}=3$$

E os 3-subconjuntos?
Note que $n-p+1=4-3+1=2<3=p$, logo, não existem 3−subconjuntos para esse conjunto.

Exemplo 9.2.2 - *Encontre a quantidade de* 2−*subconjuntos de* $\{1,2,3,4,5\}$ *em que não há dois elementos consecutivos.*

Resolução:

$$f(5,2)=C(5-2+1,2)=C(4,2)=\frac{4!}{2!.2!}=6$$

CAPÍTULO 9. LEMAS DE KAPLANSKY   157

E os 3-subconjuntos?

$$f(5,3) = C(5 - 3 + 1, 3) = C(3,3) = \frac{3!}{0!.3!} = 1$$

Já os 4–subconjuntos não existem, pois $n - p + 1 = 5 - 4 + 1 = 2 < 4$.

Exemplo 9.2.3 - *As provas de Matemática, Química e Inglês do vestibular da UFRN devem ser realizadas nos primeiros 7 dias de dezembro. De quantas maneiras é possível escolher os dias das provas de modo que não haja provas em dias consecutivos?*

Resolução:

Temos 7 dias em que as provas devem ser marcadas e 3 provas para serem alocadas sem que fiquem em dias consecutivos, ou seja, temos que encontrar a quantidade de 3–subconjuntos do conjunto $\{1, 2, 3, 4, 5, 6, 7\}$, problema que se encaixa perfeitamente no primeiro lema de Kaplansky e é resolvido por

$$f(7,3) = C(7 - 3 + 1, 3) = C(5, 3) = \frac{5!}{2!.3!} = 10$$

Note que o lema de Kaplansky apenas seleciona os dias não consecutivos, as provas ainda podem ser escolhidas de qualquer forma dentro dos dias pré-selecionados. Assim, se a pergunta fosse a que está proposta no exemplo a seguir $\cdots$

Exemplo 9.2.4 - *De quantas maneiras diferentes podemos aplicar as três (de Matemática, Química e Inglês) provas do vestibular da UFRN nos primeiros 7 dias de dezembro sem que haja provas em dias consecutivos?*

Resolução:

Nessa questão, temos duas decisões a tomar: escolher os dias não consecutivos e escolher a ordem da realização das provas nestes dias. O que o lema de Kaplansky diz, por exemplo, é que uma possibilidade seria o dia 01/12, o dia 03/12 e o dia 05/12. Mas, uma vez escolhidos esses dias, podemos ter:

01/12	03/12	05/12
MATEMÁTICA	QUÍMICA	INGLÊS
MATEMÁTICA	INGLÊS	QUÍMICA
QUÍMICA	MATEMÁTICA	INGLÊS
QUÍMICA	INGLÊS	MATEMÁTICA
INGLÊS	MATEMÁTICA	QUÍMICA
INGLÊS	QUÍMICA	MATEMÁTICA

Dessa forma, temos que tomar as seguintes decisões, a saber:

- D_1 - escolher os dias não consecutivos dentre os 7 dias possíveis;

- D_2 - escolher a ordem em que podemos aplicar as três provas nos 3 dias predeterminados.

158 INTRODUÇÃO À COMBINATÓRIA E PROBABILIDADE

A decisão D_1 pode ser tomada de 10 maneiras, como vimos no exemplo anterior. Já a decisão D_2 pode ser tomada de 3! maneiras, pois trata da quantidade de maneiras que podemos alocar 3 objetos distintos em 3 lugares sem que nenhum fique de fora.

Pelo **Princípio Multiplicativo**, temos que a quantidade procurada é $10 \times 3! = 60$.

Exemplo 9.2.5 - *Quantos são os anagramas da palavra MISSISSIPI que não possuem S consecutivos?*

Resolução:

Observe que queremos separar os S sem nos preocuparmos com as demais letras. Se pensarmos em um anagrama da palavra **MISSISSIPI** como sendo 10 espaços e acharmos dentre esses 10 espaços, 4 lugares não consecutivos para alocarmos as letras S, o restante poderá variar à vontade.

Então, temos duas decisões a tomar:

- D_1 - escolher 4 lugares não consecutivos dentre os 10 possíveis (para colocar as letras S);

- D_2 - alocar as outras letras.

A decisão D_1 pode ser tomada, usando o lema de Kaplansky, de $f(10,4) = C(10 - 4 + 1, 4) = C(7,4) = \frac{7!}{3!.4!} = 35$ maneiras distintas. Já a decisão D_2 pode ser tomada de $P_6^{4,1,1} = \frac{6!}{4!.1!.1!} = 30$ maneiras distintas, pois trata de permutações sem que todos os elementos sejam distintos.

Pelo **Princípio Multiplicativo**, a quantidade procurada é:

$$f(10,4) \times P_6^{4,1,1} = 35 \times 30 = 1.050$$

9.3   Segundo Lema de Kaplansky

Analisemos agora a seguinte situação:

Suponha uma mesa com n cadeiras numeradas em volta. De quantas maneiras podemos escolher p cadeiras sem que tenhamos 2 cadeiras consecutivas? (Perceba que agora o n está consecutivo ao 1).

Para atacar este problema vamos enunciar o **Segundo Lema de Kaplansky**.

Teorema 2 - **(Segundo Lema de Kaplansky)** *O número de $p-$subconjuntos de $\{1, 2, \cdots, n\}$ nos quais não há números consecutivos é, considerando os números 1 e n como consecutivos, igual a*
$$g(n,p) = \frac{n}{n-p} C(n - p, p).$$

Demonstração:

Vamos considerar separadamente dois tipos de $p-$subconjuntos que não apresentam dois elementos consecutivos, a saber: Tipo A: aqueles em que o 1 é um dos seus p elementos; Tipo B: aqueles em que o 1 não é um dos seus p elementos.

CAPÍTULO 9. LEMAS DE KAPLANSKY   159

Nos p−subconjuntos do tipo A, o elemento 1 está sempre presente, por isso devemos apenas escolher p−1 elementos do conjunto $\{3, 4, \cdots, n-1\}$ (pois não podemos escolher o 2, que é consecutivo do 1, nem o n que, neste caso, também é consecutivo do 1) sem que haja dois elementos consecutivos, o que pelo primeiro lema de Kaplansky, pode ser feito de $f(n-3, p-1) = C(n-3-(p-1)+1, p-1) = C(n-p-1, p-1)$ modos distintos.

Ora, como nos p−subconjuntos do tipo B, o 1 não está presente, devemos escolher p elementos do conjunto $\{2, 3, \cdots, n\}$ sem que haja dois elementos consecutivos, o que pelo primeiro lema de Kaplansky pode ser feito de $f(n-1, p) = C(n-1-p+1, p) = C(n-p, p)$ modos distintos.

Diante do que foi exposto acima, segue que o número de p−subconjuntos do conjunto $\{1, 2, \cdots, n\}$ em que não há elementos consecutivos (considerando que o 1 e que o n são consecutivos) é dado por

$$
\begin{aligned}
g(n, p) &= C(n-p-1, p-1) + C(n-p, p) \\[2mm]
&= \frac{(n-p-1)!}{(p-1)!(n-2p)!} + \frac{(n-p)!}{p!(n-2p)!} \\[2mm]
&= \frac{(n-p-1)!p + (n-p)!}{p!(n-2p)!} \\[2mm]
&= (n-p-1)!\frac{p+(n-p)}{p!(n-2p)!} \\[2mm]
&= n\frac{(n-p-1)!}{p!(n-2p)!} \\[2mm]
&= \frac{n}{n-p}\frac{(n-p)!}{p!(n-2p)!} \\[2mm]
&= \frac{n}{n-p}C(n-p, p)
\end{aligned}
$$

Exemplo 9.3.1 - *Em decorrência dos últimos acontecimentos de violência entre as torcidas organizadas do São Paulo e do Palmeiras, a Federação de Futebol do Estado de São Paulo resolveu convocar os chefes de torcida dos 8 maiores clubes do estado para uma reunião. A reunião acontecerá em uma mesa redonda com 10 cadeiras onde sentarão os chefes de torcida, o presidente da Federação e um secretário. Devido ao clima de inimizade entre as torcidas do São Paulo e do Palmeiras, resolveu-se distribuir as cadeiras de modo que esses líderes sentassem em cadeiras não consecutivas. De quantas maneiras isso pode ser feito?*

Resolução:

Temos posições fixas de modo que o último é consecutivo ao primeiro, logo temos uma situação típica de aplicação do segundo lema de Kaplansky, que nos dá como resposta:

$$
g(10, 2) = \frac{10}{10-2}C(10-2, 2) = \frac{10}{8}.C(8, 2) = \frac{5}{4}.\frac{8!}{6!.4!} = 35
$$

Note que o segundo lema de Kaplansky apenas informa a quantidade de maneiras de selecionar duas cadeiras não consecutivas dentre as dez que foram dispostas ao redor da mesa. Entretanto, os líderes das torcidas ainda podem sentar como quiserem, desde que os líderes das torcidas do São

160 INTRODUÇÃO À COMBINATÓRIA E PROBABILIDADE

Paulo e do Palmeiras sentem nas cadeiras destinadas a eles. Se a pergunta fosse formulada como a do $\cdots$

Exemplo 9.3.2 - *De quantas maneiras pode ser composta a mesa, desde que os líderes das torcidas do São Paulo e do Palmeiras sentem-se em cadeiras não consecutivas?*

Resolução:

Temos aqui três decisões a tomar:

- D_1 - separar as duas cadeiras não consecutivas;

- D_2 - sentar os líderes das torcidas do São Paulo e do Palmeiras nessas cadeiras;

- D_3 - sentar os outros líderes, assim como o presidente e o secretário, nas cadeiras restantes.

Pelo segundo lema de Kaplansky, temos que a decisão D_1 pode ser tomada de $g(10,2) = 35$ maneiras distintas. A decisão D_2, que é alocar duas pessoas, em duas cadeiras pode ser tomada de 2! maneiras distintas (lembre-se: mesma quantidade de elementos e lugares). E a decisão D_3, que é alocar as 8 pessoas restantes em 8 cadeiras, de 8! maneiras distintas (novamente temos mesma quantidade de elementos e lugares). Pelo **Princípio Multiplicativo**, a composição da mesa pode ser feita de $g(10,2) \times 2! \times 8!$ modos distintos.

Exemplo 9.3.3 - *Sabemos que uma injeção não pode ser aplicada em qualquer ponto da nádega. Suponha que a região na qual se possa tomar injeção seja de forma circular e que ao longo desse círculo haja 7 pontos ideais para a aplicação. Uma pessoa está doente e o remédio é de 15 ml, injetável, dividido em 3 injeções. O médico recomendou ao enfermeiro que ao aplicar as injeções evitasse dois pontos ideais consecutivos. Portanto, de quantas maneiras o enfermeiro pode aplicar essas injeções atendendo ao pedido do médico?*

Resolução:

Há 7 pontos fixos num círculo e queremos escolher 3 não consecutivos. Essa situação se encaixa perfeitamente nas hipóteses do segundo lema de Kaplansky, que nos dá como resposta $g(7,3) = \frac{7}{7-3}C(7-3,3) = \frac{7}{4}C(4,3) = 7$.

Exemplo 9.3.4 - *Se as injeções do exemplo anterior forem de remédios diferentes, de quantas maneiras distintas o enfermeiro poderá aplicar essas injeções atendendo ao pedido do médico?*

Resolução:

Perceba que agora existem duas decisões a serem tomadas:

- D_1 - escolher os locais de aplicação, o que pode ser feito de $g(7,3)$ maneiras distintas;

- D_2 - escolher a ordem de aplicar as injeções, que pode ser feita de 3! maneiras.

Então, pelo **Princípio Multiplicativo**, a quantidade de maneiras distintas de aplicar essas 3 injeções é $3! \times g(7,3) = 7 \times 4 = 28$.

9.4 Exercícios propostos

1. Num jardim zoológico de uma cidade, foi lançado o projeto "zoológico na rua". Esse projeto consiste em levar para a praça da cidade, a cada final de semana, 4 jaulas e colocá-las uma ao lado da outra. Entretanto, existem dois animais que não podem ficar em jaulas adjacentes (vizinhas) de maneira alguma. Quantas possibilidades o pessoal do zoológico tem para escolher duas jaulas não adjacentes?

2. Um paciente estava muito doente e seu patrão lhe deu 7 dias de folga para o seu tratamento. Ele foi ao médico e este receitou um remédio composto por 3 comprimidos. Entretanto, a bula chamava atenção para o fato de que esses comprimidos, de modo algum, deveriam ser ingeridos em dias consecutivos. Quantas possibilidades o doente tem de nos 7 dias tomar toda a medicação atendendo precisamente ao que a bula adverte?

3. Em um grupo de 10 bodes, existem três que não conseguem ficar próximos sem haver briga. O dono desses animais vai levá-los à feira para vendê-los e o transporte será feito em um caminhão cuja carroceria é dividida conforme ilustrado a seguir.

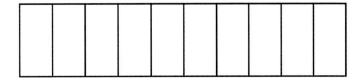

De quantas maneiras o criador pode acomodar os animais sem que os três animais briguentos fiquem em jaulas adjacentes?

4. Suponha que no projeto "zoológico na rua", referido na primeira questão, as jaulas sejam posicionadas em forma de círculo e que dentre os 7 animais levados 2 não pudessem ficar em jaulas adjacentes.

   a) De quantas maneiras o pessoal do zoológico pode escolher duas jaulas não adjacentes?

   b) E de quantos modos distintos os animais podem ser arrumados nas jaulas sem que os dois animais "problema" fiquem em jaulas adjacentes?

5. O Jogo da MEGA-SENA consiste no sorteio de 6 números distintos, escolhidos ao acaso, entre os números $1, 2, 3, \cdots, 60$. Uma aposta consiste na escolha (pelo apostador) de 6 números distintos entre os 60 possíveis, sendo premiados aqueles que acertarem 4 (quadra), 5 (quina) ou todos os 6 (sena) números sorteados.

162 INTRODUÇÃO À COMBINATÓRIA E PROBABILIDADE

Em quantos das $C(60,6) = 50.063.860$ possíveis maneiras de preencher uma aposta, temos apostas sem números consecutivos?

6. Rapadura é doce mas não é mole! Mole mesmo é saber quantos anagramas da palavra RAPADURA podemos formar sem que apresentem duas letras A consecutivas. Quantos são esses anagramas?

7. Quantos são os anagramas da palavra NÚMERO em que não aparecem consoantes consecutivas?

8. Qual a principal diferença percebida ao resolver as duas questões anteriores?

9.5 Resolução dos exercícios propostos

1. Queremos saber de quantas formas podemos escolher duas jaulas não consecutivas para colocar os dois animais "brigões". Como as jaulas estão uma ao lado da outra, caímos no primeiro lema de Kaplansky. Assim, pelo primeiro lema de Kaplansky, o número de maneiras distintas de escolhermos 2 jaulas não consecutivas é

$$f(4,2) = C(4-2+1,2) = C(3,2) = \frac{3!}{1!.2!} = 3$$

2. Se o paciente seguir corretamente a bula, ele terá que escolher 3 dias (não consecutivos) para tomar os 3 comprimidos dentre os 7 dias de folga, isto é, estamos interessados em saber a quantidade de 3—subconjuntos do conjunto $1,2,3,4,5,6,7$ que não possuem elementos consecutivos, novamente pelo primeiro lema de Kaplansky, o número de modos distintos para que o paciente escolha 3 dias consecutivos entre os 7 dias disponíveis é

$$f(7,3) = C(7-3+1,3) = C(5,3) = \frac{5!}{2!.3!} = 10$$

3. Temos 3 decisões a tomar:

- D_1: escolher 3 compartimentos não consecutivos dentre os 10 compartimentos possíveis.

- D_2: colocar os três bodes "brigões"nesses três compartimentos.

- D_3: colocar os outros 7 bodes nos 7 compartimentos restantes.

Para a decisão D_1, usaremos o primeiro lema de Kaplansky, ou seja,

$$f(10,3) = C(10-3+1,3) = C(8,3) = \frac{8!}{3!.5!} = 56$$

Para a decisão D_2, temos 3! maneiras (3 compartimentos e 3 bodes distintos). Finalmente para a decisão D_3, temos 7! maneiras (7 compartimentos e 7 bodes). Portanto, pelo Princípio Multiplicativo, temos $56 \times 3! \times 7! = 1.693.440$ maneiras de acomodar os animais respeitando as exigências desejadas.

CAPÍTULO 9. LEMAS DE KAPLANSKY   163

4. a)Aqui é importante observar que as jaulas estão dispostas em forma de círculo, usaremos assim o segundo lema de Kaplansky,

$$g(7,2) = \frac{7}{7-2}.C(7-2,2) = \frac{7}{5}.C(5,2) = \frac{7}{5}.10 = 14$$

Neste caso, temos três decisões a tomar:

- D_1: escolher duas jaulas não consecutivas dentre as sete jaulas possíveis.

- D_2: colocar os dois animais "problema"nessas duas jaulas.

- D_3: colocar os outros cinco animais nas cinco jaulas restantes.

Para a decisão D_1, usaremos o segundo lema de Kaplansky, que foi visto no item (a). Assim, D_1 pode ser tomada de 14 maneiras distintas. Para a decisão D_2, temos 2! maneiras (2 animais e 2 jaulas distintas). Para a decisão D_3, temos 5! maneiras (5 animais e 5 jaulas distintas). Portanto, pelo Princípio Multiplicativo, existem $14 \times 2! \times 5! = 3360$ maneiras de acomodar os animais, de modo que os animais "problema"não fiquem em jaulas adjacentes.

5. Ora, dos 60 números disponíveis queremos sortear 6, sem que haja dois números consecutivos, pelo primeiro lema de Kaplansky, segue que o número de maneiras distintas de realizarmos essa tarefa é
$$f(60,6) = C(60-6+1,6) = C(55,6) = \frac{55!}{49!.6!} = 28.989.675$$

6. A palavra RAPADURA apresenta 3 letras A. Logo para montarmos um dos seus anagramas em que não há duas letras A consecutivas devemos tomar as seguintes decisões, a saber:

- D_1: escolher 3 lugares não consecutivos entre os 8 lugares possíveis, o que pode ser feito de $f(8,3) = C(8-3+1,3) = C(6,3) = 20$ modos distintos.

- D_2: colocar as 3 letras A nas posições (não consecutivas escolhidas), o que pode ser feito de 1 modo.

- D_3: organizar as demais letras (R,P,D,U,R) nas 5 posições restantes, o que pode ser feito de $P_5^{2,1,1,1} = \frac{5!}{2!1!1!1!} = 60$ modos distintos.

Assim, pelo Princípio Multiplicativo, o número de anagramas da palavra RAPADURA que não apresentam duas letras A consecutivas é $20 \times 1 \times 60 = 1.200$.

7. A palavra NÚMERO apresenta 6 letras sendo 3 consoantes e 3 vogais. Para formarmos um anagrama da palavra NÚMERO que não apresenta consoantes consecutivas devemos tomas 3 decisões, a saber:

- D_1: escolher 3 lugares não consecutivos dos 6 lugares possíveis, o que pode ser feito de $f(6,3) = C(6-3+1,3) = C(4,3) = 4$ modos distintos.

- D_2: colocar as 3 consoantes N, M e R nos 3 lugares não consecutivos escolhidos anteriormente, o que pode ser feito de $3! = 6$ modos distintos.

- D_3; organizar as demais letras Ú, E e O nos 3 lugares restantes, o que pode ser feito de $3! = 6$ modos distintos.

164 INTRODUÇÃO À COMBINATÓRIA E PROBABILIDADE

Assim, pelo Princípio Multiplicativo, o número de anagramas da palavra NÚMERO que não apresentam consoantes consecutivas é $4 \times 6 \times 6 = 144$.

8. A diferença que enxergamos na resolução das duas últimas questões é que, na decisão D_2 da questão 6 as letras A eram repetidas enquanto que na mesma decisão D_2 da questão 7 as letras que foram postas nos lugares não consecutivos eram distintas.

Capítulo 10

O Princípio da Reflexão

10.1 Introdução

Em muitos momentos da nossa vida, presenciamos situações em que a cada instante elas melhoram ou pioram um pouco. Por exemplo, quando ocorreu a cassação dos nossos "queridos" deputados federais envolvidos no esquema do mensalão, depois que todos votaram, a urna foi levada para a tribuna onde os votos foram contados, sendo anotadas as quantidades de SIM e de NÃO. A esse processo dá-se o nome de marcha de apuração dos votos. Você já parou para se perguntar quantas marchas de apuração diferentes poderiam ser feitas, de modo que se chegasse ao mesmo resultado, 232×127? Neste capítulo, utilizaremos o **Princípio da Reflexão** para resolver questões envolvendo quantidade de marchas de apuração ou situações semelhantes.

Suponhamos um analista financeiro que acompanhe diuturnamente o preço das ações no mercado financeiro. Se fôssemos representar o preço da ação ao longo do tempo, poderíamos pensar no plano coordenado, em que no eixo x representaríamos o tempo e no eixo y representaríamos o preço da ação. Conforme representado na figura a seguir.

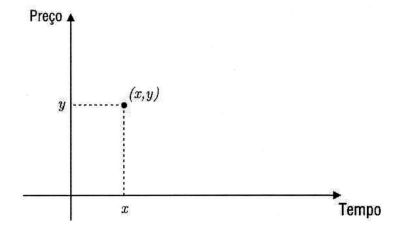

Figura 1.

Então, poderíamos imaginar que ao longo do tempo esse ponto (x, y) se deslocará para cima ou para baixo dependendo do aumento ou diminuição do preço da ação, conforme ilustrado na Figura 2.

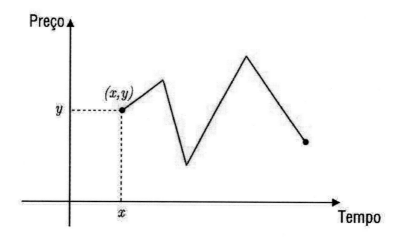

Figura 2.

Para simplificar nossa análise, suponhamos que você tenha decidido verificar o desempenho dessas ações apenas em uma unidade de tempo (por exemplo, de 10 em 10 minutos). E que nesse tempo só tenha possibilidade do preço da ação subir ou descer uma unidade monetária (por exemplo, 1 real), conforme ilustramos na Figura 3.

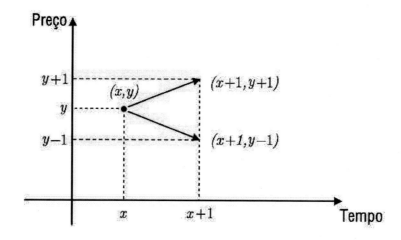

Figura 3.

Mesmo sabendo que o desempenho do mercado financeiro envolve vários fatores, como economia, política e administração da empresa, o analista pode querer responder a algumas perguntas, por exemplo:

i) existe alguma chance de em uma hora a ação perder todo seu valor?

ii) existe alguma chance de em uma hora a ação dobrar de valor?

Essas perguntas são naturais e importantes para um analista financeiro, e serão respondidas por meio do **Princípio da Reflexão**, que estudaremos neste capítulo.

10.2 O Princípio da Reflexão

Em todo este capítulo, imagine-se estudando uma partícula que se move no plano. Seu movimento é o seguinte: a cada unidade de tempo, ela desloca-se em uma unidade para a direita e em uma unidade para cima ou para baixo.

Podemos encaixar várias situações práticas neste modelo, por exemplo, a contagem de votos em uma eleição com dois candidatos (os dois preferidos segundo a pesquisa de boca de urna). Cada voto apurado em favor de um dos candidatos seria um passo para a direita e para cima; cada voto apurado em favor do oponente seria um passo para a direita e para baixo. Ao final da eleição, se o ponto estiver acima do eixo x, teremos vitória do primeiro candidato, abaixo, sua derrota e sobre o eixo x ocorreria um empate com seu adversário.

Suponhamos que dois jogadores (jogador A e jogador B), em um jogo com várias partidas, fazem a seguinte aposta: quem ganha uma partida recebe um real, quem perde uma partida paga um real. Podemos representar graficamente o resultado desse jogo assim: se o jogador A ganha uma partida, o deslocamento é para a direita e para cima e, se ele perde, o deslocamento é para a direita e para baixo. Ao final do jogo, se o ponto estiver acima do eixo x, o jogador A terá ganhado mais vezes do que perdido; se o ponto estiver abaixo do eixo x, terá perdido mais vezes do que ganhado; e, se o ponto estiver sobre o eixo x, terá ocorrido um empate.

Poderíamos criar vários exemplos em que esse tipo de situação ocorra. Entretanto, vamos agora estudar como responder a algumas questões referentes a essa situação. De que forma podemos responder à questão: quantas são as trajetórias distintas em que uma partícula com o movimento descrito anteriormente sai da origem e atinge o ponto $(8, 6)$?

A representação $(0, 0) \to (8, 6)$ significa que a partícula sai do ponto $(0, 0)$ e atinge o ponto $(8, 6)$. Antes de respondermos, vamos tentar interpretar o que significa sair de $(0, 0)$ e chegar em $(8, 6)$.

Lembre-se que o movimento ocorre da seguinte maneira: um passo significa uma unidade para a direita e uma unidade para cima ou uma unidade para baixo. Então, percebemos que quando a partícula para, a primeira coordenada do ponto representa a quantidade de passos executados e, em cada passo desses, a partícula se move para cima ou para baixo; essa diferença entre subidas e descidas nos dá exatamente a posição da segunda coordenada do par ordenado final. Ou seja, se representarmos por S uma subida e por D uma descida, podemos dizer que o número de subidas mais o número de descidas que a partícula realizou é a coordenada x do ponto final e que a diferença entre o número de subidas e o número de descidas nos dá a coordenada y do ponto final. Para esse nosso problema, temos:

$$\begin{cases} S + D = 8 \\ S - D = 6 \end{cases} \Rightarrow S = 7 \, , \, D = 1$$

O que significa isso?

Significa que para eu sair de $(0, 0)$ e chegar a $(8, 6)$, preciso realizar 7 subidas e 1 descida. Constatemos isso graficamente observando algumas possíveis trajetórias começando no $(0, 0)$ e terminando em $(8, 6)$. Note que qualquer uma delas apresenta 7 subidas e 1 descida.

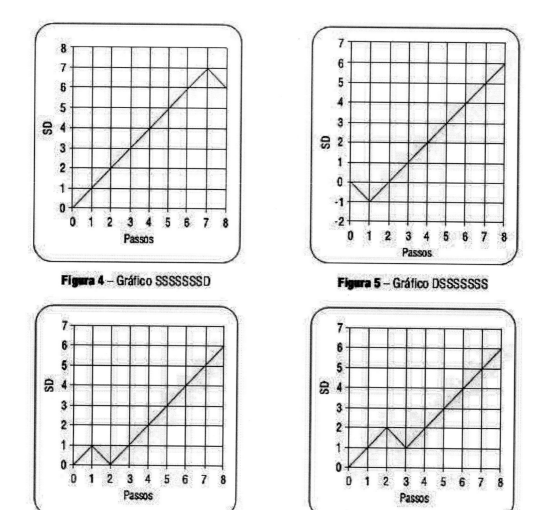

Figura 4 – Gráfico SSSSSSSD
Figura 5 – Gráfico DSSSSSSS
Figura 6 – Gráfico SDSSSSSS
Figura 7 – Gráfico SSDSSSSS

Assim, se considerarmos esses trajetos formados por S e D teríamos que os trajetos anteriores poderiam ser representados assim: figura 4 o gráfico SSSSSSSD, figura 5 o gráfico DSSSSSSS, figura 6 o gráfico SDSSSSSS, figura 7 o gráfico SSDSSSSS. A quantidade de S e de D que encontramos, ao resolvermos o sistema, foi exatamente a quantidade necessária de subidas e descidas que nos garantem, começando do $(0,0)$, chegar ao ponto final desejado. Agora, a quantidade de caminhos distintos que podemos conseguir é a mesma que a quantidade de anagramas diferentes que podemos formar com a quantidade de letras S e de letras D encontradas, que neste caso é

$$P_8^{7,1} = \frac{8!}{7!.1!} = 8$$

Assim, esse problema é resolvido em duas partes:

- Encontrar quantas letras S e quantas letras D são necessárias para, partindo de $(0,0)$, chegarmos ao ponto final desejado;

- Se foi possível encontrar essas quantidades, o número de caminhos possíveis é dado pela quantidade de anagramas distintos que podemos formar com essas duas letras nas quantidades encontradas.

CAPÍTULO 10. O PRINCÍPIO DA REFLEXÃO

Observação 10.1 - *Note que depois de encontradas as quantidades de letras S e D necessárias para sair de (0,0) e chegar ao ponto desejado, qualquer sequência que venhamos a montar com tais quantidades nos dará caminhos saindo de (0,0) e chegando ao ponto desejado. Alterando as ordens das letras S e D, continuaremos com um caminho saindo de (0,0) e chegando ao ponto desejado, contudo, diferente dos anteriores. Mas, trocando duas letras S ou duas letras D de lugar, não mudaremos o caminho. Isso fica claro se pensarmos que as quantidades de letras S e D, que é o que determina as coordenadas, não se alteram. A única coisa que muda é o trajeto, pois é a ordem dos S e D que o determina. (Observe os gráficos anteriores.)*

Tudo o que fizemos até o momento só levou em consideração o ponto de saída $(0,0)$ e o ponto de chegada (x,y), pois isso permitiu que o ponto (x,y) exprimisse em suas coordenadas:

- $x = x - 0$ o número de passos dados: $S + D$;

- $y = y - 0$ a diferença entre as subidas e descidas: $S - D$.

E se os pontos inicial e final fossem pontos quaisquer (x_0, y_0) e (x_1, y_1), respectivamente, quantos caminhos distintos existem para representar $(x_0, y_0) \to (x_1, y_1)$? Perceba que a diferença das primeiras coordenadas continuará representando o número de passos que foram dados para sair do ponto inicial e chegar ao ponto final, ou seja, $S + D = x_1 - x_0$. E que a diferença das segundas coordenadas continuará representando a diferença entre o número de subidas e descidas, saindo do ponto inicial para chegar ao ponto final, ou seja, $S - D = y_1 - y_0$.

Resolvido esse sistema, teremos encontrado o número de subidas e descidas que fazem com que a partícula saia de (x_0, y_0) e chegue a (x_1, y_1). Em seguida, basta saber quantos anagramas distintos existem com a quantidade de S e D encontrados. Para ilustrar essa situação, voltemos à pergunta feita, no começo deste capítulo, pelo analista financeiro.

Exemplo 10.2.1 - *Suponhamos que o analista começa a observar o preço da ação no tempo 7 quando ela está valendo R$10,00.*

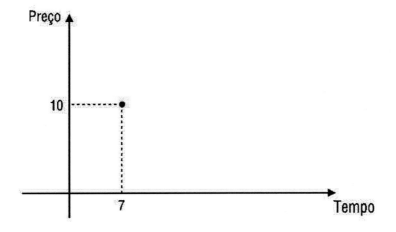

Figura 8.

Depois de uma hora (6 unidades de tempo, lembre-se de que o analista está considerando cada unidade de tempo como 10 minutos), a ação pode alcançar preço máximo de R$16,00, já que a cada unidade de tempo a ação só pode aumentar seu valor em R$1,00; logo, depois de 6 unidades de *tempo, a ação poderá chegar ao valor máximo de* R$16,00. *Da mesma forma, seu valor mínimo será de* R$4,00.

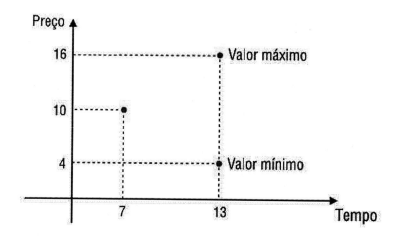

Figura 9.

Observe que pode ocorrer da ação assumir um valor entre o mínimo e o máximo e ninguém conseguir prever. Suponha que o analista queira estudar apenas o efeito aleatório do preço da ação. Assim, se em cada intervalo de tempo, a ação tem a mesma chance de subir ou descer, qual o valor mais provável que ela poderá assumir?

Resolução:

Nesse caso, pode-se analisar cada ponto final que a ação pode atingir e contar quantos caminhos existem do ponto inicial ao ponto final. Aquele ponto que proporcionar o maior número de caminhos, será o valor mais provável que a ação assumirá, se considerarmos apenas o fator aleatório. Comecemos com o menor valor e, a cada cálculo, aumentemos o valor final da ação até atingirmos o ponto de valor máximo. Para o valor mínimo, queremos calcular quantos caminhos existem ligando $(7, 10) \to (13, 4)$. Como já foi explicado, temos que resolver o seguinte sistema

$$\begin{cases} S + D = x_1 - x_0 = 13 - 7 = 6 \\ S - D = y - 1 - y_0 = 4 - 10 = -6 \end{cases}$$

do qual obtemos $S = 0$ e $D = 6$. Calculando o número de anagramas distintos, formados por 6 letras, sendo 0 S e 6 D's, temos

$$P_6^{6,0} = \frac{6!}{6!.0!} = 1$$

ou seja, existe apenas um caminho ligando $(7, 10) \to (13, 4)$. Esse é exatamente o caminho no qual, em cada passo, vamos para a direita e para baixo. Calculemos agora quantos caminhos existem ligando os pontos $(7, 10)$ e $(13, 5)$.

$$\begin{cases} S + D = x_1 - x_0 = 13 - 7 = 6 \\ S - D = y - 1 - y_0 = 5 - 10 = -5 \end{cases}$$

Desse sistema, obtemos $S = \frac{1}{2}$ e $D = \frac{11}{2}$.

CAPÍTULO 10. O PRINCÍPIO DA REFLEXÃO   171

Note que não podemos ter meia subida, pois ficou acordado que a partícula se moveria um passo para a direita e um passo para cima ou um para baixo. Logo, essa situação não pode ocorrer, ou seja, da maneira como o movimento se dá é impossível encontrar um caminho ligando $(7, 10) \to (13, 5)$. Resumindo, após uma hora, o preço da ação não poderá atingir o valor de R\$5, 00.

Calculemos agora quantos caminhos existem ligando $(7, 10) \to (13, 6)$:

$$\begin{cases} S + D = x_1 - x_0 = 13 - 7 = 6 \\ S - D = y - 1 - y_0 = 6 - 10 = -4 \end{cases}$$

Resolvendo o sistema, temos $S = 1$ e $D = 5$. Calculando o número de anagramas distintos formados por 6 letras, sendo 1 S e 5 D's, obtemos:

$$P_6^{5,1} = \frac{6!}{5!.1!} = 6$$

Isso significa que existem 6 maneiras distintas da ação atingir o valor de R\$6, 00. Calcule os demais caminhos e compare com os resultados seguintes:

- É impossível encontrar um caminho ligando $(7, 10) \to (13, 7)$. Resumindo, após uma hora, o preço da ação não poderá atingir o valor de R\$7, 00;

- Existem 15 maneiras distintas da ação atingir o valor de R\$8, 00;

- É impossível encontrar um caminho ligando $(7, 10) \to (13, 9)$. Resumindo, após uma hora, o preço da ação não poderá atingir o valor de R\$9, 00;

- Existem 20 maneiras distintas da ação atingir o valor de R\$10, 00;

- É impossível encontrar um caminho ligando $(7, 10) \to (13, 11)$. Resumindo, após uma hora, o preço da ação não poderá atingir o valor de R\$11, 00;

- Existem 15 maneiras distintas da ação atingir o valor de R\$12, 00;

- É impossível encontrar um caminho ligando $(7, 10) \to (13, 13)$. Resumindo, após uma hora, o preço da ação não poderá atingir o valor de R\$13, 00;

- Existem 6 maneiras distintas da ação atingir o valor de R\$14, 00;

- É impossível encontrar um caminho ligando $(7, 10) \to (13, 15)$. Resumindo, após uma hora, o preço da ação não poderá atingir o valor de R\$15, 00;

- Existe apenas 1 maneira distinta da ação atingir o valor de R\$16, 00. Essa é exatamente a maneira pela qual a cada passo se vai para a direita e para cima.

Analisando, então, os resultados obtidos, podemos dizer que, dependendo apenas da aleatoriedade do processo, o valor mais provável que a ação atingirá são os mesmos R\$10, 00, já que existem mais maneiras que nos levam a esse valor. Diminuindo as possibilidades, temos os valores R\$12, 00 e R\$8, 00 com as mesmas chances; seguidos por R\$14, 00 e R\$6, 00; e, finalmente, R\$16, 00 e R\$4, 00. Os valores R\$5, 00, R\$7, 00, R\$9, 00, R\$11, 00, R\$13, 00 e R\$15, 00 não são atingidos depois de 1 hora de observação.

172   INTRODUÇÃO À COMBINATÓRIA E PROBABILIDADE

Exemplo 10.2.2 - *Suponha que dois candidatos* A *e* B *disputaram uma eleição para síndico de um condomínio com um total de* 10 *votantes e que, ao final da apuração, o candidato* A *ganhou por uma diferença de 6 votos. De quantas formas pode ser feita a apuração? Ou seja, de quantos modos diferentes pode ocorrer a marcha da apuração?*

Resolução:

Se houve 10 votos e o candidato A ganhou por uma diferença de 6 votos, então, o placar final foi 8 a 2 para ele. Suponha que, para cada voto de A, o gráfico da apuração ande uma casa para a direita e uma casa para cima e, para cada voto de B, o gráfico da apuração ande uma casa para a direita e uma casa para baixo. O que a questão pede é quantos gráficos diferentes podem ser montados, se o gráfico inicia em $(0,0)$ e termina em $(10,6)$. Como foi explicado anteriormente, temos que resolver este problema em duas etapas. A primeira é achar as quantidades de subidas e descidas que fazem o gráfico começar em $(0,0)$ e terminar em $(10,6)$. Feito isso, calculamos o número de anagramas distintos formados por duas letras nas quantidades encontradas. Temos, então, o seguinte sistema:

A primeira equação representa o número de passos dados. Neste caso, o número de votos, que é igual à primeira coordenada do ponto final:

$$S + D = 10$$

A segunda equação representa a diferença entre o número de subidas e o número de descidas e é igual à segunda coordenada do ponto final:

$$S - D = 6$$

Resolvendo esse sistema, obtemos $S = 8$ e $D = 2$. Calculemos, agora, o número de anagramas distintos que podemos formar com 10 letras, sendo 8 iguais a S e 2 iguais a D, que neste caso nos dá $P_{10}^{8,2} = \frac{10!}{8!.2!} = 45$.

Isso significa que a apuração pode ser feita de 45 formas distintas. Dentre estas, pode ocorrer, em algum momento da apuração, que o candidato B apareça na frente. Esse fato explica porque antigamente (quando não existia a urna eletrônica e os votos ainda eram contados manualmente), em muitas parciais, o candidato perdedor aparecia à frente na contagem dos votos.

Se quiséssemos saber em quantas dessas 45 possíveis formas de contagem de votos pode figurar o perdedor à frente no placar, como faríamos?

Primeiro, temos que entender graficamente o que significa "o perdedor estar à frente no placar". Em seguida, temos que traduzir essa situação para o tipo de problema que sabemos resolver, que é contar a quantidade de caminhos que saem de um ponto e chegam a outro numa quantidade de passos predeterminada.

Já vimos que, se considerarmos o ganhador como S e o perdedor como D, no ponto final, o gráfico estará acima do eixo x. Então, se numa dada contagem, o perdedor fica em algum momento à frente do ganhador, isso significa que o gráfico toca pelo menos uma vez a reta $y = -1$, já que naquele ponto o perdedor está um ponto à frente do ganhador.

No exemplo referente ao número de caminhos que saem de (0,0) e chegam a (8,6), podemos fazer um paralelo com uma votação envolvendo 8 eleitores, em que o resultado final foi 7 a 1. E o gráfico a seguir representa que nessa apuração, em particular, o perdedor ficou à frente do ganhador.

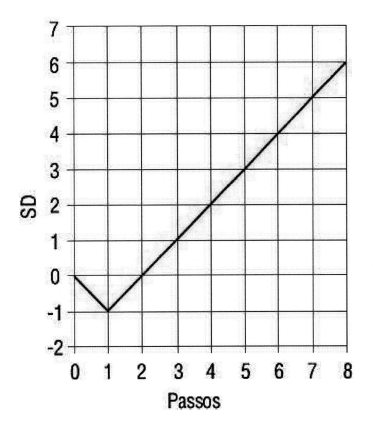

Figura 10

A pergunta é: de todas as formas possíveis de fazer a apuração, em quantas delas o perdedor esteve à frente do ganhador alguma vez? Ou, ainda, em quantas delas o gráfico ficou negativo pelo menos uma vez?

Como transformar esse problema em um que envolva contar os caminhos existentes saindo de um dado ponto e chegando a outro ponto do plano xy?

Para respondermos a essa pergunta, precisaremos fazer a reflexão de gráficos (ou de parte deles) em torno da reta $y = -1$. Refletir um gráfico em torno da reta $y = -1$ (entendemos por refletir o gráfico em torno da reta $y = -1$, o reflexo dos pontos do gráfico antes do primeiro ponto de interseção do gráfico com a reta $y = -1$). Significa refletir cada ponto dele, ou seja, trocar o ponto P de coordenadas (a, b) pelo ponto P' cujas coordenadas são:

$$P' = (a, -1 - (b+1)) = (a, -b - 2)$$

174 INTRODUÇÃO À COMBINATÓRIA E PROBABILIDADE

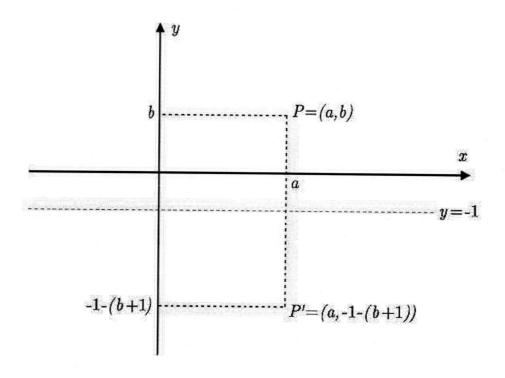

Figura 11

Vejamos alguns exemplos nos quais apresentamos o gráfico com linha cheia e o gráfico refletido com linha tracejada.

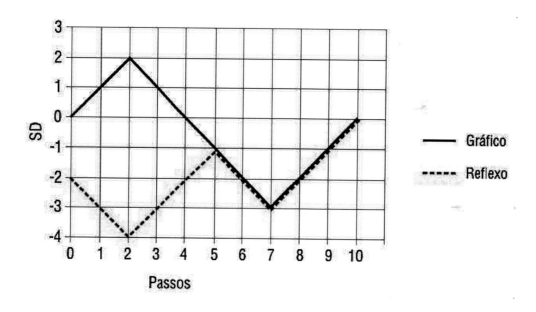

Figura 12

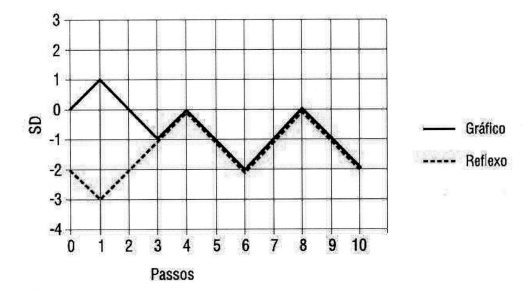

Figura 13.

Com o objetivo de respondermos à pergunta, nos caminhos que tocam a reta $y = -1$, impomos a seguinte modificação: acompanhemos o gráfico até o ponto em que acontecer o primeiro contato com essa reta e façamos a reflexão da parte do gráfico antes desse ponto em torno da reta $y = -1$. O gráfico da figura 10 transforma-se, dessa forma, no seguinte gráfico:

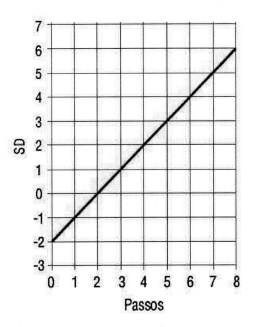

Figura 14.

A pergunta que fazemos a seguir é: será que a quantidade de caminhos saindo de $(0,0)$ e chegando a um ponto qualquer (x,y) com $y \geq -1$ e que toca a reta $y = -1$ é igual ao número de caminhos que saem de $(0,-2)$ e chegam ao mesmo ponto (x,y)? Para garantir essa igualdade, vamos mostrar no final deste capítulo que podemos associar, através da reflexão descrita anteriormente, a cada caminho $(0,0) \to (x,y)$ com $y \geq -1$ e que toca a reta $y = -1$ um caminho $(0,-2) \to (x,y)$ e, mais ainda, que essa associação é uma bijeção. Em resumo, para sabermos o número de caminhos que tocam uma dada reta, basta sabermos o número de caminhos refletidos. Esse é o chamado **Princípio da Reflexão**.

Voltemos ao exemplo da votação. O resultado final foi 8×2 e a quantidade de caminhos $(0,0) \to (10,6)$ foi 45. Desejamos, então, saber em quantos desses 45 caminhos o perdedor esteve à frente do vencedor alguma vez. Ou seja, quantos desses caminhos tocaram a reta $y = -1$ alguma vez? Pelo **Princípio da Reflexão**, basta calcularmos a quantidade de caminhos $(0,-2) \to (10,6)$.

$$\begin{cases} S + D = x_1 - x_0 = 10 - 0 = 10 \\ S - D = y_1 - y_0 = 6 - (-2) = 8 \end{cases}$$

Resolvendo o sistema, temos $S = 9$ e $D = 1$ e, portanto, o número de caminhos é:

$$P_{10}^{9,1} = \frac{10!}{9!.1!} = 10$$

Isto é, dos 45 caminhos possíveis, em 10 deles, o perdedor apareceu à frente do ganhador alguma vez.

10.3 A Explicação da Bijeção

Observando a figura

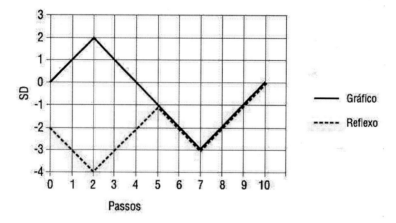

Figura 15.

vemos que podemos relacionar, pela reflexão, a cada caminho $(0,0) \to (x,y)$ com $y \geq -1$ e que toca a reta $y = -1$ um único caminho $(0,-2) \to (x,y)$ e, dessa forma, construímos uma função.

Para verificarmos que essa função é uma bijeção, precisamos mostrar que ela é injetiva e sobrejetiva. Mostremos primeiro a injetividade. (Lembrete: dizemos que uma função f é injetiva quando pontos distintos do domínio são levados em pontos distintos na imagem), ou seja,

$$x_1 \neq x_2 \Rightarrow f(x_1) \neq f(x_2)$$

Sejam c_1 e c_2 dois caminhos distintos $(0,0) \to (x,y)$ que tocam a reta $y = -1$. Devemos, então, mostrar que quando refletirmos esses caminhos em torno da reta $y = -1$, os caminhos obtidos serão também distintos. Como os caminhos c_1 e c_2 são distintos, temos 3 possibilidades para eles:

- Eles tocam a reta $y = -1$ em passos diferentes;

- Eles tocam a reta $y = -1$ no mesmo passo e seus gráficos antes desse ponto de interseção são diferentes;

- Eles tocam a reta $y = -1$ no mesmo passo e seus gráficos depois desse ponto de interseção são diferentes.

No primeiro caso, suponha que o encontro com a reta $y = -1$ aconteça primeiro com o caminho c_1 e seja $P_1 = (a, -1)$ tal ponto de encontro. Vamos denotar por $P_2 = (a, b)$ o ponto pertencente ao caminho c_2 que tem a mesma abscissa de P_1. Ao fazermos a reflexão da parte do gráfico c_1 anterior à interseção em torno da reta $y = -1$, temos que a imagem do ponto P_1 é o próprio ponto P_1, no entanto, ao fazermos a reflexão da parte do gráfico c_2 anterior à interseção em torno da reta $y = -1$, temos que a imagem do ponto P_2 é o P_2' ponto de coordenadas $(a, -1 - (b + 1))$, diferente, portanto, do ponto P_1, já que $b > -1$, sendo, dessa forma, os gráficos refletidos distintos, conforme ilustra a figura a seguir:

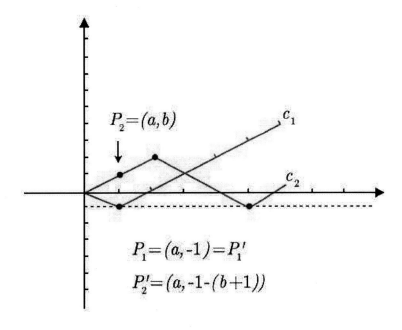

Figura 16.

No segundo caso, temos que em algum momento, antes do encontro com a reta $y = -1$, os gráficos são diferentes. Considere P_1 o ponto do caminho c_1 de abcissa x e de ordenada b_1 e P_2 o ponto do caminho c_2 de abcissa x e de ordenada b_2, com b_1 diferente de b_2. Assim, o refletido do ponto P_1 terá abcissa x e ordenada $-b_1 - 2$ e o refletido do ponto P_2 terá abcissa x e ordenada $-b_2 - 2$, como b_1 é diferente de b_2, temos que os gráficos refletidos são distintos. Tente se convencer disso fazendo uma figura!

No terceiro caso, temos que em algum ponto depois do encontro com a reta $y = -1$ os gráficos são distintos. Mas, da maneira como montamos a reflexão, as imagens dos pontos dos gráficos que estão depois da interseção não mudam, ou seja, os gráficos permanecem distintos.

Dessa forma, mostramos a injetividade. Mostremos agora a sobrejetividade.

Lembrete: dizemos que uma função f é sobrejetiva quando o seu conjunto imagem coincide com o contradomínio, ou seja, para todo elemento y do contradomínio, devemos mostrar que existe um elemento x pertencente ao domínio tal que $f(x) = y$.

Para obtermos a sobrejetividade, devemos mostrar então que para cada caminho do tipo $(0,-2) \to (x,y)$, com $y \geq -1$, existe um caminho $(0,0) \to (x,y)$ que toca a reta $y = -1$, do qual ele é o refletido. Basta fazermos o caminho inverso, ou seja, refletir a parte do caminho $(0,-2) \to (x,y)$ anterior ao ponto de encontro com a reta $y = -1$ para cima. Note que ao pedirmos que a ordenada y do ponto final seja maior ou igual a -1, nos garante que a cada caminho $(0,-2) \to (x,y)$ tocará a reta $y = -1$ o que nos garantirá que teremos o reflexo.

Veja a ilustração nos gráficos a seguir:

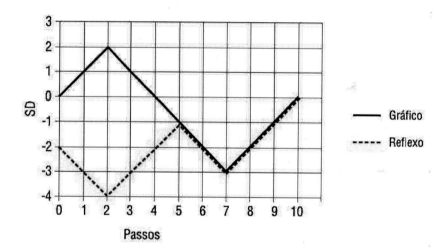

Figura 17.

Dessa forma, garantimos a sobrejetividade, provando assim a bijetividade.

10.4 Exercícios propostos

1. Ao final dos 15 rounds(assaltos) de uma luta de boxe, os juízes decidiram adotar o seguinte procedimento para dar o resultado. A cada assalto, entravam em acordo e a contagem era de 1 ponto para o lutador que eles achavam que havia ganhado o assalto e 0 para o que havia perdido. Ao final da luta, o placar estava 8×7.

   a) De quantas formas pode ter ocorrido a contagem de pontos?

   b) Em quantas delas o perdedor aparece à frente alguma vez?

   c) Em quantas delas o perdedor fica sempre atrás no placar?

CAPÍTULO 10. O PRINCÍPIO DA REFLEXÃO   179

2. Numa guerra, os correspondentes internacionais contabilizavam as mortes em tempo real e, ao final da contenda, o resultado foi o seguinte: país A com 800 mortes e país B com 1.200 mortes. Pergunta-se:

a)De quantos modos distintos pode ter sido feita essa contabilidade?

b)Em quantas delas o país A aparece em algum momento com 10 mortos de "vantagem"?

c)Em quantas delas o país B aparece em algum momento com 100 mortos de "vantagem"?

3. No clássico carioca Vasco x Flamengo, o resultado final foi: Vasco 5×3 Flamengo (se você for flamenguista, troque a ordem dos times). Uma pessoa que não acompanhou o jogo ficou imaginando como poderia ter ocorrido a sequência de gols na partida.

a)De quantas maneiras ela pode imaginar que os gols aconteceram?

b)De quantas maneiras ela pode imaginar que em algum momento o Flamengo perdia por uma diferença de dois gols?

c)De quantas maneiras ela pode imaginar que em algum momento o Flamengo ganhava por uma diferença de dois gols?

4. Num parque de diversões, a entrada custava R$5,00 e você tinha direito a se divertir em todos os brinquedos o número de vezes que quisesse. Na fila, haviam 100 pessoas das quais 30 iam pagar com notas de R$10,00 e 70 com notas de R$5,00. Quantas filas terão problemas de troco, se: (Estamos entendendo por problema de troco a situação em que uma pessoa pague 1 entrada com uma nota de R$10,00 e o caixa não tenha uma nota de R$5,00 para dar de troco)

a)O caixa começar sem troco?

b)O caixa começar com 5 notas de R$5,00?

c)O caixa começar com 10 notas de R$5,00?

5. Imagine que você vá jogar dominó com um amigo e que, para animar a partida, vocês decidam apostar: quem ganha recebe um caroço de feijão e quem perde dá um caroço de feijão. Suponha que cada jogador comece com 5 caroços de feijão. Depois de 5 rodadas, qual a quantidade de caroços de feijão que se pode ter.

6. Numa eleição para líder de sala com candidatos A e B, há 30 eleitores e o canditado A venceu por 17×13. Quantas marchas da apuração:

a)São possíveis?

b)Nas quais o canditado A sempre se mantém à frente do candidato B?

180 INTRODUÇÃO À COMBINATÓRIA E PROBABILIDADE

c)Nas quais o candidato A em algum momento esteve em desvantagem em relação ao candidato B?

d)Nas quais o candidato A permanece sempre em vantagem ou empatado com o candidato B?

10.5 Resolução dos exercícios propostos

1. Chamemos G, o boxeador que ganhou a luta e P, o boxeador que perdeu. Para cada round que G vencia, o gráfico de contagem dos pontos andava uma casa para a direita e uma casa para cima e, para cada round que P vencia, o gráfico de contagem dos pontos andava uma casa para a direita e para baixo.

a)Vamos representar por S cada movimento para cima e por D cada movimento para baixo. Ora, como o placar final foi de 8×7, segue que devemos ter uma sequência de 8 letras S e 7 letras D, que podem ser permutadas de $P_{15}^{8,7} = \dfrac{15!}{8!7!} = 6.435$ modos distintos. Como cada uma dessas 6.435 permutações representam exatamente uma maneira de ocorrerem 8 rounds vencidos pelo boxeador G e 7 rounds vencidos pelo boxeador G, segue que o número de modos distintos do placar final da luta ser 8×7 é 6.435.

b)Note que, se o perdedor fica a frente do vencedor alguma vez, é porque o gráfico desceu abaixo do eixo x, ou seja, tocou na reta $y = -1$. Logo o Princípio da Reflexão assegura que a quantidade de caminhos saindo de $(0,0)$ e chegando no $(15,1)$ e que toca a reta $y = -1$ é a mesma que a quantidade saindo de $(0,-2)$ e chegando no $(15,1)$. Para calcularmos a quantidade de caminhos do ponto $(0,-2)$ ao ponto $(15,1)$, fazemos:

$$\begin{cases} S + D = 15 - 0 \\ S - D = 1 - (-2) \end{cases} \Rightarrow \begin{cases} S + D = 15 \\ S - D = 3 \end{cases} \Rightarrow S = 9 \text{ e } D = 6$$

Sabemos que o número de permutações distintas que podemos formar com 15 letras, sendo 9 iguais a S e 6 iguais a D é $P_{15}^{9,6} = \dfrac{15!}{9!6!} = 5.005$. Ora, como cada uma dessas 5.005 permutações representa exatamente uma maneira do lutador P estar em algum momento à frente do ganhador, concluímos, então, que dos 6.435 caminhos possíveis, em 5.050 deles o lutador P esteve em algum momento à frente do ganhador.

c)Mais uma vez representando cada movimento para cima por S e cada passo para baixo por D, segue que, para que o perdedor fique sempre atrás no placar, temos que o primeiro round tem que ser vencido por G, ou seja, devemos começar todos os caminhos possíveis com um S. Note que o segundo round tem que ser vencido por G também, senão o P empataria a luta. Note que estamos tratando dos caminhos que começam em $(2,2)$ e terminam em $(15,1)$, cujo total é:

$$\begin{cases} S + D = 15 - 2 \\ S - D = 1 - 2 \end{cases} \Rightarrow \begin{cases} S + D = 13 \\ S - D = -1 \end{cases} \Rightarrow S = 6 \text{ e } D = 7$$

Portanto, neste caso existem $P_{13}^{7,6} = \dfrac{13!}{7!6!} = 1.716$ caminhos distintos.

CAPÍTULO 10. O PRINCÍPIO DA REFLEXÃO   181

Deste número de caminhos, vamos subtrair o número de caminhos em que temos em algum momento empate (note que estes incluem os que o perdedor passa à frente alguma vez, pois para passar à frente precisa empatar primeiro uma vez que está perdendo de 2×0). A quantidade destes caminhos é o mesmo que a quantidade de caminhos que saem de $(2, -2)$ e chegam em $(15, 1)$, ou seja,

$$\begin{cases} S + D = 15 - 2 \\ S - D = 1 - (-2) \end{cases} \Rightarrow \begin{cases} S + D = 13 \\ S - D = 3 \end{cases} \Rightarrow S = 8 \text{ e } D = 5$$

Portanto, neste caso existem $P_{13}^{8,5} = \dfrac{13!}{8!5!} = 1.287$ caminhos distintos.

Desta forma, o número de contagens possíveis em que o vencedor sempre aparece em vantagem é $1.716 - 1.287 = 429$.

Uma outra forma, começando com uma vitória, o gráfico começaria em $(1, 1)$ e terminaria em $(15, 1)$ o que nos daria um total de

$$\begin{cases} S + D = 15 - 1 \\ S - D = 1 - 1 \end{cases} \Rightarrow \begin{cases} S + D = 14 \\ S - D = 0 \end{cases} \Rightarrow S = 7 \text{ e } D = 7$$

Portanto, neste caso existem $P_{14}^{7,7} = \dfrac{14!}{7!7!} = 3.432$ caminhos distintos.

Pelo mesmo raciocínio desenvolvido acima, temos que a quantidade em que o perdedor empata ou passa a frente, é

$$\begin{cases} S + D = 15 - 1 \\ S - D = 1 - (-1) \end{cases} \Rightarrow \begin{cases} S + D = 14 \\ S - D = 2 \end{cases} \Rightarrow S = 8 \text{ e } D = 6$$

Portanto, neste caso existem $P_{14}^{8,6} = \dfrac{14!}{8!6!} = 3.003$ caminhos distintos.

Assim, o número de contagens possíveis em que o vencedor sempre aparece em vantagem é $3.432 - 3.003 = 429$.

2. a) Para cada morte contabilizada no país A representaremos um passo para cima e para direita no gráfico (no plano cartesiano) que representa a evolução do processo e para cada morte no país B representaremos um passo para direita e para baixo no mesmo gráfico. Sendo S o número de passos para cima e D o número de passos para baixo, segue que, neste caso $S = 1.200$ e $D = 800$. Assim, neste caso, o número de caminhos possíveis de evolução do processo é dado por

$$P_{2.000}^{1.200,800} = \frac{2000!}{1200!800!}$$

b) Note que, se o país A fica 10 unidades à frente do país B alguma vez, é porque o gráfico desceu abaixo do eixo x, ou seja, tocou na reta $y = -10$. Logo, pelo Princípio da Reflexão, segue que a quantidade de caminhos saindo do ponto $(0, 0)$ e chegando no ponto $(2000, 400)$ e que tocam a reta $y = -10$ é a mesma que a quantidade de caminhos saindo do ponto

182 INTRODUÇÃO À COMBINATÓRIA E PROBABILIDADE

$(0, -20)$ e chegando ao ponto $(2000, 400)$. Para calcularmos essa quantidade de caminhos, vamos, inicialmente resolver o sistema:

$$\begin{cases} S + D = 2.000 - 0 \\ S - D = 400 - (-20) \end{cases} \Rightarrow \begin{cases} S + D = 2.000 \\ S - D = 420 \end{cases} \Rightarrow S = 1.210 \text{ e } D = 790$$

Portanto, neste caso existem $P_{2.000}^{1.210,790} = \dfrac{2000!}{1.210!790!}$ caminhos distintos. Como cada um desses caminhos representa uma maneira do país A aparecer em algum momento com 10 mortos de "vantagem" em relação ao país B, segue que a quantidade de modos distintos do país A aparecer em algum momento com 10 mortos de "vantagem" em relação ao país B é dada por

$$P_{2.000}^{1.210,790} = \dfrac{2000!}{1.210!790!}$$

c) Note que, se o país B fica 100 unidades à frente do país A alguma vez, é porque o gráfico que representa o caminho subiu do eixo x, tocou na reta $y = 100$. Ora, como o ponto final é $(2000, 400)$, então qualquer caminho $(0,0) \to (2000, 400)$ tocará a reta $y = 100$, e portanto o número de caminhos é o mesmo que o da letra a)

3. Neste caso, para cada gol do Vasco, o gráfico de contagem dos pontos andava uma casa para a direita e uma casa para cima e, para cada gol do Flamengo, o gráfico de contagem dos pontos andava uma casa para a direita e para baixo.

a) Para resolver este item, calculemos o número de subidas S e D que aparecerão no caminho que representa a evolução do processo. Ora, como o placar foi 5×3 para o Vasco, segue que $S = 5$ e $D = 3$. Portanto, o número de caminhos possíveis é dado por

$$P_8^{5,3} = \dfrac{8!}{5!3!} = 56$$

Ora, como cada um desses caminhos representa exatamente uma maneira dos gols terem ocorrido, segue que a quantidade de maneiras distintas para os gols ocorrerem é $P_8^{5,3} = \dfrac{8!}{5!3!} = 56$.

b) Note que se o Flamengo fica atrás por uma diferença de 2 gols é porque o gráfico subiu acima do eixo x e tocou a reta $y = 2$. Ora, como o placar, todo gráfico termina em $(8, 2)$, isso significa que todo gráfico toca a reta $y = 2$ e, portanto, a respota deste item é a mesma que a da letra a).

c) Note que se o Flamengo fica à frente por uma diferença de 2 gols é porque o gráfico desceu abaixo do eixo x, e tocou na reta $y = -2$. Logo, pelo Princípio da Reflexão, segue que a quantidade de caminhos saindo do ponto $(0, 0)$ e chegando no ponto $(8, 2)$ e que toca a reta $y = -2$ é a mesma que a quantidade de caminhos saindo do ponto $(0, -4)$ e chegando no ponto $(8, 2)$. Para calcularmos a quantidade de caminhos do ponto $(0, -4)$ ao ponto $(8, 2)$ vamos inicialmente resolver o seguinte sistema:

$$\begin{cases} S + D = 8 - 0 \\ S - D = 2 - (-4) \end{cases} \Rightarrow \begin{cases} S + D = 8 \\ S - D = 6 \end{cases} \Rightarrow S = 7 \text{ e } D = 1$$

Portanto, neste caso existem $P_8^{7,1} = \dfrac{8!}{7!1!} = 8$ caminhos distintos. Concluímos, então, que das 56 sequências possíveis dos gols, em 8 delas, o Flamengo ganhava em algum momento com uma diferença de 2 gols.

CAPÍTULO 10. O PRINCÍPIO DA REFLEXÃO   183

4. a)Nesta questão, associaremos S a cada pessoa que pagar com uma nota de R\$5,00 e D a cada pessoa que pagar com uma nota de R\$10,00. Assim as filas são os caminhos ligando o ponto $(0,0)$ ao ponto $(100,40)$. A filas que apresentarão problemas de troco são aquelas cujos caminhos tocam a reta $y = -1$ (no momento em que o caminho tocar a reta $y = -1$ significa que naquele momento, a quantidade de pessoas com nota de R\$10,00 superou a quantidade de pessoas com nota de R\$5,00 em 1, logo haverá problema de troco. Para calcular em quantas dessas filas teremos problema de troco, usamos o Princípio da Reflexão e calculamos o número dos caminhos $(0,-2) \rightarrow (100,40)$. Para calcularmos a quantidade de caminhos do ponto $(0,-2)$ ao ponto $(100,40)$, vamos, inicialmente, resolver o seguinte sistema:

$$\begin{cases} S + D = 100 - 0 \\ S - D = 40 - (-2) \end{cases} \Rightarrow \begin{cases} S + D = 100 \\ S - D = 42 \end{cases} \Rightarrow S = 71 \text{ e } D = 29$$

Portanto, o número de filas com problemas de troco é:

$$P_{100}^{71,29} \times 70!.30! = \frac{100!}{71!.29!}.70!.30! = \frac{30}{71}.100!$$

b)Ora, se a bilheteria iniciar com 5 notas de R\$5,00, os gráficos, agora serão aqueles representados por $(0,5) \rightarrow (100,45)$. Os gráficos que corresponderão às filas com problemas de troco são aqueles que tocam a reta $y = -1$, que pelo Princípio da Reflexão, são em mesma quantidade daqueles que ligam os pontos $(0,-7)$ e $(100,45)$. Novamente, começaremos resolvendo o seguinte sistema:

$$\begin{cases} S + D = 100 - 0 \\ S - D = 45 - (-7) \end{cases} \Rightarrow \begin{cases} S + D = 100 \\ S - D = 52 \end{cases} \Rightarrow S = 76 \text{ e } D = 24$$

Portanto o número de filas com problemas de troco é:

$$P_{100}^{76,24} \times 70!.30! = \frac{100!}{76!.24!}.70!.30! = \frac{30!.70!.100!}{24!.76!}$$

Outra forma de resolver isso é imaginar que os gráficos continuam aqueles $(0,0) \rightarrow (100,40)$ e terão problemas de troco quando tocar na reta $y = -6$ o que, pelo Princípio da Reflexão, é equivalente ao número de caminhos $(0,-12) \rightarrow (100,40)$, ou seja, $S = 76$ e $D = 24$.

c)Ora, se a bilheteria iniciar com 10 notas de R\$5,00, os gráficos, serão agora os $(0,10) \rightarrow (100,50)$. Os gráficos que corresponderão às filas com problemas de troco são aqueles que tocam a reta $y = -1$, que, pelo Princípio da Reflexão, são em mesma quantidade daqueles que ligam os pontos $(0,-12)$ e $(100,50)$. Novamente, começaremos resolvendo o seguinte sistema:

$$\begin{cases} S + D = 100 - 0 \\ S - D = 50 - (-12) \end{cases} \Rightarrow \begin{cases} S + D = 100 \\ S - D = 62 \end{cases} \Rightarrow S = 81 \text{ e } D = 19$$

Portanto o número de filas com problemas de troco é:

$$P_{100}^{81,19} \times 70!.30! = \frac{100!}{81!.19!}.70!.30! = \frac{30!.70!.100!}{19!.81!}$$

Outra forma de resolver isso é imaginar que os gráficos continuam aqueles $(0,0) \rightarrow (100,40)$ e terão problemas de troco quando tocar na reta $y = -11$ o que, pelo Princípio da Reflexão, é equivalente ao número de caminhos $(0,-22) \rightarrow (100,40)$, ou seja, $S = 81$ e $D = 19$.

184 INTRODUÇÃO À COMBINATÓRIA E PROBABILIDADE

5. Comecemos com a quantidade mínima e aumentemos um caroço de feijão até chegarmos a quantidade máxima.

- A quantidade mínima de caroços de feijão que se pode ter depois de 5 rodadas é 0, isto é, perder os 5 caroços que se tinha inicialmente. Precisamos, então, calcular quantos caminhos $(0,5) \to (5,0)$ existem. Para tanto, resolveremos o seguinte sistema:

$$\begin{cases} S + D = 5 - 0 \\ S - D = 0 - 5 \end{cases} \Rightarrow \begin{cases} S + D = 5 \\ S - D = -5 \end{cases} \Rightarrow S = 0 \text{ e } D = 5$$

Portanto, neste caso, a quantidade de caminhos distintos ligando os pontos $(0,5)$ e $(5,0)$ é $P_5^{0,5} = \dfrac{5!}{0!5!} = 1$.

- Calculemos agora quantos caminhos existem ligando os pontos $(0,5)$ e $(5,1)$:

$$\begin{cases} S + D = 5 - 0 \\ S - D = 1 - 5 \end{cases} \Rightarrow \begin{cases} S + D = 5 \\ S - D = -4 \end{cases} \Rightarrow S = \frac{1}{2} \text{ e } D = \frac{9}{2}$$

Ora, não podemos ter $\frac{1}{2}$ subida. Logo, neste caso, não existem caminhos ligando os pontos $(0,5)$ e $(5,1)$.

- Calculemos agora quantos caminhos existem ligando os pontos $(0,5)$ e $(5,2)$:

$$\begin{cases} S + D = 5 - 0 \\ S - D = 2 - 5 \end{cases} \Rightarrow \begin{cases} S + D = 5 \\ S - D = -3 \end{cases} \Rightarrow S = 1 \text{ e } D = 4$$

Portanto, neste caso, a quantidade de caminhos distintos ligando os pontos $(0,5)$ e $(5,2)$ é $P_5^{1,4} = \dfrac{5!}{1!4!} = 5$.

- Calculemos agora quantos caminhos existem ligando os pontos $(0,5)$ e $(5,3)$:

$$\begin{cases} S + D = 5 - 0 \\ S - D = 3 - 5 \end{cases} \Rightarrow \begin{cases} S + D = 5 \\ S - D = -2 \end{cases} \Rightarrow S = \frac{3}{2} \text{ e } D = \frac{7}{2}$$

Portanto, neste caso, não existem caminhos ligando os pontos $(0,5)$ e $(5,3)$.

- Calculemos agora quantos caminhos existem ligando os pontos $(0,5)$ e $(5,4)$:

$$\begin{cases} S + D = 5 - 0 \\ S - D = 4 - 5 \end{cases} \Rightarrow \begin{cases} S + D = 5 \\ S - D = -1 \end{cases} \Rightarrow S = 2 \text{ e } D = 3$$

Portanto, neste caso, a quantidade de caminhos distintos ligando os pontos $(0,5)$ e $(5,4)$ é $P_5^{2,3} = \dfrac{5!}{2!3!} = 10$.

- Calculemos agora quantos caminhos existem ligando os pontos $(0,5)$ e $(5,5)$:

$$\begin{cases} S + D = 5 - 0 \\ S - D = 5 - 5 \end{cases} \Rightarrow \begin{cases} S + D = 5 \\ S - D = 0 \end{cases} \Rightarrow S = \frac{5}{2} \text{ e } D = \frac{5}{2}$$

Portanto, neste caso, não existem caminhos ligando os pontos $(0,5)$ e $(5,5)$.

CAPÍTULO 10. O PRINCÍPIO DA REFLEXÃO 185

- Calculemos agora quantos caminhos existem ligando os pontos $(0,5)$ e $(5,6)$:

$$\begin{cases} S + D = 5 - 0 \\ S - D = 6 - 5 \end{cases} \Rightarrow \begin{cases} S + D = 5 \\ S - D = 1 \end{cases} \Rightarrow S = 3 \text{ e } D = 2$$

Portanto, neste caso, a quantidade de caminhos distintos ligando os pontos $(0,5)$ e $(5,6)$ é $P_5^{3,2} = \dfrac{5!}{3!2!} = 10$.

- Calculemos agora quantos caminhos existem ligando os pontos $(0,5)$ e $(5,7)$:

$$\begin{cases} S + D = 5 - 0 \\ S - D = 7 - 5 \end{cases} \Rightarrow \begin{cases} S + D = 5 \\ S - D = 2 \end{cases} \Rightarrow S = \frac{7}{2} \text{ e } D = \frac{3}{2}$$

Portanto, neste caso, não existem caminhos ligando os pontos $(0,5)$ e $(5,7)$.

- Calculemos agora quantos caminhos existem ligando os pontos $(0,5)$ e $(5,8)$:

$$\begin{cases} S + D = 5 - 0 \\ S - D = 8 - 5 \end{cases} \Rightarrow \begin{cases} S + D = 5 \\ S - D = 3 \end{cases} \Rightarrow S = 4 \text{ e } D = 1$$

Portanto, neste caso, a quantidade de caminhos distintos ligando os pontos $(0,5)$ e $(5,8)$ é $P_5^{4,1} = \dfrac{5!}{4!1!} = 5$.

- Calculemos agora quantos caminhos existem ligando os pontos $(0,5)$ e $(5,9)$:

$$\begin{cases} S + D = 5 - 0 \\ S - D = 9 - 5 \end{cases} \Rightarrow \begin{cases} S + D = 5 \\ S - D = 4 \end{cases} \Rightarrow S = \frac{7}{2} \text{ e } D = \frac{1}{2}$$

Portanto, neste caso, não existem caminhos ligando os pontos $(0,5)$ e $(5,9)$.

- Calculemos agora quantos caminhos existem ligando os pontos $(0,5)$ e $(5,10)$:

$$\begin{cases} S + D = 5 - 0 \\ S - D = 10 - 5 \end{cases} \Rightarrow \begin{cases} S + D = 5 \\ S - D = 5 \end{cases} \Rightarrow S = 5 \text{ e } D = 0$$

Portanto, neste caso, a quantidade de caminhos distintos ligando os pontos $(0,5)$ e $(5,10)$ é $P_5^{5,0} = \dfrac{5!}{5!0!} = 1$.

6. a) Representando cada subida (S) no eixo das ordenadas como um voto para o candidato A enquanto cada descida (D) representando um voto para o candidato B e no eixo das abscissas, o número total de votos, supondo que a eleição terminou com o resultado 17×13 em favor do candidato A, segue que o número de maneiras distintas que a marcha da apuração dos votos pode ter ocorrido corresponde ao número de caminhos ligando os pontos $(0,0)$ e $(30,4)$ (neste caso $S + D = 30$ e $S - D = 4$, o que implica que $S = 17$ e $D = 13$), que é igual a

$$P_{30}^{17,13} = \frac{30!}{17!.13!} = 119.759.850$$

186 INTRODUÇÃO À COMBINATÓRIA E PROBABILIDADE

b)Usando as mesmas convenções estabelecidas no item (a), para que o candidato A tenha mantido-se sempre à frente do candidato B é preciso que o caminho saia do ponto $(0,0)$ vá para o ponto $(1,1)$ e a partir daí não toque a reta $y = 0$ (que corresponderia a situação em que os dois candidatos estariam empatados). Portanto, a partir daí, os caminhos correspontentes à situação em que o candidato A sempre se mantém à frente do candidato B, são aqueles que iniciam no ponto $(1,1)$ vão até o ponto $(30,4)$ sem tocar a reta $y = 0$. O número total de caminhos do ponto $(1,1)$ ao ponto $(30,4)$ é

$$\begin{cases} S + D = 30 - 1 = 29 \\ S - D = 4 - 1 = 3 \end{cases} \Rightarrow S = 16 \text{ e } D = 13 \Rightarrow P_{29}^{16,13} = \frac{29!}{17!.12!} = 67.863.915.$$

De todos esses caminhos, o número dos que tocam a reta $y = 0$ são, pelo Princípio da Reflexão, igual ao número de caminhos que iniciam no ponto $(1,-1)$ e vão até o ponto $(30,4)$. Neste caso,

$$\begin{cases} S + D = 30 - 1 = 29 \\ S - D = 4 - (-1) = 5 \end{cases} \Rightarrow S = 17 \text{ e } D = 12$$

Portanto o número de marchas de apurações em que o candidato A nunca aparece perdendo para o candidato B é:

$$P_{29}^{17,12} = \frac{29!}{17!.12!} = 51.895.935$$

e, assim, o número de marchas de apuração em que o candidato A sempre esteve à frente do candidato B é:

$$67.863.915 - 51.895.935 = 15.967.980$$

c)O número de marchas de apuração em que o candidato A em algum momento esteve em desvantagem em relação ao candidato B, corresponde ao número de caminhos que saem do ponto $(0,0)$, chegando no ponto $(30,4)$ e tocando na reta $y = -1$, que, pelo Princípio da Reflexão é igual ao número de caminhos que ligam o ponto $(0,-2)$ ao ponto $(30,4)$, que é igual a:

$$\begin{cases} S + D = 30 - 0 = 30 \\ S - D = 4 - (-2) = 6 \end{cases} \Rightarrow S = 18 \text{ e } D = 12 \Rightarrow P_{30}^{18,12} = \frac{30!}{18!.12!} = 86.493.225$$

d)Neste caso basta subtrair do número total de caminhos, que é 119.759.850 do número de caminhos em que o candidato A esteve em algum momento em desvantagem, que é 86.493.225, conforme calculamos no item anterior. Assim, o número de maneiras distintas em que da marcha a apuração dos votos pode ocorrer, de modo que o candidato A esteja em vantagem ou empatado com o candidato B, é igual a:

$$119.759.850 - 86.493.225 = 33.266.625$$

Capítulo 11

O Princípio das Gavetas de Dirichlet

11.1 Introdução

Nesse nosso dia a dia tão corrido e agitado, nos achamos muitas vezes em situações vergonhosas. Por exemplo: você está atrasado, vestindo-se rápido para não chegar mais atrasado ainda ao trabalho e, enquanto você veste a camisa, já procura por uma meia na gaveta. Na gaveta, existem 10 pares de meias diferentes, jogados de qualquer maneira, ou seja, as meias que formam os pares não estão juntinhas. Sem olhar para dentro da gaveta, você pega uma meia e, em seguida, outra, que não forma o par com a primeira. Se você não parar de fazer o que está fazendo e olhar para a gaveta de meias, sabe quantas chances tem de não conseguir montar nenhum par correto? Esse tipo de situação aplica-se para resolver vários problemas em Matemática, mas neste capítulo nos limitaremos a apresentar situações que envolvam Análise Combinatória, que é nosso objeto de estudo. A teoria que utilizaremos para resolver tais situações é chamada de o **Princípio das Gavetas de Dirichlet**, conhecido também como o **Princípio da Casa dos Pombos**.

Esperamos que ao final deste capítulo, o leitor seja capaz de identificar e responder as questões que envolvam o Princípio das Gavetas de Dirichlet.

11.2 Três versões do Princípio das Gavetas de Dirichlet

Princípio das Gavetas de Dirichlet parece tão óbvio que é até difícil falar alguma coisa introdutória sobre ele. Vejamos, a seguir, as três versões que são apresentadas em relação a ele.

11.2.1 Primeira versão

Se n objetos forem colocados em no máximo $n-1$ gavetas, então, pelo menos uma das gavetas conterá 2 ou mais elementos.

Demonstração:

Suponhamos, por absurdo, que cada gaveta contenha, no máximo, 1 objeto. Ora, como existem $n-1$ gavetas segue que o número máximo de objetos seria $n-1$, o que contradiz o fato de termos n objetos. Assim, a nossa suposição inicial de que cada gaveta contém no máximo 1 objeto não pode ser verdadeira. Portanto há pelo menos uma gaveta com 2 ou mais objetos.

188 INTRODUÇÃO À COMBINATÓRIA E PROBABILIDADE

Exemplo 11.2.1 - *Mostre que num conjunto de 13 pessoas, pelo menos 2 delas aniversariam no mesmo mês.*

Resolução:

De fato, temos 12 gavetas, que são os meses do ano, e 13 objetos, que são os meses dos aniversários das pessoas, para colocar nas gavetas. Pelo Princípio das Gavetas de Dirichlet, uma gaveta conterá pelo menos 2 objetos, ou seja, em um dado mês, teremos pelo menos 2 pessoas aniversariando.

Exemplo 11.2.2 - *Uma roleta de cassino possui 50 casas numeradas. A brincadeira é: rodar a roleta e soltar uma bolinha que irá parar em uma das casas. Quantas jogadas são necessárias a fim de garantir que a bolinha cairá mais de uma vez em alguma das casas?*

Resolução:

Temos 50 gavetas, que são as 50 casas numeradas. Queremos saber quantos objetos (cada jogada será considerada como um objeto), ou seja, quantas jogadas serão necessárias para que a bolinha caia mais de uma vez em alguma das casas. Pela Primeira Versão do Princípio das Gavetas de Dirichlet, se tivermos n gavetas e $n+1$ objetos então uma gaveta conterá pelo menos 2 objetos. Assim para que tenhamos a garantia que uma casa será visitada mais de uma vez, ou seja, pelo menos 2 vezes, serão necessárias 51 jogadas $(50+1)$.

Exemplo 11.2.3 - *Se marcarmos aleatoriamente 5 pontos no interior de um triângulo equilátero de lado $2,0m$, mostre que existem pelo menos dois pontos que estão separados por no máximo uma distância de $1,0m$.*

Resolução:

De fato, se tomarmos os pontos médios dos lados do triângulo original e os ligarmos, o triângulo original ficará dividido em 4 triângulos equiláteros de lado $1,0$, conforme ilustra a figura a seguir:

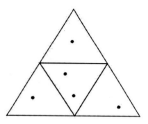

Ora, como são tomados 5 pontos no interior do triângulo original e o mesmo está dividido em 4 triângulos menores (gavetas), segue que teremos um desses triângulos menores com pelo menos 2 pontos e evidentemente a distância entre eles é no máximo de $1,0m$ que é justamente a medida do lado de cada um desses triângulos menores.

Exemplo 11.2.4 - *Dado um conjunto $A = \{a_1, a_2, \cdots, a_n\}$, em que $a_1, a_2, \cdots, a_n \in \mathbb{Z}_+^*$, ou seja, são inteiros positivos, mostre que existem números naturais r, l com $1 \leq r \leq l \leq n$ tais que $a_r + a_{r+1} + \cdots + a_l$ é múltiplo de n.*

CAPÍTULO 11. O PRINCÍPIO DAS GAVETAS DE DIRICHLET 189

Resolução:

Considere as somas

$$S_1 = a_1$$

$$S_2 = a_1 + a_2$$

$$S_3 = a_1 + a_2 + a_3$$

$$\vdots$$

$$S_n = a_1 + a_2 + \cdots + a_n$$

Se alguma dessas somas, digamos $a_1 + a_2 + \cdots + a_k$ for um múltiplo de n, acabou nossa procura, já que $r = 1$ e $l = k$ são os índices cuja soma resulta em múltiplo de n.

Suponha, então, que nenhuma das somas anteriores dê múltiplo de n. Logo, os possíveis restos da divisão das somas por n serão $1, 2, \cdots, n - 1$. Temos, então, $n - 1$ gavetas que guardarão os restos das divisões das somas por n. Como temos n somas, teremos n restos e temos $n - 1$ gavetas. Pelo Princípio das Gavetas de Dirichlet, uma das gavetas possui mais que um objeto. O que isso está dizendo é que existem p e q com $(p < q)$ tais que a divisão de S_p e de S_q por n produz o mesmo resto t, ou seja,

$$S_p = q_1 n + t$$

$$S_q = q_2 n + t$$

Subtraindo membro a membro, segue que:

$$S_q - S_p = (q_1 - q_2)m$$

Mas ocorre que

$$S_p = a_1 + a_2 + \cdots + a_p$$

$$S_q = a_1 + a_2 + \cdots + a_q$$

Assim,

$$S_q - S_p = (q_1 - q_2)n \Rightarrow a_1 + a_2 + \cdots + a_q - (a_1 + a_2 + \cdots + a_p) = (q_1 - q_2)n$$

$$a_{p+1} + a_{p+2} + \cdots + a_q = (q_1 - q_2)n$$

Tomando $r = p + 1$ e $l = q$, veremos que existem r e l tais que $a_r + a_{r+1} + \cdots + a_l$ é múltiplo de n.

11.2.2 Segunda versão

Se m objetos são colocados em n gavetas $(m > n)$, então, pelo menos uma gaveta contém no mínimo $\left\lfloor \frac{m-1}{n} \right\rfloor + 1$ objetos, onde $\lfloor x \rfloor$ representa o maior inteiro menor ou igual a x.

Demonstração:

Novamente, a demonstração será feita por absurdo. A prova é bem parecida com a anterior. Suponha, por absurdo, que todas as gavetas têm no máximo $\left\lfloor \frac{m-1}{n} \right\rfloor$ objetos. Assim a quantidade máxima de objetos seria

$$n. \left\lfloor \frac{m-1}{n} \right\rfloor \leq n. \frac{m-1}{n} = m - 1$$

190 INTRODUÇÃO À COMBINATÓRIA E PROBABILIDADE

o que contradiz o fato de que existem m objetos. Assim a suposição inicial de que todas as gavetas contêm no máximo $\left\lfloor \frac{m-1}{n} \right\rfloor$ objetos não pode ser verdadeira. Portanto, existe pelo menos uma gaveta que contém no mínimo $\left\lfloor \frac{m-1}{n} \right\rfloor + 1$ objetos.

Exemplo 11.2.5 - *Num grupo de 40 pessoas, podemos garantir que pelo menos 4 delas têm o mesmo signo.*

Resolução:

Existem 12 signos, ou seja, existem 12 gavetas (n) nas quais devemos colocar 40 objetos (m), que são os signos das pessoas do grupo. Pela segunda versão do Princípio de Dirichlet, temos que, pelo menos uma gaveta terá

$$\left\lfloor \frac{40-1}{12} \right\rfloor + 1 = \lfloor 3,25 \rfloor + 1 = 3 + 1 = 4 \text{ objetos,}$$

ou seja, pelo menos 4 pessoas têm o mesmo signo.

Exemplo 11.2.6 - *Num campo de golfe (por ser muito grande), ficou combinado de só retirar as bolas dos buracos quando pelo menos um deles contivesse mais de 5 bolinhas. Sabendo que existem 10 buracos num campo de golfe e que cada bolinha morre quando cai num deles, pergunta-se: depois de quantas bolinhas mortas, os boleiros (meninos que coletam as bolinhas) devem sair para esvaziar os buracos?*

Resolução:

Nesta questão, para garantirmos que pelo menos um dos buracos contenha mais de 5 bolinhas, adaptaremos o problema para usarmos a Segunda Versão do Princípio das Gavetas de Dirichlet da seguinte forma: queremos garantir que pelo menos um dos buracos contenha pelo menos 6 bolinhas. Assim, temos m objetos, que são as bolas mortas e serão colocadas em 10 gavetas, que são os buracos. De acordo com a Segunda Versão do Princípio das Gavetas de Dirichlet, o número de bolas mortas necessárias para que pelo menos um buraco contenha pelo menos 6 bolinhas é:

$$\left\lfloor \frac{m-1}{10} \right\rfloor + 1 = 6 \Rightarrow \left\lfloor \frac{m-1}{10} \right\rfloor = 5 \Rightarrow m - 1 = 50 \Rightarrow m = 51$$

Portanto, depois de 51 bolinhas mortas, os boleiros devem esvaziar os buracos.

11.2.3 Terceira versão

Seja n o número de gavetas e seja μ um número inteiro positivo dado, coloquemos a_1 objetos na gaveta 1, a_2 objetos na gaveta 2, ... , a_n objetos na gaveta n. Se a média aritmética $\frac{a_1 + a_2 + \cdots + a_n}{n} > \mu$, então, uma das gavetas conterá pelo menos $\mu + 1$ objetos.

Demonstração:

A demonstração mais uma vez será por absurdo. Suponha, por absurdo, que em cada uma das n gavetas existisse no máximo μ objetos, ou seja,

CAPÍTULO 11. O PRINCÍPIO DAS GAVETAS DE DIRICHLET   191

$$a_1 \leq \mu$$

$$a_2 \leq \mu$$

$$a_3 \leq \mu$$

$$\vdots$$

$$a_n \leq \mu$$

Adicionando membro a membro essas desigualdades, segue que:

$$a_1 + a_2 + \cdots + a_n \leq \underbrace{\mu + \mu + \cdots + \mu}_{n \text{ parcelas}}$$

ou seja,

$$a_1 + a_2 + \cdots + a_n \leq n\mu \Rightarrow \frac{a_1 + a_2 + \cdots + a_n}{n} \leq \mu$$

o que é um absurdo, pois por hipótese, estamos supondo que $\frac{a_1 + a_2 + \cdots + a_n}{n} > \mu$. Portanto a suposição inicial de que em cada uma das n gavetas exista no máximo μ objetos, não pode ser verdadeira. Portanto uma das gavetas conterá pelo menos $\mu + 1$ objetos.

Exemplo 11.2.7 - *A companhia de trânsito de uma dada cidade determinou que os transportes designados por alternativos deveriam sair do terminal com o número máximo de passageiros não ultrapassando 15 pessoas. Após um dia, o fiscal foi até o representante da companhia e pediu para ver a lista com a quantidade de passageiros embarcados. O representante disse que saíram 10 veículos e que a média do número de passageiros embarcados foi 16. O fiscal deve multar a empresa ou não?*

Resolução:

O fiscal multará a empresa se tiver saído algum alternativo com mais de 15 pessoas. O representante da companhia não informou a quantidade embarcada em cada transporte, logo, o fiscal não pode multar diretamente a empresa. Entretanto, o fiscal tinha ouvido falar da terceira versão do Princípio das Gavetas de Dirichlet e construiu o seguinte raciocínio:

Vou fazer $\mu = 15$, os alternativos serão as gavetas e os passageiros os objetos que vão ser postos nas gavetas. Se a média aritmética do número de objetos de cada gaveta for maior que μ, então, pelo menos uma gaveta (alternativo) conterá pelo menos $\mu + 1$ objetos (passageiros). Como a média foi 16, isso implica que pelo menos uma gaveta conterá pelo menos $\mu + 1 = 15 + 1 = 16$ elementos, o que vai significar que pelo menos um alternativo saiu com mais do que a capacidade máxima permitida e, portanto, posso multar a empresa com a consciência tranquila.

192 INTRODUÇÃO À COMBINATÓRIA E PROBABILIDADE

Exemplo 11.2.8 - *Em uma floresta existem* 1 *milhão de árvores com espinhos em todo o caule. Sabe-se que não há mais de* 600.000 *espinhos em cada árvore. Prove que duas árvores dessa floresta têm o mesmo número de espinhos.*

Resolução:

Podemos pensar nas árvores como "pombos", e os espinhos como as "gavetas", numeradas com

$$0, 1, 2, \cdots, 600.000$$

ou seja, 600.001 gavetas. Como

$$M_A = \frac{1.000.000}{600.001} \approx 1,66 > 1$$

Tomando $\mu = 1$, segue que há uma "gaveta" com pelo menos $\mu + 1 = 1 + 1 = 2$ árvores, ou seja, há pelo menos duas árvores com o mesmo número de espinhos.

11.3 Exercícios propostos

1. Numa festa há 1000 pessoas. Sabendo que cada uma dessas 1000 pessoas conhece pelo menos uma pessoa na festa, mostre que existem pelo menos duas pessoas com o mesmo número de conhecidos.

2. No plano cartesiano são escolhidos aleatoriamente 5 pontos com ambas as coordenadas inteiras. Mostre que existem 2 destes 5 pontos tais que as coordenadas do ponto médio do segmento formado por estes 2 pontos possui coordenadas inteiras.

3. No espaço tridimensional são escolhidos aleatoriamente 9 pontos cujas coordenadas são inteiras. Mostre que existem pelo menos 2 desses pontos tais que as coordenadas do ponto médio do segmento formado por esses 2 pontos possui coordenadas inteiras.

4. Num torneio de tiro ao alvo, cada espingarda é carregada com 3 chumbinhos. Um alvo com dez discos concêntricos e as respectivas pontuações são instaladas. Supondo que em cada tiro todos os chumbinhos toquem o alvo e que um atirador irá atirar até que, pelo menos, um dos discos do alvo tenha sido atingido por pelo menos 7 chumbinhos. Quantos tiros no máximo, um atirador pode precisar disparar?

5. Considere um paralelepípedo de dimensões 3, 6 e 9. Mostre que, dados 28 pontos quaisquer no seu interior ou em sua superfície, existem pelo menos dois pontos que distam entre si, no máximo $\sqrt{14}$.

6. Cinco trabalhadores receberam como salário R\$1.500, 00 ao todo. Cada um deles quer compar um telefone celular que custa R\$320, 00. Mostre que pelo menos um deles vai ter que esperar no mínimo o próximo pagamento para poder comprar o celular.

7. Todos os pontos de um plano são pintados de vermelho ou azul. Mostre que, independente da pintura feita, sempre existem dois pontos de uma mesma cor que estão separados por uma distância de 1 metro.

8. Dados $n + 1$ pontos num segmento de tamanho 1, mostre que existem pelo menos dois pontos tais que a distância entre eles é no máximo $\frac{1}{n}$.

CAPÍTULO 11. O PRINCÍPIO DAS GAVETAS DE DIRICHLET   193

9. (IME)Se $a, b, c, d \in \mathbb{Z}$, mostre que o determinante da matriz $A = \begin{bmatrix} 1 & 1 & 1 & 1 \\ a & b & c & d \\ a^2 & b^2 & c^2 & d^2 \\ a^3 & b^3 & c^3 & d^3 \end{bmatrix}$ é divisível por 12.

10. Mostre que num conjunto de 27 diferentes números ímpares positivos, em que todos são menores do que 100, existem pelo menos dois números cuja soma é 102.

11. Mostre que se escolhemos $n + 1$ números distintos do conjunto $A = \{1, 2, 3 \cdots, 2n\}$ sempre existe um deles que é múltiplo de outro.

12. Seja $a > 0$ um número natural tal que $\mathrm{mdc}(a, 10) = 1$. Mostre que existe uma potência de a que termina em $\underbrace{000 \cdots 01}_{n}$.

13. Mostre que entre quaisquer sete números reais $y_1, y_2, \cdots, y_7$, existem dois tais que

$$0 \le \frac{y_i - y_j}{1 + y_i y_j} \le \frac{1}{\sqrt{3}}$$

14. Em cada casa de um tabuleiro 3×3 é colocado um dos números $-1, 0, 1$. Prove que, dentre as oito somas ao longo de uma mesma linha, coluna ou diagonal, existem duas iguais.

15. No piso de um sala de área 5 são estirados 9 tapetes. Se a área de cada tapete é de 1, mostre que existem dois tapetes que estão sobrepostos por uma região cuja área é pelo menos $\frac{1}{9}$.

16. Dado um triângulo num plano, mostre que: se uma reta que não passa por um dos vértices deste triângulo, então esta reta não toca os três lados do triângulo.

17. Os pontos de um plano são pintados usando três cores. Prove que existe um triângulo isósceles cujos vértices possuem a mesma cor.

18. (OMRN)Uma escola possui 200 estudantes e deseja escolher 5 deles para constituir sua representação num congresso de jovens. A direção resolveu fazer uma eleição, na qual cada estudante vota em dois, e os cinco mais votados serão os escolhidos. Qual é o menor número de votos que deve ter um estudante para ter certeza que será um dos escolhidos?

19. (OMRN)Durante o ano de 1997, uma pequena livraria, que abria nos sete dias da semana, vendeu no mínimo um livro por dia e um total de 600 livros no ano todo. Diga, justificando, se existiu, obrigatoriamente, um período de dias consecutivos onde foram vendidos exatamente 129 livros.

20. (Putnam)Pinte os pontos de um plano dispondo de três cores distintas. Prove que há dois pontos com a mesma cor situados a exatamente 1 unidade um do outro.

11.4   Resolução dos exercícios propostos

1. Desde que cada uma das 1000 pessoas conhece pelo menos uma das outras 999 pessoas, segue que o número de pessoas que cada uma das pessoas presentes na reunião conhece é um dos números $1, 2, 3, \cdots, 999$. Assim, vamos definir por $G_1, G_2, \cdots, G_{999}$ como sendo as

194 INTRODUÇÃO À COMBINATÓRIA E PROBABILIDADE

"gavetas"onde serão colocadas as pessoas que possuem o mesmo número de conhecidos da festa, ou seja

G_1 : indivíduos que conhecem apenas 1 pessoa na festa.

G_2 : indivíduos que conhecem 2 pessoas na festa.

G_3: indivíduos que conhecem 3 pessoas na festa.

$\vdots$

G_{999}: indivíduos que conhecem 999 pessoas na festa.

Ora, como existem 1000 pessoas e só existem 999 gavetas, segue pelo Princípio das Gavetas de Dirichlet que há uma gaveta com pelo menos duas pessoas e, portanto, há pelo menos duas pessoas com o mesmo número de conhecidos na festa, pois pessoas que se encontram numa mesma gaveta tem o mesmo número de conhecidos.

2. Como no plano Cartesiano cada ponto é representado por um par ordenado (x, y). Sendo as coordenadas desses pontos inteiras temos 4 possibilidades, a saber:

$$(\text{par, par}) \, , (\text{par, ímpar}), (\text{ímpar, ímpar}) \text{ e } (\text{ímpar, par})$$

Como foram considerados 5 pontos segue que vão existir pelo menos dois pontos do mesmo tipo. Lembrando que as coordenadas do ponto médio são obtidas pela média aritmética, segue que para estes dois pontos que possuem as coordenadas do mesmo tipo, a soma tanto das abscissas quanto das ordenadas será par e, portanto, as coordenadas do ponto médio serão inteiras.

3. No espaço, os pontos possuem três coordenadas, a saber (x, y, z). Ora, como cada coordenada pode ser par ou ímpar, segue pelo Princípio Multiplicativo, que existem $2 \times 2 \times 2 = 8$ categorias de pontos. Como estamos escolhendo aleatoriamente 9 pontos, segue que existem pelo menos dois pontos pertencentes a uma mesma categoria. Além disso, quando somamos as coordenadas de mesmo nome de dois pontos de uma mesma categoria, essa soma é sempre par. Finalmente, como as coordenadas do ponto médio são dadas pelas médias aritméticas das coordenadas das extremidades do segmento, segue que os pontos de uma mesma categoria são extremidades de um segmento cujo ponto médio tem coordenadas inteiras.

4. Temos m objetos, que são os chumbinhos e serão atirados em 10 gavetas, que são os discos. De acordo com a segunda Versão do Princípio das Gavetas de Dirichlet, queremos saber quantos chumbinhos serão necessários para que pelo menos um dos discos do alvo seja atingido por pelo menos 7 chumbinhos. Assim,

$$\left\lfloor \frac{m-1}{10} \right\rfloor + 1 = 7 \Rightarrow \left\lfloor \frac{m-1}{10} \right\rfloor = 6 \Rightarrow m - 1 = 60 \Rightarrow m = 61$$

Serão necessários 61 chumbinhos. Como cada tiro tem 3 chumbinhos, serão necessários 21 tiros.

5. Marque sobre cada aresta de tamanho 3 pontos que a divida 3 em três pedaços de tamanho 1; Marque sobre cada aresta de tamanho 6 pontos que a divida em três pedaços de tamanho 2 e marque também sobre cada aresta de tamanho 9 pontos que a divida em três pedaços

CAPÍTULO 11. O PRINCÍPIO DAS GAVETAS DE DIRICHLET   195

de tamanho 3. Feito isso, trace segmentos paralelos às arestas do paralelepípedo por estes pontos de divisão. Dessa forma o paralelepípedo original ficará dividido em $3 \times 3 \times 3 = 27$ paralelepípedos de dimensões $1, 2$ e 3. Como serão escolhidos 28 pontos no paralelepípedo original e este está dividido em 27 paralelepípedos menores segue que haverá um paralelepípedo menor com pelo menos dois pontos. Perceba que a distância máxima entre dois pontos de um paralelepípedo menor corresponde ao comprimento da sua diagonal, que é

$$d = \sqrt{1^2 + 2^2 + 3^2} = \sqrt{14}$$

Diante do exposto, segue que existem dois pontos, entre os escolhidos no paralelepípedo original, cuja distância é no máximo $\sqrt{14}$.

6. Note que a média salarial é $\frac{1500,00}{5} = 300,00$. Assim, nem todos os trabalhadores podem ganhar R\$320,00 ou mais, pois se assim fosse a média salarial seria pelo menos R\$320,00. Portanto pelo menos um dos 5 trabalhadores recebe um salário $\leq 300,00$ que não é suficiente para comprar o celular com um único salário, por isso ele terá que esparar no mínimo o próximo pagamento para comprar o celular à vista.

7. Tome no plano considerado, um triângulo equilátero de lado $1,0m$. Ora, o triângulo tem três vértices (que distam dois a dois de $1,0m$) e só foram utilizadas na pintura do plano duas cores, segue que existem no triângulo pelo menos dois vértices com uma mesma cor. Como estes vértices distam entre si de $1,0m$ segue que no plano considerado existem dois pontos pintados com a mesma cor e separados por $1,0m$.

8. De fato, dividindo o segmento de tamanho 1 em n partes iguais, segue que cada uma das partes (gavetas) tem tamanho $\frac{1}{n}$. Ora, são dados $n+1$ pontos e só existem n gavetas, segue pelo Princípio das Gavetas de Dirichlet, que existe uma gaveta com pelo menos dois pontos. Ora, como o tamanho de cada parte (gaveta) é $\frac{1}{n}$, segue que dois pontos que pertencem a uma mesma parte (gaveta) é no máximo $\frac{1}{n}$.

9. A matriz $A = \begin{bmatrix} 1 & 1 & 1 & 1 \\ a & b & c & d \\ a^2 & b^2 & c^2 & d^2 \\ a^3 & b^3 & c^3 & d^3 \end{bmatrix}$ é uma matriz de Vandermond, cujo determinante é facilmente calculado utilizando os elementos da sua segunda linha da seguinte forma:

$$\det A = \det \begin{bmatrix} 1 & 1 & 1 & 1 \\ a & b & c & d \\ a^2 & b^2 & c^2 & d^2 \\ a^3 & b^3 & c^3 & d^3 \end{bmatrix} = (d-c)(d-b)(d-a)(c-b)(c-a)(b-a)$$

Ora, como $a, b, c, d \in \mathbb{Z}$ segue pelo Princípio das Gavetas de Dirichlet, que 2 destes 4 números deixem o mesmo resto quando divididos por 3, visto que são 4 números e os restos da divisão de um número inteiro por 3 só são 3, a saber: $0, 1$ ou 2. Além disso perceba que aqueles dois que apresentam o mesmo resto da divisão por 3 quando são subtraídos geram um múltiplo de 3. Portanto uma das diferenças

$$(d-c), (d-b), (d-a), (c-b), (c-a), (b-a)$$

é um múltiplo de 3, o que nos permite concluir que $\det A = (d-c)(d-b)(d-a)(c-b)(c-a)(b-a)$ é um múltiplo de 3. Para finalizar, vamos mostrar agora que $\det A$ também é

196 INTRODUÇÃO À COMBINATÓRIA E PROBABILIDADE

múltiplo de 4 e portanto, o detA será múltiplo de 12.

De fato, considerando os 4 números inteiros a, b, c e d e o fato de que só existem 2 restos possíveis na divisão de um número inteiro por 2 (os restos só podem ser 0 ou 1), podemos concluir que existem pelo menos 2 dos 4 números que deixam o mesmo resto na divisão por 2. Assim temos as seguintes possibilidades, a saber:

- Dois pares e dois ímpares $\to$ Neste caso haverá duas entre as diferenças

$$(d - c), (d - b), (d - a), (c - b), (c - a), (b - a)$$

  que serão pares e portanto o produto

$$detA = (d - c)(d - b)(d - a)(c - b)(c - a)(b - a)$$

  será um múltiplo de 4.

- Três pares e um ímpar $\to$ Neste caso haverá duas entre as diferenças

$$(d - c), (d - b), (d - a), (c - b), (c - a), (b - a)$$

  que serão pares e, portanto, o produto

$$detA = (d - c)(d - b)(d - a)(c - b)(c - a)(b - a)$$

  será um múltiplo de 4.

- Três ímpares e um par $\to$ Neste caso haverá duas entre as diferenças

$$(d - c), (d - b), (d - a), (c - b), (c - a), (b - a)$$

  que serão pares e portanto o produto

$$detA = (d - c)(d - b)(d - a)(c - b)(c - a)(b - a)$$

  será um múltiplo de 4.

- Todos pares $\to$ neste caso todas as diferenças

$$(d - c), (d - b), (d - a), (c - b), (c - a), (b - a)$$

  serão pares e portanto o produto

$$detA = (d - c)(d - b)(d - a)(c - b)(c - a)(b - a)$$

  será um múltiplo de 4.

- Todos ímpares $\to$ Neste caso todas as diferenças

$$(d - c), (d - b), (d - a), (c - b), (c - a), (b - a)$$

  serão pares e portanto o produto

$$detA = (d - c)(d - b)(d - a)(c - b)(c - a)(b - a)$$

  será um múltiplo de 4.

CAPÍTULO 11. O PRINCÍPIO DAS GAVETAS DE DIRICHLET   197

Portanto, em qualquer caso, o produto

$$\det A = (d-c)(d-b)(d-a)(c-b)(c-a)(b-a)$$

será um múltiplo de 4 e como já tínhamos mostrado que também é múltiplo de 3, segue que $\det A = (d-c)(d-b)(d-a)(c-b)(c-a)(b-a)$ será um múltiplo de 12.

10. Os números ímpares positivos e menores que 100 são

$$1, 3, 5, 7, \cdots, 99 \quad (50 \ \text{números})$$

Deixando os números 1 e 51 em conjuntos a parte, podemos agrupar os 48 números ímpares restantes em conjuntos de dois elementos cuja soma é 102. Observe:

$$C_1 = \{1\}, C_2 = \{3, 99\}, C_3 = \{5, 97\}, \cdots, C_{25} = \{49, 53\}, C_{26} = \{51\}$$

Ora, vamos escolher 27 números ímpares entre os números $1, 3, 5, 7, \cdots, 99$, segue pelo Princípio das Gavetas de Dirichlet, que necessariamente dois números desses números pertencerão a um dos conjuntos $C_2, C_2, C_3, \cdots C_{25}$. Ora, como em cada um dos conjuntos $C_2, C_3, C_4, \cdots C_{25}$ a soma dos seus elementos é 102, segue que entre os 27 números escolhidos necessariamente existem dois cuja soma é 102.

11. De fato, sejam $a_1, a_2, \cdots, a_{n+1}$ os $n+1$ números que foram escolhidos do conjunto $A = \{1, 2, 3 \cdots, 2n\}$. Pelo teorema fundamental da Aritmética cada um dos $a_i = 2^{k_i}.b_i$, para algum $k_i \in \{0, 1, 2, ...\}$ e b_i ímpar. Note que existem n números ímpares em A,

$$1, 3, 5, \cdots, 2n-1$$

Diante disso, quando escolhemos $n+1$ números distintos do conjunto $A = \{1, 2, 3 \cdots, 2n\}$ vão existir dois, digamos a_i e a_j que terão na sua decomposição da forma $2_i^k.b_i$ o mesmo b_i. Visto que escolhemos $n+1$ números e só existem n possibilidades de valores para b_i, então o Princípio das Gavetas de Dirichlet garante que dois dos $n+1$ números do conjunto A terão o mesmo b_i. Assim, teremos $a_i = 2^{k_i}.b_i$ e $a_j = 2^{k_j}.b_i$. Se $k_i > k_j$ segue que $a_j | a_i$ e se $k_i < k_j$ segue que $a_i | a_j$. Em qualquer dos casos, sempre que escolhemos $n+1$ números distintos do conjunto $A = \{1, 2, 3 \cdots, 2n\}$ sempre existe um que é múltiplo do outro.

12. De fato, olhando para a lista de 10^n termos $a^1, a^2, a^3, \cdots, a^{10^n}$ nenhum deles é divisível por 10 pois $\text{mdc}(a, 10) = 1$. Assim quando dividimos cada um deles por 10^n os possíveis restos são

$$1, 2, 3, \cdots, 10^n - 1$$

Ora, temos uma lista de 10^n números e só temos $10^n - 1$ restos possíveis, segue pelo Princípio das Gavetas de Dirichlet, que dois números dessa lista deixam o mesmo resto quando divididos por 10^n. Sejam a^i e a^j (suponha $i < j$) esses números. Ora, se a^i e a^j deixam o mesmo resto quando divididos por 10^n significa dizer que a diferença entre eles é divisível por 10^n, ou seja,

$$a^j - a^i = 10^n q, \quad \text{com} \quad q \in \mathbb{Z}$$

Portanto,

$$10^n | a^j - a^i \Leftrightarrow 10^n | a^i \left(a^{j-i} - 1 \right)$$

198 INTRODUÇÃO À COMBINATÓRIA E PROBABILIDADE

Como $mdc(10^n, a^i) = 1$, pois, por hipótese, 10 e a não têm fatores primos em comum, segue que $10^n | (a^{j-i} - 1)$. Assim, existe $t \in \mathbb{Z}$ tal que

$$a^{j-i} - 1 = t \times 10^n \Rightarrow a^{j-i} = t \times 10^n + 1$$

o que mostra que a^{j-i} termina em $\underbrace{000 \cdots 01}_{n}$.

13. A função $f : \left(-\frac{\pi}{2}, \frac{\pi}{2}\right) \to \mathbb{R}$ dada por $f(x) = tg(x)$ é uma bijeção (cobre todos os números reais). Assim, dados $y_1, y_2, \cdots, y_7 \in \mathbb{R}$ existem $\alpha_1, \alpha_2, \cdots, \alpha_7 \in \left(-\frac{\pi}{2}, \frac{\pi}{2}\right)$ tais que

$$y_1 = tg(\alpha_1), y_2 = tg(\alpha_2), \cdots, y_7 = tg(\alpha_7)$$

Note que o comprimento do intervalo $\left(-\frac{\pi}{2}, \frac{\pi}{2}\right)$ é igual a π. Dividindo esse intervalo em 6 partes iguais, segue, pelo Princípio das Gavetas de Dirichlet, que uma das partes irá conter dois entre os 7 valores $\alpha_1, \alpha_2, \cdots, \alpha_7 \in \left(-\frac{\pi}{2}, \frac{\pi}{2}\right)$. Portanto existem dois α_i e α_j tais que

$$0 \leq \alpha_i - \alpha_j \leq \frac{\pi}{6}$$

Assim, usando o fato da função tangente ser crescente neste intervalo,

$$tg(0) \leq tg(\alpha_i - \alpha_j) \leq tg\left(\frac{\pi}{6}\right) \Rightarrow 0 \leq \frac{tg(\alpha_i) - tg(\alpha_j)}{1 + tg(\alpha_i) tg(\alpha_j)} \leq \frac{\sqrt{3}}{3} \Rightarrow$$

$$0 \leq \frac{y_i - y_j}{1 + y_i y_j} \leq \frac{1}{\sqrt{3}}$$

14. A soma de três números varia no conjunto $\{-3, -2, -1, 0, 1, 2, 3\}$ como são 8 somas, pelo menos uma será usada mais de uma vez. Portanto não importando como os números $-1, 0, 1$ sejam distribuídos no tabuleiro, sempre existirão duas somas iguais.

15. De fato, suponha por absurdo que todo par de tapetes esteja sobreposto por uma região cuja área é sempre menor que $\frac{1}{9}$. Agora imagine que você vá colocando os tapetes, um por um, estendidos sobre o piso da sala; o primeiro tapete, que tem área 1, cobre então $1, 0m^2$ do piso da sala; o segundo, o terceiro, o quarto, ..., o nono tapete cobrem uma área do piso da sala (da parte que ainda está descoberta) maior que $\frac{8}{9}, \frac{7}{9}, \cdots, \frac{1}{9}$. Assim a área do piso da sala que fica coberta após a colocação dos 9 tapetes é maior que

$$1 + \frac{8}{9} + \frac{7}{9} + \cdots + \frac{1}{9} = \frac{1}{9}.(9 + 8 + 7 + \cdots + 1) = \frac{1}{9}.45 = 5$$

o que é um absurdo, pois os tapetes não podem cobrir mais que 5, que é a área total da sala onde os tapetes foram estirados sobre o piso.

16. De fato, cada reta do plano divide o plano em dois semiplanos. Assim, uma reta (r) do plano que não passa por nenhum dos vértices do triângulo divide o plano em dois semiplanos e além disso como o triângulo tem três vértices e só há dois semiplanos segue, pelo Princípio das Gavetas de Dirichlet, que dois vértices ficarão num mesmo semiplano, portanto o lado o triângulo que liga esses dois vértices não intersecta a reta (r), o que demonstra o resultado!

CAPÍTULO 11. O PRINCÍPIO DAS GAVETAS DE DIRICHLET   199

17. Suponha que exista uma maneira de pintar o plano de forma que não exista um triângulo isósceles monocromático. Assuma que as cores sejam verde, azul e vermelho. Construa um círculo e suponha sem perda de generalidade que o seu centro O seja verde. Dessa forma, pode haver no máximo um único ponto verde dentre os pontos do círculo. Assim é possível construir um pentágono regular $A_1A_2A_3A_4A_5$ cujos vértices são azuis ou vermelhos. Daí, pelo Princípio das Gavetas de Dirichlet, existirão três vértices do pentágono que serão da mesma cor. E como quaisquer três vértices de um pentágono regular formam um triângulo isósceles, existirá um triângulo isósceles monocromático.

18. Quando todos votarem, vão existir $2 \times 200 = 400$ votos. Seja n o número mínimo de votos que garante a eleição de um estudante. Então $n \geq \frac{400-n}{5}$, ou seja, o número de votos para que você seja eleito (n) tem que ser maior ou igual que a quantidade obtida, no caso de dividir os votos restantes para 5 pessoas $\frac{400-n}{5}$, que neste caso é $n \geq 66,66$. Portanto, $n = 67$.

19. Suponha que a_i com $i = 1, 2, 3, \cdots, 365$ seja a quantidade de livros vendidos pela livraria durante o período do primeiro dia do ano até o i–ésimo dia (inclusive), então

$$1 \leq a_1 < a_2 < a_3 < \cdots < a_{365} = 600$$

Adicionando 129 a todos os membros da desigualdade temos que:

$$130 \leq a_1 + 129 < a_2 + 129 < a_3 + 129 < \cdots < a_{365} + 129 = 729$$

Observe que $a_1, a_2, \cdots, a_{365}, a_1+129, a_2+129, \cdots, a_{365}+129$ são 730 inteiros positivos entre 1 e 729 (inclusive). Assim, pelo Princípio das Gavetas de Dirichlet, pelo menos dois deles devem coincidir. Como $a_1, a_2, \cdots, a_{365}$ são todos distintos, segue que os números $a_1 + 129, a_2 + 129, \cdots, a_{365} + 129$ também são todos distintos.

Como na lista $a_1, a_2, \cdots, a_{365}, a_1 + 129, a_2 + 129, \cdots, a_{365} + 129$ devem haver dois números iguais, só há uma alternativa, a saber: Um dos $a_i's$ deve coincidir com um dos $a_j's + 129$. Deste modo, temos que existem $p, k \in \{1, 2, ..., 365\}$ e $k > p$ tais que $a_k = a_p + 129 \Leftrightarrow a_k - a_p = 129$. Assim, podemos concluir que entre o $(p+1)$–ésimo e o k–ésimo dia (inclusive) foram vendidos 129 livros.

20. Considere um triângulo isósceles ABC, de base unitária AB cujos lados iguais medem $\sqrt{3}$. Se os vértices A e B forem da mesma cor, terminamos aqui. Caso eles tenham cores diferentes, então pelo menos um deles tem cor diferente da cor de C. Sem perda de generalidade, suponhamos que este seja o vértice A. Seja M o ponto médio de AC. Passando por M, trace o segmento unitário DE, ortogonal à AC, de forma que M também seja ponto médio de DE. Repare que ADE, e CDE formam 2 triângulos equiláteros unitários. Caso os vértices D e E tenham cores iguais, terminamos aqui. Caso tenham cores diferentes, um deles terá a mesma cor que A ou C, pois são 4 vértices e apenas 3 cores que estão disponíveis (lembre-se que A e C têm cores diferentes e existem apenas 3 cores). Assim concluímos que sempre podemos achar dois pontos com a mesma cor, situados a 1 unidade um do outro.

Capítulo 12

O Triângulo de Pascal

12.1 Introdução

Cálculos envolvendo combinações não são fáceis de serem desenvolvidos. Entretanto, alguns deles podem ser resolvidos facilmente se os termos envolvidos nos cálculos estiverem apresentados de maneiras especiais. Essas maneiras especiais são configurações associadas ao chamado **triângulo de Pascal**, que é uma estrutura em forma de triângulo, formada de linhas, colunas, diagonais e cujos elementos são combinações.

Esperamos que ao final deste capítulo, o leitor saiba uma das teorias de como surgiu o triângulo de Pascal, seja capaz de construir um triângulo de Pascal com qualquer número de linhas e conheça suas propriedades.

12.2 O Triângulo de Pascal - um pouco da história

Segundo Stillwell (1989, p.135), alguns resultados importantes de uma área da Matemática, chamada teoria dos números, foram descobertos na Idade Média, mas não conseguiram firmar raízes até serem redescobertos a partir do século XVII. Dentre esses resultados está o triângulo de Pascal, redescoberto por matemáticos chineses e utilizado como meio de gerar coeficientes binomiais, isto é, os coeficientes que aparecem nas fórmulas $(a+b)^2, (a+b)^3, (a+b)^4$, e assim por diante. Outros resultados importantes descobertos na Idade Média e redescobertos posteriormente por Levi ben Gershon (1321) foram as fórmulas para permutações e combinações.

O triângulo de Pascal começou a florescer no século XVII depois de uma longa dormência, isso faz com que seja interessante saber o que era conhecido desse triângulo nos tempos medievais e o que Pascal fez para revivê-lo.

Os chineses usavam o triângulo de Pascal como meio de gerar coeficientes binomiais, isto é, os coeficientes que aparecem nas fórmulas

$$(a+b)^2 = a^2 + 2ab + b^2$$

$$(a+b)^3 = a^3 + 3a^2b + 3ab^2 + b^3$$

$$(a+b)^4 = a^4 + 4a^3b + 6a^2b^3 + 4ab^3 + b^4$$

202 INTRODUÇÃO À COMBINATÓRIA E PROBABILIDADE

e assim por diante, e o tabelavam como segue:

$$
\begin{array}{ccccccccccccc}
 & & & & & & 1 & & & & & & & \rightarrow \text{coeficientes de } (a+b)^0 \\
 & & & & & 1 & & 1 & & & & & & \rightarrow \text{coeficientes de } (a+b)^1 \\
 & & & & 1 & & 2 & & 1 & & & & & \rightarrow \text{coeficientes de } (a+b)^2 \\
 & & & 1 & & 3 & & 3 & & 1 & & & & \rightarrow \text{coeficientes de } (a+b)^3 \\
 & & 1 & & 4 & & 6 & & 4 & & 1 & & & \rightarrow \text{coeficientes de } (a+b)^4 \\
 & 1 & & 5 & & 10 & & 10 & & 5 & & 1 & & \rightarrow \text{coeficientes de } (a+b)^5 \\
1 & & 6 & & 15 & & 20 & & 15 & & 6 & & 1 & \rightarrow \text{coeficientes de } (a+b)^6 \\
\end{array}
$$

$$1 \quad 7 \quad 21 \quad 35 \quad 35 \quad 21 \quad 7 \quad 1 \qquad \rightarrow \text{coeficientes de } (a+b)^7$$

Nesta figura, as duas linhas extras adicionadas no topo correspondem aos coeficientes das potências 0 e 1 de $(a+b)$. O triângulo aparece com seis linhas em Yáng Hui (1261) e com oito em Zhú Shìjié (1303). Yáng Hui atribui o triângulo a Jia Xiàn, que viveu no século XI. Baseados nesses resultados, por que chamamos a tabela dos coeficientes binomiais de triângulo de Pascal? Claro que não é o único exemplo de um conceito matemático que foi nomeado depois da redescoberta ao invés de depois da descoberta, mas de qualquer forma, Pascal merece mais crédito do que apenas por ter redescoberto tal conceito. No seu Traité du triangle arithmétique (1654), Pascal unificou as teorias Aritmética e Combinatória mostrando que os elementos do triângulo aritmético podiam ser interpretados de duas maneiras: como os coeficientes de $a^k b^{n-k}$ em $(a+b)^n$ e como o número de combinações de n coisas tomadas k a cada vez. De fato, ele mostrou que $(a+b)^n$ é a **função geradora** para o número de combinações. É também atribuída a Pascal, juntamente com Fermat, a resolução correta do problema das apostas que é considerado o início do ramo da Matemática, chamado Probabilidade, teoria que estudaremos nos últimos capítulos deste livro.

Nosso objetivo agora é apresentar a você uma das teorias de como surgiu o triângulo de Pascal. Na época em que Pitágoras viveu, eram investidas aos números e às figuras, qualidades, por exemplo, o número 1 era considerado a fonte de todos os outros números e a esfera era considerada a figura mais perfeita. Em particular, o triângulo retângulo possuía toda uma mística em torno dele. Existiam até os números chamados triangulares, que são formados, iniciando-se pelo gerador de todos os números e acrescentando-se a um número todos os seus precedentes. Por exemplo, o 1, o $3(2+1)$, o $6(3+2+1)$, o $10(4+3+2+1)$ etc.

Já que existia uma adoração, digamos até religiosa, aos números triangulares e ao triângulo na sociedade pitagórica secreta, é natural que se tentasse conseguir um símbolo que representasse toda a essência de sua crença. A ideia é começar com um triângulo formado apenas com o número fonte de todos os números e ir montando triângulos formados a partir dos resultados obtidos das somas das linhas dos triângulos já conseguidos. Ilustramos esse procedimento a seguir.

Triângulo inicial:

$$
\begin{array}{ccccccccc}
 & & & & & & 1 & = & 1 \\
 & & & & & 1 & 1 & = & 2 \\
 & & & & 1 & 1 & 1 & = & 3 \\
 & & & 1 & 1 & 1 & 1 & = & 4 \\
 & & 1 & 1 & 1 & 1 & 1 & = & 5 \\
 & 1 & 1 & 1 & 1 & 1 & 1 & = & 6 \\
1 & 1 & 1 & 1 & 1 & 1 & 1 & = & 7 \\
\end{array}
$$

CAPÍTULO 12. O TRIÂNGULO DE PASCAL 203

A partir desse triângulo, montaremos outro, cujas colunas sejam iguais aos resultados das somas obtidas no triângulo anterior:

$$
\begin{array}{ccccccccc}
 & & & & & & 1 & = & 1 \\
 & & & & & 1 & 2 & = & 3 \\
 & & & & 1 & 2 & 3 & = & 6 \\
 & & & 1 & 2 & 3 & 4 & = & 10 \\
 & & 1 & 2 & 3 & 4 & 5 & = & 15 \\
 & 1 & 2 & 3 & 4 & 5 & 6 & = & 21 \\
1 & 2 & 3 & 4 & 5 & 6 & 7 & = & 28 \\
\end{array}
$$

Observemos o que está acontecendo: com o primeiro triângulo, conseguimos os números naturais, com o segundo, os números triangulares. Isso pode ter sido considerado um aviso para que eles continuassem e, assim, conseguissem o que foi chamado de números triangulares de segunda, terceira, quarta,... ordens. Números triangulares de segunda ordem:

$$
\begin{array}{ccccccccc}
 & & & & & & 1 & = & 1 \\
 & & & & & 1 & 3 & = & 4 \\
 & & & & 1 & 3 & 6 & = & 10 \\
 & & & 1 & 3 & 6 & 10 & = & 20 \\
 & & 1 & 3 & 6 & 10 & 15 & = & 35 \\
 & 1 & 3 & 6 & 10 & 15 & 21 & = & 56 \\
1 & 3 & 6 & 10 & 15 & 21 & 28 & = & 84 \\
\end{array}
$$

Números triangulares de terceira ordem:

$$
\begin{array}{ccccccccc}
 & & & & & & 1 & = & 1 \\
 & & & & & 1 & 4 & = & 5 \\
 & & & & 1 & 4 & 10 & = & 15 \\
 & & & 1 & 4 & 10 & 20 & = & 35 \\
 & & 1 & 4 & 10 & 20 & 35 & = & 70 \\
 & 1 & 4 & 10 & 20 & 35 & 56 & = & 126 \\
1 & 4 & 10 & 20 & 35 & 56 & 84 & = & 210 \\
\end{array}
$$

Números triangulares de quarta ordem:

$$
\begin{array}{ccccccc}
 & & & & & 1 & = & 1 \\
 & & & & 1 & 5 & = & 6 \\
 & & & 1 & 5 & 15 & = & 21 \\
 & & 1 & 5 & 15 & 35 & = & 56 \\
 & 1 & 5 & 15 & 35 & 70 & = & 126 \\
\end{array}
$$

Continuando dessa forma, eles estariam com a coleção dos números triangulares de qualquer ordem e, para finalizar, se montarmos um triângulo com esses números tão preciosos, obteremos:

204 INTRODUÇÃO À COMBINATÓRIA E PROBABILIDADE

$$
\begin{array}{ccccccccc}
1 & & & & & & & & \\
1 & 1 & & & & & & & \\
1 & 2 & 1 & & & & & & \\
1 & 3 & 3 & 1 & & & & & \\
1 & 4 & 6 & 4 & 1 & & & & \\
1 & 5 & 10 & 10 & 5 & 1 & & & \\
1 & 6 & 15 & 20 & 15 & 6 & 1 & & \\
1 & 7 & 21 & 35 & 35 & 21 & 7 & 1 &
\end{array}
$$

que é o nosso famoso triângulo de Pascal, apenas numa forma diferente, mas suas linhas são as mesmas. Se observarmos mais detalhadamente, poderemos reescrever o triângulo anterior na forma como ele é mais conhecido:

$$
\begin{array}{cccccccc}
\binom{0}{0} & & & & & & & \\[8pt]
\binom{1}{0} & \binom{1}{1} & & & & & & \\[8pt]
\binom{2}{0} & \binom{2}{1} & \binom{2}{2} & & & & & \\[8pt]
\binom{3}{0} & \binom{3}{1} & \binom{3}{2} & \binom{3}{3} & & & & \\[8pt]
\binom{4}{0} & \binom{4}{1} & \binom{4}{2} & \binom{4}{3} & \binom{4}{4} & & & \\[8pt]
\binom{5}{0} & \binom{5}{1} & \binom{5}{2} & \binom{5}{3} & \binom{5}{4} & \binom{5}{5} & & \\[8pt]
\binom{6}{0} & \binom{6}{1} & \binom{6}{2} & \binom{6}{3} & \binom{6}{4} & \binom{6}{5} & \binom{6}{6} & \\[8pt]
\binom{7}{0} & \binom{7}{1} & \binom{7}{2} & \binom{7}{3} & \binom{7}{4} & \binom{7}{5} & \binom{7}{6} & \binom{7}{7}
\end{array}
$$

Nesse caso, $\binom{n}{p} = C(n,p) = \frac{n!}{(n-p)!.p!}$ é a combinação de n elementos tomados p a p, estudada no Capítulo 3 (Combinações e arranjos). A partir de agora também chamaremos os números $\binom{n}{p} = C(n,p) = \frac{n!}{(n-p)!.p!}$ de **numeros binomiais**, pois estes números aparecerão como coeficientes do desenvolvimento do chamado **Binômio de Newton**, que estudaremos no próximo capítulo.

Deixemos esse aspecto místico do triângulo de Pascal de lado e estudemos suas interessantes propriedades.

- **(Relação de Stiefel)**. Adicionando dois elementos consecutivos de uma mesma linha do triângulo de Pascal, obtemos o elemento situado abaixo da última parcela (parcela mais à direita), ou seja,

$$
\binom{n}{p-1} + \binom{n}{p} = \binom{n+1}{p}
$$

Embora a Relação de Stiefel seja obtida da própria construção do triângulo de Pascal, iremos demonstrá-la.

CAPÍTULO 12. O TRIÂNGULO DE PASCAL 205

Demonstração:

Para naturais fixos n e p, temos:

$$\binom{n}{p-1} + \binom{n}{p} = \frac{n!}{(n-p+1)!(p-1)!} + \frac{n!}{(n-p)!p!}$$

$$= \frac{n!}{(n-p+1)(n-p)!(p-1)!} + \frac{n!}{(n-p)!p(p-1)!}$$

$$= \frac{n!}{(n-p)!(p-1)!}\left[\frac{1}{n-p+1} + \frac{1}{p}\right]$$

$$= \frac{n!}{(n-p)!(p-1)!}\left[\frac{p+n-p+1}{(n-p+1)p}\right]$$

$$= \frac{n!}{(n-p)!(p-1)!}\frac{n+1}{(n-p+1)p}$$

$$= \frac{(n+1)n!}{(n-p+1)(n-p)!p(p-1)!}$$

$$= \frac{(n+1)!}{(n-p+1)!p!}$$

$$= \binom{n+1}{p}$$

Visualmente,

$$\binom{0}{0}$$

$$\binom{1}{0} \quad \binom{1}{1}$$

$$\binom{2}{0} \quad \binom{2}{1} \quad \binom{2}{2}$$

$$\binom{3}{0} \quad \binom{3}{1} \quad \binom{3}{2} \quad \binom{3}{3}$$

$$\binom{4}{0} \quad \binom{4}{1} \quad \binom{4}{2} \quad \binom{4}{3} \quad \binom{4}{4}$$

$$\vdots \quad \vdots \quad \vdots \quad \vdots \quad \vdots \quad \vdots$$

$$\cdots \quad \cdots \quad \binom{n}{p-1} + \binom{n}{p} \quad \cdots \quad \cdots$$

$$\downarrow$$

$$\cdots \quad \cdots \quad \cdots \quad \binom{n+1}{p} \quad \cdots \quad \cdots$$

Exemplo 12.2.1 - *Utilize a relação de Stiefel para mostrar que para* n *e* p *naturais tais que* $n > p+1$ *vale a identidade:*

$$\binom{n}{p} + 2\binom{n}{p+1} + \binom{n}{p+2} = \binom{n+2}{p+2}$$

Resolução:

De fato,

$$\binom{n}{p} + 2.\binom{n}{p+1} + \binom{n}{p+2} = \left[\binom{n}{p} + \binom{n}{p+1}\right] + \left[\binom{n}{p+1} + \binom{n}{p+2}\right]$$
$$= \binom{n+1}{p+1} + \binom{n+1}{p+2}$$
$$= \binom{n+2}{p+2}$$

-(**Números Binomiais complementares**) Em uma mesma linha do triângulo de Pascal, elementos equidistantes dos extremos são iguais, ou seja,

$$\binom{n}{p} = \binom{n}{n-p}$$

Demonstração:

Este fato decorre diretamente do fato de que $\binom{n}{k} = \frac{n!}{(n-k)!k!}$. De fato,

$$\binom{n}{n-p} = \frac{n!}{(n-(n-p))!(n-p)!} = \frac{n!}{p!(n-p)!} = \binom{n}{p}$$

- (**Teorema das linhas**) A soma dos elementos da linha n do triângulo de Pascal vale 2^n, ou seja,

$$\binom{n}{0} + \binom{n}{1} + \binom{n}{2} + \cdots + \binom{n}{n} = 2^n$$

Demonstração:

Como temos uma proposição envolvendo números naturais, podemos utilizar o **Princípio da Indução Finita** para demonstrar sua validade. Para $n = 0$, temos que o lado esquerdo se resume a $\binom{0}{0} = 1$ e o lado direito, $2^0 = 1$. Logo, a igualdade é verdadeira.

Hipótese de indução: suponha que a igualdade seja verdadeira para $n = k$, ou seja,

$$\binom{k}{0} + \binom{k}{1} + \binom{k}{2} + \cdots + \binom{k}{k} = 2^k$$

Mostremos agora, utilizando a hipótese de indução, que a proposição continua válida quando temos $n = k + 1$, ou seja,

$$\binom{k+1}{0} + \binom{k+1}{1} + \binom{k+1}{2} + \cdots + \binom{k+1}{k} + \binom{k+1}{k+1} = 2^{k+1}$$

Aplicando a relação de Stiefel, podemos reescrever:

$$\binom{k+1}{1} = \binom{k}{0} + \binom{k}{1}$$

$$\binom{k+1}{2} = \binom{k}{1} + \binom{k}{2}$$

$$\binom{k+1}{3} = \binom{k}{2} + \binom{k}{3}$$

$$\vdots$$

$$\binom{k+1}{k} = \binom{k}{k-1} + \binom{k}{k}$$

Além disso,

$$\binom{k+1}{0} = \binom{k}{0} \quad e \quad \binom{k+1}{k+1} = \binom{k}{k}$$

Assim,

$$\binom{k+1}{0} = \binom{k}{0}$$

$$\binom{k+1}{1} = \binom{k}{0} + \binom{k}{1}$$

$$\binom{k+1}{2} = \binom{k}{1} + \binom{k}{2}$$

$$\binom{k+1}{3} = \binom{k}{2} + \binom{k}{3}$$

$$\vdots$$

$$\binom{k+1}{k} = \binom{k}{k-1} + \binom{k}{k}$$

$$\binom{k+1}{k+1} = \binom{k}{k}$$

Adicionando as igualdades acima, membro a membro, segue que

$$\binom{k+1}{0} + \binom{k+1}{1} + \binom{k+1}{2} + \cdots + \binom{k+1}{k} + \binom{k+1}{k+1} = 2.\underbrace{[\binom{k}{0} + \binom{k}{1} + \binom{k}{2} + \cdots + \binom{k}{k}]}_{=2^k(\text{hipótese da indução})} \Rightarrow$$

$$\binom{k+1}{0} + \binom{k+1}{1} + \binom{k+1}{2} + \cdots + \binom{k+1}{k} + \binom{k+1}{k+1} = 2.2^k = 2^{k+1}$$

como queríamos demonstrar!

Portanto, a proposição continua válida para $n = k+1$. Portanto, pelo **Princípio da Indução Finita**, temos que a fórmula é válida para qualquer n natural, o que demonstra o teorema.

- **(Teorema das colunas)**. A soma dos elementos de uma coluna do triângulo de Pascal (começando do primeiro elemento da coluna) é igual ao elemento situado uma linha e uma coluna após o último elemento da soma, ou seja,

$$\binom{p}{p} + \binom{p+1}{p} + \binom{p+2}{p} + \cdots + \binom{p+k}{p} = \binom{p+k+1}{p+1}$$

208 INTRODUÇÃO À COMBINATÓRIA E PROBABILIDADE

Demonstração:

Usando a relação de Stiefel podemos escrever:

$$\binom{p+1}{p} + \binom{p+1}{p+1} = \binom{p+2}{p+1}$$

$$\binom{p+2}{p} + \binom{p+2}{p+1} = \binom{p+3}{p+1}$$

$$\binom{p+3}{p} + \binom{p+3}{p+1} = \binom{p+4}{p+1}$$

$$\vdots$$

$$\binom{p+k}{p} + \binom{p+k}{p+1} = \binom{p+k+1}{p+1}$$

Adicionando, membro a membro, as igualdades acima e cancelando os termos iguais de lados opostos da igualdade, segue que:

$$\binom{p+1}{p+1} + \binom{p+1}{p} + \binom{p+2}{p} + \binom{p+3}{p} \cdots + \binom{p+k}{p} = \binom{p+k+1}{p+1}$$

Mas $\binom{p+1}{p+1} = \binom{p}{p}$, portanto,

$$\binom{p}{p} + \binom{p+1}{p} + \binom{p+2}{p} + \binom{p+3}{p} \cdots + \binom{p+k}{p} = \binom{p+k+1}{p+1}$$

Visualmente,

$$\binom{0}{0}$$

$$\binom{1}{0} \qquad \binom{1}{1}$$

$$\binom{2}{0} \qquad \binom{2}{1} \qquad \binom{2}{2}$$

$$\vdots \qquad \vdots \qquad \vdots \qquad \vdots \qquad \binom{p}{p} \qquad\qquad \vdots$$

$$\cdots \quad \cdots \quad \cdots \quad \cdots \quad \binom{p+1}{p} \qquad \cdots$$

$$\vdots \qquad \vdots \qquad \vdots \qquad \vdots \qquad \vdots \qquad\qquad \vdots$$

$$\cdots \quad \cdots \quad \cdots \quad \cdots \quad \binom{p+k}{p} \qquad \cdots$$

$$\searrow$$

$$\cdots \quad \cdots \quad \cdots \quad \cdots \quad \cdots \quad \binom{p+k+1}{p+1} \quad \cdots \quad \cdots$$

- **(Teorema das diagonais).** A soma dos elementos de uma diagonal (paralela à hipotenusa) do triângulo de Pascal (começando com o elemento do topo da diagonal) é igual ao elemento que está imediatamente abaixo da última parcela dessa soma, ou seja,

$$\binom{n}{0} + \binom{n+1}{1} + \binom{n+2}{2} + \cdots + \binom{n+p}{p} = \binom{n+p+1}{p}$$

Demonstração:

Usando a relação de Stiefel podemos escrever:

$$\binom{n+1}{0} + \binom{n+1}{1} = \binom{n+2}{1}$$

$$\binom{n+2}{1} + \binom{n+2}{2} = \binom{n+3}{2}$$

$$\binom{n+3}{2} + \binom{n+3}{3} = \binom{n+4}{3}$$

$$\vdots$$

$$\binom{n+p}{p-1} + \binom{n+p}{p} = \binom{n+p+1}{p}$$

Além disso, $\binom{n}{0} = \binom{n+1}{0}$. Portanto,

$$\binom{n}{0} = \binom{n+1}{0}$$

$$\binom{n+1}{1} + \binom{n+1}{0} = \binom{n+2}{1}$$

$$\binom{n+2}{2} + \binom{n+2}{1} = \binom{n+3}{2}$$

$$\binom{n+3}{3} + \binom{n+3}{2} = \binom{n+4}{3}$$

$$\vdots$$

$$\binom{n+p}{p} + \binom{n+p}{p-1} = \binom{n+p+1}{p}$$

Adicionando, membro a membro, as igualdades acima e cancelando os termos iguais de lados opostos da igualdade, segue que:

$$\binom{n}{0} + \binom{n+1}{1} + \binom{n+2}{2} + \cdots + \binom{n+p}{n} = \binom{n+p+1}{p}$$

210 INTRODUÇÃO À COMBINATÓRIA E PROBABILIDADE

Visualmente,

$$\binom{0}{0}$$

$$\binom{1}{0} \qquad \binom{1}{1}$$

$$\binom{2}{0} \qquad \binom{2}{1} \qquad \binom{2}{2}$$

$$\vdots \qquad \vdots \qquad \vdots \qquad \vdots \qquad \vdots \qquad \vdots$$

$$\binom{n}{0} \qquad \cdots \qquad \cdots \qquad \cdots \qquad \cdots \qquad \cdots$$

$$\cdots \qquad \binom{n+1}{1} \qquad \cdots \qquad \cdots \qquad \cdots \qquad \cdots$$

$$\vdots \qquad \vdots \qquad \ddots \qquad \qquad \vdots \qquad \vdots$$

$$\cdots \qquad \cdots \qquad \cdots \qquad \binom{n+p}{p} \qquad \cdots \qquad \cdots$$

$$\downarrow$$

$$\cdots \qquad \cdots \qquad \cdots \qquad \binom{n+p+1}{p} \qquad \cdots \qquad \cdots$$

Exemplo 12.2.2 - *Mostre que*

$$1.\binom{n}{1} + 2.\binom{n}{2} + 3.\binom{n}{3} + \cdots + n.\binom{n}{n} = n.2^{n-1}$$

Resolução:

Cada parcela da soma é da forma $k.\binom{n}{k}$, com $k \in \mathbb{Z}^+$ tal que $0 \leq k \leq n$. Podemos reescrever cada uma dessas parcelas da seguinte maneira:

$$k.\binom{n}{k} = k.\frac{n!}{(n-k)!k!} = \frac{n.(n-1)!}{(n-k)!.(k-1)!} = n.\binom{n-1}{k-1}$$

Assim,

$$1.\binom{n}{1} + 2.\binom{n}{2} + 3.\binom{n}{3} + \cdots + n.\binom{n}{n} = \sum_{k=1}^{n} k.\binom{n}{k}$$

e daí,

$$\sum_{k=1}^{n} k.\binom{n}{k} = \sum_{k=1}^{n} n.\binom{n-1}{k-1} = n \sum_{k=1}^{n} \binom{n-1}{k-1}$$

Mas, ocorre que, a soma dos elementos da linha $n-1$ do triângulo de Pascal é dada por:

$$\sum_{k=1}^{n} \binom{n-1}{k-1} = 2^{n-1}$$

CAPÍTULO 12. O TRIÂNGULO DE PASCAL 211

Portanto,

$$1.\binom{n}{1} + 2.\binom{n}{2} + 3.\binom{n}{3} + \cdots + n.\binom{n}{n} = \sum_{k=1}^{n} k.\binom{n}{k} = n.2^{n-1}$$

12.3 Exercícios propostos

1. Demonstre a relação de Fermat para números binomiais: $\binom{n}{k} = \frac{n}{k}\binom{n-1}{k-1}$.

2. Mostre que $\binom{23}{3} + 2.\binom{23}{4} + \binom{23}{5} = \binom{25}{20}$.

3. Qual o valor da expressão $A = \dfrac{\binom{100}{37} + \binom{100}{38} + \binom{101}{39}}{\binom{102}{63}}$?

4. (VUNESP)Determine o valor de $n \in \mathbb{N}$ tal que $\binom{n-1}{5} + \binom{n-1}{6} = \frac{n^2-n}{2}$.

5. (UFMG)Determine o número inteiro m que satisfaz a equação envolvendo números combinatórios:

$$\binom{1999}{2m-1} + \binom{1999}{1999-2m} = \binom{2000}{2m-2000}$$

6. Calcule o valor da soma

$$S = 50.51 + 51.52 + 52.53 + \cdots + 100.101$$

7. (ITA) Considere o conjunto $S = \{(a,b) \in \mathbb{Z}^+ \times \mathbb{Z}^+; a+b = 18\}$. Calcule a soma dos números da forma $\frac{18!}{a!b!}$, para todo $(a,b) \in S$.

8. Mostre que para todo $n \in \mathbb{N}$ o número $C_n = \frac{1}{n+1}\binom{2n}{n}$, chamado de **Número de Catalan**, é inteiro.

9. Dê um argumento combinatório para provar que:

$$\binom{m}{0}.\binom{n}{p} + \binom{m}{1}.\binom{n}{p-1} + \cdots + \binom{m}{p}.\binom{n}{0} = \binom{m+n}{p}$$

10. Mostre que:

$$\binom{n}{0}^2 + \binom{n}{1}^2 + \cdots + \binom{n}{n}^2 = \binom{2n}{n}$$

11. (OLIMPÍADA DE MAIO)Esmeralda passeia pelos pontos de coordenadas inteiras do plano. Se, num dado momento, ela está no ponto (a,b), com um passo ela pode ir para um dos seguintes pontos:

$$(a+1,b), (a-1,b), (a,b+1) \text{ ou } (a,b-1)$$

De quantas maneiras Esmeralda pode sair do ponto $(0,0)$ e andar 2008 passos terminando no ponto $(0,0)$?

212 INTRODUÇÃO À COMBINATÓRIA E PROBABILIDADE

12. Dê um argumento combinatório para provar que:

$$1.\binom{n}{1} + 2.\binom{n}{2} + 3.\binom{n}{3} + \cdots + n.\binom{n}{n} = n.2^{n-1}$$

13. Se n é um número inteiro e não negativo par, mostre que:

$$\binom{n}{0} < \binom{n}{1} < \binom{n}{2} < \cdots < \binom{n}{\frac{n}{2}} \quad e$$

$$\binom{n}{\frac{n}{2}} > \binom{n}{\frac{n}{2}+1} > \cdots > \binom{n}{n-1} > \binom{n}{n}$$

ou seja, quando n é um número inteiro e não negativo par, o maior número da linha n do triângulo de Pascal da referida linha é o termo central.

14. Se n é um número inteiro e não negativo ímpar, mostre que:

$$\binom{n}{0} < \binom{n}{1} < \binom{n}{2} < \cdots < \binom{n}{\frac{n-1}{2}} = \binom{n}{\frac{n+1}{2}} \quad e$$

$$\binom{n}{\frac{n-1}{2}} = \binom{n}{\frac{n+1}{2}} > \cdots > \binom{n}{n-1} > \binom{n}{n}$$

ou seja, quando n é um número inteiro e não negativo ímpar os maiores números da linha n do triângulo de Pascal são os dois termos centrais da referida linha (que neste caso são iguais!).

15. Mostre que se p é primo, então p divide $\binom{p}{k}$, com $0 < k < p$.

16. a) Mostre que $i^2 = 2.\binom{i}{2} + \binom{i}{1}$.

b) Usando o resultado do item (a), conclua que

$$\sum_{i=0}^{n} i^2 = 2 \sum_{i=0}^{n} \binom{i}{2} + \sum_{i=0}^{n} \binom{i}{1} = \frac{n(n+1)(2n+1)}{6}$$

17. a) Determine três inteiros a, b e c tais que:

$$a\binom{n}{3} + b\binom{n}{2} + c\binom{n}{1} = n^3$$

b) A partir do resultado obtido no item (a), conclua que

$$1^3 + 2^3 + 3^3 + \cdots + k^3 = \left(\frac{k(k+1)}{2}\right)^2$$

18. (UERJ) Em uma barraca de frutas, as laranjas são arrumadas em camadas retangulares, obedecendo à seguinte disposição: uma camada de duas laranjas encaixa-se sobre uma camada de seis; essa camada de seis encaixa-se sobre outra de doze; e assim por diante, conforme a ilustração abaixo.

CAPÍTULO 12. O TRIÂNGULO DE PASCAL

Sabe-se que a soma dos elementos de uma coluna do triângulo de Pascal pode ser calculada pela fórmula

$$\binom{p}{p} + \binom{p+1}{p} + \binom{p+2}{p} + \cdots + \binom{n}{p} = \binom{n+1}{p+1}$$

na qual n e p são números inteiros e não negativos, $p \leq n$ e $\binom{n}{p}$ corresponde ao número de combinações simples de n elementos tomados p a p. Com base nestas informações calcule:

a) A soma $\binom{2}{2} + \binom{3}{2} + \binom{4}{2} + \cdots + \binom{18}{2}$

b) O número de laranjas que compõem quinze camadas.

19. Mostre que:

$$1^2 \cdot \binom{n}{1} + 2^2 \cdot \binom{n}{2} + 3^2 \cdot \binom{n}{3} + \cdots + n^2 \cdot \binom{n}{n} = n(n+1) \cdot 2^{n-2}$$

20. Calcule a soma:

$$S = \frac{\binom{11}{0}}{1} + \frac{\binom{11}{1}}{2} + \frac{\binom{11}{2}}{3} + \cdots + \frac{\binom{11}{11}}{12}$$

12.4 Resolução dos exercícios propostos

1. De fato,

$$\binom{n}{k} = \frac{n!}{(n-k)!k!} = \frac{n \cdot (n-1)!}{k \cdot (k-1)! \cdot (n-k)!} = \frac{n}{k} \cdot \frac{(n-1)!}{(k-1)! \cdot ((n-1)-(k-1))!} = \frac{n}{k} \cdot \binom{n-1}{k-1}$$

2. De fato,

$$\begin{aligned}
\binom{23}{3} + 2 \cdot \binom{23}{4} + \binom{23}{5} &= \left[\binom{23}{3} + \binom{23}{4}\right] + \left[\binom{23}{4} + \binom{23}{5}\right] \\
&= \binom{24}{4} + \binom{24}{5} \\
&= \binom{25}{5} \\
&= \binom{25}{25-5} \\
&= \binom{25}{20}
\end{aligned}$$

214 INTRODUÇÃO À COMBINATÓRIA E PROBABILIDADE

3. Desenvolvendo a expressão dada temos:

$$A = \frac{\binom{100}{37} + \binom{100}{38} + \binom{101}{39}}{\binom{102}{63}}$$

$$= \frac{\left[\binom{100}{37} + \binom{100}{38}\right] + \binom{101}{39}}{\binom{102}{63}}$$

$$= \frac{\binom{101}{38} + \binom{101}{39}}{\binom{102}{63}}$$

$$= \frac{\binom{102}{39}}{\binom{102}{63}}$$

$$= \frac{\binom{102}{102-39}}{\binom{102}{63}}$$

$$= \frac{\binom{102}{63}}{\binom{102}{63}}$$

$$= 1$$

4. Perceba que o lado esquerdo, pela relação de Stiefel, vale $\binom{n}{6}$

$$\binom{n-1}{5} + \binom{n-1}{6} = \frac{n^2 - n}{2} \Rightarrow \binom{n-1}{5} + \binom{n-1}{6} = \frac{n(n-1)}{2}$$

agora perceba que $\binom{n}{2} = \frac{n(n-1)}{2}$. Portanto,

$$\binom{n}{6} = \binom{n}{2} \Leftrightarrow n = 6 + 2 = 8$$

5. Inicialmente perceba que $\binom{1999}{1999-2m} = \binom{1999}{2m}$, pois $(1999 - 2m) + 2m = 1999$ (Números binomiais complementares!). Assim,

$$\binom{1999}{2m-1} + \binom{1999}{1999-2m} = \binom{2000}{2m-2000} \Rightarrow$$

$$\binom{1999}{2m-1} + \binom{1999}{2m} = \binom{2000}{2m-2000} \Rightarrow$$

$$\binom{2000}{2m} = \binom{2000}{2m-2000} \Rightarrow$$

$$2m + (2m - 2000) = 2000 \Rightarrow 4m = 4000 \Rightarrow m = 1000$$

Observação 12.1 *Aqui vale a pena fazer um comentário adicional: perceba que substituindo* $m = 1000$ *no binomial* $\binom{1999}{1999-2m}$ *obtemos* $\binom{1999}{1999-2000} = \binom{1999}{-1}$. *Apesar da definição que oferecemos no nosso texto não cobrir esse fato (um número binomial envolvendo números*

CAPÍTULO 12. O TRIÂNGULO DE PASCAL 215

negativos), há uma definição mais geral, por exemplo em [6], que é a seguinte:

Seja r *um número real e* k *um inteiro. Definimos o número binomial* $\binom{r}{k}$ *por:*

$$\binom{r}{k} = \left\{ \begin{array}{cc} \frac{r(r-1)(r-2)\cdots(r-k-1)}{k!} & se \ \ k \geq 1 \\ 1 & se \ \ k = 0 \\ 0 & se \ \ k \leq -1 \end{array} \right.$$

Assim, como em $\binom{1999}{-1}$ *temos* $k = -1$*, segue da definição acima que* $\binom{1999}{-1} = 0$*. Portanto, ao substituirmos* $m = 1000$ *em*

$$\binom{1999}{2m-1} + \binom{1999}{1999-2m} = \binom{2000}{2m-2000}$$

obtemos:

$$\binom{1999}{1999} + \binom{1999}{-1} = \binom{2000}{0} \Rightarrow \binom{1999}{1999} = \binom{2000}{0} = 1$$

o que revela que $m = 1000$ *realmente satisfaz a equação original, se assumirmos essa definição mais geral dos números binomiais.*

6. Dividindo os dois membros da igualdade $S = 50.51 + 51.52 + 52.53 + \cdots + 100.101$, por $2!$, segue que:

$$\frac{S}{2!} = \frac{51.50}{2!} + \frac{52.51}{2!} + \frac{53.52}{2!} + \cdots + \frac{101.100}{2!}$$

e lembrando que para cada inteiro não negativo n tem-se $\binom{n}{2} = \frac{n.(n-1)}{2!}$, segue que:

$$\frac{S}{2!} = \binom{51}{2} + \binom{52}{2} + \binom{53}{2} + \cdots + \binom{101}{2}$$

Por outro lado, pelo teorema das colunas do triângulo de Pascal, temos:

$$\underbrace{\binom{2}{2} + \binom{3}{2} + \cdots + \binom{50}{2}}_{=\binom{51}{3}} + \underbrace{\binom{51}{2} + \binom{52}{2} + \cdots + \binom{101}{2}}_{=\frac{S}{2!}} = \binom{102}{3}$$

Assim,

$$\frac{S}{2!} = \binom{102}{3} - \binom{51}{3} \Rightarrow S = 2\left[\binom{102}{3} - \binom{51}{3}\right] = 301750$$

7. Os elementos do conjunto S são os números da forma $\frac{18!}{a!b!}$ com $a, b \in \mathbb{Z}^+$ e $a + b = 18$. Assim podemos escrever os elementos do conjunto S como sendo $\frac{18!}{a!b!} = \frac{18!}{a!(18-a)!} = \binom{18}{a}$. Portanto, a soma dos elementos do conjunto S é

$$\sum_{a=0}^{18} \binom{18}{a} = \binom{18}{0} + \binom{18}{1} + \binom{18}{2} + \cdots + \binom{18}{18} = 2^{18}$$

por ser a soma dos elementos da linha 18 do triângulo de Pascal.

216 INTRODUÇÃO À COMBINATÓRIA E PROBABILIDADE

8. De fato,

$$
\begin{aligned}
\binom{2n}{n} - \binom{2n}{n+1} &= \binom{2n}{n} - \frac{(2n)!}{(n-1)!.(n+1)!} \\
&= \binom{2n}{n} - \frac{n.(2n)!}{n.(n-1)!.(n+1).n!} \\
&= \binom{2n}{n} - \frac{n.(2n)!}{n!.(n+1).n!} \\
&= \binom{2n}{n} - \frac{n}{n+1}.\frac{(2n)!}{n!.n!} \\
&= \binom{2n}{n} - \frac{n}{n+1}.\binom{2n}{n} \\
&= \left[1 - \frac{n}{n+1}\right].\binom{2n}{n} \\
&= \frac{(n+1)-n}{n+1}.\binom{2n}{n} \\
&= \frac{1}{n+1}.\binom{2n}{n} \\
&= C_n
\end{aligned}
$$

Ora, como os números binomiais $\binom{2n}{n}$ e $\binom{2n}{n+1}$ são sempre inteiros para todo n natural e $C_n = \binom{2n}{n} - \binom{2n}{n+1}$, segue que C_n é inteiro para todo natural n, pois é sempre uma diferença de dois inteiros.

9. Considere um grupo de $m+n$ pessoas onde m são homens e n são mulheres. O número total de comissões que podemos formar com p pessoas escolhidas desse conjunto de $m+n$ pessoas é $\binom{m+n}{p}$. Por outro lado, podemos contar essas mesmas comissões de p pessoas da seguinte forma:

- Comissões de p pessoas com 0 homens e com p mulheres $\rightarrow \binom{m}{0}\binom{n}{p}$.

- Comissões de p pessoas com 1 homem e com $p-1$ mulheres $\rightarrow \binom{m}{1}\binom{n}{p-1}$.

- Comissões de p pessoas com 2 homens e com $p-2$ mulheres $\rightarrow \binom{m}{2}\binom{n}{p-2}$.

$$\vdots$$

- Comissões de p pessoas com p homem e com 0 mulheres $\rightarrow \binom{m}{p}\binom{n}{0}$.

Assim, sob esse novo ponto de vista o total de comissões (que é o mesmo que sob o ponto de vista inicial!) é

$$
\binom{m}{0}.\binom{n}{p} + \binom{m}{1}.\binom{n}{p-1} + \cdots + \binom{m}{p}.\binom{n}{0}
$$

Portanto,

$$
\binom{m}{0}.\binom{n}{p} + \binom{m}{1}.\binom{n}{p-1} + \cdots + \binom{m}{p}.\binom{n}{0} = \binom{m+n}{p}
$$

10. Retomando a identidade demonstrada na questão anterior

$$
\binom{m}{0}.\binom{n}{p} + \binom{m}{1}.\binom{n}{p-1} + \cdots + \binom{m}{p}.\binom{n}{0} = \binom{m+n}{p}
$$

CAPÍTULO 12. O TRIÂNGULO DE PASCAL   217

e fazendo $m = p = n$, segue que

$$\binom{n}{0} \cdot \binom{n}{n} + \binom{n}{1} \cdot \binom{n}{n-1} + \cdots + \binom{n}{n} \cdot \binom{n}{0} = \binom{n+n}{n}$$

$$\binom{n}{0} \cdot \binom{n}{0} + \binom{n}{1} \cdot \binom{n}{1} + \cdots + \binom{n}{n} \cdot \binom{n}{n} = \binom{2n}{n}$$

$$\binom{n}{0}^2 + \binom{n}{1}^2 + \cdots + \binom{n}{n}^2 = \binom{2n}{n}$$

11. Note que os movimentos permitidos a cada passo são: uma unidade para cima, uma unidade para baixo, uma unidade para esquerda ou uma unidade para a direita. Como Esmeralda quer sair do ponto $(0,0)$ e retornar ao mesmo ponto após 2008 passos durante todo o movimento, o número de passos para cima (m) tem de ser igual ao número de passos para baixo, assim como o número de passos para a direita (n) tem de ser igual ao número de passos para a esquerda. Ora, como o total de passos é 2008, segue que

$$m + m + n + n = 2008 \Rightarrow 2m + 2n = 2008 \Rightarrow 2(m+n) = 2008 \Rightarrow m+n = 1004$$

Cada passo dado para cima vamos representar por (C); cada passo para baixo vamos representar por (B); cada passo para a direita vamos representar por (D) e, finalmente, cada passo para a esquerda vamos representar por (E). Como estamos supondo que no movimento completo foram dados m passos para cima, m passos para baixo, n passos para a direita e n passos para a esquerda, para cada caminho possível formaremos uma sequência de m letras C, m letras B, n letras D e n letras E. (e reciprocamente, isto é, cada sequência de m letras C, m letras B, n letras D e n letras E também correspondem a um único caminho). Diante do exposto há uma bijeção entre o conjunto dos possíveis caminhos e o conjunto das sequências formadas com m letras C, m letras B, n letras D e n letras E. O número de sequências possíveis de formarmos com m letras C, m letras B, n letras D e n letras E é dado pela permutação com elementos repetidos, a saber:

$$\frac{(2m+2n)!}{m!.m!.n!.n!} = \frac{2008!}{(m!)^2.(n!)^2}$$

Portanto, o número de caminhos possíveis é igual ao número dessas sequências, que pode ser

218 INTRODUÇÃO À COMBINATÓRIA E PROBABILIDADE

obtido por

$$\sum_{m+n=1004} \frac{2008!}{(m!)^2.(n!)^2} = \sum_{n=0}^{1004} \frac{2008!}{((1004-n)!)^2.(n!)^2}$$

$$= \sum_{n=0}^{1004} \frac{(1004!)^2}{(1004!)^2} \frac{2008!}{((1004-n)!)^2.(n!)^2}$$

$$= \frac{2008!}{(1004!)^2} \cdot \sum_{n=0}^{1004} \frac{(1004!)^2}{((1004-n)!)^2.(n!)^2}$$

$$= \frac{2008!}{(1004!)^2} \cdot \sum_{n=0}^{1004} \binom{1004}{n}^2$$

$$= \frac{2008!}{(1004!)^2} \cdot \left[\binom{1004}{0}^2 + \binom{1004}{1}^2 + \cdots + \binom{1004}{1004}^2 \right]$$

$$= \frac{2008!}{(1004!)^2} \cdot \binom{2008}{1004}$$

Note que na última igualdade acima usamos a identidade demonstrada no exercício anterior,

$$\binom{n}{0}^2 + \binom{n}{1}^2 + \cdots + \binom{n}{n}^2 = \binom{2n}{n}$$

12. Carlos tem n alunos (evidentemente distintos) e deseja convidar um ou mais alunos para formar uma equipe para participar de uma Competição Matemática. Se a equipe deve ter um líder, de quantas formas distintas essa equipe pode ser formada?

Resolução:

Inicialmente vamos escolher um dos n alunos para ser o líder da equipe, o que pode ser feito de n modos distintos. Uma vez escolhido o líder da equipe, cada um dos $n-1$ alunos pode ou não ser escolhido para formar a equipe, o que resulta, pelo Príncipio Multiplicativo, em $\underbrace{2 \times 2 \times \cdots 2}_{n-1 \text{ fatores}} = 2^{n-1}$ possibilidades. Assim, o número de equipes que podem ser formadas, com um líder, a partir de um grupo de n alunos é $n.2^{n-1}$. Uma outra maneira de fazer a contagem é a seguinte:

- Há $\binom{n}{1}$ modos distintos de escolher uma equipe com 1 pessoa, e nesta equipe há apenas 1 modo de escolher o seu líder (que neste caso é o único participante da equipe!). Assim, o número de equipes com 1 componente e um líder é $1.\binom{n}{1}$.

- Há $\binom{n}{2}$ modos distintos de escolher uma equipe com 2 pessoas, e nesta equipe há 2 modos distintos de escolhermos o seu líder (que neste caso é um dos dois participantes da equipe!). Assim, o número de equipes com 2 componentes e um líder é $2.\binom{n}{2}$

CAPÍTULO 12. O TRIÂNGULO DE PASCAL 219

- Há $\binom{n}{3}$ modos distintos de escolher uma equipe com 3 pessoas, e nesta equipe há 3 modos distintos de escolhermos o seu líder (que neste caso é um dos três participantes da equipe!). Assim, o número de equipes com 3 componentes e um líder é $3.\binom{n}{3}$

$$\vdots$$

- Há $\binom{n}{n}$ modos distintos de escolher uma equipe com n pessoas, e nesta equipe há n modos distintos de escolhermos o seu líder (que neste caso é um dos n participantes da equipe!). Assim, o número de equipes com n componentes e um líder é $n.\binom{n}{n}$

Assim, pelo Princípio Aditivo, o número de maneiras distintas de escolhermos uma equipe com 1 ou mais alunos em que há um líder é dado por:

$$1.\binom{n}{1} + 2.\binom{n}{2} + 3.\binom{n}{3} + \cdots + n.\binom{n}{n}$$

Como já vimos, esse mesmo número é dado por $n.2^{n-1}$. Portanto,

$$1.\binom{n}{1} + 2.\binom{n}{2} + 3.\binom{n}{3} + \cdots + n.\binom{n}{n} = n.2^{n-1}$$

13. Vamos determinar o maior valor de p tal que

$$\binom{n}{p-1} < \binom{n}{p} \quad e \quad \binom{n}{p} > \binom{n}{p+1}$$

esse tal valor de p é o que torna o número binomial $\binom{n}{p}$ máximo. Assim,

$$\binom{n}{p-1} < \binom{n}{p} \Leftrightarrow \frac{n!}{(n-p+1)!(p-1)!} < \frac{n!}{(n-p)!p!}$$

$$\frac{n!}{(n-p+1)(n-p)!(p-1)!} < \frac{n!}{(n-p)!p(p-1)!} \Leftrightarrow \frac{1}{n-p+1} < \frac{1}{p}$$

ou seja,

$$\frac{1}{n-p+1} < \frac{1}{p} \Leftrightarrow p < n-p+1 \Leftrightarrow p < \frac{n+1}{2}$$

Por outro lado,

$$\binom{n}{p} > \binom{n}{p+1} \Leftrightarrow \frac{n!}{(n-p)!p!} > \frac{n!}{(n-p-1)!(p+1)!}$$

$$\frac{n!}{(n-p)(n-p-1)!p!} > \frac{n!}{(n-p-1)!(p+1)p!} \Leftrightarrow \frac{1}{(n-p)} > \frac{1}{(p+1)}$$

ou seja,

$$\frac{1}{(n-p)} > \frac{1}{(p+1)} p+1 > n-p \Leftrightarrow p > \frac{n-1}{2}$$

Portanto,

$$\frac{n-1}{2} < p < \frac{n+1}{2}$$

Assim, se n é par, o valor de p que maximiza o número binomial $\binom{n}{p}$ é $p = \frac{n}{2}$.

220 INTRODUÇÃO À COMBINATÓRIA E PROBABILIDADE

14. É basicamente a mesma questão anterior, só que no caso do n ser ímpar há dois termos (iguais) que representam o maior valor do número binomial $\binom{n}{p}$ que são aqueles em que $p = \frac{n-1}{2}$ e $p = \frac{n+1}{2}$ (são números binomiais complementares).

15. Ora, como estamos supondo que $0 < k < p$ (veja o enunciado!), e p é primo, segue que k não divide p, pois p sendo primo, os únicos números naturais que dividem p são o 1 e o próprio p. Por outro lado, sabemos que o número $\binom{p}{k}$ é inteiro. Como

$$\binom{p}{k} = \frac{p!}{(p-k)!k!} = \frac{p(p-1)(p-2).\cdots.(p-k+1)}{k!}$$

e como $0 < k < p$ não divide p, concluímos que $k!$ divide o produto $(p-1)(p-2).\cdots.(p-k+1)$, pois caso contrário, o número $\binom{n}{k}$ não seria inteiro. Assim, p divide $\binom{p}{k}$ quando $0 < k < p$, pois

$$\frac{\binom{p}{k}}{p} = \frac{(p-1)(p-2).\cdots.(p-k+1)}{k!} \in \mathbb{Z}$$

16. a) De fato,

$$2.\binom{i}{2} + \binom{i}{1} = 2.\frac{i(i-1)}{2} + i = i^2 - i + i = i^2$$

b) Para este item, vamos assumir que $\binom{n}{p} = 0$ se $n < p$ (alguns autores definem assim!). Pelo que demonstramos no item (a), segue que

$$i^2 = 2.\binom{i}{2} + \binom{i}{1}$$

Fazendo o i variar de 0 a n e adicionando membro a membro, segue que:

$$\sum_{i=0}^{n} i^2 = \sum_{i=0}^{n} \left[2.\binom{i}{2} + \binom{i}{1} \right]$$

$$= \sum_{i=0}^{n} 2\binom{i}{2} + \sum_{i=0}^{n} \binom{i}{1}$$

$$= 2\sum_{i=0}^{n} \binom{i}{2} + \sum_{i=0}^{n} \binom{i}{1}$$

$$= 2\binom{n+1}{3} + \binom{n+1}{2}$$

$$= 2\frac{(n+1)n(n-1)}{6} + \frac{(n+1)n}{2}$$

$$= \frac{(n+1)n(n-1)}{3} + \frac{(n+1)n}{2}$$

$$= n(n+1)\left(\frac{n-1}{3} + \frac{1}{2}\right)$$

$$= n(n+1)\frac{2n+1}{6}$$

$$= \frac{n(n+1)(2n+1)}{6}$$

Você observou que usamos o teorema das colunas para resolver os somatórios?

CAPÍTULO 12. O TRIÂNGULO DE PASCAL   221

17. a)Vamos utilizar uma identidade de polinômios. Vejamos:

$$a\binom{n}{3} + b\binom{n}{2} + c\binom{n}{1} = n^3 \Rightarrow$$

$$a\frac{n(n-1)(n-2)}{3!} + b\frac{n(n-1)}{2!} + cn = n^3 \Rightarrow$$

$$a\frac{n(n-1)(n-2)}{6} + b\frac{n(n-1)}{2} + cn = n^3 \Rightarrow$$

$$an(n-1)(n-2) + 3bn(n-1) + 6cn = 6n^3 \Rightarrow$$

$$an^3 + (-3a + 3b)n^2 + (2a - 3b + 6c)n = 6n^3 + 0n^2 + 0n$$

Sabemos que dois polinômios são idênticos se, e somente se, eles possuem os mesmos coeficientes. Assim,

$$\begin{cases} a = 6 \\ -3a + 3b = 0 \\ 2a - 3b + 6c = 0 \end{cases} \Rightarrow a = 6, b = 6 \text{ e } c = 1$$

Portanto,

$$6.\binom{n}{3} + 6.\binom{n}{2} + 1.\binom{n}{1} = n^3$$

b)Como no exercício anterior, vamos considerar que $\binom{n}{p} = 0$ se $n < p$. Fazendo o n variar de 0 a k e adicionando membro a membro, segue que:

$$\sum_{n=0}^{k} n^3 = \sum_{n=0}^{k} \left[6\binom{n}{3} + 6\binom{n}{2} + \binom{n}{1} \right]$$

$$= 6\sum_{n=0}^{k}\binom{n}{3} + 6\sum_{n=0}^{k}\binom{n}{2} + \sum_{n=0}^{k}\binom{n}{1}$$

$$= 6\binom{k+1}{4} + 6\binom{k+1}{3} + \binom{k+1}{2}$$

$$= 6\frac{(k+1)k(k-1)(k-2)}{4!} + 6\frac{(k+1)k(k-1)}{3!} + \frac{(k+1)k}{2!}$$

$$= 6\frac{(k+1)k(k-1)(k-2)}{24} + 6\frac{(k+1)k(k-1)}{6} + \frac{(k+1)k}{2}$$

$$= \frac{(k+1)k(k-1)(k-2)}{4} + (k+1)k(k-1) + \frac{(k+1)k}{2}$$

$$= (k+1)k\left[\frac{(k-1)(k-2)}{4} + (k-1) + \frac{1}{2} \right]$$

$$= (k+1)k\frac{(k+1)k}{4}$$

$$= \left(\frac{k(k+1)}{2} \right)^2$$

222 INTRODUÇÃO À COMBINATÓRIA E PROBABILIDADE

ou seja,

$$1^3 + 2^3 + 3^3 + \cdots + k^3 = \left(\frac{k(k+1)}{2}\right)^2$$

18. a)Pelo teorema das colunas do triângulo de Pascal, segue que:

$$\binom{2}{2} + \binom{3}{2} + \binom{4}{2} + \cdots + \binom{18}{2} = \binom{19}{3} = 969$$

b)Observando a figura dada no enunciado da questão(cima para baixo) podemos perceber que o número de laranjas nas várias camadas é:

1ª Camada $\rightarrow 2 = 2.1$.

2ª Camada $\rightarrow 6 = 3.2$.

3ª Camada $\rightarrow 12 = 4.3$.

$\vdots$

15ª Camada $\rightarrow 240 = 16.15$.

Assim, o número total de laranjas que compõe as 15 camadas é

$$S = 2.1 + 3.2 + 4.3 + \cdots + 16.15$$

Dividindo os dois membros da igualdade $S = 2.1 + 3.2 + 4.3 + \cdots + 16.15$, por 2!, segue que:

$$\frac{S}{2!} = \frac{2.1}{2!} + \frac{3.2}{2!} + \frac{4.3}{2!} + \cdots + \frac{16.15}{2!}$$

e lembrando que para cada inteiro não negativo n tem-se $\binom{n}{2} = \frac{n.(n-1)}{2!}$, segue que:

$$\frac{S}{2!} = \binom{2}{2} + \binom{3}{2} + \binom{4}{2} + \cdots + \binom{16}{2}$$

Por outro lado, pelo teorema das colunas do triângulo de Pascal, temos:

$$\frac{S}{2!} = \binom{2}{2} + \binom{3}{2} + \binom{4}{2} + \cdots + \binom{16}{2} = \binom{17}{3} = 680$$

finalmente,

$$\frac{S}{2!} = 680 \Rightarrow S = 1360$$

CAPÍTULO 12. O TRIÂNGULO DE PASCAL   223

19. Podemos escever a soma $1^2 \cdot \binom{n}{1} + 2^2 \cdot \binom{n}{2} + 3^2 \cdot \binom{n}{3} + \cdots + n^2 \cdot \binom{n}{n}$ da seguinte forma:

$$
\begin{aligned}
\sum_{k=1}^{n} k^2 \binom{n}{k} &= \sum_{k=1}^{n} k^2 \frac{n}{k} \binom{n-1}{k-1} = \sum_{k=1}^{n} kn \binom{n-1}{k-1} = n \sum_{k=1}^{n} k \binom{n-1}{k-1} \\
&= n \left[\sum_{k=1}^{n} k \binom{n-1}{k-1} - \sum_{k=1}^{n} \binom{n-1}{k-1} + \sum_{k=1}^{n} \binom{n-1}{k-1} \right] \\
&= n \left[\sum_{k=1}^{n} (k-1) \binom{n-1}{k-1} + \sum_{k=1}^{n} \binom{n-1}{k-1} \right] \\
&= n \left[\sum_{j=0}^{n-1} j \binom{n-1}{j} + \sum_{j=0}^{n-1} \binom{n-1}{j} \right] \\
&= n \left[(n-1)2^{n-2} + 2^{n-1} \right] \\
&= n \left[(n-1)2^{n-2} + 2.2^{n-2} \right] \\
&= n \left[(n-1+2)2^{n-2} \right] \\
&= n(n+1)2^{n-2}
\end{aligned}
$$

Nesta resolução usamos o resultado do exercício 12 (ou do exemplo 12.2.2).

20. Usando a relação de Fermat para números binomiais (demonstrada no problema 1), segue que

$$
\binom{12}{k+1} = \frac{12}{k+1} \cdot \binom{11}{k} \Rightarrow \frac{\binom{11}{k}}{k+1} = \frac{\binom{12}{k+1}}{12}
$$

Assim,

$$
k = 0 \Rightarrow \frac{\binom{11}{0}}{1} = \frac{\binom{12}{1}}{12}
$$

$$
k = 1 \Rightarrow \frac{\binom{11}{1}}{2} = \frac{\binom{12}{2}}{12}
$$

$$
k = 2 \Rightarrow \frac{\binom{11}{2}}{3} = \frac{\binom{12}{3}}{12}
$$

$$
\vdots
$$

$$
k = 11 \Rightarrow \frac{\binom{11}{11}}{12} = \frac{\binom{12}{12}}{12}
$$

224 INTRODUÇÃO À COMBINATÓRIA E PROBABILIDADE

Adicionando, membro a membro, as iguadades acima, segue que:

$$
\begin{aligned}
S &= \frac{\binom{11}{0}}{1} + \frac{\binom{11}{1}}{2} + \frac{\binom{11}{2}}{3} + \cdots + \frac{\binom{11}{11}}{12} \\
&= \frac{\binom{12}{1}}{12} + \frac{\binom{12}{2}}{12} + \frac{\binom{12}{3}}{12} + \cdots + \frac{\binom{12}{12}}{12} \\
&= \frac{1}{12} \cdot \left[\binom{12}{1} + \binom{12}{2} + \binom{12}{3} + \cdots + \binom{12}{12} \right] \\
&= \frac{1}{12} \cdot \left[2^{12} - \binom{12}{0} \right] \\
&= \frac{1}{12} \cdot \left[2^{12} - 1 \right]
\end{aligned}
$$

Observação 12.2 *Há uma outra solução bastante elegante para esse problema utilizando ferramentas do Cálculo diferencial e integral. Vejamos: pela fórmula do binômio de Newton (que será demonstrada no próximo capítulo) temos que:*

$$
(1 + x)^n = \sum_{k=0}^{n} \binom{n}{k} x^k
$$

integrando em relação à variável x no intervalo $[0, 1]$, membro a membro, obtemos:

$$
\begin{aligned}
\int_0^1 (1 + x)^n dx &= \int_0^1 \sum_{k=0}^{n} \binom{n}{k} x^k dx \\
&= \sum_{k=0}^{n} \int_0^1 \binom{n}{k} x^k dx \\
&= \sum_{k=0}^{n} \binom{n}{k} \int_0^1 x^k dx \\
&= \sum_{k=0}^{n} \binom{n}{k} \frac{x^{k+1}}{k+1} \Big|_0^1 \\
&= \sum_{k=0}^{n} \binom{n}{k} \left[\frac{1^{k+1}}{k+1} - \frac{0^{k+1}}{k+1} \right] \\
&= \sum_{k=0}^{n} \binom{n}{k} \left[\frac{1}{k+1} - 0 \right] \\
&= \sum_{k=0}^{n} \frac{1}{k+1} \binom{n}{k}
\end{aligned}
$$

por outro lado,

$$
\int_0^1 (1 + x)^n dx = \frac{(1 + x)^{n+1}}{n+1} \Big|_0^1 = \frac{(1+1)^{n+1}}{n+1} - \frac{(1+0)^{n+1}}{n+1} = \frac{1}{n+1} \cdot \left[2^{n+1} - 1 \right]
$$

portanto,

$$\frac{1}{n+1} \cdot \left[2^{n+1} - 1 \right] = \sum_{k=0}^{n} \frac{1}{k+1} \binom{n}{k}$$

em particular, para $n = 11$, *segue que:*

$$\frac{1}{11+1} \cdot \left[2^{11+1} - 1 \right] = \sum_{k=0}^{11} \frac{1}{k+1} \binom{11}{k} \Rightarrow \frac{1}{12} \cdot \left[2^{12} - 1 \right] = \sum_{k=0}^{11} \frac{1}{k+1} \binom{11}{k}$$

ou seja,

$$\frac{\binom{11}{0}}{1} + \frac{\binom{11}{1}}{2} + \frac{\binom{11}{2}}{3} + \cdots + \frac{\binom{11}{11}}{12} = \frac{1}{12} \cdot \left[2^{12} - 1 \right]$$

Capítulo 13

O Binômio de Newton e o Polinômio de Leibniz

13.1 Introdução

O binômio de Newton e o polinômio de Leibniz são duas ferramentas que, a princípio, foram desenvolvidas para encontrar todos os termos de expansões da forma $(x + y)^n, (x + y + z)^n, (x + y + z + w)^n, \cdots$. Essas ferramentas, no entanto, mostraram-se úteis para resolver situações do tipo: dados 3 elementos x, y e z, queremos montar, utilizando apenas esses três elementos, sequências de n elementos e organizá-los em fila com n_1 elementos x, n_2 elementos y e n_3 elementos z, de modo que $n_1 + n_2 + n_3 = n$. Você pode se perguntar qual seria a importância desse problema. Lembre-se de que atualmente o grande desafio da medicina molecular é encontrar as sequências do código genético das pessoas, as quais são formadas por 4 elementos (adenina, tinina, citosina e guanina) e são analisadas por máquinas. Logo, saber o número de possibilidades de se formar uma sequência de elementos, utilizando-se apenas de uma quantidade finita de letras (no caso, as letras iniciais de cada elemento), é uma questão pertinente. Neste capítulo, estudamos o binômio de Newton e o polinômio de Leibniz que nos darão subsídios para resolver tais questões.

Espera-se que ao final deste capítulo, você possa desenvolver a potência de uma soma de dois (binômio de Newton) ou mais termos (polinômio de Leibniz) sem dificuldade, e seja capaz de aplicá-la na resolução de problemas.

13.2 O Binômio de Newton

Como desenvolver $(x + y)^n$?

Etapa 1:

Vamos começar com a potência 2 e, em seguida, generalizar para uma potência qualquer. Sabemos que:
$$(x + y)^2 = (x + y) \times (x + y) = x^2 + xy + yx + y^2 = x^2 + 2xy + y^2$$

Observe que a soma das potências de cada parcela é 2, de fato:

- a potência da primeira parcela x^2 é 2;

- a potência da segunda parcela xy é $1 + 1 = 2$;

228 INTRODUÇÃO À COMBINATÓRIA E PROBABILIDADE

- a potência da terceira parcela yx é $1 + 1 = 2$;

- a potência da quarta parcela y^2 é 2.

E coincidem com a potência do termo $(x + y)^2$.

Etapa 2:

$$(x + y)^3 = (x + y) \times (x + y) \times (x + y)$$
$$= xxx + xxy + xyx + xyy + yxx + yxy + yyx + yyy$$

De modo análogo, os termos que aparecem no produto anterior terão a soma dos expoentes igual a 3. Logo, os possíveis termos são x^3, x^2y, xy^2 e y^3. Que mais uma vez coincide com a potência do termo $(x + y)^3$. Sabendo que o resultado será uma soma de uma certa quantidade de cada um desses termos, pergunta-se: quantos termos x^3, x^2y, xy^2 e y^3 aparecerão no desenvolvimento?

Podemos pensar cada termo dos produtos xxx, xxy, xyy, yyy como sendo o resultado de uma bola retirada de gavetas que contêm bolas x e bolas y (que seria cada um dos termos $(x + y)$ que aparece 3 vezes no produto acima). Sendo assim, xyx significa que da primeira gaveta retiramos a bola x, da segunda gaveta retiramos a bola y e da terceira gaveta retiramos a bola x. Do mesmo modo, yxx significa que da primeira gaveta retiramos a bola y, da segunda gaveta retiramos a bola x e da terceira gaveta retiramos a bola x. Perceba que ao efetuarmos o produto, obtemos, em ambos, x^2y. A pergunta, então, é: quantas são as possibilidades de retirarmos duas bolas x e uma bola y?

Ora, esse número é a quantidade de anagramas conseguidos com duas letras x e uma letra y, que aprendemos a encontrar no capítulo 4 (Permutação de elementos nem todos distintos):

$$P_3^{2,1} = \frac{3!}{2!.1!} \text{ , que coincide com o valor de } \binom{3}{2}$$

Do mesmo modo, fazendo para os outros termos que aparecem em $(x + y)^3$, obtemos:

$$x^3 \text{ aparece } P_3^{3,0} = \frac{3!}{3!.0!} \text{ , que coincide com o valor de } \binom{3}{0}$$

$$x^2y \text{ aparece } P_3^{2,1} = \frac{3!}{2!.1!} \text{ , que coincide com o valor de } \binom{3}{1}$$

$$xy^2 \text{ aparece } P_3^{1,2} = \frac{3!}{2!.1!} \text{ , que coincide com o valor de } \binom{3}{2}$$

$$y^3 \text{ aparece } P_3^{0,3} = \frac{3!}{0!.3!} \text{ , que coincide com o valor de } \binom{3}{3}$$

Assim, somados os termos em que cada um está multiplicado pelo seu respectivo número de aparições, temos

$$(x + y)^3 = \binom{3}{0}x^3 + \binom{3}{1}x^2y + \binom{3}{2}xy^2 + \binom{3}{3}y^3$$

Ou, de uma maneira mais compacta:

$$(x + y)^3 = \sum_{k=0}^{3} \binom{3}{k} x^{3-k} y^k$$

CAPÍTULO 13. O BINÔMIO DE NEWTON E O POLINÔMIO DE LEIBNIZ 229

Observação 13.1 - *Lembre que apenas para números* y *diferentes de zero, temos* $y^0 = 1$, *portanto,* $x^3 y^0 = x^3$ *só vale quando* y *é diferente de zero.*

Observação 13.2 - *Pelo teorema das linhas que estudamos na aula passada, a soma dos coeficientes dos termos que aparecem no somatório vale* 2^3 .*Ou, ainda, por uma verificação direta:*

$$\binom{3}{0} + \binom{3}{1} + \binom{3}{2} + \binom{3}{3} = 2^3$$

Fazendo essa mesma análise para um produto com potência n qualquer, obtemos:

Etapa n:

$$(x + y)^n = \sum_{k=0}^{n} \binom{n}{k} x^{n-k} y^k$$

Note que a soma das potências de x e y é $(n - k) + k = n$, que é a potência de $(x + y)^n$. Essa fórmula é conhecida como a fórmula do binômio de Newton e a soma dos coeficientes é 2^n.

Exemplo 13.2.1 - *Calcule* $(x - y)^2$

Resolução:

$$(x - y)^2 = (x + (-y))^2 = \binom{2}{0} x^2 + \binom{2}{1} x(-y) + \binom{2}{2}(-y)^2 = x^2 - 2yx + y^2$$

Exemplo 13.2.2 - *Calcule* $(x - y)^4$

Resolução:

$$
\begin{aligned}
(x - y)^4 &= (x + (-y))^4 \\
&= \binom{4}{0} x^4 + \binom{4}{1} x^3 (-y)^1 + \binom{4}{2} x^2 (-y)^2 + \binom{4}{3} x^1.(-y)^3 + \binom{4}{4} x^0 y^4 \\
&= x^4 - 4x^3 y + 6x^2 y^2 - 4xy^3 + y^4
\end{aligned}
$$

Agora que o cálculo de potências de somas de dois elementos não tem mais mistério, verifiquemos mais alguns exemplos.

Exemplo 13.2.3 - *Encontre o coeficiente do termo* $x^8 y^7$ *da expansão* $(x + y)^{15}$

Resolução:

Pela fórmula geral do binômio de Newton,

$$(x + y)^n = \sum_{k=0}^{n} \binom{n}{k} x^{n-k} y^k$$

230 INTRODUÇÃO À COMBINATÓRIA E PROBABILIDADE

temos que o termo x^8y^7 é referente ao $k = 7$, pois $x^{15-7}y^7 = x^8y^7$. Para esse valor de k, temos que o coeficiente é:

$$\binom{15}{7} = \frac{15!}{8!.7!} = 6435$$

Exemplo 13.2.4 - *Em uma experiência teórica, dois elementos químicos x e y foram representados por bolas, uma vermelha e uma azul, respectivamente. A experiência foi a seguinte: cada aluno pegava uma quantidade de 15 bolas, as quais podiam ou não ser todas da mesma cor e as dispunham em uma fila. Cada fila diferente era fotografada por uma câmera digital e, ao final da aula, o disco contendo as fotos era entregue ao professor. Pergunta-se:*

a)quantas fotos contendo 8 bolas vermelhas e 7 azuis foram entregues?

b)quantas fotos em que todas as bolinhas eram da mesma cor foram entregues?

c)qual a quantidade de bolas de cada cor fornecerá a maior quantidade possível de fotos?

Resolução:

a)Note que, pelo modo que construímos a fórmula do binômio de Newton, a primeira pergunta equivale a encontrar o coeficiente do termo x^8y^7 ou seja,

$$\binom{15}{7} = \frac{15!}{8!.7!} = 6435$$

b)A segunda pergunta equivale a encontrar o coeficiente do termo x^{15} ou y^{15}, dependendo se sua escolha foi por todas as bolas vermelhas ou todas azuis. Pela fórmula geral do binômio de Newton, temos que esses coeficientes são dados por:

$$\binom{15}{0} = \frac{15!}{15!.0!} = 1$$

c)Para responder à terceira pergunta, precisamos calcular todos os coeficientes até o $\binom{15}{7}$, pois vimos na aula anterior sobre o triângulo de Pascal, mais precisamente, pela relação das combinações complementares, que os números a uma mesma distância das extremidades possuem o mesmo valor, ou seja,

$$\binom{15}{0} = \binom{15}{15}, \binom{15}{1} = \binom{15}{14}, \binom{15}{2} = \binom{15}{13}, \binom{15}{3} = \binom{15}{12}$$

$$\binom{15}{4} = \binom{15}{11}, \binom{15}{5} = \binom{15}{10}, \binom{15}{6} = \binom{15}{9}, \binom{15}{7} = \binom{15}{8}$$

Calculando, então, teremos:

$$\binom{15}{0} = \binom{15}{15} = 1 \;, \; \binom{15}{1} = \binom{15}{14} = 15$$

$$\binom{15}{2} = \binom{15}{13} = 105 \;, \; \binom{15}{3} = \binom{15}{12} = 455$$

CAPÍTULO 13. O BINÔMIO DE NEWTON E O POLINÔMIO DE LEIBNIZ 231

$$\binom{15}{4} = \binom{15}{11} = 1365 \ , \quad \binom{15}{5} = \binom{15}{10} = 3003$$

$$\binom{15}{6} = \binom{15}{9} = 5005 \ , \quad \binom{15}{7} = \binom{15}{8} = 6435$$

Dessa forma, podemos concluir que as configurações contendo 7 bolas de uma cor e 8 de outra foram as que mais apareceram, 6435 vezes, e que, possivelmente, essa experiência deve ter demorado muito mais que uma aula.

Até este ponto apresentamos a fórmula geral do binômio de Newton de modo intuitivo. Uma maneira formal de justificá-la é utilizar o método da Indução Finita.

Teorema 3 - *Para* $x, y \in \mathbb{R}$ *e* $n \in \mathbb{N}$ *vale a relação*

$$(x + y)^n = \sum_{k=0}^{n} \binom{n}{k} x^{n-k} y^k, \quad \text{com} \quad \binom{n}{k} = \frac{n!}{(n-k)!k!}$$

Demonstração:

- Para $n = 1$ temos:

$$(x + y)^1 = x + y$$

e

$$\sum_{k=0}^{1} \binom{n}{k}^n x^{n-k} y^k = \binom{1}{0} x^{1-0} y^0 + \binom{1}{1} x^{1-1} y^1 = 1.x^1.y^0 + 1.x^0.y^1 = x + y$$

Logo a fórmula vale para $n = 1$.

- (Hipótese de indução) Suponhamos que a igualdade a ser demonstrada seja verdadeira para n, isto é,

$$(x + y)^n = \sum_{k=0}^{n} \binom{n}{k} x^{n-k} y^k, \quad \text{com} \quad \binom{n}{k} = \frac{n!}{(n-k)!k!}$$

- Agora vamos provar que a fórmula acima é válida para $n + 1$, isto é,

$$(x + y)^{n+1} = \sum_{k=0}^{n+1} \binom{n+1}{k} x^{n+1-k} y^k, \quad \text{com} \quad \binom{n+1}{k} = \frac{(n+1)!}{(n+1-k)!k!}$$

De fato,

$$(x+y)^{n+1} = (x+y)^n.(x+y)$$

$$= \left[\sum_{k=0}^{n} \binom{n}{k} x^{n-k} y^k\right] (x+y)$$

$$= \sum_{k=0}^{n} \binom{n}{k} x^{n-k} y^k.x + \sum_{k=0}^{n} \binom{n}{k} x^{n-k} y^k.y$$

$$= \sum_{k=0}^{n} \binom{n}{k} x^{n+1-k} y^k + \sum_{k=0}^{n} \binom{n}{k} x^{n-k} y^{k+1}$$

$$= \sum_{k=0}^{n} \binom{n}{k} x^{n+1-k} y^k + \sum_{\ell=1}^{n+1} \binom{n}{\ell-1} x^{n-\ell+1} y^\ell$$

$$= \sum_{\ell=0}^{n} \binom{n}{\ell} x^{n+1-\ell} y^\ell + \sum_{\ell=1}^{n+1} \binom{n}{\ell-1} x^{n-\ell+1} y^\ell$$

$$= \binom{n}{0} x^{n+1} y^0 + \sum_{\ell=1}^{n} \binom{n}{\ell} x^{n-\ell+1} y^\ell + \sum_{\ell=1}^{n+1} \binom{n}{\ell-1} x^{n-\ell+1} y^\ell$$

$$= \binom{n}{0} x^{n+1} y^0 + \sum_{\ell=1}^{n} \left[\binom{n}{\ell} + \binom{n}{\ell-1}\right] x^{n-\ell+1} y^\ell$$

$$= \binom{n+1}{0} x^{n+1} y^0 + \sum_{\ell=1}^{n} \binom{n+1}{\ell} x^{n-\ell+1} y^\ell$$

$$= \sum_{\ell=0}^{n+1} \binom{n+1}{\ell} x^{n-\ell+1} y^\ell$$

$$= \sum_{k=0}^{n+1} \binom{n+1}{k} x^{n-k+1} y^k$$

Portanto, a fórmula é válida para $n+1$ e pelo Princípio da Indução Finita, a fórmula é válida para qualquer $n \in \mathbb{N}$.

Observação 13.3 - *Alguns fatos importantes podem ser ditos sobre o desenvolvimento do binômio* $(x+y)^n$:

- O primeiro é que o desenvolvimento do binômio $(x+y)^n$ possui $n+1$ termos.

- No desenvolvimento

$$(x+y)^n = \binom{n}{0} x^n + \binom{n}{1} x^n y + \cdots + \binom{n}{k} x^{n-k} y^k + \cdots + \binom{n}{n} y^n$$

CAPÍTULO 13. O BINÔMIO DE NEWTON E O POLINÔMIO DE LEIBNIZ   233

o termo $\binom{n}{k}x^{n-k}y^k$ ocupa a posição $k+1$, ou seja,

$$T_{k+1} = \binom{n}{k}x^{n-k}y^k$$

que é a chamada **fórmula do termo geral** do binômio de Newton.

- Para desenvolvermos $(x-y)^n$, basta escrever $(x-y)^n = (x+(-y))^n$ e aplicar a fórmula já conhecida do binômio de Newton para obtermos:

$$(x+y)^n = \binom{n}{0}x^n - \binom{n}{1}x^n y + \cdots + (-1)^k.\binom{n}{k}x^{n-k}y^k + \cdots + (-1)^n.\binom{n}{n}y^n$$

- Para obtermos a soma dos coeficientes do desenvolvimento de $(x+y)^n$, basta substituirmos as variáveis x e y por 1, pois

$$(x+y)^n = \binom{n}{0}x^n + \binom{n}{1}x^{n-1}y + \cdots + \binom{n}{k}x^{n-k}y^k + \cdots + \binom{n}{n}y^n \Rightarrow$$

$$(1+1)^n = \binom{n}{0}1^n + \binom{n}{1}1^{n-1}.1 + \cdots + \binom{n}{k}1^{n-k}.1^k + \cdots + \binom{n}{n}1^n \Rightarrow$$

$$\binom{n}{0} + \binom{n}{1} + \cdots + \binom{n}{k} + \cdots + \binom{n}{n} = 2^n$$

Exemplo 13.2.5 - *(Concurso-IFRN) Desenvolvemos o binômio $\left(x^2 + \frac{1}{x}\right)^n$ e dispusemos seus termos em ordem decrescente de potências de x. Se o valor do termo independente de x é 84, qual é a posição que esse termo ocupa?*

Resolução:

A fórmula do termo geral aplicada ao binômio $\left(x^2 + \frac{1}{x}\right)^n$. resulta em

$$T_{p+1} = \binom{n}{p}.(x^2)^{n-p}.\left(\frac{1}{x}\right)^p = \binom{n}{p}.x^{2n-2p}x^{-p} = \binom{n}{p}x^{2n-3p}$$

para obtermos o termo independente de x (o termo em que o x não aparece!), basta igualarmos o expoente do x na fórmula do termo geral a 0, pois $x^0 = 1$ aí então o x não aparecerá nesse termo. Assim,

$$2n - 3p = 0 \Rightarrow p = \frac{2n}{3}$$

Portanto, o termo independente de x no desenvolvimento do binômio $\left(x^2 + \frac{1}{x}\right)^n$. ocorre quando $p = \frac{2n}{3}$ na fórmula do termo geral, ou seja,

$$p = \frac{2n}{3} \Rightarrow T_{\frac{2n+3}{3}} = \binom{n}{\frac{2n}{3}}.x^{2n-3.\frac{2n}{3}} = \binom{n}{\frac{2n}{3}}.x^0 = \binom{n}{\frac{2n}{3}}$$

Por outro lado, sabemos pelo enunciado, que o termo independente de x no desenvolvimento de $\left(x^2 + \frac{1}{x}\right)^n$ é 84. Assim, devemos procurar o valor de n tal que $\binom{n}{\frac{2n}{3}} = 84$. Ora, como $\frac{2n}{3}$ tem de ser inteiro, segue que n tem de ser múltiplo de 3. Assim, podemos procurar no triângulo de Pascal,

234 INTRODUÇÃO À COMBINATÓRIA E PROBABILIDADE

nas linhas de número múltiplo de 3 onde se encontra o valor 84. Fazendo essa busca no triângulo de Pascal vemos que $\binom{9}{3} = \binom{9}{6} = 84$. Assim, podemos ter

$$\frac{2n}{3} = 3 \Rightarrow n = 4,5 \text{ (não serve, pois } n \text{ tem de ser inteiro!)}$$

$$\frac{2n}{3} = 6 \Rightarrow n = 9$$

Assim,

$$n = 9 \Rightarrow p = \frac{2n}{3} = \frac{2.9}{3} = 6$$

finalmente, se $p = 6$, segue que

$$n = 9 \text{ e } p = 6 \Rightarrow T_7 = \binom{9}{\frac{2.9}{3}} = \binom{9}{6} = 84$$

Portanto, no desenvolvimento do binômio $\left(x^2 + \frac{1}{x}\right)^n$ o termo independente de x é o 7° termo.

Exemplo 13.2.6 - *Qual a soma dos coeficientes do desenvolvimento de* $(3x - 2y)^{2013}$?

Resolução:

No desenvolvimento do binômio $(3x-2y)^{2013}$ aparecerão $2013+1 = 2014$ termos da forma $C_j x^{2013-j} y^j$, onde $C_j = \binom{2013}{j} 3^{2013-j}(-2)^j$, com $0 \le j \le 2013$, serão os seus coeficientes. Assim,

$$(3x - 2y)^{2013} = \sum_{j=0}^{2013} C_j x^{2013-j} y^j, \text{ com } 0 \le j \le 2013.$$

Assim, para obtermos a soma dos coeficientes, ou seja, a soma, $C_0 + C_1 + C_2 + \cdots + C_{2013}$, basta fazer $x = y = 1$ na identidade acima. Assim,

$$(3.1 - 2.1)^{2013} = \sum_{j=0}^{2013} C_j.1^a.1^b, \text{ com } 0 \le j \le 2013.$$

portanto,

$$C_0 + C_1 + C_2 + \cdots + C_{2013} = (3.1 - 2.1)^{2013} = 1^{2013} = 1$$

Resumindo, para obter a soma dos coeficientes basta substituir as variáveis por 1 no binômio de Newton $(3x - 2y)^{2013}$.

13.3 O Polinômio de Leibniz

E se quisermos desenvolver expressões do tipo $(x + y + z)^3$?

A ideia é a mesma que usamos na seção sobre binômio de Newton. Sabemos que

$$\begin{aligned}
(x + y + z)^3 ={}& (x + y + z) \times (x + y + z) \times (x + y + z) \\
={}& xxx + xxy + xxz + xyx + xyy + xyz + xzx + xzy + xzz + yxx + yxy + yxz + yyx + \\
& + yyy + yyz + yzx + yzy + yzz + zxx + zxy + zxz + zyx + zyy + zyz + zzx + zzy + \\
& + zzz
\end{aligned}$$

CAPÍTULO 13. O BINÔMIO DE NEWTON E O POLINÔMIO DE LEIBNIZ   235

Resolvendo o produto, vemos que os termos diferentes que aparecem acima são

$$x^3, y^3, z^3, x^2y, x^2z, y^2x.y^2z, z^2x, z^2y \text{ e } xyz$$

A pergunta é:

Quantos, de cada um desses termos, devem aparecer na expressão final?

Se pensarmos em cada termo desse produto como uma gaveta contendo uma bola do tipo x, uma bola do tipo y e uma bola do tipo z (cada um dos termos $(x+y+z)$ que aparece no produto acima seria uma gaveta, e cada x, y ou z que usarmos daquele termo no produto, seria a bola utilizada); temos que cada termo do produto final é, na verdade, o resultado da retirada de uma bola de cada gaveta, ou seja, xyx significa que a bola x foi retirada da primeira gaveta, a bola y, da segunda e outra bola x, da terceira. Do mesmo modo, yxx significa que a bola y foi retirada da primeira gaveta, a bola x, da segunda e outra bola x, da terceira. Note, porém, que, ao efetuarmos o produto, ambos darão x^2y. A pergunta, então, é:

Quantas são as possibilidades de tirarmos duas bolas x e uma bola y?

Ora, esse número é o mesmo que a quantidade de anagramas conseguidos com duas letras x e uma letra y, e nenhuma letra z, ou seja,

$$P_3^{2,1,0} = \frac{3!}{2!.1!.0!} = 3$$

em que os números no índice superior de P representam, respectivamente, o número de x, y e z que aparecem na palavra da qual estamos calculando a quantidade de anagramas.

Procedendo da mesma maneira, obtemos que:

x^3, y^3 e z^3 aparecem, respectivamente, $P_3^{3,0,0}, P_3^{0,3,0}$ e $P_3^{0,0,3}$ vezes, enquanto que

$$x^2y, x^2z, y^2x, y^2z, z^2x, z^2y \text{ e } xyz$$

aparecem, respectivamente $P_3^{2,1,0}, P_3^{2,0,1}, P_3^{1,2,0}, P_3^{0,2,1}, P_3^{1,0,2}, P_3^{0,1,2}$ e $P_3^{1,1,1}$. Assim, somados os termos em que cada qual está multiplicado pelo seu respectivo número de aparições, temos:

$$
\begin{aligned}
(x+y+z)^3 &= (x+y+z) \times (x+y+z) \times (x+y+z) \\
&= P_3^{3,0,0}x^3 + P_3^{0,3,0}y^3 + P_3^{0,0,3}z^3 + P_3^{2,1,0}x^2y + P_3^{2,0,1}x^2z + \\
&+ P_3^{1,2,0}y^2x + P_3^{0,2,1}y^2z + P_3^{1,0,2}z^2x + P_3^{0,1,2}z^2y + P_3^{1,1,1}xyz
\end{aligned}
$$

Apenas com o objetivo de tornar a escrita mais simples vamos representar cada coeficiente $P_n^{i,j,k}$ na forma $\binom{n}{i,j,k}$ e vamos chamá-los de **coeficientes multinomiais**. Assim, o desenvolvimento acima, com esta nova notação, seria escrito assim:

$$
\begin{aligned}
(x+y+z)^3 &= (x+y+z) \times (x+y+z) \times (x+y+z) \\
&= \binom{3}{3,0,0}x^3 + \binom{3}{0,3,0}y^3 + \binom{3}{0,0,3}z^3 + \binom{3}{2,1,0}x^2y + \binom{3}{2,0,1}x^2z + \\
&+ \binom{3}{1,2,0}y^2x + \binom{3}{0,2,1}y^2z + \binom{3}{1,0,2}z^2x + \binom{3}{0,1,2}z^2y + \binom{3}{1,1,1}xyz \\
&= x^3 + y^3 + z^3 + 3x^2y + 3x^2z + 3y^2x + 3y^2z + 3z^2x + 3z^2y + 6xyz
\end{aligned}
$$

236 INTRODUÇÃO À COMBINATÓRIA E PROBABILIDADE

Ou, numa forma mais compacta,

$$(x + y + z)^3 = \sum_{\substack{i,j,k \geq 0 \\ i+j+k=3}} \binom{n}{i,j,k} x^i y^j z^k$$

na qual os índices que aparecem no somatório significam que procuramos todos os inteiros não negativos i, j, k tais que sua soma resulte em 3. Essa fórmula é conhecida como o **Polinômio de Leibniz**.

Observação 13.4 - *Para qualquer número x diferente de zero, temos $x^0 = 1$. Logo, supondo x, y e z diferentes de zero, temos $x^3 y^0 z^0 = x^3$.*

Observação 13.5 - *Note que a soma dos coeficientes do desenvolvimento de $(x + y + z)^3$ é $(1 + 1 + 1)^3 = 3^3 = 27$, ou seja, assim como no binômio de Newton, para obtermos a soma dos coeficientes do desenvolvimento basta substituirmos as variáveis por 1.*

Observação 13.6 - *Aplicando o mesmo raciocínio que aplicamos ao desenvolvimento de $(x + y + z)^3$ podemos chegar a conclusão mais geral que*

$$(x_1 + x_2 + \cdots + x_k)^n = \sum_{\substack{i_1, i_2, \cdots i_k \geq 0 \\ i_1 + i_2 + \cdots + i_k = n}} \binom{n}{i_1, i_2, \cdots, i_k} x_1^{i_1} . x_2^{i_2} . \cdots . x_k^{i_k}$$

que é a fórmula geral do polinômio de Leibniz, também conhecida pelo nome de **expansão multinomial**.

Exemplo 13.3.1 - *Encontre o coeficiente do termo $x^8 y^7$ da expansão$(x + y + z)^{15}$*

Resolução:

Pela fórmula geral do polinômio de Leibniz,

$$(x + y + z)^{15} = \sum_{\substack{i,j,k \geq 0 \\ i+j+k=15}} \binom{n}{i,j,k} x^i y^j z^k$$

Assim, o termo $x^8 y^7$ ocorre, quando para $i = 8$, $j = 7$ e $k = 0$, já que $x^8 y^7 = x^8 y^7 z^0$. Para esses valores de i, j e k, o coeficiente multinomial é:

$$\binom{15}{8, 7, 0} = \frac{15!}{8!.7!.0!} = 6435$$

Exemplo 13.3.2 - *Numa experiência teórica, 3 elementos químicos x, y e z foram representados por uma bola vermelha, uma bola azul e uma bola verde, respectivamente. A experiência era a seguinte: cada aluno pegava uma quantidade de 15 bolas, as quais podiam ou não ser todas da mesma cor, e as dispunha em uma fila. Cada fila diferente era fotografada por uma câmera digital e, ao final da aula, o disco contendo as fotos era entregue ao professor. Pergunta-se:*

a)quantas fotos contendo 8 bolas vermelhas, 7 bolas azuis e nenhuma verde foram entregues?

b)quantas fotos em que todas as bolinhas da mesma cor foram entregues?

CAPÍTULO 13. O BINÔMIO DE NEWTON E O POLINÔMIO DE LEIBNIZ   237

c)quantas fotos com 5 bolinhas de cada cor foram entregues?

d)que quantidade de cada bola deve ser usada a fim de obter a maior quantidade possível de fotos?

Resolução:

a)Observe que, pelo modo que construímos a fórmula do polinômio de Leibniz, a primeira pergunta equivale a encontrar o coeficiente do termo $x^8 y^7$ no desenvolvimento da expressão $(x + y + z)^{15}$. Como vimos no exemplo anterior, esse valor é

$$\binom{15}{8,7,0} = \frac{15!}{8!.7!.0!} = 6435$$

b)A segunda pergunta equivale a encontrar o coeficiente do termo x^{15}, y^{15} ou z^{15}, dependendo se você escolheu todas as bolas vermelhas, azuis ou verdes, respectivamente. Pela fórmula geral do polinômio de Leibniz, temos que esses coeficientes multinomiais são dados por:

$$\binom{15}{15,0,0} = \binom{15}{0,15,0} = \binom{15}{0,0,15} = \frac{15!}{0!.0!.15!} = 1$$

c)A terceira pergunta equivale a encontrar o coeficiente do termo $x^5 y^5 z^5$ no desenvolvimento de $(x + y + z)^{15}$. Pela fórmula geral do polinômio de Leibniz, temos que esse coeficiente multinomial é dado por

$$\binom{15}{5,5,5} = \frac{15!}{5!.5!.5!} = 756.756$$

d)Para responder à quarta pergunta, precisamos calcular todos os coeficientes, lembrando que

$$\binom{15}{a,b,c} = \binom{15}{a,c,b} = \binom{15}{b,a,c} = \binom{15}{b,c,a} = \binom{15}{c,a,b} = \binom{15}{c,b,a}, \text{ com } a + b + c = 15$$

Calculando, então, teremos:

$$\binom{15}{15,0,0} = \binom{15}{0,15,0} = \binom{15}{0,0,15} = 1$$

$$\binom{15}{14,1,0} = \binom{15}{14,0,1} = \binom{15}{1,14,0} = \binom{15}{1,0,14} = \binom{15}{0,14,1} = \binom{15}{0,1,14} = 15$$

$$\binom{15}{13,2,0} = \binom{15}{13,0,2} = \binom{15}{2,13,0} = \binom{15}{2,0,13} = \binom{15}{0,13,2} = \binom{15}{0,2,13} = 105$$

$$\binom{15}{12,3,0} = \binom{15}{12,0,3} = \binom{15}{3,12,0} = \binom{15}{3,0,12} = \binom{15}{0,12,3} = \binom{15}{0,3,12} = 455$$

$$\binom{15}{11,4,0} = \binom{15}{11,0,4} = \binom{15}{4,11,0} = \binom{15}{4,0,11} = \binom{15}{0,11,4} = \binom{15}{0,4,11} = 1.365$$

$$\binom{15}{10,5,0} = \binom{15}{10,0,5} = \binom{15}{5,10,0} = \binom{15}{5,0,10} = \binom{15}{0,10,5} = \binom{15}{0,5,10} = 3.003$$

$$\binom{15}{9,6,0} = \binom{15}{9,0,6} = \binom{15}{6,9,0} = \binom{15}{6,0,9} = \binom{15}{0,9,6} = \binom{15}{0,6,9} = 5.005$$

238 INTRODUÇÃO À COMBINATÓRIA E PROBABILIDADE

$$\binom{15}{8,7,0} = \binom{15}{8,0,7} = \binom{15}{7,8,0} = \binom{15}{7,0,8} = \binom{15}{0,8,7} = \binom{15}{0,7,8} = 6.435$$

Até o momento, fizemos apenas os cálculos para os casos de termos escolhido no máximo 2 cores de bolas, que basicamente nos dão os valores da experiência caso tivéssemos utilizando duas bolas. Continuemos nossos cálculos.

$$\binom{15}{1,1,13} = \binom{15}{1,13,1} = \binom{15}{13,1,1} = 210$$

$$\binom{15}{1,2,12} = \binom{15}{1,12,2} = \binom{15}{2,1,12} = \binom{15}{2,12,1} = \binom{15}{12,1,2} = \binom{15}{12,2,1} = 1.365$$

$$\binom{15}{1,3,11} = \binom{15}{1,11,3} = \binom{15}{3,1,11} = \binom{15}{3,11,1} = \binom{15}{11,1,3} = \binom{15}{11,3,1} = 5.460$$

$$\binom{15}{2,2,11} = \binom{15}{2,11,2} = \binom{15}{11,2,2} = 8190$$

$$\binom{15}{1,4,10} = \binom{15}{1,10,4} = \binom{15}{4,1,10} = \binom{15}{4,10,1} = \binom{15}{10,1,4} = \binom{15}{10,4,1} = 15.015$$

$$\binom{15}{1,5,9} = \binom{15}{1,9,5} = \binom{15}{5,1,9} = \binom{15}{5,9,1} = \binom{15}{9,1,5} = \binom{15}{9,5,1} = 30.030$$

$$\binom{15}{2,4,9} = \binom{15}{2,9,4} = \binom{15}{4,2,9} = \binom{15}{4,9,2} = \binom{15}{9,2,4} = \binom{15}{9,4,2} = 75.075$$

$$\binom{15}{3,3,9} = \binom{15}{3,9,3} = \binom{15}{9,3,3} = 100100$$

$$\binom{15}{1,6,8} = \binom{15}{1,8,6} = \binom{15}{6,1,8} = \binom{15}{6,8,1} = \binom{15}{8,1,6} = \binom{15}{8,6,1} = 45.045$$

$$\binom{15}{2,5,8} = \binom{15}{2,8,5} = \binom{15}{5,2,8} = \binom{15}{5,8,2} = \binom{15}{8,2,5} = \binom{15}{8,5,2} = 135.135$$

$$\binom{15}{3,4,8} = \binom{15}{3,8,4} = \binom{15}{4,3,8} = \binom{15}{4,8,3} = \binom{15}{8,3,4} = \binom{15}{8,4,3} = 225.225$$

$$\binom{15}{1,7,7} = \binom{15}{7,1,7} = \binom{15}{7,7,1} = 51480$$

$$\binom{15}{2,6,7} = \binom{15}{2,7,6} = \binom{15}{6,2,7} = \binom{15}{6,7,2} = \binom{15}{7,2,6} = \binom{15}{7,6,2} = 180.180$$

$$\binom{15}{3,5,7} = \binom{15}{3,7,5} = \binom{15}{5,3,7} = \binom{15}{5,7,3} = \binom{15}{7,3,5} = \binom{15}{7,5,3} = 360.360$$

$$\binom{15}{4,4,7} = \binom{15}{4,7,4} = \binom{15}{7,4,4} = 450.450$$

$$\binom{15}{6,6,3} = \binom{15}{6,3,6} = \binom{15}{3,6,6} = 420.420$$

$$\binom{15}{4,5,6} = \binom{15}{4,6,5} = \binom{15}{5,4,6} = \binom{15}{5,6,4} = \binom{15}{6,4,5} = \binom{15}{6,5,4} = 630.630$$

CAPÍTULO 13. O BINÔMIO DE NEWTON E O POLINÔMIO DE LEIBNIZ   239

$$\binom{15}{5,5,5} = 756.756$$

Dessa forma, podemos concluir que as configurações que contêm 5 bolas de cada cor foram as que mais tiveram modos diferentes de organizar, 756.756 maneiras diferentes, e que possivelmente essa experiência deve ter demorado muito mais que uma aula!

13.4   Exercícios propostos

1. Encontre a expansão de $(x+y)^5$, com $x, y \in \mathbb{R}$.

2. Encontre a expansão de $(x-y)^5$, com $x, y \in \mathbb{R}$.

3. Sabendo que, no desenvolvimento de $(2x+a)^9$, são iguais os coeficientes de x^3 e x^7, determine o valor de a, se $a \in \mathbb{R} - \{0\}$.

4. Calcule o termo independente de x no desenvolvimento de $\left(\sqrt{x} + \frac{2}{x}\right)^9$.

5. Qual o coeficiente de x^3 no polinômio $p(x) = x(x-2)^5$?

6. Quantos termos racionais possui o desenvolvimento de $\left(\sqrt{2} + \sqrt[3]{3}\right)^{100}$?

7. Determine o coeficiente de x^5 no desenvolvimento de
$$(1+x)^5 + (1+x)^6 + (1+x)^7 + \cdots + (1+x)^{100}$$

8. (UERJ) Na potência $\left(x + \frac{1}{x^5}\right)^n$, n é um número natural menor do que 100. Determine o maior valor de n, de modo que no desenvolvimento dessa potência tenha um termo independente de x.

9. Determine o valor de n para que os coeficientes binomiais do 6° e do 20° termos do desenvolvimento $(x+a)^n$ (seguindo os expoentes decrescentes de x) sejam iguais.

10. (Concurso-IFRN)No desenvolvimento do binômio $(a+b)^{n+7}$, ordenado segundo as potências decrescentes de a, o quociente entre o termo de ordem $n+5$ e o de ordem $n+4$ é igual a $\frac{4b}{9a}$. De acordo com esses dados, determine o valor de n.

11. Sendo $\binom{n}{p} = \frac{n!}{(n-p)!.p!}$ com $n, p \in \mathbb{N}$ e $p \le n$, mostre que:

a) $\displaystyle\sum_{k=0}^{n} (-1)^k \binom{n}{k} = 0$.

b) $\displaystyle\sum_{k=0}^{n} 3^k \binom{n}{k} = 4^n$.

12. Use o binômio de Newton para calcular um valor aproximado de $1,005^{20}$.

13. (IME)Determine o termo máximo do desenvolvimento da expressão $\left(1 + \frac{1}{3}\right)^{65}$.

240 INTRODUÇÃO À COMBINATÓRIA E PROBABILIDADE

---

14. (IME)No desenvolvimento $\left(\frac{x}{5} + \frac{2}{5}\right)^n$, onde n é um inteiro positivo, determine n sabendo-se que o maior dos coeficientes é o do termo x^{n-9}.

15. (IME)Determine o coeficiente de x^{-9} no desenvolvimento de $\left(x^2 + \frac{1}{x^5}\right)^2 \cdot \left(x^3 + \frac{1}{x^4}\right)^5$.

16. (ITA)Mostre que $\left(\frac{x}{y} + 2 + \frac{y}{x}\right)^4 > \binom{8}{4}$, para x e y reais positivos.

17. (ITA)Sejam os números reais α e x onde $0 < \alpha < \frac{\pi}{2}$ e $x \neq 0$. Se no desenvolvimento de $\left((\cos\alpha)x + (\text{sen}\,\alpha)\frac{1}{x}\right)^8$ o termo independente de x vale $\frac{35}{8}$, determine o valor de α.

18. (AHSME)Quantos fatores primos possui o número abaixo?

$$N = 69^5 + 5.69^4 + 10.69^3 + 10.69^2 + 5.69 + 1$$

19. Na figura abaixo estão exibidas as potências de expoentes inteiros e não negativos do número **11**.(**Atenção**: os coeficientes binomiais que estão representados à direita de cada uma das igualdades estão apenas justapostos, não estão sendo multiplicados!)

$$11^0 = 1 = \binom{0}{0}$$

$$11^1 = 11 = \binom{1}{0}\binom{1}{1}$$

$$11^2 = 121 = \binom{2}{0}\binom{2}{1}\binom{2}{2}$$

$$11^3 = 1331 = \binom{3}{0}\binom{3}{1}\binom{3}{2}\binom{3}{3}$$

$$11^4 = 14641 = \binom{4}{0}\binom{4}{1}\binom{4}{2}\binom{4}{3}\binom{4}{4}$$

$$\vdots$$

É verdade que para todo n inteiro e não negativo, ocorre a igualdade abaixo?

$$11^n = \binom{n}{0}\binom{n}{1}\binom{n}{2}\cdots\binom{n}{n-1}\binom{n}{n}$$

20. Mostre que:

$$\binom{n}{0} - \binom{n}{2} + \binom{n}{4} - \cdots = \left(\sqrt{2}\right)^n \cos\frac{n\pi}{4}$$

21. Encontre a expansão de $(x - y + z)^5$, se $x, y, z \in \mathbb{R}$.

22. Qual a soma dos coeficientes do desenvolvimento $(1 + x - x^2)^{2013}$?

23. Quantos termos possui o desenvolvimento $(x + y + z + w)^{20}$?

24. (ITA)Determine o coeficiente de x^4 no desenvolvimento de $(1 + x + x^2)^9$.

CAPÍTULO 13. O BINÔMIO DE NEWTON E O POLINÔMIO DE LEIBNIZ 241

25. Se $\left(1 + x + x^2\right)^n = a_0 + a_1 x + a_2 x^2 + \cdots + a_{2n} x^{2n}$, determine, em função de n o valor das somas:

a)$S = a_0 + a_2 + a_4 + \cdots + a_{2n}$.

b)$S = a_1 + a_3 + a_5 + \cdots + a_{2n-1}$.

13.5 Resolução dos exercícios propostos

1. A expansão é:

$$
\begin{aligned}
(x + y)^5 &= \tbinom{5}{0}x^5 y^0 + \tbinom{5}{1}x^4 y^1 + \tbinom{5}{2}x^3 y^2 + \tbinom{5}{3}x^2 y^3 + \tbinom{5}{4}x^1 y^4 + \tbinom{5}{5}x^0 y^5 \\
&= x^5 + 4x^4 y + 10x^3 y^2 + 10x^2 y^3 + 5xy^4 + y^5
\end{aligned}
$$

2. A expansão é:

$$
\begin{aligned}
(x + (-y))^5 &= \tbinom{5}{0}x^5(-y)^0 + \tbinom{5}{1}x^4(-y)^1 + \tbinom{5}{2}x^3(-y)^2 + \tbinom{5}{3}x^2(-y)^3 + \tbinom{5}{4}x^1(-y)^4 + \tbinom{5}{5}x^0(-y)^5 \\
&= x^5 - 4x^4 y + 10x^3 y^2 - 10x^2 y^3 + 5xy^4 - y^5
\end{aligned}
$$

3. A fórmula do termo geral aplicada ao binômio $(2x + a)^9$ resulta em

$$
T_{p+1} = \binom{9}{p}(2x)^{9-p} a^p = \binom{9}{p} 2^{9-p} x^{9-p} a^p
$$

para obtermos o coeficiente do x^3, basta igualarmos o expoente do x na fórmula do termo geral a 3, ou seja,

$$
9 - p = 3 \Rightarrow p = 6
$$

Assim,

$$
p = 6 \Rightarrow T_7 = \binom{9}{6} 2^{9-6} x^{9-6} a^6 = 84.8.x^3.a^6 = 6726a^6 x^3
$$

Analogamente, para obtermos o coeficiente do x^7, basta igualarmos o expoente do x na fórmula do termo geral a 7, ou seja,

$$
9 - p = 7 \Rightarrow p = 2
$$

Assim,

$$
p = 2 \Rightarrow T_3 = \binom{9}{2} 2^{9-2} x^{9-2} a^2 = 36.128.x^7.a^2 = 4608a^2 x^7 =
$$

de acordo com o enunciado, os coeficientes de x^3 e de x^7 são iguais. Assim,

$$
672a^6 = 4608a^2 \Rightarrow a^2(672a^4 - 4608) = 0 \Rightarrow a = 0 \text{ ou } a = \pm\sqrt[4]{\frac{48}{7}}
$$

Como, pelo enunciado $a \neq 0$, segue que $a = \pm\sqrt[4]{\frac{48}{7}}$.

242   INTRODUÇÃO À COMBINATÓRIA E PROBABILIDADE

4. A fórmula do termo geral aplicada ao binômio $\left(\sqrt{x} + \frac{2}{x}\right)^9$. resulta em

$$T_{p+1} = \binom{9}{p}.(\sqrt{x})^{9-p}.\left(\frac{2}{x}\right)^p = \binom{9}{p}.x^{\frac{9-p}{2}}.2^p.x^{-p} = \binom{9}{p}x^{\frac{9-p}{2}-p}.2^p$$

para obtermos o termo independente de x (o termo em que o x não aparece!), basta igualarmos o expoente do x na fórmula do termo geral a 0, pois $x^0 = 1$ aí então o x não aparecerá neste termo. Assim,

$$\frac{9-p}{2} - p = 0 \Rightarrow p = 3$$

Portanto, o termo independente de x no desenvolvimento do binômio $\left(\sqrt{x} + \frac{2}{x}\right)^9$ ocorre quando $p = 3$ na fórmula do termo geral, ou seja,

$$p = 3 \Rightarrow T_4 = \binom{9}{3}.x^{\frac{9-3}{2}-3}.2^3 = \binom{9}{3}.x^0.2^3 = 672$$

5. Neste caso, como $p(x) = x(x - 2)^5$ e queremos achar o coeficiente do x^3, basta achar o coeficiente do x^2 no desenvolvimento de $(x - 2)^5$. Aplicando a fórmula do termo geral a esse binômio, obtemos:

$$T_{p+1} = \binom{5}{p}.x^{5-p}.(-2)^p$$

para obtermos o coeficiente do x^2, basta igualarmos o expoente do x na fórmula do termo geral a 2, ou seja,

$$5 - p = 2 \Rightarrow p = 3$$

Assim,

$$p = 3 \Rightarrow T_4 = \binom{5}{3}.x^{5-3}.(-2)^3 = -80x^2$$

Assim como $p(x)$ corresponde a multiplicar o binômio $(x - 2)^5$ por x, segue que o coeficiente do x^3 em $p(x) = x(x - 2)^5$ é o mesmo que o coeficiente do x^2 em $(x - 2)^5$, ou seja, -80.

6. A fórmula do termo geral aplicada ao binômio $\left(\sqrt{2} + \sqrt[3]{3}\right)^{100}$ fica;

$$T_{p+1} = \binom{100}{p}.\left(\sqrt{2}\right)^{100-p}.\left(\sqrt[3]{3}\right)^p = \binom{100}{p}.2^{\frac{100-p}{2}}.3^{\frac{p}{3}}$$

Agora perceba que os valores de p para que os termos gerados pela fórmula $T_{p+1} = \binom{100}{p}.2^{\frac{100-p}{2}}.3^{\frac{p}{3}}$ sejam racionais são aqueles em que os expoentes do 2 e do 3 fiquem inteiros, já que todos os coeficientes binomiais $\binom{100}{p}$ são inteiros.

Olhando para o expoente do 3, que é $\frac{p}{3}$ percebe-se que p tem de ser múltiplo de 3 para que $\frac{p}{3}$ seja inteiro. Por outro lado, olhando para o expoente do 2, que é $\frac{100-p}{2} = 50 - \frac{p}{2}$ é preciso que p seja múltiplo de 2 para que $50 - \frac{p}{2}$ seja inteiro. Ora, se p tem de ser ao mesmo tempo múltiplo de 2 e de 3, como 2 e 3 são primos entre si, segue que p tem de ser múltiplo de 6.

Por outro lado, $0 \leq p \leq 100$. Portanto, os possíveis valores de p que tornam $T_{p+1} = \binom{100}{p}.2^{\frac{100-p}{2}}.3^{\frac{p}{3}}$ um número racional são $0, 6, 12, 18, 24, \cdots, 96$, ou seja, são 17 valores. Por isso, o desenvolvimento de $\left(\sqrt{2} + \sqrt[3]{3}\right)^{100}$ possui 17 termos racionais.

CAPÍTULO 13. O BINÔMIO DE NEWTON E O POLINÔMIO DE LEIBNIZ 243

7. Para cada $n \in \mathbb{N}$, a fórmula do termo geral aplicada ao binômio $(1+x)^n$ é

$$T_{p+1} = \binom{n}{p} 1^{n-p} x^p = \binom{n}{p}.x^p$$

Ora, como estamos interessados no coeficiente do x^5, basta fazer $p = 5$ na fórmula acima. Assim,

$$T_6 = \binom{n}{5} x^5$$

Para obtermos o coeficiente do x^5 em $(1+x)^5 + (1+x)^6 + (1+x)^7 + \cdots + (1+x)^{100}$, basta obter o coeficiente do x^5 em cada um desses binômios e depois adicioná-los. Ora, como já explicamos acima para cada $n \in \mathbb{N}$ o coeficiente do x^5 em $(1+x)^n$ é $\binom{n}{5}$. Assim o coeficiente do x^5 em $(1+x)^5 + (1+x)^6 + (1+x)^7 + \cdots + (1+x)^{100}$ é

$$\binom{5}{5} + \binom{6}{5} + \binom{7}{5} + \cdots + \binom{100}{5}$$

que pelo teorema das colunas do triângulo de Pascal é igual a $\binom{101}{6} = 1.267.339.920$

8. A fórmula do termo geral aplicada ao binômio $\left(x + \frac{1}{x^5}\right)^n$. resulta em

$$T_{p+1} = \binom{n}{p}.x^{n-p}. \left(x^{-5}\right)^p = \binom{n}{p}.x^{n-6p}$$

para obtermos o termo independente de x (o termo em que o x não aparece!), basta igualarmos o expoente do x na fórmula do termo geral a 0, pois $x^0 = 1$ aí então o x não aparecerá neste termo. Assim,

$$n - 6p = 0 \Rightarrow n = 6p$$

Como p é inteiro, segue que n é múltiplo de 6. Ora, como de acordo com o enunciado $n < 100$, segue que o maior valor que n pode assumir de modo a existir o termo independente de x na expansão de $\left(x + \frac{1}{x^5}\right)^n$ é 96, visto que 96 é o maior múltiplo de 6 que é menor que 100.

9. Aplicando a fórmula do termo geral, para o binômio $(x + a)^n$, obtemos:

$$T_{p+1} = \binom{n}{p} x^{n-p}.a^p$$

Assim,

$$p = 5 \Rightarrow 6°\text{termo} \Rightarrow T_6 = \binom{n}{5} x^{n-5}.a^5$$

$$p = 19 \Rightarrow 20°\text{termo} \Rightarrow T_{20} = \binom{n}{19} x^{n-19}.a^{19}$$

igualando os coeficientes binomiais, segue que

$$\binom{n}{5} = \binom{n}{19} \Leftrightarrow n = 5 + 19 = 24$$

Aqui usamos o teorema dos termos complementares.

244 INTRODUÇÃO À COMBINATÓRIA E PROBABILIDADE

10. A fórmula do termo geral aplicada ao binômio $(a+b)^{n+7}$. resulta em

$$T_{p+1} = \binom{n+7}{p} \cdot a^{n+7-p} \cdot b^p$$

para obtermos o p que corresponde ao termo de ordem $n+5$, basta igualarmos $p+1$ a $n+5$. Assim,

$$p+1 = n+5 \Rightarrow p = n+4$$

Desta forma, o termo de ordem $n+5$ é

$$T_{n+5} = \binom{n+7}{n+4} \cdot a^3 \cdot b^{n+4}$$

analogamente, para obtermos o p que corresponde ao termo de ordem $n+4$, basta igualarmos $p+1$ a $n+4$. Assim,

$$p+1 = n+4 \Rightarrow p = n+3$$

E, portanto, o termo de ordem $n+4$ é

$$T_{n+4} = \binom{n+7}{n+3} \cdot a^4 \cdot b^{n+3}$$

Por outro lado, o enunciado revela que $\frac{T_{n+5}}{T_{n+4}} = \frac{4b}{9a}$. Assim,

$$\frac{\binom{n+7}{n+4} \cdot a^3 \cdot b^{n+4}}{\binom{n+7}{n+3} \cdot a^4 \cdot b^{n+3}} = \frac{4b}{9a} \Rightarrow \frac{\frac{(n+7)!}{(n+4)!3!}}{\frac{(n+7)!}{(n+3)!4!}} = \frac{4}{9} \Rightarrow \frac{(n+3)!4!}{(n+4)!3!} = \frac{4}{9} \Rightarrow \frac{4}{n+4} = \frac{4}{9} \Rightarrow n = 5$$

11. a) Para todo $n \in \mathbb{Z}^+$, sabemos que:

$$(x+y)^n = \binom{n}{0}x^n y^0 + \binom{n}{1}x^{n-1}y^1 + \cdots + \binom{n}{1}x^0 y^n$$

fazendo $x = 1$ e $y = -1$ na identidade acima, obtemos:

$$(1+(-1))^n = \binom{n}{0}1^n(-1)^0 + \binom{n}{1}1^{n-1}(-1)^1 + \cdots + \binom{n}{1}1^0(-1)^n$$

Assim,

$$0 = \binom{n}{0} - \binom{n}{1} + \cdots + (-1)^n\binom{n}{n} \Rightarrow \sum_{k=0}^{n}(-1)^k\binom{n}{k} = 0$$

b) Para todo $n \in \mathbb{Z}^+$, sabemos que:

$$(x+y)^n = \binom{n}{0}x^n y^0 + \binom{n}{1}x^{n-1}y^1 + \cdots + \binom{n}{1}x^0 y^n$$

fazendo $x = 1$ e $y = 3$ na identidade acima, obtemos:

$$(1+3)^n = \binom{n}{0}1^n 3^0 + \binom{n}{1}1^{n-1}3^1 + \cdots + \binom{n}{1}1^0 3^n$$

Assim,

$$4^n = \binom{n}{0}3^0 + \binom{n}{1}3^1 + \cdots + \binom{n}{n}3^n \Rightarrow \sum_{k=0}^{n}3^k\binom{n}{k} = 4^n$$

CAPÍTULO 13. O BINÔMIO DE NEWTON E O POLINÔMIO DE LEIBNIZ 245

12. a)Para todo $n \in \mathbb{Z}^+$, sabemos que:

$$(1+x)^n = \binom{n}{0} 1^n + \binom{n}{1} 1^{n-1}x + \binom{n}{2} 1^{n-2}x^2 + \cdots + \binom{n}{n} x^n$$

quando $x > 0$ é bem menor que 1, as sucessivas potências de x com expoentes naturais e crescentes são cada vez menores, de modo que rapidamente aproximam-se de zero. Assim, quando $0 < x \ll 1$, segue que

$$(1+x)^n \approx 1 + nx$$

pois os demais termos do desenvolvimento do binômio $(1+x)^n$ são muito pequenos. Assim,

$$1,005^{20} = (1+0,005)^{20} \approx 1 + 20 \times 0,005 = 1,1$$

13. A fórmula do termo geral aplicada ao binômio $\left(1 + \frac{1}{3}\right)^{65}$. resulta em

$$T_{p+1} = \binom{65}{p}.1^{65-p}.\left(\frac{1}{3}\right)^p = \binom{65}{p}.3^{-p}$$

Para descobrirmos o termo máximo desse desenvolvimento basta procurarmos o valor de p tal que

$$T_p < T_{p+1} \text{ e } T_{p+1} > T_{p+2}$$

Assim,

$$T_p < T_{p+1} \Leftrightarrow \binom{65}{p-1}.3^{-(p-1)} < \binom{65}{p}.3^{-p}$$

ou seja,

$$\frac{65!}{(65-(p-1))!(p-1)!}.3^{-p+1} < \frac{65!}{(65-p)!p!}.3^{-p}$$

$$\frac{65!}{(66-p)!(p-1)!}.3^{-p}.3^1 < \frac{65!}{(65-p)!p!}.3^{-p}$$

$$\frac{3}{(66-p)((66-p)-1))!(p-1)!} < \frac{1}{(65-p)!p!}$$

$$\frac{3}{(66-p)(65-p)!(p-1)!} < \frac{1}{(65-p)!p(p-1)!}$$

$$\frac{3}{(66-p)} < \frac{1}{p} \Leftrightarrow 3p < 66-p \Leftrightarrow 4p < 66 \Leftrightarrow p < 16,5$$

Por outro lado, para que T_{p+1} seja o termo máximo do desenvolvimento de $\left(1 + \frac{1}{3}\right)^{65}$ também é preciso que $T_{p+1} > T_{p+2}$, ou seja,

$$T_{p+1} > T_{p+2} \Leftrightarrow \binom{65}{p}.3^{-p} > \binom{65}{p+1}.3^{-(p+1)}$$

ou seja,

$$\frac{65!}{(65-p)!p!}.3^{-p} > \frac{65!}{(65-(p+1))!(p+1)!}.3^{-p-1}$$

$$\frac{65!}{(65-p)!p!}.3^{-p} > \frac{65!}{(64-p)!(p+1)!}.3^{-p}.3^{-1}$$

246 INTRODUÇÃO À COMBINATÓRIA E PROBABILIDADE

$$\frac{1}{(65-p)!p!} > \frac{1}{(64-p)!(p+1)!} \cdot \frac{1}{3}$$

$$\frac{1}{(65-p)((65-p)-1)!p!} > \frac{1}{(64-p)!(p+1)p!} \cdot \frac{1}{3}$$

$$\frac{1}{(65-p)(64-p)!p!} > \frac{1}{(64-p)!(p+1)p!} \cdot \frac{1}{3}$$

$$\frac{1}{(65-p)} > \frac{1}{(p+1)} \cdot \frac{1}{3} \Leftrightarrow 3p+3 > 65-p \Rightarrow 4p > 62 \Rightarrow p > 15,5$$

Ora, se $p < 16,5$ e $p > 15,5$ e p é inteiro, segue que $p = 16$. Portanto, o maior termo do desenvolvimento de $\left(1 + \frac{1}{3}\right)^{65}$ é

$$T_{p+1} = \binom{65}{p}.3^{-p} \Rightarrow T_{17} = \binom{65}{16}.3^{-16}$$

14. A fórmula do termo geral aplicada ao binômio $\left(\frac{x}{5} + \frac{2}{5}\right)^n$ é:

$$T_{p+1} = \binom{n}{p}\left(\frac{x}{5}\right)^{n-p}\left(\frac{2}{5}\right)^p = \binom{n}{p}x^{n-p}\frac{2^p}{5^n} \Rightarrow \text{coef}(T_{p+1}) = \binom{n}{p}\frac{2^p}{5^n}$$

De acordo com o enunciado sabemos que o maior coeficiente do desenvolvimento de $\left(\frac{x}{5} + \frac{2}{5}\right)^n$ é o coeficiente do x^{n-9}. Assim igualando-se o expoente do x na fórmula do termo geral a $n-9$ (que é o expoente do x que corresponte ao termo de maior coeficiente do desenvolvimento binomial), segue que:

$$n - p = n - 9 \Rightarrow p = 9$$

portanto o termo de maior coeficiente do desenvolvimento do binômio $\left(\frac{x}{5} + \frac{2}{5}\right)^n$ é:

$$T_{10} = \binom{n}{9}x^{n-9}\frac{2^9}{5^n}$$

Ora, para que esse seja o maior termo do desenvolvimento do binômio $\left(\frac{x}{5} + \frac{2}{5}\right)^n$ é preciso que $\text{coef}(T_9) < \text{coef}(T_{10})$ e que $\text{coef}(T_{10}) > \text{coef}(T_{11})$. Assim,

$$\text{coef}(T_9) < \text{coef}(T_{10}) \Leftrightarrow \binom{n}{8}\frac{2^8}{5^n} < \binom{n}{9}\frac{2^9}{5^n}$$

então,

$$\frac{n!}{(n-8)!.8!}\frac{2^8}{5^n} < \frac{n!}{(n-9)!.9!}\frac{2^9}{5^n}$$

$$\frac{n!}{(n-8).(n-9)!.8!}\frac{2^8}{5^n} < \frac{n!}{(n-9)!.9.8!}\frac{2^8.2}{5^n}$$

$$\frac{1}{(n-8)} < \frac{2}{9} \Rightarrow 2n - 16 > 9 \Rightarrow 2n > 25 \Rightarrow n > 12,5$$

Além disso,

$$\text{coef}(T_{10}) > \text{coef}(T_{11}) \Leftrightarrow \binom{n}{9}\frac{2^9}{5^n} > \binom{n}{10}\frac{2^{10}}{5^n}$$

CAPÍTULO 13. O BINÔMIO DE NEWTON E O POLINÔMIO DE LEIBNIZ   247

então,

$$\frac{n!}{(n-9)!.9!}\frac{2^9}{5^n} > \frac{n!}{(n-10)!.10!}\frac{2^{10}}{5^n}$$

$$\frac{n!}{(n-9).(n-10)!.9!}\frac{2^9}{5^n} > \frac{n!}{(n-10)!.10.9!}\frac{2^9.2}{5^n}$$

$$\frac{1}{(n-9)} > \frac{2}{10} \Rightarrow 2n - 18 < 10 \Rightarrow 2n < 28 \Rightarrow n < 14$$

Ora, como $n > 12,5$ e $n < 14$ e além disso, n é inteiro, segue que $n = 13$.

15. Podemos reescrever $\left(x^2 + \frac{1}{x^5}\right)^2 . \left(x^3 + \frac{1}{x^4}\right)^5$ como

$$\left(x^2 + \frac{1}{x^5}\right)^2 . \left(x^3 + \frac{1}{x^4}\right)^5 = \frac{\left(x^7 + 1\right)^2}{x^{10}} . \frac{\left(x^7 + 1\right)^5}{x^{20}} = \frac{\left(x^7 + 1\right)^7}{x^{30}}$$

Ora, como $\left(x^7 + 1\right)^7$ está dividido por x^{30}, para determinarmos o coeficiente de x^{-9} basta que determinemos no numerador $\left(x^7 + 1\right)^7$ o coeficiente de x^{21}. Para isso, vamos aplicar a fórmula do termo geral do binômio $\left(x^7 + 1\right)^7$:

$$T_{p+1} = \binom{7}{p}.(x^7)^{7-p}.1^p = \binom{7}{p}.x^{49-7p}$$

Ora, como estamos interessados no coeficiente do x^{21}, basta igualarmos o expoente do x na fórmula do termo geral a 21, ou seja,

$$49 - 7p = 21 \Rightarrow 7p = 28 \Rightarrow p = 4$$

Assim,

$$p = 4 \Rightarrow T_5 = \binom{7}{4}x^{49-7.4} = \frac{7!}{3!.4!}x^{21} = 35x^{21}$$

Portanto, o coeficiente de x^{-9} no desenvolvimento de $\left(x^2 + \frac{1}{x^5}\right)^2 . \left(x^3 + \frac{1}{x^4}\right)^5$ é 35.

16. De fato,

$$\left(\frac{x}{y} + 2 + \frac{y}{x}\right)^4 = \left[\left(\sqrt{\frac{x}{y}} + \sqrt{\frac{y}{x}}\right)^2\right]^4 = \left(\sqrt{\frac{x}{y}} + \sqrt{\frac{y}{x}}\right)^8$$

Aplicando a fórmula do termo geral, segue que

$$T_{p+1} = \binom{8}{p}\left(\sqrt{\frac{x}{y}}\right)^{8-p}\left(\sqrt{\frac{y}{x}}\right)^p = \binom{8}{p}\left(\sqrt{\frac{x}{y}}\right)^{8-p}\left(\sqrt{\frac{x}{y}}\right)^{-p} = \binom{8}{p}\left(\sqrt{\frac{x}{y}}\right)^{8-2p}$$

fazendo $8 - 2p = 0 \Rightarrow p = 4$, segue que o termo independente de x e y no desenvolvimento de $\left(\sqrt{\frac{x}{y}} + \sqrt{\frac{y}{x}}\right)^8$ é

$$T_5 = \binom{8}{4}\left(\sqrt{\frac{x}{y}}\right)^{8-2.4} = \binom{8}{4}\left(\sqrt{\frac{x}{y}}\right)^0 = \binom{8}{4}.1 = \binom{8}{4}$$

248 INTRODUÇÃO À COMBINATÓRIA E PROBABILIDADE

Como todos os termos do desenvolvimento de $\left(\sqrt{\frac{x}{y}} + \sqrt{\frac{y}{x}}\right)^8$ são positivos, segue que $\left(\sqrt{\frac{x}{y}} + \sqrt{\frac{y}{x}}\right)^8$ é maior que qualquer um dos seus termos, em particular é maior que o termo independente de x e y, ou seja,

$$\left(\frac{x}{y} + 2 + \frac{y}{x}\right)^4 = \left[\left(\sqrt{\frac{x}{y}} + \sqrt{\frac{y}{x}}\right)^2\right]^4 = \left(\sqrt{\frac{x}{y}} + \sqrt{\frac{y}{x}}\right)^8 > \binom{8}{4}$$

17. A fórmula do termo geral aplicada ao binômio $\left((\cos\alpha)x + (\operatorname{sen}\alpha)\frac{1}{x}\right)^8$. resulta em

$$T_{p+1} = \binom{8}{p} \cdot [(\cos\alpha)x]^{8-p} \cdot \left[(\operatorname{sen}\alpha)\frac{1}{x}\right]^p = \binom{8}{p} \cdot (\cos\alpha)^{8-p}(\operatorname{sen}\alpha)^p \cdot x^{8-2p}$$

o valor de p correspondente ao termo independente de x é aquele tal que $8 - 2p = 0$, ou seja, $p = 4$. Assim, o termo independente de x é o termo:

$$\begin{aligned}
T_5 &= \binom{8}{4} \cdot (\cos\alpha)^{8-4}(\operatorname{sen}\alpha)^4 \cdot x^{8-2.4} \\
&= \binom{8}{4} \cdot (\cos\alpha)^4(\operatorname{sen}\alpha)^4 \cdot x^0 \\
&= \frac{8!}{4!.4!} \cdot (\cos\alpha)^4(\operatorname{sen}\alpha)^4 \cdot 1 \\
&= 70(\cos\alpha)^4(\operatorname{sen}\alpha)^4
\end{aligned}$$

Por outro lado, de acordo com o enunciado, sabemos que o termo independente de x no desenvolvimento do binômio $\left((\cos\alpha)x + (\operatorname{sen}\alpha)\frac{1}{x}\right)^8$ é $\frac{35}{8}$. Assim,

$$70(\cos\alpha)^4(\operatorname{sen}\alpha)^4 = \frac{35}{8} \Rightarrow (\cos\alpha)^4(\operatorname{sen}\alpha)^4 = \frac{1}{16}$$

$$[(\cos\alpha)(\operatorname{sen}\alpha)]^4 = \frac{1}{16} \Rightarrow \cos\alpha.\operatorname{sen}\alpha = \sqrt[4]{\frac{1}{16}}$$

$$\cos\alpha.\operatorname{sen}\alpha = \frac{1}{2} \Rightarrow 2\cos\alpha.\operatorname{sen}\alpha = 1 \Rightarrow \operatorname{sen}(2\alpha) = 1$$

como $0 < \alpha < \frac{\pi}{2}$, segue que:

$$\operatorname{sen}(2\alpha) = 1 \Rightarrow 2\alpha = \frac{\pi}{2} \Rightarrow \alpha = \frac{\pi}{4}$$

18. Note que
$$N = 69^5 + 5.69^4 + 10.69^3 + 10.69^2 + 5.69 + 1 = (69+1)^5 = 70^5$$

Como $70 = 2 \times 5 \times 7$, segue que:

$$N = 69^5 + 5.69^4 + 10.69^3 + 10.69^2 + 5.69 + 1 = (69+1)^5 = 70^5 = 2^5 \times 5^5 \times 7^5$$

portanto os únicos fatores primos do número $N = 69^5 + 5.69^4 + 10.69^3 + 10.69^2 + 5.69 + 1$ são os três, a saber: 2, 5 e 7.

CAPÍTULO 13. O BINÔMIO DE NEWTON E O POLINÔMIO DE LEIBNIZ   249

19. Não, pois

$$11^n = (10+1)^n = \binom{n}{0}10^n + \binom{n}{1}10^{n-1} + \binom{n}{2}10^{n-2} + \cdots + \binom{n}{n-1}10 + \binom{n}{n}$$

Assim, quando os coeficientes binomiais $\binom{n}{0}, \binom{n}{1}, \binom{n}{2}, \cdots, \binom{n}{n-1}, \binom{n}{n}$ são todos menores que 10, eles representam os algarismos do número 11^n na base 10 (lembre-se que os algarismos na base 10 são $0, 1, 2, \cdots, 9$, que são todos menores que 10). Mas, já para $n = 5$ temos $\binom{5}{2} = \binom{5}{3} = 10$, que já não é menor que 10. Portanto $n = 4$ é o maior valor de n para o qual a representação $11^n = \binom{n}{0}\binom{n}{1}\binom{n}{2}\cdots\binom{n}{n-1}\binom{n}{n}$ funciona.

20. Sendo i a unidade imaginária dos números complexos ($i^2 = -1$), segue que

$$(1+i)^n = \binom{n}{0}.1 + \binom{n}{1}.i + \binom{n}{2}.i^2 + \binom{n}{3}.i^3 + \binom{n}{4}.i^4 + \cdots + \binom{n}{n}.i^n$$

Lembrando que as potências naturais de i são cíclicas módulo 4 (repetem-se ciclicamente de 4 em 4), e que

$$i^1 = i, i^2 = -1, i^3 = -i, i^4 = 1$$

segue que

$$(1+i)^n = \left[\binom{n}{0} - \binom{n}{2} + \binom{n}{4} - \cdots\right] + i.\left[\binom{n}{1} - \binom{n}{3} + \binom{n}{5} - \cdots\right]$$

Por outro lado,

$$Z = 1 + i = \sqrt{2}\left[\cos\frac{\pi}{4} + i.\operatorname{sen}\frac{\pi}{4}\right]$$

Aplicando a fórmula da potenciação de Moivre,

$$(1+i)^n = \left(\sqrt{2}\right)^n.\left[\cos\frac{n\pi}{4} + i.\operatorname{sen}\frac{n\pi}{4}\right]$$

Assim,

$$\left[\binom{n}{0} - \binom{n}{2} + \cdots\right] + i.\left[\binom{n}{1} - \binom{n}{3} + \cdots\right] = \left(\sqrt{2}\right)^n.\cos\frac{n\pi}{4} + i.\left(\sqrt{2}\right)^n.\operatorname{sen}\frac{n\pi}{4}$$

finalmente, igualando-se as partes reais e as partes imaginárias dos dois membros, segue que:

$$\binom{n}{0} - \binom{n}{2} + \binom{n}{4} - \cdots = \left(\sqrt{2}\right)^n.\cos\frac{n\pi}{4}$$

$$\binom{n}{1} - \binom{n}{3} + \binom{n}{5} - \cdots = \left(\sqrt{2}\right)^n.\operatorname{sen}\frac{n\pi}{4}$$

21. Podemos reescrever $(x-y+z)^5$ como $(x+(-y)+z)^5$ e então aplicarmos a fórmula do polinômio de Leibniz,

$$
\begin{aligned}
(x - y + z)^5 ={} & (x + (-y) + z)^5 \\[2mm]
={} & \sum_{\substack{i,j,k \geq 0 \\ i+j+k=5}} \binom{n}{i,j,k,s} x^i(-y)^j z^k \\[2mm]
={} & z^5 - 5yz^4 + 5xz^4 + 10y^2z^3 - 20xyz^3 + 10x^2z^3 - 10y^3z^2 + \\[1mm]
& + 30xy^2z^2 - 30x^2yz^2 + 10x^3z^2 + 5y^4z - 20xy^3z + 30x^2y^2z + \\[1mm]
& - 20x^3yz + 5x^4z - y^5 + 5xy^4 - 10x^2y^3 + 10x^3y^2 - 5x^4y + x^5
\end{aligned}
$$

250 INTRODUÇÃO À COMBINATÓRIA E PROBABILIDADE

22. Como vimos na teoria, para obtermos a soma dos coeficientes da expansão multinomial $(1 + x - x^2)^{2013}$, basta substituirmos a sua única variável por 1. Assim, a soma dos coeficientes da expansão multinomial $(1 + x - x^2)^{2013}$ é

$$(1 + 1 - 1^2)^{2013} = 1^{2013} = 1$$

23. Pela fórmula do polinômio de Leibniz segue que

$$(x + y + z + w)^{20} = \sum_{\substack{i,j,k,s \geq 0 \\ i+j+k+s=20}} \binom{n}{i,j,k,s} x^i y^j z^k w^s$$

Ora, como cada quádrupla de números inteiros (i, j, k, s) com $i, j, k, s \geq 0$ corresponde a um termo do desenvolvimento $(x + y + z + w)^{20}$, (são as potências das variáveis envolvidas), segue que o número de parcelas que o desenvolvimento tem é exatamente a quantidade de soluções inteiras e não negativas da equação $i + j + k + s = 20$, que é $\binom{23}{3} = 1771$.

24. Pela fórmula do polinômio de Leibniz sabemos que

$$\left(1 + x + x^2\right)^9 = \sum_{\substack{i,j,k \geq 0 \\ i+j+k=9}} \binom{n}{i,j,k} 1^i x^j \left(x^2\right)^k = \sum_{\substack{i,j,k \geq 0 \\ i+j+k=9}} \binom{n}{i,j,k} x^{j+2k}$$

Ora, como estamos interessados em descobrir o coeficiente do x^4, basta descobrirmos os possíveis valores de $j, k \in \mathbb{Z}^+$ tais que $j + 2k = 4$, pois $j + 2k$ é justamente o expoente do x na fórmula geral do polinômio de Leibniz acima. Assim,

$$j + 2k = 4 \Rightarrow k = 2 - \frac{j}{2}$$

o que revela que j tem de ser par para que o valor de k fique inteiro. Como $0 \leq j \leq 9$, segue que os valores de j que devemos investigar são $j = 0, 2, 4, 6$ e 8. Além disso, perceba que $j = 6$ e $j = 8$ já estão descartados, pois nestes dois casos os valores obtidos para k seriam negativos, o que não pode ocorrer, pois $0 \leq k \leq 9$. Portanto os possíveis valores para j são $0, 2$ e 4, que produzem os seguintes valores para i e k:

$i+j+k$	j	k	i	Coeficientes
9	0	2	7	$\binom{9}{0,2,7} = \frac{9!}{0!.2!.7!} = 36$
9	2	1	6	$\binom{9}{2,1,6} = \frac{9!}{2!.1!.6!} = 252$
9	4	0	5	$\binom{9}{4,0,5} = \frac{9!}{4!.0!.5!} = 126$

Logo, o coeficiente do x^4 no desenvolvimento de $(1 + x + x^2)^9$ é $36 + 252 + 126 = 414$.

CAPÍTULO 13. O BINÔMIO DE NEWTON E O POLINÔMIO DE LEIBNIZ 251

25. a)Fazendo $x = 1$ em $\left(1 + x + x^2\right)^n = a_0 + a_1 x + a_2 x^2 + \cdots + a_{2n} x^{2n}$, segue que:

$$(1 + 1 + 1^2)^n = a_0 + a_1 . 1 + a_2 . 1^2 + \cdots + a_{2n} . 1^{2n} \Rightarrow a_0 + a_1 + a_2 + \cdots + a_{2n} = 3^n$$

Fazendo $x = -1$ em $\left(1 + x + x^2\right)^n = a_0 + a_1 x + a_2 x^2 + \cdots + a_{2n} x^{2n}$, segue que:

$$(1 + (-1) + (-1)^2)^n = a_0 + a_1 . (-1) + a_2 . (-1)^2 + \cdots + a_{2n} . (-1)^{2n} \Rightarrow a_0 - a_1 + a_2 - \cdots + a_{2n} = 1$$

Assim,

$$\begin{cases} a_0 + a_1 + a_2 + \cdots + a_{2n} = 3^n \\ a_0 - a_1 + a_2 - \cdots + a_{2n} = 1 \end{cases}$$

Adicionando membro a membro, as duas últimas igualdades acima, segue que:

$$2a_0 + 2a_2 + 2a_4 \cdots + 2a_{2n} = 3^n + 1 \Rightarrow 2.\left(a_0 + a_2 + a_4 + \cdots + a_{2n}\right) = 3^n + 1$$

Portanto,

$$a_0 + a_2 + a_4 + \cdots + a_{2n} = \frac{3^n + 1}{2}$$

b)Subtraindo membro a membro, as expressões,

$$\begin{cases} a_0 + a_1 + a_2 + \cdots + a_{2n} = 3^n \\ a_0 - a_1 + a_2 - \cdots + a_{2n} = 1 \end{cases}$$

segue que

$$2a_1 + 2a_3 + 2a_5 + \cdots + 2a_{2n-1} = 3^n - 1 \Rightarrow 2.\left(a_1 + a_3 + a_5 + \cdots + a_{2n-1}\right) = 3^n - 1$$

Assim,

$$a_1 + a_3 + a_5 + \cdots + a_{2n-1} = \frac{3^n - 1}{2}$$

Capítulo 14

Probabilidade

14.1 Introdução

Neste capítulo, veremos que o conceito de probabilidade está intimamente ligado ao conceito de função e entenderemos porque a palavra probabilidade é usada no cotidiano como sinônimo de chance de ocorrência. Para definirmos uma função, precisamos, entre outras coisas, estabelecer seu domínio, e nesse ponto está o porquê de estudarmos espaço amostral e evento. Finalmente, mostraremos algumas propriedades dessa função chamada probabilidade. Ao final deste capítulo, esperamos que você perceba a diferença entre problemas que envolvem probabilidade e outros que não precisam de probabilidade para sua resolução; e que possa construir o espaço amostral e calcular as probabilidades dos eventos de interesse em diversas situações- problema.

14.2 Sobre a origem da Probabilidade

Existem duas correntes de pensamento que tentam explicar a origem da probabilidade. A primeira defende que a probabilidade tem sua origem nos jogos e a segunda que ela surgiu da Estatística.

Você deve ter ficado um tanto inquieto com a segunda corrente de pensamento, não é? Afinal, probabi-
lidade e estatística são a mesma coisa? Não queremos entrar nesse mérito, pois teríamos que nos estender além do necessário para esclarecer esse problema, mas podemos afirmar que probabilidade e estatística são coisas distintas, embora a ligação entre elas seja inegavelmente muito forte. Tão forte que até hoje confundimos uma com a outra. Se você quiser ler ou se aprofundar em relação aos argumentos das correntes de pensamento que tratam da origem da probabilidade, recomendamos, Todhunter (1949) e David (1962).

14.3 Eventos aleatórios e Eventos determinísticos

Observamos que na natureza existem dois tipos de fenômenos: aqueles que repetidos sob as mesmas condições conduzem ao mesmo resultado; e aqueles que mesmo realizados sob as mesmas condições não conduzem necessariamente ao mesmo resultado. Chamamos os experimentos do primeiro tipo de determinísticos e os do segundo tipo de aleatórios ou estocásticos.

Exemplo 14.3.1 *(Determinístico) - A temperatura de ebulição da água. Se o experimento for feito sob as mesmas condições físicas, resultará sempre no mesmo valor, que é de 100 graus Celsius.*

254 INTRODUÇÃO À COMBINATÓRIA E PROBABILIDADE

Exemplo 14.3.2 *(Aleatório) - O resultado obtido no lançamento de um dado. Mesmo realizado sob as mesmas condições, não temos a garantia de obter o mesmo resultado.*

Exemplo 14.3.3 *- O experimento de soltar uma pena de uma certa altura. Neste exemplo, o evento determinístico é que a pena atingirá o chão; e o evento aleatório é a posição que ela assumirá quando atingir o solo.*

Quando estudamos um **experimento estocástico**, mesmo não sabendo inicialmente qual será o resultado, temos que ter uma ideia desde o início, do conjunto de todos os possíveis resultados deste experimento.

Exemplo 14.3.4 *- Quando jogamos um dado, embora não saibamos previamente o resultado, sabemos que existem seis possibilidades de ocorrência: $1, 2, 3, \cdots, 6$. Ao conjunto de todos os resultados possíveis de um experimento aleatório, chamamos de espaço amostral e denotamos esse conjunto por Ω(lê-se: ômega). Os subconjuntos desse espaço são chamados eventos e os eventos formados por um único elemento são chamados eventos elementares.*

Exemplo 14.3.5 *- Considere o experimento "jogar um dado". O espaço amostral é o conjunto $\Omega = \{1, 2, 3, 4, 5, 6\}$. Cada evento(subconjunto) formado por apenas um elemento $\{1\}, \{2\}, \cdots, \{6\}$ é* **um evento elementar**. *O evento (subconjunto) $A = \{2, 4, 6\}$ é um evento que acontece se o número obtido for par.*

Exemplo 14.3.6 *- "Um cartão é retirado aleatoriamente de um conjunto de 50 cartões numerados de 1 até 50". Neste caso, temos como espaço amostral o conjunto formado pelos números inteiros positivos até o 50, inclusive o 50. Cada subconjunto unitário formado pelo número de um cartão é um evento elementar. O subconjunto $B = \{5, 10, 15, 20, \cdots, 50\}$ é o evento que ocorre se o cartão retirado for múltiplo de 5. Antes de prosseguirmos, você já deve ter notado que em Matemática existem funções cujos domínios e imagens são conjuntos de naturezas bem diferentes. Vejamos o exemplo a seguir.*

Exemplo 14.3.7 *- A função determinante e a função traço Seus domínios correspondem ao conjunto das matrizes quadradas M_n de dimensão n e suas imagens são os números reais, ou seja, associam matrizes à números reais.*

$$\det : M_n \to \mathbb{R} \qquad\qquad \mathrm{tr} : M_n \to \mathbb{R}$$

$$A \mapsto \det(A) \qquad\qquad A \mapsto \mathrm{tr}(A)$$

por exemplo,

$$\det \begin{pmatrix} 1 & 2 \\ 3 & 4 \end{pmatrix} = -2 \ \text{ e } \ \mathrm{tr} \begin{pmatrix} 1 & 2 \\ 3 & 4 \end{pmatrix} = 5$$

$$\det \begin{pmatrix} 1 & 1 & 1 \\ 2 & 2 & 2 \\ 3 & 3 & 3 \end{pmatrix} = 0 \ \text{ e } \ \mathrm{tr} \begin{pmatrix} 1 & 1 & 1 \\ 2 & 2 & 2 \\ 3 & 3 & 3 \end{pmatrix} = 6$$

Exemplo 14.3.8 *- As funções que modelam problemas interessantes na Matemática, geralmente, são da forma $f : \mathbb{R}^n \to \mathbb{R}$, o que significa que a cada n-upla $(x_1, x_2, \cdots, x_n)$ é associado um valor*

CAPÍTULO 14. PROBABILIDADE 255

real. Supondo que o custo de fabricação de uma peça dependa apenas do custo de mão-de-obra (x) *e do preço do material empregado* (y)*, podemos ter como exemplos de funções custo:*

$$C(x,y) = x + y \quad e \quad C(x,y) = x^2 + y^4$$

Exemplo 14.3.9 - *A função comprimento de intervalo* $\ell : A \to [0, +\infty]$ *associa a cada intervalo da reta um número real, que represente o seu comprimento. Assim,*

$$\ell((a,b)) = b - a \;,\; \ell((a,b]) = b - a \;,\; \ell([a,b)) = b - a \;,\; \ell([a,b]) = b - a$$

Veremos a seguir que probabilidade é também uma função que associa determinados conjuntos a um número real.

14.4 O Conceito de Probabilidade

A área da Matemática que estuda os experimentos aleatórios é a **probabilidade**. Com o objetivo de medir a chance de um determinado evento ocorrer, definiremos uma função especial, tão especial que tem o mesmo nome da própria área de estudo, a **função probabilidade**.

Observação 14.1 - *Lembre-se de que para definirmos uma função, precisamos estabelecer seu domínio, seu contra-domínio e sua lei de formação.*

Começamos, então, com o espaço amostral Ω(conjunto de todos os resultados possíveis) e construímos o conjunto $\mathcal{A}$ formado por todos os subconjuntos de Ω(eventos), inclusive o **evento impossível** ϕ e o **evento certo** Ω.

Exemplo 14.4.1 - *Se* $\Omega = \{1, 2, 3\}$ *é o espaço amostral de um determinado experimento aleatório, então,*

$$\mathcal{A} = \{\phi, \{1\}, \{2\}, \{3\}, \{1,2\}, \{1,3\}, \{2,3\}, \{1,2,3\}\}$$

é o conjunto de todos os eventos.

Definição. 14.4.1 - *Probabilidade é uma função que a cada evento associa um número (chamado de probabilidade do evento) no intervalo* $[0, 1]$*, isto é,* $P : \mathcal{A} \to [0, 1]$ *e que goza das seguintes propriedades:*

- $P(\Omega) = 1;$

- $A_1, A_2, \cdots \subset \Omega$ *são eventos dois a dois disjuntos, então,*

$$P\left(\bigcup_{n=1}^{\infty} A_n\right) = \sum_{n=1}^{\infty} P(A_n)$$

Observação 14.2 - *O domínio da função probabilidade é o conjunto* $\mathcal{A}$ *e não apenas o conjunto* Ω*, o que significa dizer que a probabilidade mede todos os possíveis eventos e não apenas um resultado do experimento. Por exemplo, ao jogarmos um dado, podemos não estar interessados na chance de ocorrer um determinado resultado, por exemplo,"sair o número 6": $\{6\}$, mas sim na chance de ocorrer o evento "sair um número par"e aí precisamos ter como medir o evento* $\{2, 4, 6\}$*.*

O trio $(\Omega, \mathcal{A}, P)$ chama-se de **Espaço de Probabilidade**.

256 INTRODUÇÃO À COMBINATÓRIA E PROBABILIDADE

Exemplo 14.4.2 - *Suponha que no lançamento de um dado, qualquer face tenha a mesma chance de ocorrer, ou seja,*

$$P(\{1\}) = P(\{2\}) = \cdots = P(\{6\}) = p$$

a) Qual o valor de p?

b) Qual a probabilidade do resultado ser um número par? Ou seja, qual o valor de $P(\{2,4,6\})$*?*

Resolução:

a) Sabemos que $\{1\}, \{2\}, \cdots, \{6\}$ são disjuntos, então:

$$1 = P(\Omega) = P(\{1,2,3,4,5,6\}) = P(\{1\} \cup \{2\} \cup \{3\} \cup \{4\} \cup \{5\} \cup \{6\}) =$$

$$P(\{1\}) + P(\{2\}) + P(\{3\}) + P(\{4\}) + P(\{5\}) + P(\{6\}) = p + p + p + p + p + p = 6p$$

Portanto $p = \frac{1}{6}$.

b)

$$P\{2,4,6\}) = P(\{2\} \cup \{4\} \cup \{6\}) = P(\{2\}) + P(\{4\}) + P(\{6\}) = \frac{1}{6} + \frac{1}{6} + \frac{1}{6} = \frac{3}{6} = \frac{1}{2}$$

Observação 14.3 - *As contas feitas no exemplo 14.4.2 valem no caso geral, isto é, se Ω for finito, basta sabermos as probabilidades dos eventos elementares para obtermos a probabilidade de qualquer evento. É só escrever o evento como um conjunto de eventos elementares e usar o segundo item da definição de probabilidade.*

Exemplo 14.4.3 - *Numa urna contendo 10 bolas numeradas de 1 a 10, considere o evento "retirar uma bola da urna"e suponha que cada bola tenha a mesma probabilidade p de ser retirada. Calcule:*

a) O valor de p.

b) $P(\{1,2,3,4,5\})$, ou seja, a probabilidade da bola retirada ter numeração inferior a 6.

Resolução:

a)

$$1 = P(\Omega) = P(\{1,2,3,\cdots,9,10\}) = P(\{1\} \cup \{2\} \cup \{3\} \cup \cdots \cup \{10\}) =$$

$$P(\{1\}) + P(\{2\}) + P(\{3\}) + \cdots + P(\{10\}) = \underbrace{p + p + p + \cdots + p}_{10 \text{ parcelas}} = 10p$$

Portanto $p = \frac{1}{10}$.

b)

$$P(\{1,2,3,4,5\}) = P(\{1\} \cup \{2\} \cup \{3\} \cup \{4\} \cup \{5\}) =$$

$$P(\{1\}) + P(\{2\}) + P(\{3\}) + P(\{4\}) + P(\{5\}) = \frac{1}{10} + \frac{1}{10} + \frac{1}{10} + \frac{1}{10} + \frac{1}{10} = \frac{5}{10} = \frac{1}{2}$$

A partir da definição de função probabilidade, iremos demonstrar algumas de suas mais importantes propriedades, as quais nos ajudarão a resolver os exemplos seguintes.

14.5 Propriedades da Probabilidade

1. $P(\phi) = 0$.

   Demonstração:

   Sabemos que $\phi \cap \Omega = \phi$, isto é, ϕ e Ω são disjuntos. Portanto pelo segundo item da definição da função probabilidade, segue que:

   $$P(\phi \cup \Omega) = P(\phi) + P(\Omega)$$

   Por outro lado, $\phi \cup \Omega = \Omega$, o que nos leva a:

   $$P(\phi \cup \Omega) = P(\Omega)$$

   Assim,
   $$P(\Omega) = P(\phi \cup \Omega) = P(\phi) + P(\Omega) \Rightarrow P(\Omega) = P(\phi) + P(\Omega)$$

   donde $P(\phi) = 0$, já que $P(\Omega) = 1$.

2. Se $A \subset B$, então $P(A) \leq P(B)$.

   Demonstração:

   De fato, se $A \subset B$, então $B = A \cup (B - A)$, em que $B - A$ representa o conjunto dos elementos que pertencem a B, mas não pertencem a A. Logo, A e $B - A$ são disjuntos e, assim podemos escrever:
   $$P(B) = P(A \cup (B - A)) = P(A) + P(B - A)$$

   Como a imagem de qualquer conjunto pela função P pertence ao intervalo $[0, 1]$, tem-se $P(B - A) \geq 0$. Assim,

   $$P(B) = P(A) + P(B - A) \geq P(A) + 0 = P(A) \Rightarrow P(B) \geq P(A)$$

   ou seja, $P(A) \leq P(B)$.

3. $P(A^c) = 1 - P(A)$, em que A^c denota o complementar do conjunto A, isto é, o conjunto formado por todos os elementos de Ω que não pertencem ao conjunto A.

   Demonstração:

   Podemos escrever $\Omega = A \cup A^c$ e pela definição de conjunto complementar temos A e A^C disjuntos, logo, pelo segundo item da definição de probabilidade, temos:

   $$1 = P(\Omega) = P(A \cup A^c) = P(A) + P(A^c)$$

   portanto, $P(A^c) = 1 - P(A)$.

4. $P(A \cup B) = P(A) + P(B) - P(A \cap B)$.

258 INTRODUÇÃO À COMBINATÓRIA E PROBABILIDADE

Demonstração:

Podemos escrever $(A \cup B) = A \cup (B - A)$. Note que esses conjuntos são disjuntos, já que no segundo conjunto dessa união estão apenas os pontos que pertencem ao conjunto B e que não pertencem ao conjunto A. Assim, usando o segundo item da definição da função probabilidade segue que:

$$P(A \cup B) = P[A \cup (B - A)] = P(A) + P(B - A)$$

Por outro lado, podemos escrever o conjunto B como a união disjunta

$$B = (A \cap B) \cup (B - A)$$

mais uma vez usando o segundo item da definição da função probabilidade, temos:

$$P(B) = P[(A \cap B) \cup (B - A)] = P(A \cap B) + P(B - A)$$

assim,

$$P(A \cup B) = P(A) + P(B - A)$$
$$P(B) = P(A \cap B) + P(B - A)$$

subtraindo membro a membro, as duas últimas igualdades acima, obtemos:

$$P(A \cup B) - P(B) = P(A) - P(A \cap B)$$

portanto,

$$P(A \cup B) = P(A) + P(B) - P(A \cap B)$$

Você notou alguma semelhança entre essa fórmula e a fórmula do Princípio da Inclusão-Exclusão (visto no capítulo 5), que estabelece que

$$n(A \cup B) = n(A) + n(B) - n(A \cap B)$$

Será que tal analogia se mantém quando tomamos n conjuntos $A_1, A_2, \cdots A_n$? Podemos mostrar por indução que sim, ou seja,

$$P(A_1 \cup A_2 \cup \cdots \cup A_n) = \quad P(A_1) + P(A_2) + \cdots + P(A_n)$$

$$-P(A_1 \cap A_2) - P(A_1 \cap A_3) \cdots - P(A_{n-1} \cap A_n)$$

$$+P(A_1 \cap A_2 \cap A_3) + \cdots + P(A_{n-2} \cap A_{n-1} \cap A_n)$$

$$\vdots$$

$$\cdots + (-1)^{n-1}.P(A_1 \cap A_2 \cdots \cap A_n)$$

Exemplo 14.5.1 - *Suponha que o dono de um cassino conseguiu produzir um dado falso. Esse dado tem a seguinte propriedade: os números pares e os números ímpares têm a mesma chance de ocorrer, entretanto, a chance de aparecer um número par é o dobro da chance de aparecer um número ímpar. A partir dessas informações, encontre:*

a)a probabilidade de ocorrer um número par e a probabilidade de ocorrer um número ímpar.

CAPÍTULO 14. PROBABILIDADE 259

b)a probabilidade dos eventos elementares.

c)a probabilidade do resultado ser um número menor ou igual a 4.

Resolução:

Neste caso, o espaço amostral é $\Omega = \{1, 2, 3, 4, 5, 6\}$. Considerando os eventos

$$A = \{\text{os números pares do dado}\} = \{2, 4, 6\}$$

$$B = \{\text{os números ímpares do dado}\} = \{1, 3, 5\}$$

Temos por hipótese que $P(A) = 2.P(B)$ e podemos escrever:

$$1 = P(\Omega) = P(\{1, 2, 3, 4, 5, 6\}) = P(\{1, 3, 5\} \cup \{2, 4, 6\}) =$$

$$P(\{1, 3, 5\}) + P(\{2, 4, 6\}) = P(B) + P(A) = P(B) + 2P(B) = 3P(B)$$

Portanto, $3.P(B) = 1$, o que implica que $P(B) = \frac{1}{3}$ e $P(A) = 2.P(B) = 2.\frac{1}{3} = \frac{2}{3}$.

b)Agora consideremos os eventos elementares $\{2\}, \{4\}, \{6\} \subset \Omega$. Suponhamos que a probabilidade de ocorrer cada um deles seja p, ou seja,

$$P(\{2\}) = P(\{4\}) = P(\{6\}) = p$$

Do item (a) sabemos que $P\{2, 4, 6\}) = \frac{2}{3}$, portanto:

$$\frac{2}{3} = P(\{2, 4, 6\}) = P(\{2\}) + P(\{4\}) + P(\{6\}) = p + p + p = 3p$$

ou seja, $3p = \frac{2}{3}$, o que implica que $p = \frac{2}{9}$.
Considerando que

$$P(\{1\}) = P(\{3\}) = P(\{5\}) = q$$

e usando o mesmo raciocínio anterior para os eventos elementares formados pelos números ímpares, obtemos:

$$\frac{1}{3} = P(\{1, 3, 5\}) = P(\{1\}) + P(\{3\}) + P(\{5\}) = q + q + q = 3q$$

ou seja, $3q = \frac{1}{3}$, o que implica que $q = \frac{1}{9}$.

c)Agora queremos a probabilidade de que o resultado seja menor do que ou igual a 4, ou seja,

$$P(\{1, 2, 3, 4\}) = P(\{1\} \cup \{2\} \cup \{3\} \cup \{4\}) = P(\{1\}) + P(\{2\}) + P(\{3\}) + P(\{4\}) =$$

$$\frac{1}{9} + \frac{2}{9} + \frac{1}{9} + \frac{2}{9} = \frac{6}{9} = \frac{2}{3}$$

Há uma ideia bastante difundida de que a probabilidade de um dado evento, de um certo espaço amostral Ω pode ser calculada pela razão entre o "**número de casos favoráveis**"e o "**número total de casos**". Por que isso não apareceu até agora? Boa pergunta!

A resposta também é direta: aquilo só vale em casos muito particulares, bem específicos. Ou seja, o que aprendemos no passado não se aplica sempre.

260 INTRODUÇÃO À COMBINATÓRIA E PROBABILIDADE

Exemplo 14.5.2 - *No exemplo 14.5.1, se fôssemos utilizar o que aprendemos no passado, considerando*

$$A = \{os\ números\ pares\ do\ dado\} = \{2, 4, 6\}$$

$$B = \{os\ números\ ímpares\ do\ dado\} = \{1, 3, 5\}$$

teríamos que

$$P(A) = P(B) = \frac{3}{6} = \frac{1}{2}$$

Isso contraria fortemente o que diz o exemplo 14.5.1, já que a chance de ocorrência de um número par é duas vezes maior que a chance de ocorrência de um número ímpar.

Uma pergunta natural seria: mas, em que tipos de problemas podemos calcular a probabilidade como a razão entre o número de casos favoráveis e o número de total de casos? Quando o espaço amostral tiver uma quantidade finita de elementos, por exemplo, $\Omega = \{a_1, a_2, \cdots, a_n\}$, e, além disso, todo evento elementar tiver a mesma probabilidade de ocorrência (neste caso dizemos que o espaço amostral é **EQUIPROVÁVEL**), isto é,

$$P(\{a_1\}) = P(\{a_2\}) = \cdots P(\{a_n\}) = p$$

A demonstração dessa afirmação é simples, pois já fizemos contas semelhantes nos exemplos anteriores. Como estamos supondo que todo evento elementar tem a mesma probabilidade, p, temos que a probabilidade de um evento elementar será

$$1 = P(\Omega) = P(\{a_1, a_2, \cdots, a_n\}) = P(\{a_1\} \cup \{a_1\} \cup \cdots \{a_n\}) =$$

$$= P(\{a_1\}) + P(\{a_2\}) + \cdots + P(\{a_n\}) = \underbrace{p + p + \cdots + p}_{n\ parcelas} = np$$

Assim, $np = 1$, o que implica que $p = \frac{1}{n}$.

Agora considere um evento qualquer $A \subset \Omega$. Como um evento é um subconjunto de $\Omega = \{a_1, a_2, \cdots, a_n\}$, suponhamos que A tenha $p \leq n$ elementos. Sem perda de generalidade, consideremos $A = \{a_1, a_2, \cdots, a_p\}$ (veremos que só irá importar a quantidade e os elementos, e não os elementos). Então, temos:

$$P(A) = P(\{a_1, a_2, \cdots, a_p\}) = P(\{a_1\} \cup \{a_2\} \cup \cdots \cup \{a_p\}) =$$

$$= P(\{a_1\}) + P(\{a_2\}) + \cdots + P(\{a_p\}) = \underbrace{\frac{1}{n} + \frac{1}{n} + \cdots + \frac{1}{n}}_{p\ parcelas} = \frac{p}{n} = \frac{n(A)}{n(\Omega)}$$

Resumindo, quando estamos trabalhando com um espaço amostral **finito e equiprovável** é válido que:

$$Probabilidade = \frac{Número\ de\ casos\ favoráveis}{Número\ total\ de\ casos}$$

14.6 Exercícios propostos

1. Num dado "não honesto" a probabilidade de ser sorteado um número é proporcional a esse número. Se esse dado é lançado, qual é a probabilidade do número sorteado ser um número par?

2. Uma turma de amigos quer se encontrar em uma determinada semana, entretanto, a chance disso ocorrer na terça-feira é duas vezes maior do que na segunda. Na quarta-feira, é três vezes maior que na segunda. Na quinta-feira, é quatro vezes maior que na segunda e, a partir da sexta, a chance é a mesma e cinco vezes maior que na segunda. Qual a probabilidade deles se encontrarem no final de semana (sexta, sábado ou domingo)?

3. Sabe-se que a probabilidade de um jogador perder um pênalti é $\frac{1}{3}$. Qual a probabilidade desse jogador converter o pênalti?

4. Para a Copa do Mundo 24 países são divididos em 6 grupos, com 4 países cada. Supondo que a escolha do grupo de cada país é feita ao acaso, calcular a probabilidade de que dois determinados países A e B se encontrem no mesmo grupo.

5. (Concurso - IFRN)A porta de um cofre de um banco tem três fechaduras com segredos diferentes entre si; essa porta só é aberta quando as três fechaduras forem destravadas. As três chaves que podem abrir essas fechaduras distintas (cada chave abre somente uma fechadura) estão misturadas dentro de uma caixa, juntamente com uma quarta chave que é a duplicata de uma dessas três chaves desta caixa e elas são entregues, uma ao gerente, outra ao subgerente e outra ao tesoureiro desse banco. Cada uma dessas pessoas, após receber a chave, escolhe ao acaso uma dessas três fechaduras e tenta destravá-la. Qual a probabilidade de que, nesta tentativa a porta do cofre seja aberta?

6. Sorteando-se ao acaso, simultaneamente e sem reposição, 3 cartas de um baralho comum, determine a probabilidade de que:

   a) as três cartas sejam ases.
   b) as três cartas sejam de copas.
   c) as três sejam do mesmo naipe.
   d) as três sejam de naipes diferentes.

7. Um prédio de três andares, com dois apartamentos por andar, tem apenas três apartamentos ocupados. Qual a probabilidade de que cada um dos três andares tenha exatamente um apartamento ocupado?

8. Escolhendo-se ao acaso três dos vértices de um cubo, qual a probabilidade de que os três pertençam à mesma face?

9. Sorteando-se aleatoriamente um número inteiro n entre os números do conjunto $A = \{1, 2, 3, \cdots, 1000\}$, qual a probabilidade de que $\log_2(n)$ seja inteiro?

10. (UERJ)Os baralhos comuns são compostos de 52 cartas divididas em quatro naipes, denominados copas, espadas, paus e ouros, com treze cartas distintas de cada um deles. Observe a figura que mostra um desses baralhos, no qual as cartas representadas pelas letras A, J, Q e K são denominadas, respectivamente, ás, valete, dama e rei.

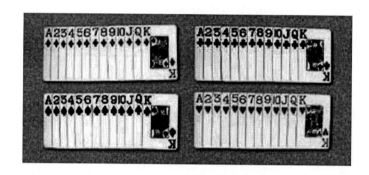

Uma criança rasgou algumas cartas desse baralho, e as n cartas restantes, não rasgadas, foram guardadas em uma caixa. Os dados a seguir apresentam as probabilidades de retirar-se dessa caixa, ao acaso, as seguintes cartas:

carta	probabilidade
um rei	0,075
uma carta de copas	0,25
uma carta de copas ou rei	0,3

Calcule o valor de n.

11. (UERJ) Com o intuito de separar o lixo para fins de reciclagem, uma instituição colocou em suas dependências cinco lixeiras de diferentes cores, de acordo com o tipo de resíduo a que se destinavam: vidro, plástico, metal, papel e lixo orgânico. Sem olhar para as lixeiras, João joga em uma delas uma embalagem plástica e, ao mesmo tempo, em outra, uma garrafa de vidro. Determine a probabilidade de que ele tenha usado corretamente pelo menos uma lixeira.

12. Quebrando-se aleatoriamente um segmento de tamanho a em três partes, qual a probabilidade de que essas três partes formem um triângulo?

13. Cristina e Maria, que não são pessoas muito pontuais, marcam um encontro às 16:00 horas. Se uma delas chegar ao local do encontro em um instante qualquer entre 16:00 e 17:00 horas e se dispõe a esperar no máximo 10 minutos pela outra, qual é a probabilidade delas se encontrarem?

14. A Mega-Sena é uma das loterias mais populares do Brasil. Pode-se concorrer escolhendo de 6 a 15 números entre os 60 do volante. O resultado virá quando 6 números forem sorteados entre os 60 primeiros números naturais (não nulos). Há prêmios para quem acertar 4 números (quadra), 5 números (quina) ou 6 números (sena). A aposta mínima (6 números) é de R$2,00.

a) De quantos modos distintos pode ocorrer o resultado de um sorteio da Mega Sena?
b) Apostando R$2,00, qual é a probabilidade de acertar as 6 dezenas?
c) E uma quina?
d) E uma quadra?
e) Acertar a sena com uma única aposta simples, é tão difícil quanto obter cara em todas as n moedas honestas que foram lançadas simultaneamente. Sabendo que $\log 2 = 0,30$ e que $\log 50.063.860 = 7,5$, determine o valor de n.

15. Quantas vezes, no mínimo, se deve lançar um dado não tendencioso para que a probabilidade de obter algum resultado igual a 6 seja superior a 0,90? (Dado: $\log \frac{5}{6} \approx -0,08$).

16. (FGV-2009) Uma prova discursiva de Matemática deve conter 5 questões de Álgebra, 3 questões de Geometria e 2 de Trigonometria, num total de 10 questões. Para elaborar a prova, a banca dispõe de 8 questões de Álgebra, 6 de Geometria e 4 de Trigonometria.

a) Com as informações dadas, quantas provas distintas, isto é, que tenham ao menos uma questão diferente, podem ser elaboradas?

b) Do total das 18 questões disponíveis, 14 são difíceis e 4 de Álgebra são médias. Qual a probabilidade de se elaborar uma prova difícil, sabendo que uma prova para ser difícil deve conter pelo menos 7 questões difíceis?

17. (UNIFESP) O recipiente da figura I é constituído de 10 compartimentos idênticos, adaptados em linha. O recipiente da figura II é constituído de 100 compartimentos do mesmo tipo, porém adaptados de modo a formar 10 linhas e 10 colunas. Imagine que vão ser depositadas, ao acaso, 4 bolas idênticas no recipiente da figura I e 10 bolas idênticas no recipiente da figura II.

264 INTRODUÇÃO À COMBINATÓRIA E PROBABILIDADE

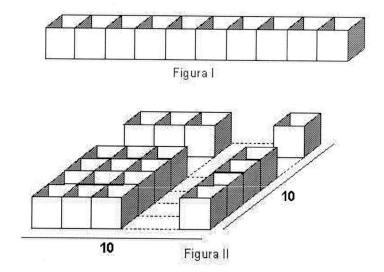

Com a informação de que em cada compartimento cabe apenas uma bola, determine:

a) A probabilidade de que no primeiro recipiente as 4 bolas fiquem sem compartimentos vazios entre elas.

b) A probabilidade de que no segundo recipiente as 10 bolas fiquem alinhadas.

18. (UNICAMP) Em um jogo de dominó, a parte de cima de cada peça tem dois lados e cada lado pode ter nenhum, 1, 2, 3, 4, 5 ou 6 pontos marcados. Cada combinação de pares de números de pontos aparece uma única vez. Por exemplo: Há uma única peça com 2 pontos de um lado e 3 pontos do outro, assim como há uma única peça com 5 pontos de cada lado. Cada jogador recebe de inicio, 7 peças. Um deles inicia posicionando uma peça qualquer sobre a mesa. O outro deve colocar uma peça com o mesmo número de pontos que um dos lados da peça que já estiver sobre a mesa, posicionando-a de modo que os lados de mesmo número de pontos fiquem adjacentes. O próximo jogador deve fazer o mesmo, considerando uma das extremidades livres e assim sucessivamente. Caso na sua vez um jogador não tenha alguma peça que se encaixe no jogo, deve tomar aleatoriamente uma do monte de peças que eventualmente tenham sobrado. Se não houver peça alguma no monte, então deve passar sua vez. Ganha o jogo, o primeiro a ficar sem peças na mão. Considere na figura abaixo, um jogo de dominó entre duas pessoas, após algumas rodadas.

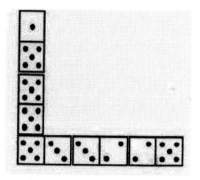

a) Quantas são as peças de um jogo de dominó?

b) Suponha que no momento da situação descrita na figura, nenhum dos dois jogadores tivesse tomado qualquer peça do monte. Sabendo que nenhum deles tem em suas mãos alguma peça que se encaixe no jogo, calcule a probabilidade de que o jogador da vez, ao tomar uma peça do monte, encontre uma que se encaixe.

19. (OBM) Arnaldo, Bernaldo, Cernaldo e Dernaldo embaralharam as 52 cartas de um baralho e distribuíram 13 cartas para cada um. Arnaldo ficou surpreso: "Que estranho, não tenho nenhuma carta de espadas." Qual a probabilidade de Bernardo também não ter cartas de espadas?

20. Um dado tem faces $1, 1, 2, 2, 3, 3$ e o outro tem faces $4, 4, 5, 5, 6, 6$. Os dois dados são jogados e os números nas faces superiores são observados. Qual é a probabilidade de que a soma dos números obtidos seja ímpar?

21. (OMRN) Paulinho arremessa aleatoriamente uma moeda comum onde numa face possui "CARA" e na outra "COROA", por várias vezes. A cada lançamento ele anota o resultado num papel e ele promete parar a brincadeira quando ocorrerem duas "CARAS" consecutivas. Qual a probabilidade de que Paulinho faça exatamente 10 lançamentos até parar com a brincadeira?

22. (OPM) Numa caixa existem 2 cartas vermelhas e 22 cartas pretas. Jorge escolhe um número n entre 1 e 24. Ferreira vai retirando as cartas, uma a uma, até encontrar uma carta vermelha. Se esta for a n–ésima carta retirada pelo Ferreira então Jorge ganha o jogo. Qual o número n que Jorge deve escolher para que seja máxima a sua probabilidade de ganhar o jogo?

23. n homens e n mulheres, $n \geq 1$ serão dispostos ao acaso numa fila. Seja p_n a probabilidade de que a primeira mulher na fila ocupe a segunda posição. Calcule p_n e determine a partir de que valor de n tem-se $p_n \leq \frac{11}{40}$.

24. x é um número real selecionado aleatoriamente entre 100 e 200. Se $\left[\sqrt{x}\right] = 12$, encontre a probabilidade de que $\left[\sqrt{100x}\right] = 120$, onde $[y]$ é a parte inteira de y.

25. (UNICAMP - 2012) O mostrador de determinado relógio digital indica horas e minutos, como ilustra a figura abaixo, na qual o dígito da unidade dos minutos está destacado.

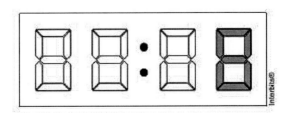

O dígito em destaque pode representar qualquer um dos dez algarismos, bastando para isso que se ative ou desative as sete partes que o compõem, como se mostra abaixo

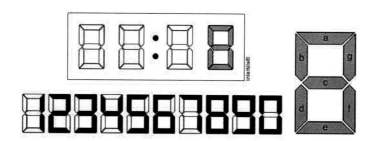

a) Atribuindo as letras a, b, c, d, e, f, g aos trechos do dígito destacado do relógio, como se indica abaixo, pinte no gráfico de barras abaixo, a porcentagem de tempo em que cada um dos trechos fica aceso. Observe que as porcentagens referentes aos trechos f e g já estão pintadas.

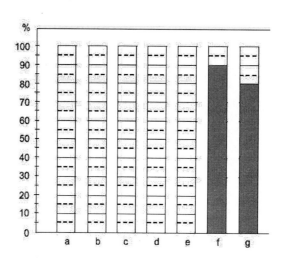

b) Supondo, agora, que o dígito em destaque possua dois trechos defeituosos, que não acendem, calcule a probabilidade do algarismo 3 ser representado corretamente.

14.7 Resolução dos exercícios propostos

1. Supondo que neste dado a probabilidade de sair o número 1 seja p, segue que a probabilidade de saírem os números $2, 3, 4, 5$, e 6 são, respectivamente $2p, 3p, 4p, 5p$ e $6p$, pois de acordo com o enunciado, neste dado a probabilidade de sair um determinado número é proporcional a esse número. Assim,

$$p + 2p + 3p + 4p + 5p + 6p = 1 \Rightarrow 21p = 1 \Rightarrow p = \frac{1}{21}$$

CAPÍTULO 14. PROBABILIDADE 267

Finalmente, nesse dado, a probabilidade de sair um número par é

$$
\begin{aligned}
P(\{2,4,6\}) &= P(\{2\} \cup \{4\} \cup \{6\}) \\
&= P(\{2\}) + P(\{4\}) + P(\{6\}) \\
&= 2p + 4p + 6p \\
&= 12p \\
&= 12.\frac{1}{21} \\
&= \frac{4}{7}
\end{aligned}
$$

2. Seja p a probabilidade de que a turma resolva encontrar-se na segunda-feira. De acordo com o enunciado as probabilidades de que a turma resolva encontrar-se nos dias seguintes são: Terça
$\rightarrow 2p$
Quarta $\rightarrow 3p$
Quinta $\rightarrow 4p$
Sexta $\rightarrow 5p$
Sábado $\rightarrow 5p$
Domingo $\rightarrow 5p$
Assim,

$$
p + 2p + 3p + 4p + 5p + 5p + 5p = 1 \Rightarrow 25p = 1 \Rightarrow p = \frac{1}{25}
$$

Portanto, a probabilidade de que eles se encontrem na sexta, sábado ou domingo é:

$$
P = 5p + 5p + 5p = 15p = 15.\frac{1}{25} = \frac{3}{5}
$$

3. Considere o evento $A = \{$perder o pênalti$\}$. De acordo com o enunciado, $P(A) = \frac{1}{3}$. Assim a probabilidade do jogador converter o pênalti é

$$
P(A^c) = 1 - P(A) = 1 - \frac{1}{3} = \frac{2}{3}
$$

4. Imagine 24 espaços onde serão distribuídas as 24 seleções. Imagine que a seleção A ocupe inicialmente um desses 24 espaços. Neste ponto, ainda restam 23 espaços para colocar a seleção B, mas apenas 3 desses 23 espaços são no mesmo grupo da seleção A (lembre-se que cada grupo deve ter apenas 4 seleções!). Assim a probabilidade pedida é $P = \frac{3}{23}$.

Outra forma de resolver esse problema é lembrar um dos exercícios de permutação. Imagine que você distribui os times em uma fila, o que pode ser feito de 24! maneiras, mas permutando os times dentro do grupo ou os grupos entre si, teremos ainda os mesmos times em mesmos grupos, assim o total seria $\frac{24!}{4!4!4!4!4!6!}$. Como os times vão ser distribuídos aleatoriamente, então existirá a mesma chance de qualquer configuração acontecer. Encontremos de quantas formas podemos distribuir aleatoriamente os times sem que os times A e B fiquem no mesmo grupo. Temos 24 possibilidades para colocar o time A, em seguida temos 20 possibildades para colocar o time B sem que esteja no mesmo grupo que o time A e em seguida os outros

268 INTRODUÇÃO À COMBINATÓRIA E PROBABILIDADE

times podem ser distribuídos de 22! maneiras. Permutando aqueles no mesmo grupo e os grupos teremos $\frac{24.20.22!}{4!4!4!4!4!4!6!}$ e pela equiprobabilidade teremos

$$P_{sep} = \frac{\frac{24.20.22!}{4!4!4!4!4!4!6!}}{\frac{24!}{4!4!4!4!4!4!6!}} = \frac{20}{23}$$

Assim, a probabilidade de tê-los no mesmo grupo é

$$P_{juntos} = 1 - \frac{20}{23} = \frac{3}{23}$$

5. Sejam A, B e C as fechaduras e a, b e c as respectivas chaves, isto é, a chave a abre apenas a fechadura A, a chave b abre apenas a fechadura B e a chave c abre apenas a fechadura C.

De acordo com o enunciado, não sabemos de qual chave é a cópia que existe na caixa. Assim há três possibilidades para as chaves presentes na caixa, a saber:

$$a, a, b, c$$
$$a, b, b, c$$
$$a, b, c, c$$

Em cada um destes três casos, o número de permutações é:

$$a, a, b, c \rightarrow \frac{4!}{2!1!1!} = 12$$
$$a, b, b, c \rightarrow \frac{4!}{1!2!1!} = 12$$
$$a, b, c, c \rightarrow \frac{4!}{1!1!2!} = 12$$

portanto existem $12 + 12 + 12 = 36$ sequências possíveis de chaves. Supondo que em cada uma destas 36 permutações, a chave que ficará em primeiro lugar será usada na fechadura A, a que estiver em segundo lugar na fechadura B, a que estiver em terceiro lugar na fechadura C e a que estiver em último lugar não será utilizada, segue que estas 36 possibilidades, as únicas que conseguem abrir as três fechaduras simultaneamente são as 3, a saber:

$$(a, b, c, a), (a, b, c, b) \text{ e } (a, b, c, c)$$

Assim, a probabilidade de que as três fechaduras possam ser abertas simultaneamente é

$$P = \frac{3}{36} = \frac{1}{12}$$

Há uma segunda solução para o problema que é a seguinte:

Note que o nosso experimento consiste em escolher as chaves e as fechaduras. Sejam x, y, z as chaves escolhidas pelo gerente, subgerente e tesoureiro, respectivamente e X, Y, Z as fechaduras escolhidas pelo gerente, subgerente e tesoureiro, respectivamente. Podemos então considerar um espaço amostral formado por pontos da seguinte forma:

$$\Omega = \{(x, y, z, X, Y, Z)\}$$

Imaginemos que cada chave seja de uma cor diferente, inclusive a cópia. Assim a quantidade de maneiras distintas de escolhermos 3 chaves, com a ordem sendo levada em consideração, é $A(4,3) = \frac{4!}{1!} = 24$.

Sendo c_1, c_2, c_3 e $c_{\text{cópia}}$ as chaves, segue que nestas 24 possibilidades temos as seguintes situações contadas: (imaginemos que a cópia é da chave c_1, o que não será relevante, como veremos.)

$$(c_1, c_2, c_3)$$
$$(c_{\text{cópia}}, c_2, c_3)$$
$$(c_1, c_{\text{cópia}}, c_2)$$
$$(c_1, c_{\text{cópia}}, c_3)$$

e todas as suas permutações (que são 3! em cada grupo, resultando então em $4 \times 3! = 24$ agrupamentos distintos). Desta forma o espaço amostral Ω terá $4! \times 3! = 144$ elementos (4! pela escolha ordenada das chaves e 3! correspondente as permutações das fechaduras (X, Y e Z). Note que cada elemento terá a mesma probabilidade de ocorrer já que as escolhas estão sendo feitas de forma aleatória. Assim, o evento E desejado é aquele em que as chaves escolhidas são as corretas e são corretamente colocadas nas fechaduras condizentes. Assim, considerando que F_1, F_2 e F_3 são as fechaduras corretas das chaves c_1, c_2 e c_3, respectivamente, segue que o evento E desejado pode ser descrito como:

$$E = \{(c_1, c_2, c_3, F_1, F_2, F_3) \text{ e suas permutações}\} \cup \{(c_{\text{cópia}}, c_2, c_3, F_1, F_2, F_3) \text{ e suas permutações}\}$$

Note que para cada permutação de c_1, c_2, c_2 existe uma única permutação de X, Y, Z que faz com que a chave certa seja colocada na fechadura certa. Como existem 3! permutações das chaves c_1, c_2, c_3 e 3! permutações das chaves $c_{\text{cópia}}, c_2, c_3$ segue que $n(E) = 3! + 3! = 12$. Assim, a probabilidade de que o gerente, o subgerente e o tesoureiro consigam abir o cofre é:

$$P = \frac{12}{144} = \frac{1}{12}$$

6. a) $P = \dfrac{C(4,3)}{C(52,3)} = \dfrac{1}{5525}$.

b) $P = \dfrac{C(13,3)}{C(52,3)} = \dfrac{11}{850}$.

c) $P = \dfrac{4.C(13,3)}{C(52,3)} = \dfrac{44}{850}$.

d) $P = \dfrac{52.39.26}{52.51.50} = \dfrac{169}{425}$.

Note que aqui estamos usando o fato de qualquer das três cartas terem a mesma chance de serem escolhidas.

270 INTRODUÇÃO À COMBINATÓRIA E PROBABILIDADE

7. Para escolhermos os três apartamentos que serão ocupados existem $C(6,3) = 20$ maneiras distintas. Ora, como em cada andar há dois apartamentos, segue que em cada andar existem duas possibilidades para ocupar apenas um dos seus dois apartamentos. Assim, pelo Princípio Multiplicativo, existem $2 \times 2 \times 2 = 8$ modos distintos de ocupar um apartamemto por andar. Portanto a probabilidade pedida é $P = \frac{8}{20} = \frac{2}{5}$. Aqui estamos usando o fato de a chance de escolher quaisquer três apartamentos é a mesma.

8. Num cubo há 8 vértices. Portanto o número de maneiras distintas de escolhermos 3 desses 8 vértices é $C(8,3) = 56$. Por outro lado, num cubo há 6 faces e em cada face, 4 vértices. Assim para escolhermos 3 vértices numa mesma face, primeiro escolhemos a face, o que pode ser feito de 6 modos distintos, e uma vez escolhida a face, escolhemos nessa face 3 dos seus 4 vértices, o que pode ser feito de $C(4,3) = 4$ modos distintos. Assim, pelo Princípio Multiplicativo, podemos escolher 3 vértices numa mesma face de um cubo de $6 \times 4 = 24$ modos distintos. Portanto, a probabilidade de escolhermos aleatoriamente 3 vértices de um cubo e eles pertencerem a uma mesma face é:

$$P = \frac{24}{56} = \frac{3}{7}.$$

9. Note que $\log_2(n)$ é inteiro se, e somente se, n é uma potência de 2. No conjunto $A = \{1, 2, 3, \cdots, 1000\}$ as potécias de 2 são as 10, a saber:

$$1, 2, 4, 8, 16, 32, 64, 128, 256 \text{ e } 512$$

Assim, a probabilidade pedida é $P = \frac{10}{1000} = \frac{1}{100}$.

Note que quando se fala "sortear aleatoriamente", o que se está dizendo é que todos os eventos elementares têm a mesma chance de ocorrência, logo temos a equiprobabilidade.

10. Sabe-se que

$$P(\text{Copas ou Rei}) = P(\text{Copas}) + P(\text{Rei}) - P(\text{Copas e Rei})$$

subistituindo os valores apresentados na tabela, obtemos:

$$0,30 = 0,25 + 0,075 - P(\text{Copas e Rei}) \Rightarrow P(\text{Copas e Rei}) = \frac{1}{40}$$

Por outro lado, no baralho só existe um rei de Copas, e, portanto, entre as n cartas não rasgadas,

$$P(\text{Copas e Rei}) = \frac{1}{n}$$

Assim,

$$\frac{1}{n} = \frac{1}{40} \Rightarrow n = 40$$

11. Consideremos os eventos:

$$A = \{\text{João acertou o plástico}\}$$
$$B = \{\text{João acertou o vidro}\}$$

queremos então $P(A \cup B)$. Mas,

$$\begin{aligned} P(A \cup B) &= P(A) + P(B) - P(A \cap B) \\ &= \frac{1}{5} + \frac{1}{5} - \frac{1.1}{5.4} \\ &= \frac{7}{20} \end{aligned}$$

12. Consideremos um segmento AB de tamanho a, conforme ilustra a figura abaixo:

$$\underset{A}{\bullet}\xrightarrow{\hspace{2cm}a\hspace{2cm}}\underset{B}{\bullet}$$

Agora considere os pontos P e Q que dividem o segmento AB em três partes, de modo que AP = x e AQ = y, conforme ilustra a figura a seguir:

$$\underset{A}{\overset{0}{\bullet}}\quad\underset{P}{\overset{x}{\bullet}}\quad\underset{Q}{\overset{y}{\bullet}}\quad\underset{B}{\overset{a}{\bullet}}$$

Assim, as medidas dos três segmentos, nos quais o segmento AB foi quebrado são

$$AP = x, PQ = y - x \text{ e } PB = a - y$$

Note que $0 \leq x \leq y \leq a$, pois estamos supondo que o ponto Q está à direita do ponto P. Além disso, para que os três segmentos obtidos, a partir da quebra do segmento original, formem um triângulo, é preciso que o comprimento de qualquer um deles seja menor que a soma dos comprimentos dos outros dois (desigualdade triangular!). Assim,

$$x < (y - x) + (a - y) \Rightarrow x < \frac{a}{2}$$

$$y - x < x + (a - y) \Rightarrow y < x + \frac{a}{2}$$

$$a - y < x + (y - x) \Rightarrow y > \frac{a}{2}$$

Imaginando cada escolha dos valores de x e de y como um par ordenado (x, y), as condições acima limitam no plano cartesiano a região hachurada da figura a seguir:

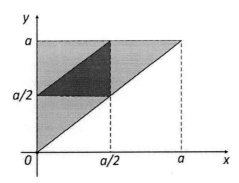

Note que todos os possíveis pontos (x, y) encontram-se no interior de um triângulo retângulo de catetos iguais a a. Enquanto que os pontos "favoráveis"encontram-se no interior de um triângulo retângulo de catetos $\frac{a}{2}$. Assim, a probabilidade de que as três partes oriundas do segmento original formem um triângulo pode ser calculada da seguinte forma:

$$P = \frac{\frac{1}{2} \cdot \frac{a}{2} \cdot \frac{a}{2}}{\frac{1}{2} \cdot a \cdot a} = \frac{\frac{a^2}{8}}{\frac{a^2}{2}} = \frac{1}{4}$$

13. Vamos considerar o intervalo das 16 : 00h às 17 : 00h como sendo uma escala contínua de 0 a 60 minutos, representada na figura a seguir:

(16:00h)   (17:00h)
0   60

Nesse intervalo marquemos por x e y os instantes em que cada uma das amigas chegou ao local do encontro, conforme ilustra a figura a seguir:

0   x   y   60

Claramente, $0 \leq x \leq 60$ e $0 \leq y \leq 60$. Ora, se uma não espera mais que 10 minutos pela outra, devemos ter

$$|y - x| \leq 10 \Leftrightarrow -10 \leq y - x \leq 10 \Leftrightarrow x - 10 \leq y \leq x + 10$$

Representando cada escolha do valor do x e cada escolha do valor do y por um par ordenado (x, y) podemos representar estes pontos num sistema de coordenadas cartesianas conforme ilustra a figua abaixo:

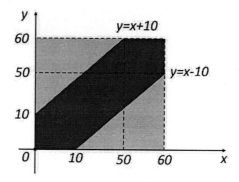

Os pontos "favoráveis", ou seja, os pontos (x, y) tais que $x - 10 \leq y \leq x + 10$ são aqueles que estão na região hachurada (mais escura). Assim a probabilidade de que as duas amigas encontrem-se é dada por

$$P = \frac{60.60 - 2.\frac{1}{2}.50.50}{60.60} = \frac{3600 - 2500}{3600} = \frac{1100}{3600} = \frac{11}{36}$$

14. a) $C(60, 6) = 50.063.860$.

b) $P = \frac{1}{50.063.860}$.

c) $P = \frac{C(6,5).C(54,1)}{C(60,6)} \approx 0,00064\%$.

d) $P = \frac{C(6,4).C(54,2)}{C(60,6)} \approx 0,04\%$.

e) A probabilidade de n moedas honestas serem lançadas e apresentarem cara como resultado é $P = \frac{1}{2^n}$, pois cada moeda pode apresentar dois resultados a saber: Cara ou Coroa e em

CAPÍTULO 14. PROBABILIDADE 273

apenas uma das possibilidades todas as moedas saem com cara voltada para cima. Queremos que essa probabilidade seja igual a probabilidade de acertar na mega-sena com uma única aposta simples, ou seja, queremos descobrir o n tal que

$$\frac{1}{2^n} = \frac{1}{50.063.860} \Rightarrow 2^n = 50.063.860$$

aplicando logaritmos,

$$\log 2^n = \log_2 50.063.860 \Rightarrow n.\log 2 = \log 50.063.860 \Rightarrow n.030 = 7,5 \Rightarrow n = 25$$

Note que na verdade $n = 25$ é um valor aproximado, pois os logaritmos dados no enunciado são valores aproximados!. Assim, acertar na Mega-Sena com uma única aposta é tão difícil quanto jogar 25 moedas honestas para cima e todas elas caírem com a cara voltada para cima.

15. Em n lançamentos de um dado honesto de 6 faces existem 6^n resultados possíveis dos quais 5^n não apresenta nenhum 6. Assim, a probabilidade de, em n lançamentos de um dado honesto não sair nenhum 6 é $P\,(\text{nenhum } 6) = \frac{5^n}{6^n} = \left(\frac{5}{6}\right)^n$. Mas,

$$P\,(\text{pelo menos um } 6) = 1 - P\,(\text{nenhum } 6) = 1 - \left(\frac{5}{6}\right)^n$$

Queremos descobrir o menor valor de n para o qual $P\,(\text{pelo menos um } 6) > 0,90$. Assim,

$$1 - \left(\frac{5}{6}\right)^n > 0,90 \Rightarrow \left(\frac{5}{6}\right)^n < \frac{1}{10}$$

aplicando logaritmos decimais, obtemos

$$\left(\frac{5}{6}\right)^n < \frac{1}{10} \Rightarrow \log\left(\frac{5}{6}\right)^n < \log\frac{1}{10} \Rightarrow n.\log\left(\frac{5}{6}\right) < -\log 10$$

$$-0,08.n < -1 \Rightarrow n > 12,5$$

Como n é inteiro e positivo, pois é o número de vezes que o dado deve ser arremessado, segue que o menor valor possível para n é 13.

16. a)Como a ordem em que as questões são escolhidas não altera a prova, basta fazer

$$\binom{8}{5}.\binom{6}{3}.\binom{4}{2} = 6270$$

b)Considerando que uma prova não difícil seja aquela que tem 4 ou mais questões não difíceis, podemos concluir que ela deve ter as 4 questões médias de Álgebra, Além disso, ela deve ter: mais 1 questão de Álgebra das 4 que sobraram; 3 questões das 6 de Geometria e 2 questões das 4 de Trigonometria. Logo, o número de provas não difíceis é dado por

$$\binom{4}{4}.\binom{4}{1}\binom{6}{3}\binom{4}{2} = 480$$

O número de maneiras de elaborar uma prova difícil é $D = 6720 - 480 = 6240$. Assim, a probabilidade de se elaborar uma prova difícil é $p = \frac{6240}{6720} = \frac{13}{14}$

274 INTRODUÇÃO À COMBINATÓRIA E PROBABILIDADE

17. a)Vamos representar cada compartimento vazio por (V) e cada compartimento com uma bola por B. Assim, cada possível distribuição das 4 bolas nos 10 compartimentos vazios é uma sequência de 6V's e de 4B's. O número total dessas sequências é $\frac{10!}{6!.4!} = 210$. Dessas sequências as que os 4B's ficam juntos são as permutações do bloco dos 4B's e dos 6V's, que são $\frac{(1+6)!}{6!} = 7$. Assim a probabilidade de que 4 bolas sejam distribuídas no recipiente da figura I e que não haja espaços vazios entre elas é $P = \frac{7}{210} = \frac{1}{30}$.

b)O número de maneiras de colocarmos as 10 bolas é $C(100, 10)$. Temos 10 possibilidades de alinhá-las nas linhas, 10 possibilidades de alinhá-las nas colunas e mais 2 possibilidades de alinhá-las nas diagonais. Assim, temos 22 maneiras de alinhá-las. Portanto a probabilidade pedida é:

$$P = \frac{22}{C(100, 10)} = \frac{22}{\frac{100!}{90!.10!}} = \frac{22.10!.90!}{100!}$$

18. a)Há peças de dois tipos, a saber:

- Tipo I: as que possuem dois números iguais, que são 7 peças:

$$0-0, 1-1, 2-2, 3-3, 4-4, 5-5 \text{ e } 6-6$$

- Tipo II: as que apresentam números distintos, que são $C(7,2) = 21$ peças

Portanto, o número total de peças é $7 + 21 = 28$.

b)Note que na figura apresentada existem 5 peças, a saber:

$$5-1, 5-2, 5-3, 5-5 \text{ e } 2-3$$

No monte de onde os jogadores podem retirar novas peças existem $28 - 2 \times 7 = 14$ peças. Para que o jogador da vez puxe uma peça que se encaixe ela deve conter 1 ou 5, pois neste momento estas são as extremidades livres no jogo. Assim, dentre as 14 peças do monte, as que vão permitir um encaixe no jogo neste momento são as 9 peças a seguir:

$$5-0, 5-4, 5-6, 1-0, 1-1, 1-2, 1-3, 1-4 \text{ ou } 1-6$$

Portanto, a probabilidade pedida é $P = \frac{9}{14}$.

19. O número de maneiras distintas de distribuirmos 13 cartas para cada um, de modo que Arnaldo não tenha recebido nenhuma carta de espadas é

$$\binom{39}{13} \cdot \binom{39}{13} \cdot \binom{26}{13} \cdot \binom{13}{13} = \frac{(39)!^2}{26!.(13!)^4}$$

por outro lado, o número de maneiras distintas de distribuirmos as 52 cartas sem que Arnaldo e Bernaldo não recebam nenhuma carta de espadas é

$$\binom{39}{13} \cdot \binom{26}{13} \cdot \binom{26}{13} \cdot \binom{13}{13} = \frac{39!.26!}{(13!)^5}$$

Portanto, a probabilidade pedida é

$$P = \frac{\frac{(39)!^2}{26!.(13!)^4}}{\frac{39!.26!}{(13!)^5}} = \frac{26!.26!}{13!.39!}$$

CAPÍTULO 14. PROBABILIDADE   275

20. Para que a soma seja ímpar é necessário que o resultado do primeiro dado seja par e o do segundo ímpar ou o primeiro seja ímpar e o segundo seja par, assim,

$$p = \frac{2.2}{6.6} + \frac{4.4}{6.6} = \frac{5}{9}$$

21. Em 10 lançamentos de uma mesma moeda existem 2^{10} resultados possíveis. Seja A_i o resultado obtido no i-ésimo lançamento da moeda. Nós queremos determinar o número de resultados possíveis em que $A_9 = A_{10} = CARA$ e que não haja duas CARAS consecutivas em $A_1, A_2, A_3, \cdots, A_8, A_9$, visto que queremos que o processo termine exatamente após o $10°$ lançamento. Assim, com certeza devemos ter $A_8 = COROA$, pois caso contrário teríamos $A_8 = A_9 = CARA$, o que faria com que o jogo acabasse imediatamente após o $9°$ lançamento da moeda. Como já sabemos que os três últimos resultados devem ser, respectivamente, COROA, CARA, CARA, precisamos então determinar quantas sequências de 7 lançamentos não possuem duas CARAS consecutivas. Para isso raciocinemos da seguinte forma:

Seja x_n o número de sequências de tamanho n em que NÃO aparecem duas CARAS em posições consecutivas. Note que temos dois tipos destas sequências de n termos, a saber:
1)As que começam por CARA, COROA; ela deve ser seguida de uma sequência de $n-2$ termos onde não aparecerão duas CARAS consecutivas.
2)As que começam por COROA; ela deve ser seguida de uma sequência de $n-1$ termos onde não aparecerão duas CARAS consecutivas. Assim $x_n = x_{n-1} + x_{n-2}$.
Se $n = 1$ teríamos apenas duas possibilidades, a saber: CARA ou COROA. Portanto $x_1 = 2$.
Se $n = 2$ teríamos 3 possibilidades, a saber:

$$CARA, COROA$$
$$COROA, CARA$$
$$COROA, COROA$$

Assim $x_2 = 3$.

Como $x_n = x_{n-1} + x_{n-2}, x_1 = 2$ e $x_2 = 3$, segue que os primeiros termos da sequência são

$$(2, 3, 5, 8, 13, 21, 34, 55, \cdots)$$

Assim $x_7 = 34$ e daí concluímos que existem 34 sequências de 7 lançamentos que não possuem duas CARAS consecutivas. Portanto a probabilidade pedida é

$$P = \frac{34}{1024} = \frac{17}{512}$$

22. Calculemos a probabilidade p_n de a primeira carta a sair vermelha ser a n-ésima carta, para cada um dos possíveis valores de n. Para isso, vamos contar quantos casos favoráveis e quantos casos possíveis há para cada valor de n. O número de maneiras de retirar n cartas entre as 24 existentes é

$$24 \times 23 \times 22 \times \cdots \times (24 - (n - 1))$$

Agora perceba que para que a primeira carta vermelha a sair seja a n-ésima carta é preciso que as $n - 1$ cartas iniciais sejam todas pretas. Assim o número de maneiras distintas de retirarmos primeiro $n-1$ cartas pretas é dado por:

$$22 \times 21 \times \cdots \times (22-(n-2)) \times 2$$

Assim, segue que,

$$p_n = \frac{22 \times 21 \times \cdots \times (22-(n-2)) \times 2}{24 \times 23 \times 22 \times \cdots \times (24-(n-1))} = \frac{1}{12} \times \frac{24-n}{23}$$

Dessa forma, o maior valor possível para p_n ocorrerá quando $24-n$ for máximo, o que ocorre quando $n=1$, visto que $1 \leq n \leq 24$

23. Há $(2n)!$ modos de formar a fila, sendo todos igualmente prováveis. O número de modos distintos em que a primeira mulher ocupa a segunda posição é $n.n.(2n-2)!$. Assim

$$p_n = \frac{n^2(2n-2)!}{(2n)!} = \frac{n^2}{2n(2n-1)} = \frac{n}{2(2n-1)}, n \geq 1$$

Assim,

$$p_n \leq \frac{11}{40} \Leftrightarrow \frac{n}{2(2n-1)} \leq \frac{11}{40} \Leftrightarrow 4n \geq 22 \Leftrightarrow n \geq 5,5$$

ou seja, o número n é no mínimo igual a 6.

24. De acordo com o enunciado,

$$\left[\sqrt{x}\right] = 12 \Rightarrow 12 \leq \sqrt{x} < 13 \Rightarrow 144 \leq x < 169$$

e

$$\left[\sqrt{100x}\right] = 120 \Rightarrow 120 \leq \sqrt{100x} < 121 \Rightarrow 120 \leq 10\sqrt{x} < 121 \Rightarrow$$

$$12 \leq \sqrt{x} < 12,1 \Rightarrow 144 \leq x < 146,41$$

então

$$p = \frac{146,41-144}{169-144} = \frac{2,41}{25} = \frac{241}{2500}$$

25. a)

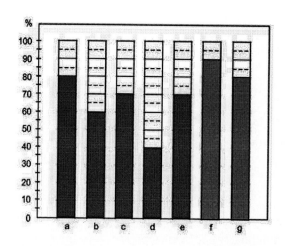

CAPÍTULO 14. PROBABILIDADE 277

b)Para representar o número 3, os trechos defeituosos devem ser o b e o d. As maneiras de se escolher 2 trechos entre os 7 disponíveis será $C(7,2) = 21$. Assim a probabilidade pedida é $P = \frac{1}{21}$.

Capítulo 15

Probabilidade Condicional

15.1 Introdução

Neste capítulo estudamos a probabilidade condicional. Vamos mostrar que uma informação adicional sobre o experimento que estivermos realizando pode alterar a probabilidade inicial que tínhamos sobre a ocorrência de um determinado evento. Muitas vezes não é possível realizarmos um experimento até o fim, sendo necessária a colaboração de outra pessoa, a qual pode não saber a informação específica que desejamos e nos informar apenas sobre o resultado. Com essa informação adicional, a chance de ocorrência do resultado desejado sofre alteração. É nesse contexto que estudamos probabilidade condicional, a qual nos ajudará nessa filtragem de informação. Ao final deste capítulo, esperamos que você perceba a diferença entre probabilidade e probabilidade condicional e que possa utilizá-las corretamente na resolução de problemas.

Imagine que você está brincando com alguns colegas de adivinhar o resultado do lançamento de um dado. Você aposta que o resultado será ímpar, ou seja, que o evento $A = \{1, 3, 5\}$ irá ocorrer. Vimos no Capítulo anterior que se considerarmos que cada face do dado (evento elementar) tem a mesma chance de ocorrer, sua probabilidade de acertar é:

$$P(A) = P(\{1, 3, 5\}) = P(\{1\}) + P(\{3\}) + P(\{5\}) = \frac{1}{6} + \frac{1}{6} + \frac{1}{6} = \frac{1}{2}$$

Você, então, lança o dado, mas nesse exato momento o telefone toca e você vai atendê-lo antes de ver o resultado do lançamento. Dentre as muitas situações prováveis, destacamos as que seguem:

- **Situação 1**
  Depois de algum tempo, seus colegas gritam que o resultado foi maior que **3**. Qual a probabilidade de você ainda acertar, ou seja, de o resultado ser um número ímpar?
  Você deve estar deduzindo: eu tinha seis casos possíveis e três favoráveis, então, minha probabilidade era 1/2; agora, tenho três casos possíveis (já que alguém falou que o resultado foi maior que 3, ou seja, $(4, 5, 6)$) e, dentre estes, só me restou um favorável, o **5**. Portanto, 3 casos possíveis e um caso favorável, então, agora a probabilidade é 1/3.

- **Situação 2**
  Depois de algum tempo, seus colegas gritam que o resultado foi **5**. Qual a probabilidade de você ainda acertar, ou seja, do resultado ser um número ímpar?

280 INTRODUÇÃO À COMBINATÓRIA E PROBABILIDADE

Desenvolvendo o mesmo raciocínio usado na situação 1, você chega à conclusão de que sua probabilidade de ganhar será 1.

- **Situação 3**

  Após algum tempo, seus colegas gritam que o resultado foi 4. Usando o mesmo raciocínio das situações anteriores, conclui-se que a probabilidade de você ainda acertar, ou seja, de o resultado ser um número ímpar será 0.

O que está acontecendo afinal? Uma informação adicional pode mudar tanto assim nossa probabilidade de ganhar? O resultado está condicionado a essa informação adicional?

Na interpretação das três situações estudadas, aconteceram alguns fatos que merecem um olhar mais atento. Primeiro, quando modelamos um problema, precisamos ter bem definidos um espaço amostral Ω, o conjunto $\mathcal{A}$ formado por todos os eventos possíveis e uma função que meça a chance desses eventos ocorrerem, a função probabilidade P. Quando calculamos a probabilidade, observamos que os possíveis resultados se transformaram em $4, 5, 6$ na situação 1, 5 na situação 2 e 4 na situação 3. Isso está indicando que o espaço amostral está mudando? Isso não pode acontecer! Então, como estudar esse tipo de situação?

15.2 O Conceito de Probabilidade Condicional

Para estudar este tópico, precisamos definir uma probabilidade que leve em consideração a informação adicional dada sem alterar o espaço de probabilidade que construímos ao modelar o problema original. Vamos a ela.

Definição. 15.2.1 *Sejam dois eventos* A *e* B *tais que* $P(A) > 0$. *Define-se a* **probabilidade condicional** *de* B *dado* A, *representada por* $P(B|A)$, *como sendo*

$$P(B|A) = \frac{P(A \cap B)}{P(A)}$$

No caso em que $P(A) = 0$, *definimos* $P(B|A) = 0$.

Vamos aplicar essa definição às situações anteriores $1, 2$ e 3 e verificar se a probabilidade condicional responde a nossas questões. O conjunto B em todas as situações é o mesmo, ou seja, $B = \{1, 3, 5\}$.

Situação 1

$A = \{4, 5, 6\}$ cuja probabilidade é $P(A) = \frac{1}{2} > 0$.

$$P(B|A) = \frac{P(A \cap B)}{P(A)} = \frac{P(\{1, 3, 5\} \cap \{4, 5, 6\})}{P(\{4, 5, 6\})} = \frac{P(\{5\})}{P(\{4, 5, 6\})} = \frac{\frac{1}{6}}{\frac{1}{2}} = \frac{1}{3}$$

Situação 2

$A = \{5\}$ cuja probabilidade é $P(A) = \frac{1}{6} > 0$.

CAPÍTULO 15. PROBABILIDADE CONDICIONAL 281

$$P(B|A) = \frac{P(A \cap B)}{P(A)} = \frac{P(\{1,3,5\} \cap \{5\})}{P(\{5\})} = \frac{P(\{5\})}{P(\{5\})} = \frac{\frac{1}{6}}{\frac{1}{6}} = 1$$

Situação 3

$A = \{4\}$ cuja probabilidade é $P(A) = \frac{1}{6} > 0$.

$$P(B|A) = \frac{P(A \cap B)}{P(A)} = \frac{P(\{1,3,5\} \cap \{4\})}{P(\{4\})} = \frac{P(\{\phi\})}{P(\{4\})} = \frac{0}{\frac{1}{6}} = 0$$

Mas, quem mede a chance de um dado evento ocorrer ou não, não é a probabilidade?

Exatamente! Vimos no capítulo anterior (Probabilidade) que quem mede a chance de um evento ocorrer ou não é a função probabilidade. Então, devemos mostrar que a probabilidade condicional, dado um evento de probabilidade positiva, é também uma função probabilidade. Em outras palavras, dado um evento A tal que $P(A) > 0$, a função $P(\ .\ |A) : \mathcal{A} \to [0,1]$ é uma probabilidade, na qual $\mathcal{A}$ é um conjunto cujos elementos são os eventos de Ω. Se você lembra do capítulo passado, devemos mostrar que:

- $P(\Omega|A) = 1$.

- Se $A_1, A_2, \cdots, \in \mathcal{A}$, disjuntos, então, $P\left(\bigcup_{i=1}^{\infty} A_i | A\right) = \sum_{i=1}^{\infty} P(A_i|A)$.

Demonstração:

$$P(\Omega|A) = \frac{P(\Omega \cap A)}{P(A)} = \frac{P(A)}{P(A)} = 1$$

$$P\left(\bigcup_{i=1}^{\infty} A_i | A\right) = \frac{P\left[\left(\bigcup_{i=1}^{\infty} A_i\right) \cap A\right]}{P(A)} = \frac{P\left[\bigcup_{i=1}^{\infty} (A_i \cap A)\right]}{P(A)}$$

Ora, se $A_1, A_2, \cdots$ são disjuntos, então, $A_1 \cap A, A_2 \cap A, \cdots$ também são disjuntos. Assim,

$$P\left(\bigcup_{i=1}^{\infty} A_i | A\right) = \frac{P\left[\bigcup_{i=1}^{\infty} (A_i \cap A)\right]}{P(A)} = \frac{1}{P(A)} \sum_{i=1}^{\infty} P(A_i \cap A) = \sum_{i=1}^{\infty} \frac{P(A_i \cap A)}{P(A)} = \sum_{i=1}^{\infty} P(A_i|A)$$

Logo, a função $P(\ .\ |A) : \mathcal{A} \to [0,1]$ é uma probabilidade.

Observação 15.1 - Note que o evento A que condicionou a probabilidade permaneceu o mesmo todo o tempo. Estamos querendo chamar a atenção para o fato de que se pensarmos nessa probabilidade como uma função de duas variáveis, a segunda variável (a que fica depois do |) permaneceu fixa o tempo todo. Por ser probabilidade, temos que todas as propriedades que mostramos no capítulo passado se verificam, a saber: fixado o evento A com $P(A) > 0$, temos:

282 INTRODUÇÃO À COMBINATÓRIA E PROBABILIDADE

- $P(\phi|A) = 0$.

- $C \subset B \Rightarrow P(C|A) \leq P(B|A)$.

- Qualquer que seja o evento B, temos $0 \leq P(B|A) \leq 1$.

- $P(B^c|A) = 1 - P(B|A)$.

- $P(B \cup C|A) = P(B|A) + P(C|A) - P(B \cap C|A)$.

- $P(A_1 \cup A_2 \cup \cdots A_n|A) = P(A_1|A) + \cdots + P(A_n|A) - P(A_1 \cap A_2|A) - \cdots$
  $- P(A_{n-1} \cap A_n|A) + \cdots + (-1)^{n-1}.P(A_1 \cap A_2 \cap A_n|A)$.

Exemplo 15.2.1 - *Numa sala de aula, foi realizada uma pesquisa e constatou-se que a probabilidade de se escolher aleatoriamente uma pessoa e ela ser homem era de 70% e ser fumante era de 60%. E ainda, que, dentre os homens, a probabilidade de escolher um fumante era de 80%. Qual a probabilidade de escolher uma pessoa aleatoriamente, dentre os fumantes, e ela ser mulher?*

Resolução:

Parece meio complicado, não é? Vamos primeiramente obter algumas informações. Quem é nosso espaço amostral?

Resposta: O conjunto Ω de todos os alunos da sala de aula em questão.

Escolher uma pessoa ao acaso significa, por exemplo, apontar para um nome qualquer do diário de classe. A chance de escolher uma determinada pessoa é maior do que a chance de escolher outra qualquer? Cremos que não, ou seja, os eventos elementares têm a mesma chance de ocorrência.

Perceba que podemos dividir os alunos da sala em vários conjuntos disjuntos distintos, como na união dos homens e mulheres, dos fumantes e não fumantes etc. Para uma melhor compreensão, vamos definir os seguintes conjuntos:

$$H = \{\text{homens da sala}\}$$

$$M = \{\text{mulheres da sala}\}$$

$$F = \{\text{fumantes da sala}\}$$

$$N = \{\text{não fumantes da sala}\}$$

Que relação existe entre esses conjuntos?

$$\Omega = H \cup M = F \cup N$$

Usando um pouco das operações com conjuntos, podemos encontrar outras relações, como

$$H = H \cap \Omega = H \cap (F \cup N) = (H \cap F) \cup (H \cap N)$$

O que significa essa relação?

Significa que o conjunto dos homens pode ser visto como união (disjunta) dos homens fumantes com os homens não fumantes.

CAPÍTULO 15. PROBABILIDADE CONDICIONAL 283

O que a questão pede? Pede para calcularmos a probabilidade de, dentre os fumantes, escolhermos uma pessoa ao acaso e ela ser mulher. Em outras palavras: qual a probabilidade de se escolher uma mulher, tendo em vista que a estamos procurando no grupo de fumantes.

Observe que não queremos saber a probabilidade de escolher uma mulher dentro da sala de aula, mas apenas dentro do grupo dos fumantes, isto é, queremos calcular $P(M|F)$.

Antes de efetuarmos esse cálculo, verifiquemos o que nos foi informado na questão. Escolhendo uma pessoa ao acaso, a probabilidade dela ser homem é 70%, ou seja, $P(H) = 0,70$.

Escolhendo uma pessoa ao acaso, a probabilidade dela ser fumante é 60%, ou seja, $P(F) = 0,60$.

Escolhendo dentre os homens, a probabilidade de encontrar um que fume é 80%, ou seja, $P(F|H) = 0,80$.

A partir dessas informações, podemos obter outras utilizando as propriedades da probabilidade, por exemplo,

$$P(M) = 1 - P(H) = 1 - 0,70 = 0,30$$

$$P(N) = 1 - P(F) = 1 - 0,60 = 0,40$$

$$0,80 = P(F|H) = \frac{P(F \cap H)}{P(H)} \Rightarrow P(F \cap H) = 0,80.P(H) = 0,80.0,70 = 0,56$$

Vamos agora calcular o que a questão pede:

$$P(M|F) = \frac{P(M \cap F)}{P(F)}$$

Precisamos encontrar $P(M \cap F)$ para resolver essa questão, já que $P(F)$ foi dado. Usando operações de conjuntos, temos que:

$$P(F) = P(F \cap \Omega) = P[F \cap (M \cup H)] = P[(F \cap M) \cup (F \cap H)] = P(F \cap M) + P(F \cap H)$$

logo,

$$P(F \cap M) = P(F) - P(F \cap H) = 0,60 - 0,56 = 0,04$$

Portanto,

$$P(M|F) = \frac{P(M \cap F)}{P(F)} = \frac{0,04}{0,60} \approx 0,067$$

o que significa que a probabilidade de escolhermos um fumante e este ser mulher é de aproximadamente $0,067$ ou $6,7\%$. Claro que não precisamos calcular isso tudo para resolver a questão, podemos tentar chegar mais diretamente ao que nos foi pedido. Um ótimo caminho para agilizar a resolução deste tipo de questão é utilizar o chamado "**diagrama da árvore**", conforme ilustramos a seguir:

284 INTRODUÇÃO À COMBINATÓRIA E PROBABILIDADE

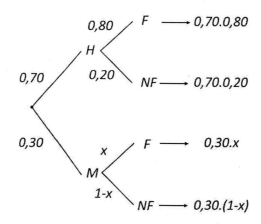

Ora, sabemos do enunciado que neste grupo de pessoas, a probabilidade de ser um fumante é 0,60. Mas os fumantes podem ser homens fumantes ou mulheres fumantes. Assim,

$$0,60 = 0,56 + 0,30.x \Rightarrow x = \frac{2}{15}$$

Portanto a árvore, agora com todas as probabilidades envolvidas é:

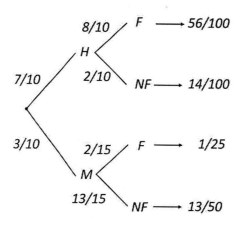

De acordo com as probabilidades apresentadas na árvore acima, segue que a probabilidade de escolhermos um fumante no grupo de pessoas considerado é

$$P(\text{fumante}) = \frac{56}{100} + \frac{1}{25} = \frac{3}{5}$$

enquanto que a probabilidade de ser fumante e mulher é $P(\text{fumante e mulher}) = \frac{1}{25}$. Assim, a probabilidade de que a pessoa escolhida do grupo seja uma mulher, dado que a pessoa escolhida é fumante, pode ser calculada por:

$$P(\text{Mulher}|\text{fumante}) = \frac{P(\text{Mulher e fumante})}{P(\text{fumante})} = \frac{\frac{1}{25}}{\frac{3}{5}} = \frac{1}{15} \approx 0,067(6,7\%)$$

Exemplo 15.2.2 - *Um exame de laboratório tem "eficiência" de 95% para detectar uma doença quando esta existe de fato. Entretanto, o teste aponta um resultado "falso positivo" para 1% das*

CAPÍTULO 15. PROBABILIDADE CONDICIONAL   285

pessoas sadias testadas. Se 0,5% da população tem a doença, qual é a probabilidade de uma pessoa ter a doença considerando que o seu exame foi positivo?

Resolução:

Antes de resolvermos a questão, precisamos esclarecer alguns termos que aparecem em seu enunciado, por exemplo, o que significa resultado "**falso positivo**"e "**eficiência**"?

Eficiência diz respeito à detecção da doença quando a pessoa está doente de fato, ou seja, é a probabilidade do exame dar positivo quando a pessoa está doente. **Falso positivo** significa que o exame dá resultado positivo quando a pessoa não está doente.

Para a resolução consideremos os seguintes conjuntos:

$$B = \{\text{pessoas doentes}\}$$

$$A_1 = \{\text{pessoas cujo teste deu positivo}\}$$

$$A_2 = \{\text{pessoas cujo teste deu negativo}\}$$

Então, a partir da definição desses termos, a questão informa que $P(B) = 0,005$, $P(A_1|B) = 0,95$ e $P(A_1|B^c) = 0,01$, em que B^c representa o complementar de B, sendo assim, o conjunto das pessoas sadias. Com essas informações, podemos calcular

$$P(A_1|B) = \frac{P(A_1 \cap B)}{P(B)} = 0,95 \Rightarrow P(A_1 \cap B) = 0,005.0,95 = 0,00475$$

$$P(A_1|B^c) = \frac{P(A_1 \cap B^c)}{P(B^c)} = 0,01 \Rightarrow P(A_1 \cap B^c) = 0,01.0,995 = 0,00995$$

A questão pede que calculemos $P(B|A_1)$, isto é, a probabilidade da pessoa estar doente visto que seu exame deu positivo.

Mas, como $P(B|A_1) = \frac{P(B \cap A_1)}{P(A_1)}$ e o numerador já foram calculados anteriormente, falta então calcularmos apenas o denominador. Para tanto, perceba que só existem duas possibilidades: ou a pessoa está doente ou ela não está. Assim, temos que B e B^c são disjuntos e podemos verificar que $B \cup B^c = \Omega$. Portanto, temos

$$A_1 = A_1 \cap \Omega = A_1 \cap (B \cup B^c) = (A_1 \cap B) \cup (A_1 \cap B^c)$$

Como $(A_1 \cap B)$ e $(A_1 \cap B^c)$ são disjuntos (pois B e B^c são disjuntos!), segue que

$$P(A_1) = P[(A_1 \cap B) \cup (A_1 \cap B^c)] = P(A_1 \cap B) + P(A_1 \cap B^c) = 0,00475 + 0,00995 = 0,0147$$

A partir do que foi visto, a probabilidade é, portanto

$$P(B|A_1) = \frac{P(B \cap A_1)}{P(A_1)} = \frac{0,00475}{0,0147} \approx 0,3231 (32,31\%)$$

Agora, observe a resolução deste problema utilizando o diagrama da árvore. Inicialmente montamos a árvore de acordo com os dados oferecidos pelo enuciado, obtendo o seguinte resultado:

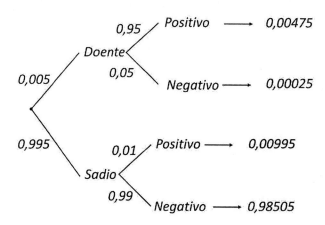

Observando os valores distribuídos na árvore, segue que a probabilidade do exame ser positivo é

$$P\text{ (positivo)} = 0,00475 + 0,00995 = 0,0147$$

enquanto que a probabilidade da pessoa ser doente e ter o seu exame positivo é

$$P\text{ (doente e positivo)} = 0,00475$$

Assim,

$$P\text{ (doente|positivo)} = \frac{P\text{ (doente e positivo)}}{P\text{ (positivo)}} = \frac{0,00475}{0,0147} = 0,3231(32,31\%)$$

Verifiquemos agora alguns resultados que nos auxiliarão na resolução de exercícios envolvendo probabilidade e probabilidade condicional.

Teorema 4 - *(Produto) Se $A_1, A_2, \cdots, A_n$ são eventos de um mesmo espaço amostral Ω tais que $P(A_1 \cap A_2 \cap \cdots \cap A_n) > 0$, então*

$$P(A_1 \cap A_2 \cap \cdots \cap A_n) = P(A_1).P(A_2|A_1).P(A_3|A_1 \cap A_2).\cdots.P(A_n|A_1 \cap A_2 \cap \cdots \cap A_{n-1})$$

Demonstração:

Como em várias outras oportunidades que tivemos, quando desejamos mostrar que uma certa proposição, a qual envolve um número natural n, é verdade para qualquer valor desse número natural, procedemos a demonstração pelo **Princípio da Indução Finita**.
Mostremos que a fórmula é verdade para $n = 2$. Para esse valor, a proposição se reduz a

$$P(A_1 \cap A_2) = P(A_1).P(A_2|A_1)$$

Como, por hipótese, $P(A_1 \cap A_2) > 0$, então, tanto $P(A_1) > 0$ quanto $P(A_2) > 0$. De fato, como $A_1 \cap A_2 \subset A_1$ então $P(A_1) \geq P(A_1 \cap A_2) > 0$, o que implica $P(A_1) > 0$. De modo análogo, confirmamos a afirmação para A_2. Como temos $P(A_1) > 0$, então, pela definição de probabilidade condicional, temos:

$$P(A_2|A_1) = \frac{P(A_2 \cap A_1)}{P(A_1)} \Rightarrow P(A_1 \cap A_2) = P(A_1).P(A_2|A_1)$$

ou seja, a proposição é verdadeira para $n = 2$.

CAPÍTULO 15. PROBABILIDADE CONDICIONAL 287

Hipótese da indução: Agora Suponhamos que a proposição seja verdadeira para $n = k$, isto é, se $P(A_1 \cap A_2 \cap \cdots \cap A_k) > 0$, então

$$P(A_1 \cap A_2 \cap \cdots \cap A_k) = P(A_1).P(A_2|A_1).P(A_3|A_1 \cap A_2).\cdots.P(A_k|A_1 \cap A_2 \cap \cdots \cap A_{k-1})$$

Mostremos que a proposição também é verdade para $n = k + 1$, ou seja, no caso em que $P(A_1 \cap A_2 \cap \cdots \cap A_{k+1}) > 0$ teremos

$$P(A_1 \cap A_2 \cap \cdots \cap A_{k+1}) = P(A_1).P(A_2|A_1).P(A_3|A_1 \cap A_2).\cdots.P(A_{k+1}|A_1 \cap A_2 \cap \cdots \cap A_k)$$

De fato, considerando $A = A_1 \cap A_2 \cap \cdots \cap A_k$ e $B = A_{k+1}$ e usando a hipótese que $P(A_1 \cap A_2 \cap \cdots \cap A_{k+1}) > 0$, segue que

$$A_1 \cap A_2 \cap \cdots \cap A_{k+1} \subset A \Rightarrow P(A) \geq P(A_1 \cap A_2 \cap \cdots \cap A_{k+1}) > 0$$

como sabemos que a proposição é válida para $n = 2$, segue que

$$P(A \cap B) = P(A).P(B|A) = P(A_1 \cap A_2 \cap \cdots \cap A_k).P(A_{k+1}|A_1 \cap A_2 \cap \cdots \cap A_k)$$

Mas pela hipótese da indução sabemos que

$$P(A_1 \cap A_2 \cap \cdots \cap A_k) = P(A_1).P(A_2|A_1).P(A_3|A_1 \cap A_2).\cdots.P(A_k|A_1 \cap A_2 \cap \cdots \cap A_{k-1})$$

portanto,

$$P(A \cap B) = P(A_1).P(A_2|A_1).P(A_3|A_1 \cap A_2).\cdots.P(A_{k+1}|A_1 \cap A_2 \cap \cdots \cap A_k)$$

finalmente como $A = A_1 \cap A_2 \cap \cdots \cap A_k$ e $B = A_{k+1}$, segue que

$$A \cap B = (A_1 \cap A_2 \cap \cdots \cap A_k) \cap A_{k+1} = A_1 \cap A_2 \cap \cdots \cap A_{k+1}$$

e então

$$P(A_1 \cap A_2 \cap \cdots \cap A_{k+1}) = P(A_1).P(A_2|A_1).P(A_3|A_1 \cap A_2).\cdots.P(A_{k+1}|A_1 \cap A_2 \cap \cdots \cap A_k)$$

O que demonstra que a proposição vale para $n = k + 1$ e, portanto, pelo Princípio da Indução Finita, vale para qualquer n natural.

Exemplo 15.2.3 - *Numa escola, verificou-se que a probabilidade de escolher um aluno do sexo masculino que jogue futebol, vôlei e basquete é diferente de zero. Sabendo que 70% jogam futebol e, destes, 90% jogam vôlei e, daqueles que jogam futebol e vôlei, 20% jogam basquete, qual a probabilidade de escolher um aluno do sexo masculino que jogue os três esportes?*

Resolução:

Nosso espaço amostral é $\Omega = \{$Todos os meninos da escola$\}$. Consideremos também os seguintes conjuntos:

$$A_1 = \{\text{meninos que jogam futebol}\}$$

$$A_2 = \{\text{meninos que jogam vôlei}\}$$

$$A_3 = \{\text{meninos que jogam basquete}\}$$

288 INTRODUÇÃO À COMBINATÓRIA E PROBABILIDADE

Escrevamos em forma de probabilidades as informações fornecidas pela questão; 70% jogam futebol, ou seja, $P(A_1) = 0,70$. Dos que jogam futebol, 90% jogam vôlei, ou seja, $P(A_2|A_1) = 0,90$. Dos que jogam futebol e vôlei, 20% jogam basquete, ou seja, $P(A_3|A_1 \cap A_2) = 0,20$.

A probabilidade de escolher um aluno (menino) que jogue os três esportes é dada, então, por $P(A_1 \cap A_2 \cap A_3)$, que pode ser calculado pelo teorema do produto, resultando em

$$P(A_1 \cap A_2 \cap A_3) = P(A_1).P(A_2|A_1).P(A_3|A_1 \cap A_2) = 0,70.0,90.0,20 = 0,126 = 12,6\%$$

Observação: O que leva tanta gente a pensar que o espaço amostral muda quando trabalhamos com a probabilidade condicional? Acreditamos que seja, mais uma vez, a **equiprobabilidade**, pois como quase a totalidade dos problemas do ensino médio envolvendo probabilidade condicional a equicontinuidade está presente, ao se calcular a probabilidade condicional temos

$$P(A|B) = \frac{P(A \cap B)}{P(B)} = \frac{\frac{n(A \cap B)}{n(\Omega}}{\frac{n(B)}{n(\Omega}} = \frac{n(A \cap B)}{n(B)}.$$

Se olhar para $n(A \cap B)$ temos a quantidade dos elementos do conjunto escolhido está no conjunto dado e $n(B)$ (casos favoráveis) é o número de elementos do conjunto dado (casos possíveis, já que B aconteceu). Portanto, a expressão é muito parecida com a expressão da probabilidade, quando $\Omega = B$ e é por isso que muita gente costuma dizer que o espaço amostral mudou, quando na verdade ele não muda, uma vez que é a primeira coisa que definimos para poder estudarmos qualquer problema envolvendo chances.

15.3 Eventos independentes

Num espaço amostral Ω, dados os eventos $A, B \subset \Omega$, com $P(A) > 0$, já vimos como calcular a probabilidade condicional $P(B|A)$. Eventualmente pode ocorrer que $P(B|A) = P(B)$, ou seja, o fato do evento A ter ocorrido não altera a probabilidade de B ocorrer. Nestas circunstâncias,

$$P(A \cap B) = P(A).P(B|A) = P(A).P(B)$$

ou seja, a probabilidade de que ocorram os eventos A e B simultaneamente é igual ao produto das probabilidades de ocorrências dos eventos A e B. Isto motiva a seguinte definição:

Definição. 15.3.1 - *Sejam Ω um espaço amostral e $A, B \subset \Omega$ dois eventos. Dizemos que A e B são eventos independentes quando*

$$P(A \cap B) = P(A).P(B)$$

Observação 15.2 - *Quando dois eventos A e B de um mesmo espaço amostral Ω não são independentes, dizemos que eles são dependentes.*

Exemplo 15.3.1 - *Uma carta é selecionada ao acaso de um baralho comum de 52 cartas, se A é o evento a carta selecionada é um Rei e B é o evento a carta selecionada é do naipe de Ouro, mostre que os eventos A e B são independentes.*

CAPÍTULO 15. PROBABILIDADE CONDICIONAL 289

Resolução:

De fato, das 52 cartas do baralho, 4 são Reis (há um Rei em cada um dos 4 naipes). Assim $P(A) = \frac{4}{52}$. Por outro lado no baralho, das 52 cartas, 13 são de ouro, assim $P(B) = \frac{13}{52}$. Finalmente, a probabilidade da carta selecionada ser Rei e Ouro ao mesmo tempo (das 52 cartas do baralho só existe uma que é Rei e Ouro ao mesmo tempo; o Rei de Ouro!). Assim,

$$P(A \cap B) = \frac{1}{52} = \frac{4}{52} \cdot \frac{13}{52} = P(A).P(B)$$

o que mostra, de acordo com a definição que foi dada, que os eventos A e B são independentes.

Definição. 15.3.2 - *Os eventos* $A_1, A_2, \cdots \subset \Omega$ *são ditos independentes quando para toda coleção finita* $A_{i_1}, A_{i_2}, \cdots, A_{i_k}$ *dos eventos* $A_1, A_2, \cdots \subset \Omega$ *tem-se:*

$$P(A_{i_1} \cap A_{i_2} \cap \cdots \cap A_{i_k}) = P(A_{i_1}).P(A_{i_2}).\cdots.P(A_{i_k})$$

Observação 15.3 - *Em particular, três eventos* $A_1, A_2, A_3 \subset \Omega$ *são ditos independentes quando*

$$P(A_1 \cap A_2) = P(A_1).P(A_2)$$

$$P(A_1 \cap A_3) = P(A_1).P(A_3)$$

$$P(A_2 \cap A_3) = P(A_2).P(A_3)$$

$$P(A_1 \cap A_2 \cap A_2) = P(A_1).P(A_2).P(A_3)$$

Observação 15.4 - *Ao contrário do que possa parecer, é possível que*

$$P(A_1 \cap A_2) = P(A_1).P(A_2), P(A_1 \cap A_3) = P(A_1).P(A_3) \text{ e } P(A_2 \cap A_3) = P(A_2).P(A_3)$$

mas $P(A_1 \cap A_2 \cap A_2) \neq P(A_1).P(A_2).P(A_3)$, *conforme ilustra o exemplo a seguir:*

Exemplo 15.3.2 - *Seja* $\Omega = \{a, b, c, d\}$ *um espaço amostral equiprovável e considere os eventos, a saber:*

$$A_1 = \{a, d\}, A_2 = \{b, d\} \text{ e } A_3 = \{c, d\}$$

Mostre que

$$P(A_1 \cap A_2) = P(A_1).P(A_2), P(A_1 \cap A_3) = P(A_1).P(A_3) \text{ e } P(A_2 \cap A_3) = P(A_2).P(A_3)$$

mas A_1, A_2 *e* A_3 *não são independentes.*

Resolução:

De fato, como $\Omega = \{a, b, c, d\}$ é equiprovável, segue que

$$P(A_1) = P(A_2) = P(A_3) = \frac{2}{4} = \frac{1}{2}$$

Além disso,

$$P(A_1 \cap A_2) = P(\{d\}) = \frac{1}{4} = \frac{1}{2} \cdot \frac{1}{2} = P(A_1).P(A_2)$$

290 INTRODUÇÃO À COMBINATÓRIA E PROBABILIDADE

$$P(A_1 \cap A_3) = P(\{d\}) = \frac{1}{4} = \frac{1}{2} \cdot \frac{1}{2} = P(A_1).P(A_3)$$

$$P(A_2 \cap A_3) = P(\{d\}) = \frac{1}{4} = \frac{1}{2} \cdot \frac{1}{2} = P(A_2).P(A_3)$$

mas,

$$P(A_1 \cap A_2 \cap A_3) = P(\{d\}) = \frac{1}{4} \neq \frac{1}{2} \cdot \frac{1}{2} \cdot \frac{1}{2} = P(A_1).P(A_2).P(A_3)$$

Como $P(A_1 \cap A_2 \cap A_3) \neq P(A_1).P(A_2).P(A_3)$, segue que A_1, A_2 e A_3 não são independentes.

Outro teorema muito útil é o seguinte:

Teorema 5 - *(Probabilidade total) Sejam* $A_1, A_2, \cdots, A_n, B$ *eventos de um mesmo espaço amostral* Ω. *Se* $B \subset A_1 \cup A_2 \cup \cdots \cup A_n$ *com os eventos* $A_1, A_2, \cdots, A_n$ *dois a dois disjuntos e* $P(A_1) > 0, P(A_2) > 0, \cdots, P(A_n) > 0$ *então*

$$P(B) = P(A_1).P(B|A_1) + P(A_2).P(B|A_2) + \cdots + P(A_n).P(B|A_n)$$

Demonstração:

Como $B \subset A_1 \cup A_2 \cup \cdots \cup A_n$, segue que $B \cap (A_1 \cup A_2 \cup \cdots \cup A_n) = B$. Assim,

$$B = B \cap (A_1 \cup A_2 \cup \cdots \cup A_n) = (B \cap A_1) \cup (B \cap A_2) \cup \cdots \cup (B \cap A_n)$$

Observe que essa união é disjunta, já que $A_1, A_2, \cdots, A_n$ são disjuntos. Portanto,

$$\begin{aligned}
P(B) &= P\left[(B \cap A_1) \cup (B \cap A_2) \cup \cdots \cup (B \cap A_n)\right] \\
&= P(B \cap A_1) + P(B \cap A_2) + \cdots + P(B \cap A_n) \\
&= P(A_1 \cap B) + P(A_2 \cap B) + \cdots + P(A_n \cap B)
\end{aligned}$$

como $P(A_1) > 0, P(A_2) > 0, \cdots, P(A_n) > 0$, segue que:

$$P(A_1 \cap B) + P(A_2 \cap B) + \cdots + P(A_n \cap B) = P(A_1).P(B|A_1) + P(A_2).P(B|A_2) + \cdots + P(A_n).P(B|A_n)$$

portanto,

$$P(B) = P(A_1).P(B|A_1) + P(A_2).P(B|A_2) + \cdots + P(A_n).P(B|A_n)$$

como queríamos demonstrar.

Exemplo 15.3.3 - *Um estudo realizado sobre um piloto de Fórmula* 1 *aposentado mostrou que a probabilidade com que ele vencia uma corrida, quando a corrida acontecia sob a chuva, era de* 50%. *E quando a corrida era realizada sob o sol, a probabilidade de vitória passava para* 70%. *Num determinado país do circuito internacional de Fórmula* 1, *sabe-se que a probabilidade de chover qualquer dia sempre foi* 25%. *Qual a probabilidade desse piloto ter vencido uma corrida nesse país?*

CAPÍTULO 15. PROBABILIDADE CONDICIONAL 291

Resolução:

Nosso espaço amostral é $\Omega = \{$todas as corridas realizadas pelo piloto no país em questão$\}$. Consideremos os seguintes conjuntos

$$B = \{\text{corridas vencidas pelo piloto no país em questão}\}$$
$$A_1 = \{\text{corridas realizadas com chuva no país em questão}\}$$
$$A_2 = \{\text{corridas realizadas sem chuva no país em questão}\}$$

Note que as corridas vencidas pelo piloto nesse país estão contidas nas corridas lá realizadas com chuva ou sem chuva, ou seja, $B \subset A_1 \cup A_2$. A questão diz também que $P(A_1) = 0,25$, já que a probabilidade de chover no dia da corrida é de 25%. Também podemos perceber que $A_2 = A_1^c$ e assim: $P(A_2) = 1 - P(A_1) = 0,75$.

A questão também informa que a probabilidade dele vencer uma corrida, considerando que ela é realizada sob chuva, é de 50%, ou seja, $P(B|A_1) = 0,50$; e vencer uma corrida, considerando que é realizada sem chuva, é de 70%, ou seja, $P(B|A_2) = 0,70$. Logo, a probabilidade do piloto ter vencido uma corrida nesse país é:

$$P(B) = P(A_1)P(B|A_1) + P(A_2)P(B|A_2) = 0,25.0,50 + 0,75.0,70 = 0,125 + 0,525 = 0,65 = 65\%$$

Apresentamos mais um importante resultado

Teorema 6 - *(Bayes) Sejam $A_1, A_2, \cdots, A_n, B$ eventos de um mesmo espaço amostral Ω. Se $B \subset A_1 \cup A_2 \cup \cdots \cup A_n$ com os eventos $A_1, A_2, \cdots, A_n$ dois a dois disjuntos e $P(A_1) > 0, P(A_2) > 0, \cdots, P(A_n) > 0$ e $P(B) > 0$ então*

$$P(A_i|B) = \frac{P(A_i).P(B|A_i)}{P(A_1).P(B|A_1) + P(A_2).P(B|A_2) + \cdots + P(A_n).P(B|A_n)}, \; \forall \; 1 \leq i \leq n$$

Demonstração:

Como $P(B) > 0$, podemos calcular a probabilidade condicional de qualquer evento, dado B. Para o evento A_i, temos

$$P(A_i|B) = \frac{P(A_i \cap B)}{P(B)}$$

Como o evento B satisfaz todas as hipóteses do teorema da probabilidade total, segue que

$$P(B) = P(A_1).P(B|A_1) + P(A_2).P(B|A_2) + \cdots + P(A_n).P(B|A_n)$$

Como $P(A_i) > 0$, segue que

$$P(B|A_i) = \frac{P(B \cap A_i)}{P(A_i)} \Rightarrow P(A_i \cap B) = P(A_i).P(B|A_i)$$

Portanto,

$$P(A_i|B) = \frac{P(A_i \cap B)}{P(B)}$$

$$= \frac{P(A_i).P(B|A_i)}{P(A_1).P(B|A_1) + P(A_2).P(B|A_2) + \cdots + P(A_n).P(B|A_n)}$$

Como o i foi qualquer, temos que essa equação vale para todo $i = 1, 2, \cdots, n$.

292 INTRODUÇÃO À COMBINATÓRIA E PROBABILIDADE

Exemplo 15.3.4 - *Numa prova de múltipla escolha, cada questão tem 5 alternativas para o aluno escolher e apenas uma dentre estas é a correta. Se o aluno sabe a resposta correta, ele acerta a questão com probabili-*
dade 1, se ele não sabe a resposta e "chuta", ele tem probabilidade $\frac{1}{5}$ de acertar. Um aluno sabe responder 40% das questões da prova. Se ele respondeu corretamente a uma das perguntas, qual é a probabilidade de que tenha "chutado"?

Resolução:

Consideremos os seguintes conjuntos:

$$B = \{\text{questões respondidas corretamente}\}$$

$$A_1 = \{\text{questões que o aluno chutou}\}$$

$$A_2 = \{\text{questões que o aluno sabia resolver}\}$$

Note que o conjunto formado pelas questões respondidas corretamente está contido na união do conjunto das questões que o aluno sabia responder e das que ele "chutou"(a união dos dois conjuntos representa todas as questões da prova), ou seja, $B \subset A_1 \cup A_2$. A questão diz também que $P(A_2) = 40\%$. A questão pede para calcularmos a probabilidade de ele ter "chutado"uma questão, considerando que a questão foi respondida corretamente, devemos calcular $P(A_1|B)$. Pelo Teorema de Bayes, temos

$$P(A_1|B) = \frac{P(A_1).P(B|A_1)}{P(A_1).P(B|A_1) + P(A_2).P(B|A_2)}$$

Pelo que foi visto, se ele não sabe responder à questão ele a "chuta", ou seja, $A_1 = A_2^c$ e, portanto, $P(A_1) = 1 - P(A_2) = 1 - 0,4 = 0,6$. Também $P(B|A_1) = \frac{1}{5}$ e $P(B|A_2) = 1$ representam, respectivamente, a probabilidade de acertar uma questão já que "chutou"e de acertar uma questão já que soube resolvê-la. Substituindo os valores de $P(A_1), P(A_2), P(B|A_1)$ e $P(B|A_2)$ na equação anterior, temos:

$$P(A_1|B) = \frac{0,6 \times \frac{1}{5}}{0,4 \times 1 + 0,6 \times \frac{1}{5}} = \frac{0,12}{0,52} \approx 0,2307(23,07\%)$$

O que acontece com essa probabilidade se o aluno sabe responder a mais questões?
Suponhamos que o aluno saiba responder a 80% das questões. Calculando a probabilidade anterior, temos

$$P(A_1|B) = \frac{0,2 \times \frac{1}{5}}{0,8 \times 1 + 0,2 \times \frac{1}{5}} = \frac{0,04}{0,84} \approx 0,0476(4,76\%)$$

O que esses números estão mostrando? Que quanto mais o aluno sabe, é menos provável que ele tenha acertado questões no "chute". Perceba que, se o aluno só sabe responder a 40% das questões, existe cerca de 23% de chances de uma questão correta ter sido "chutada". Já a pessoa que sabe, por exemplo, 80% das questões, então, existem apenas $4,76\%$ de chance e uma questão certa ter sido respondida no "chute".

Agora vamos refazer esse exemplo utilizando o diagrama da árvore. Inicialmente com as informações oferecidas no enunciado podemos montar a seguinte árvore:

CAPÍTULO 15. PROBABILIDADE CONDICIONAL

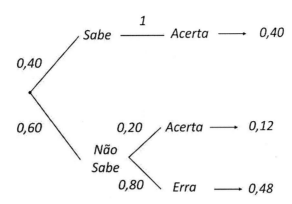

De acordo com as informações da árvore acima, segue que

$$P(\text{acertou}) = 0,40 + 0,12 = 0,52$$

$$P(\text{acertou e chutou}) = 0,12$$

Portanto,

$$P(\text{chutou}|\text{acertou}) = \frac{P(\text{chutou e acertou})}{P(\text{acertou})} = \frac{0,12}{0,52} \approx 0,2307 (23,07\%)$$

15.4 Lei Binomial das Probabilidades

Em muitos experimentos aleatórios podem ocorrer apenas dois resultados possíveis, como por exemplo, na observação da face que fica voltada para cima no lançamento de uma moeda honesta, na observação do sexo de uma criança que acabou de nascer, na escolha da alternativa certa ou errada numa questão de múltipla escolha, etc. Nos experimentos aleatórios desta natureza, um dos resultados é definido como "**sucesso**" e o outro como "**fracasso**". Supondo que o "**sucesso**" ocorra com uma probabilidade p e que o "**fracasso**" ocorra com probabilidade $q = 1 - p$, em n repetições desse experimento estaremos interessados em calcular a probabilidade de que ocorram $0 \leq k \leq n$ sucessos. Essa probabilidade pode ser calculada pelo seguinte teorema:

Teorema 7 - *(Lei binomial das probabilidades) Seja* E *um experimento aleatório em que há dois resultados possíveis, a saber:* (S) *sucesso e* (F) *fracasso que ocorrem com probabilidades* p *e* $q = 1-p$. *Sendo* X *o número de sucessos que ocorrem em* n *repetições independentes do experimento aleatório* E, *então*

$$P(X = k) = \binom{n}{k} p^k q^{n-k}, \quad \forall \ 0 \leq k \leq n$$

Demonstração:

De fato, representando cada sucesso por S e cada fracasso por F quando $X = k$, ou seja, quando ocorrem k sucessos e portanto $n - k$ fracassos, em n repetições independentes do experimento E, existirão $\frac{n!}{k!(n-k)!}$ permutações possíveis das n letras, sendo k iguais a S e $n - k$ iguais a F. Além disso cada uma dessas permutações ocorre com probabilidade $p^k q^{n-k}$, pois a probabilidade de que o S ocorra k vezes é $\underbrace{p.p.\cdots.p}_{k \ vezes}$ e a probabilidade de que o F ocorra $n-k$ vezes é $\underbrace{q.q.\cdots.q}_{n-k \ vezes}$. Finalmente

294 INTRODUÇÃO À COMBINATÓRIA E PROBABILIDADE

como $\binom{n}{k} = \frac{n!}{k!(n-k)!}$, segue que

$$P(X = k) = \binom{n}{k} p^k q^{n-k}, \quad \forall \ 0 \le k \le n$$

Exemplo 15.4.1 - *Um casal pretende ter 4 filhos. Qual a probabilidade de nascerem exatamente 3 homens e 1 mulher?*

Resolução:

Neste caso vamos considerar que o "sucesso" é nascer um homem e que o "fracasso" seja nascer uma mulher. Considerando que numa gestação normal a probabilidade de nascer um homem ou uma mulher seja a mesma, segue que $p = q = \frac{1}{2}$. Sendo X o número de homens, segue que

$$P(X = 3) = \binom{4}{3} \cdot \left(\frac{1}{2}\right)^3 \cdot \left(\frac{1}{2}\right)^1 = \frac{4!}{3!.1!} \cdot \frac{1}{16} = \frac{1}{4}$$

Nesta mesma situação, qual seria a probabilidade de que os 3 primeiros filhos fossem homens e que na última gestação nascesse uma mulher?

Agora, há uma diferença em relação a primeira pergunta; aqui estamos fixando a ordem dos nascimentos, lembrando mais uma vez que estamos considerando o nascimento de um homem como sucesso (S) e o nascimento de uma mulher como um fracasso (F), neste caso estamos querendo saber a probabilidade de ocorrência da sequência SSSF (nesta ordem), que é $\frac{1}{2} \cdot \frac{1}{2} \cdot \frac{1}{2} \cdot \frac{1}{2} = \frac{1}{16}$, pois estamos considerando que as gestações distintas são eventos independentes. Assim, quando a ordem dos sucessos e fracassos é fixada e é considerada a independência, basta simplesmente multiplicar as probabilidades de cada um dos sucessos e fracassos, sem ter que multiplicar pelo coeficiente binomial presente na fórmula da lei binomial.

Exemplo 15.4.2 - *Um dado honesto é lançado 5 vezes e em cada uma das 5 vezes é observado o número da face voltada para cima. Qual a probabilidade de que o número 2 tenha saído exatamente em 3 dos 5 lançamentos?*

Resolução:

Vamos considerar que o aparecimento da face 2 para cima como sucesso (S) e o aparecimento de uma face diferente de 2 como fracasso (F). Assim, as probabilidades de sucesso e de fracasso são, respectivamente:

$$p = \frac{1}{6} \quad e \quad q = 1 - p = 1 - \frac{1}{6} = \frac{5}{6}$$

Sendo X o número de vezes que a face 2 fica voltada para cima nos 5 lançamentos, segue que

$$P(X = 3) = \binom{5}{3} \cdot \left(\frac{1}{6}\right)^3 \cdot \left(\frac{5}{6}\right)^2 = \frac{5!}{3!.2!} \cdot \frac{1}{216} \cdot \frac{25}{36} = \frac{125}{3888}$$

15.5 Exercícios propostos

1. Imagine uma roleta de cassino com 100 casas numeradas de 1 a 100, em que 50 casas são vermelhas e 50 pretas. Das 50 vermelhas (assim como das pretas), 25 são números pares e 25

CAPÍTULO 15. PROBABILIDADE CONDICIONAL 295

ímpares. Suponha que você jogou um número ímpar vermelho.

a)Qual a probabilidade de você acertar o resultado antes da roleta ser rodada?

b)Qual a probabilidade de você acertar se alguém disser que o resultado é um número que está numa casa vermelha?

c)E se alguém disser que o resultado é ímpar e vermelho?

2. Dois dados (um verde e outro amarelo) são lançados e o resultado é anotado.

a)Qual a probabilidade do resultado da soma ser 7?

b)Qual a probabilidade do resultado da soma ser 7, se a face do dado verde apresenta o resultado 5?

c)Qual a probabilidade do resultado da soma ser 7, se a face do dado verde apresenta o resultado 5 e a do amarelo, 2?

d)Qual a probabilidade da face amarela ser 3 se a soma das faces resulta em 7?

e)Qual a probabilidade da face verde ser 4 se a soma das faces resulta em 7?

3. Os garotos do sertão, antigamente, gostavam muito de caçar com suas atiradeiras (balinheiras, baladeiras, estilingues etc.). Um desses garotos, que era bom de mira, acertava o alvo com probabilidade de $\frac{2}{3}$, e com probabilidade de $\frac{1}{10}$ acertava outro alvo após ter errado o alvo em que tinha mirado. Um peba (pequeno tatu) foi abatido pela sua arma. Qual a probabilidade de que ele tenha mirado o animal, ou seja, qual a probabilidade de que ele tenha matado intencionalmente esse peba?

4. Numa fazenda de aperfeiçoamento de gado, especialistas estavam desenvolvendo uma ração para que o gado crescesse mais rapidamente. Assim, desejavam aumentar a quantidade de carne nos animais e não apenas a quantidade de gordura. Notaram que 30% dos animais aumentavam tanto a quantidade de carne quanto a de gordura. Dos que ganhavam gordura, 40% aumentavam a quantidade de carne e dos que aumentavam a quantidade de carne 80% ganhavam gordura. Escolhendo de forma aleatória um animal, qual a probabilidade de que este tenha:

a)aumentado a quantidade de carne;

b)ganhado mais gordura.

5. Nos caixas eletrônicos, se você errar três vezes sua senha, seu cartão é bloqueado e, para desbloqueá-lo, você deve se dirigir a sua agência. Sabendo que a chance de uma pessoa errar a senha a primeira vez que tenta é de 40% e, tendo errado, a chance de erro na segunda vez é de 10% e, depois de dois erros consecutivos, a chance de um terceiro erro cai para 2%, pergunta-se: qual a probabilidade de uma pessoa errar três vezes consecutivas sua senha em um caixa eletrônico?

6. (UFCG) Em um grupo racial, a probabilidade de uma pessoa ser daltônica é de 12%. São escolhidas, aleatoriamente, duas pessoas, A e B, pertencentes a esse grupo, de tal maneira que pelo menos uma delas seja daltônica. Supondo que os eventos "A é daltônica"e "B é daltônica"são independentes. Determine a probabilidade de ambas serem daltônicas.

7. (UFMG) Rodrigo e Gabriel participam de um jogo, em que usam dois dados, cada um com seis faces. Primeiro, Rodrigo lança os dados e, quando ambos param, os meninos somam os valores das duas faces superiores. Se o resultado dessa soma for igual a 6, Rodrigo vence o jogo. Se isso não ocorre, então, Gabriel lança os dados e, do mesmo modo, quando ambos

296 INTRODUÇÃO À COMBINATÓRIA E PROBABILIDADE

param, os meninos somam os valores das duas faces superiores. Se o resultado dessa soma for igual a 7, Gabriel vence. Caso se verifique qualquer outro valor, o jogo prossegue, até que Rodrigo obtenha o total 6 ou Gabriel, o total 7. Com base nessas informações, CALCULE a probabilidade de Rodrigo

a)vencer o jogo no primeiro lançamento.
b)vencer o jogo fazendo, no máximo, dois lançamentos.
c)vencer o jogo.

8. (OMRJ-2005) Após passar por diversas etapas em um programa de auditório, Larissa foi convidada para sortear o seu prêmio (um carro zero quilômetro). O sorteio é realizado com uma roleta circular, dividida em 6 setores de mesma área: três estão marcados como "Carro", dois como "Perde" e um como "Gire novamente". Para descobrir qual prêmio ganhará, Larissa deve girar a roleta. Se a roleta parar em "Carro", Larissa ganha o carro; se ela parar em "Perde", Larissa volta para casa sem nada; se a roleta parar em "Gire novamente", ela deve girar a roleta outra vez (não há limite no número de repetições permitidas). Qual é a probabilidade de Larissa ganhar o carro?

9. O sangue humano está classificado em quatro grupos distintos: A, B, AB e O. Além disso, o sangue de uma pessoa pode possuir, ou não, o fator Rhésus. Se o sangue de uma pessoa possui esse fator, diz-se que a pessoa pertence ao grupo sanguíneo Rhésus positivo (Rh+) e, se não possui esse fator, diz-se Rhésus negativo (Rh−). Numa pesquisa, 1000 pessoas foram classificadas, segundo grupo sanguíneo e respectivo fator Rhésus, de acordo com a tabela abaixo. Dentre as 1000 pessoas pesquisadas, escolhida uma ao acaso, determine

	A	B	AB	O
Rh+	390	60	50	350
Rh−	70	20	10	50

a) a probabilidade de seu grupo sanguíneo não ser A. Determine também a probabilidade de seu grupo sanguíneo ser B ou Rh+.
b) a probabilidade de seu grupo sanguíneo ser AB e Rh−. Determine também a probabilidade condicional de ser AB ou O, sabendo-se que a pessoa escolhida é Rh−.

10. (IBMEC-SP) Durante o mês de março no campeonato de fórmula 1, a probabilidade de chover em um dia determinado é 4/10. A equipe Ferrari ganha a corrida em dia com chuva com probabilidade igual a 6/10 e em um dia sem chuva com probabilidade igual a 4/10. Sabendo-se que a Ferrari ganhou uma corrida naquele dia de março, qual é a probabilidade de que choveu nesse dia?

11. (ITA) São dados dois cartões, sendo que um deles tem ambos os lados na cor vermelha, enquanto o outro tem um lado na cor vermelha e o outro lado na cor azul. Um dos cartões é escolhido ao acaso e colocado sobre uma mesa. Se a cor exposta for vermelha, calcule a probabilidade de o cartão escolhido ter a outra cor também vermelha.

CAPÍTULO 15. PROBABILIDADE CONDICIONAL   297

12. (ITA) Numa caixa com 40 moedas, 5 apresentam duas caras, 10 são normais e as demais apresentam duas coroas. Uma moeda é retirada ao acaso e a face observada mostra coroa. Qual é a probabilidade de a outra face desta moeda também apresentar uma coroa?

13. (FGV-SP) Uma companhia de seguros coletou uma amostra de 2000 motoristas de uma cidade a fim de determinar a relação entre o número de acidentes (y) em um certo período e a idade em anos (x) dos motoristas. Os resultados estão na tabela abaixo:

	y=0	y=1	y=2	y=3
x < 20	200	50	20	10
20 ≤ x < 30	390	120	50	10
30 ≤ x < 40	385	80	10	5
x ≥ 40	540	105	10	5

Adotando a frequência relativa observada como probabilidade de cada evento, obtenha:
a) A probabilidade de um motorista escolhido ao acaso ter exatamente um acidente no período considerado.
b) A probabilidade de um motorista ter exatamente 2 acidentes no período considerado, dado que ele tem menos de 20 anos.

14. Uma empresa de turismo opera com três funcionários. Para que haja atendimento em cada dia, é necessário que pelo menos um funcionário esteja presente. A probabilidade de cada funcionário faltar num dia é 5%, e o evento falta de cada um dos funcionários é independente da falta de cada um dos outros. Em determinado dia, qual é a probabilidade de haver atendimento?

15. (UERJ)

(O Dia, 25/08/98)

Suponha haver uma probabilidade de 20% para uma caixa de Microvlar ser falsificada. Em duas caixas, qual a probabilidade de pelo menos uma delas ser falsificada?

16. Um pesquisador possui em seu laboratório um recipiente contendo 100 exemplares de AEDES-AEGYPTI, cada um deles contaminado com apenas um dos tipos de vírus, de acordo com a seguinte tabela:

298 INTRODUÇÃO À COMBINATÓRIA E PROBABILIDADE

TIPO	QUANTIDADE DE MOSQUITOS
DEN 1	30
DEN 2	60
DEN 3	10

Retirando-se simultaneamente e ao acaso dois mosquitos desse recipiente, qual é a probabilidade de que pelo menos um esteja contaminado com o tipo DEN 3?

17. O estudo dos tipos sanguíneos de cada indivíduo é necessário para as transfusões de sangue, pois é fundamental que se verifique a compatibilidade sanguínea entre o doador e o receptor. As tabelas a seguir mostram os tipos sanguíneos compatíveis e a distribuição brasileira do sistema antigênico Rh.

Receptor \ Doador	O-	O+	A-	A+	B-	B+	AB-	AB+
O-	●							
O+	●	●						
A-	●		●					
A+	●	●	●	●				
B-	●				●			
B+	●	●			●	●		
AB-	●		●		●		●	
AB+	●	●	●	●	●	●	●	●

Distribuição do sistema Rh no Brasil (valores aproximados)	
Rh positivo	80%
Rh negativo	20%

Note que o grupo sanguíneo O é doador universal, enquanto que o grupo sanguíneo AB positivo é receptor universal. Um indivíduo Rh negativo só deve receber transfusão de sangue Rh negativo; já um indivíduo Rh positivo pode receber sangue de ambos os tipos. João e Tatiana pertencem ao grupo A; entretanto, não estão certos quanto aos seus fatores Rh. Usando os dados informados, determine a probabilidade de João ser doador de sangue para Tatiana.

18. Numa determinada partida, um jogador de basquete tem direito a executar um lance livre, que quando convertido soma no placar 1 ponto. Se convertê-lo, ele terá direito a mais um (apenas um!) lance livre. Qual a probabilidade de que ele converta um lance livre, sabendo que uma vez marcado o lance livre, a probabilidade de que ele atinja 2 pontos é a mesma de que ele não marque nenhum ponto?

19. (O.Pessoensse-2012) Senhor Ptolomeu estava no centro da cidade e precisou ligar para um amigo. Percebeu que seu celular estava com a bateria descarregada e resolveu ligar usando um telefone público. Mas, não lembrava o último algarismo do número do telefone de seu amigo. Se ele só tem duas unidades, qual a probabilidade de que ele consiga conversar com seu amigo, tentando ligar do telefone público?

20. (OBM)Há 1002 balas de banana e 1002 balas de maçã numa caixa. Lara tira, sem olhar o sabor, duas balas da caixa. Seja p a probabilidade de as duas balas serem do mesmo sabor e

CAPÍTULO 15. PROBABILIDADE CONDICIONAL 299

seja q a probabilidade de as duas balas serem de sabores diferentes. Quanto vale a diferença entre p e q?

21. (OBM)Uma colônia de amebas tem inicialmente uma ameba amarela e uma ameba vermelha. Todo dia, uma única ameba se divide em duas amebas idênticas. Cada ameba na colônia tem a mesma probabilidade de se dividir, não importando sua idade ou cor. Qual é a probabilidade de que, após 2006 dias, a colônia tenha exatamente uma ameba amarela?

22. Os enxadristas Dráuzio e João jogam 12 partidas de xadrez, das quais 6 são vencidas por Dráuzio, 4 por João e 2 terminam empatadas. Os jogadores combinam a disputa de um torneio em 3 partidas. Determine a probabilidade de 2 entre 3 partidas do torneio terminarem empatadas.

23. Um casal pretende ter 4 filhos. Admitindo que a probabilidade de nascer homem ou nascer mulher em cada gestação são iguais, determine a probabilidade de que:
a)Os dois primeiros filhos sejam homens e os dois últimos sejam mulheres.
b)Dos 4 filhos, exatamente dois sejam homens.

24. Uma moeda viciada tem $\frac{2}{3}$ de probabilidade de sair cara. Se esta moeda é lançada 50 vezes, qual a probabilidade de que o número total de caras seja par?

25. São efetuados lançamentos sucessivos e independentes de uma moeda perfeita (as probabilidades de cara e coroa são iguais) até que apareça cara pela segunda vez.
a) Qual é a probabilidade de que a segunda cara apareça no oitavo lançamento?
b) Sabendo-se que a segunda cara apareceu no oitavo lançamento, qual a probabilidade condicional de que a primeira cara tenha aparecido no terceiro?

15.6 Resolução dos exercícios propostos

1. a) Existem 100 casas, portanto a probabilidade de você acertar antes da roleta ser rodada é $P = \frac{1}{100}$.
b) Ora, se você sabe que o resultado está numa casa vermelha, o seu "novo"espaço amostral passa a ter 50 pontos (as 50 casas vermelhas existentes na roleta). Assim, neste caso, a probabilidade de que o seu número tenha sido sorteado é $P = \frac{1}{50}$.
c) Se você sabe, a priori, que o resultado é ímpar e vermelho, só existem agora 25 possibilidades, das quais você escolheu apenas uma delas. Neste caso, a probabilidade de você acertar é $P = \frac{1}{25}$.

2. Na resolução deste exemplo vamos representar os resultados por pares ordenados, onde a primeira coordenada representa o resultado obtido no dado verde e a segunda coordenada, o resultado obtido no dado amarelo.
a)Existem $6 \times 6 = 36$ resultados possíveis, dos quais em 6, a saber

$$(1,6), (2,5), (3,4), (4,3), (5,2) \text{ e } (6,1)$$

a soma dos números obtidos é igual a 7. Portanto, a probabilidade pedida neste item é $P = \frac{6}{36} = \frac{1}{6}$.
b)Se a face do dado verde apresenta o resultado 5, existem 6 possibilidades, a saber:

$$(5,1), (5,2), (5,3), (5,4), (5,5) \text{ e } (5,6)$$

300 INTRODUÇÃO À COMBINATÓRIA E PROBABILIDADE

das quais, em apenas uma, a soma é 7, que é justamente $(5,2)$. Assim, a probabilidade pedida neste item é $P = \frac{1}{6}$.

c)Neste caso, o resultado foi 5 no dado verde e 2 no dado amarelo, a probabilidade de que a soma obtida seja igual a 7 é $P = 1$.

d)Os possíveis resultados onde a soma dos números das faces voltadas para cima é igual a 7 são:

$$(1,6),(2,5),(3,4),(4,3),(5,2) \ e \ (6,1)$$

entre eles só há um em que o dado amarelo (segunda coordenada) é igual a 3. Assim, neste caso a probabilidade pedida é $P = \frac{1}{6}$.

e) Os possíveis resultados onde a soma dos números das faces voltadas para cima é igual a 7 são:

$$(1,6),(2,5),(3,4),(4,3),(5,2) \ e \ (6,1)$$

entre eles só há um em que o dado verde (primeira coordenada) é igual a 4. Assim, neste caso a probabilidade pedida é $P = \frac{1}{6}$.

3. Considere os seguintes eventos:

$$A = \{acertar \ o \ peba\}$$

Note que, pelo que foi descrito no enunciado desta questão, esse evento A pode ser dividido em dois outros eventos disjuntos, a saber:

$$B = \{acertar \ o \ peba \ propositalmente\} \Rightarrow P(B) = \frac{2}{3}$$

$$C = \{acertar \ o \ peba \ acidentalmente\} \Rightarrow P(C) = \frac{1}{10}$$

O que esta questão pede é: sabendo que um peba foi morto, qual a probabilidade de que tenha sido propositalmente, ou seja, queremos calcular

$$P(B|A) = \frac{P(B \cap A)}{P(A)}$$

Note então, que precisamos calcular $P(A)$, ora, mas $P(A) = P(B) + P(C) = \frac{2}{3} + \frac{1}{10} = \frac{23}{30}$. Substituindo na equação acima temos,

$$P(B|A) = \frac{P(A \cap B)}{P(A)} = \frac{P(B)}{P(A)} = \frac{\frac{2}{3}}{\frac{23}{30}} = \frac{20}{23}$$

Note que $A \cap B = B$, pois $B \subset A$.

4. Consideremos os seguintes eventos:

$$C = \{animais \ que \ aumentavam \ a \ quantidade \ de \ carne\}$$

$$G = \{animais \ que \ aumentavam \ a \ quantidade \ de \ gordura\}$$

A questão nos diz que 30% dos animais aumentavam tanto a quantidade de carne quanto a de gordura, ou seja, $P(C \cap G) = 0,30$. Diz, também, que dos animais que ganhavam gordura, 40% aumentavam a quantidade de carne, ou seja, $P(C|G) = 0,40$. Por fim, dos animais que

CAPÍTULO 15. PROBABILIDADE CONDICIONAL 301

aumentavam a quantidade de carne, 80% ganhavam gordura, ou seja, $P(G|C) = 0,80$.

a)Queremos calcular $P(C)$. Para isto, lembremos que

$$P(G|C) = \frac{P(G \cap C)}{P(C)}$$

Como já sabemos que $P(G|C) = 0,80$ e que $P(C \cap G) = 0,30$, segue que

$$0,80 = \frac{0,30}{P(C)} \Rightarrow P(C) = \frac{3}{8}$$

b)O raciocínio segue como do item anterior. Estamos interessados em calcular $P(G)$. Como já sabemos que $P(C|G) = 0,40$ e que $P(C \cap G) = 0,30$, temos:

$$P(C|G) = \frac{P(C \cap G)}{P(G)} \Rightarrow 0,40 = \frac{0,30}{P(G)} \Rightarrow P(G) = \frac{3}{4}$$

5. Consideremos os seguintes eventos:

$$A = \{\text{erra a senha na primeira tentativa}\}$$

$$B = \{\text{erra a senha na segunda tentativa, dado que errou na primeira}\}$$

$$C = \{\text{erra a senha na terceira tentativa, dado que errou nas duas tentativas anteriores}\}$$

Pelo enunciado da questão, $P(A) = 0,40$, $P(B|A) = 0,10$ e $P(C|A \cap B) = 0,02$. Queremos calcular $P(A \cap B \cap C)$. Pelo Teorema do Produto, segue que:

$$P(A \cap B \cap C) = P(A).P(B|A).P(C|A \cap B) = 0,40.0,10.0,02 = 0,0008$$

Ou seja, temos uma probabilidade de $0,08\%$ do cliente errar três vezes consecutivas sua senha.

6. Consideremos os eventos:

$$X = \{\text{a pessoa A é daltônica}\}$$

$$Y = \{\text{a pessoa B é daltônica}\}$$

de acordo com o enunciado, nesse grupo de pessoas considerado a probabilidade de uma pessoa escolhida aleatoriamente ser daltônica é de 12%, portanto,

$$P(X) = P(Y) = 0,12$$

Ora, sabe-se do enunciado que pelo menos uma das pessoas A e B é daltônica, a probabilidade de que isso ocorra é

$$P(X \cup Y) = P(X) + P(Y) - P(X \cap Y)$$

por outro lado, o enunciado também afirma que os eventos X e Y são independentes e daí $P(X \cap Y) = P(X).P(Y)$. Assim,

$$P(X \cup Y) = P(X) + P(Y) - P(X \cap Y) = P(X) + P(Y) - P(X).P(Y)$$

302 INTRODUÇÃO À COMBINATÓRIA E PROBABILIDADE

Finalmente, estamos interessados em saber qual a probabilidade de ambas (A e B) serem daltônicas, sabendo que pelo menos uma delas é daltônica, ou seja, queremos determinar $P(X \cap Y | X \cup Y)$. Portanto,

$$
\begin{aligned}
P(X \cap Y | X \cup Y) &= \frac{P[(X \cap Y) \cap (X \cup Y)]}{P(X \cup Y)} \\
&= \frac{P(X \cap Y)}{P(X \cup Y)} \\
&= \frac{P(X).P(Y)}{P(X) + P(Y) - P(X).P(Y)} \\
&= \frac{0,12.0,12}{0,12 + 0,12 - 0,12.0,12} \\
&= 0,063 \quad (6,3\%)
\end{aligned}
$$

7. Consideremos o espaço amostral $\Omega = \{(x,y); 1 \leq x \leq 6 \text{ e } 1 \leq y \leq 6\}$, onde x representa o número lido no primeiro dado após um lançamento e y, o número lido no segundo dado após um lançamento. Como existem 6 possibilidades para x e 6 possibilidades para y, segue pelo Princípio Multiplicativo, que em Ω existem 36 elementos. Desses 36 elementos de Ω, aqueles cuja soma $x + y$ é igual a 6, são os 5, a saber:

$$(1,5), (2,4), (3,3), (4,2) \text{ e } (5,1)$$

e os pares que apresentam soma 7 são os 6 pares, a saber:

$$(1,6), (2,5), (3,4), (4,3), (5,2) \text{ e } (6,1)$$

Assim, as probabilidades de que Rodrigo ganhe numa rodada e de que Gabriel ganhe numa rodada são, respectivamente

$$P(\text{Rodrigo}) = \frac{5}{36} \text{ e } P(\text{Gabriel}) = \frac{6}{36}$$

Além disso, a probabilidade de que numa rodada, Rodrigo perca é

$$P(\text{Rodrigo}^c) = 1 - P(\text{Rodrigo}) = 1 - \frac{5}{36} = \frac{31}{36}$$

e a probabilidade de que, numa rodada, Gabriel perca é

$$P(\text{Gabriel}^c) = 1 - P(\text{Gabriel}) = 1 - \frac{6}{36} = \frac{30}{36}$$

Feita esse discussão inicial, agora vamos responder cada um dos itens:

a)Rodrigo vence logo no primeiro lançamento se a soma der igual a 6, o que ocorre com probalidade $P(\text{Rodrigo}) = \frac{5}{36}$.

b)Ora, para Rodrigo vencer fazendo no máximo dois lançamentos há duas possibilidades (disjuntas), a saber: Rodrigo vence logo na primeira rodada ou Rodrigo perde na primeira rodada, Gabriel perde na segunda rodada e Rodrigo vence quando efetua o seu segundo lançamento, o que ocorre com probabilidade

$$P = \frac{5}{36} + \frac{31}{36}.\frac{30}{36}.\frac{5}{36} = \frac{1855}{7776}$$

CAPÍTULO 15. PROBABILIDADE CONDICIONAL 303

c)Ora, Rodrigo pode vencer o jogo logo na primeira rodada ou perder na primeira, Gabriel perder na segunda e Rodrigo vencer na terceira, ou Rodrigo perder na primeira, Gabriel perder na segunda, Rodrigo perder na terceira, Gabriel perder na quarta, Rodrigo vencer na quinta rodada e assim sucessivamente..., o que ocorre com probabilidade

$$P = \frac{5}{36} + \frac{31}{36}\cdot\frac{30}{36}\cdot\frac{5}{36} + \frac{31}{36}\cdot\frac{30}{36}\cdot\frac{31}{36}\cdot\frac{30}{36}\cdot\frac{5}{36} + \cdots$$

$$= \frac{5}{36} + \frac{31}{36}\cdot\frac{30}{36}\cdot\frac{5}{36} + \left(\frac{31}{36}\cdot\frac{30}{36}\right)^2\cdot\frac{5}{36} + \cdots$$

$$= \frac{\frac{5}{36}}{1-\left(\frac{31}{36}\cdot\frac{30}{36}\right)^2}$$

$$= \frac{30}{61}$$

8. Como dos 6 setores da roleta, 3 aparecem "Carro", 2 aparecem "Perde"e 1 aparece "Gire novamente", segue que as probabilidades da roleta parar em "Carro","Perde"e "Gire novamente"são, respectivamente

$$P_1 = \frac{3}{6} = \frac{1}{2}, P_2 = \frac{2}{6} = \frac{1}{3} \text{ e } P_3 = \frac{1}{6}$$

Seja p, a probabilidade de Larissa ganhar o carro. Larissa pode ganhar o carro logo na primeira rodada ou pode tirar "Gire novamente"e então ter a mesma probabilidade p de tirar o carro. Assim,

$$p = \frac{1}{2} + \frac{1}{6}\cdot p \Rightarrow p = \frac{3}{5}$$

Uma solução alternativa, seria raciocinar como o item (c) da questão anterior e obter a probabilidade como a soma de uma série geométrica, conforme ilustramos a seguir:

$$p = \frac{3}{6} + \frac{1}{6}\cdot\frac{3}{6} + \left(\frac{1}{6}\right)^2\frac{3}{6} + \cdots = \frac{3}{6}\cdot\frac{1}{1-\frac{1}{6}} = \frac{3}{5}$$

9. a)De acordo com a tabela oferecida no enunciado, existem $390 + 70 = 460$ pessoas com sangue do tipo A. Assim, a probabilidade de uma pessoa desse grupo de 1000 pessoas não ter sangue do tipo A pode ser calculado da seguinte forma:

$$P(A^c) = 1 - P(A) = 1 - \frac{460}{1000} = 0,54 \text{ (54\%)}$$

além disso,

$$P(B \cup Rh+) = P(B) + P(Rh+) - P(B \cap Rh+)$$

$$= \frac{60 + 20}{1000} + \frac{390 + 60 + 50 + 350}{1000} - \frac{60}{1000}$$

$$= \frac{80}{1000} + \frac{850}{1000} - \frac{60}{1000}$$

$$= \frac{870}{1000} = 0,87 \text{ (87\%)}$$

b) Mais uma vez consultando os dados oferecidos na tabela,

$$P(AB \cap Rh-) = \frac{10}{1000} = 0,01 \ (1\%)$$

Além disso,

$$P(AB \cup O|Rh-) = \frac{10+50}{70+20+10+50} = \frac{60}{150} = \frac{2}{5}$$

10. Coletando os dados oferecidos no enunciado, podemos montar a seguinte árvore:

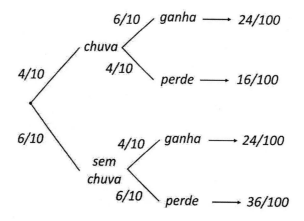

Portanto, sabendo-se que a Ferrari ganhou uma corrida naquele dia de março, a probabilidade de que choveu nesse dia é

$$P = \frac{\frac{24}{100}}{\frac{24}{100} + \frac{24}{100}} = \frac{1}{2}$$

11. Sejam A e B os cartões; sendo A o que tem as duas faces vermelhas e B o que tem uma face vermelha e a outra azul. Com estas suposições, podemos montar a seguinte árvore:

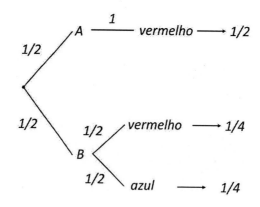

De acordo com as informações contidas na árvore, a probabilidade pedida é

$$P = \frac{\frac{1}{2}}{\frac{1}{2} + \frac{1}{4}} = \frac{2}{3}$$

12. Vamos representar cara por C e Coroa por K. Sejam X, Y e Z os três tipos citados no enunciado, ou seja,

$$X \to C, C \quad (5 \text{ moedas})$$
$$Y \to C, K \quad (10 \text{ moedas})$$
$$Z \to K, K \quad (25 \text{ moedas})$$

Assim, se escolhermos ao acaso uma das 40 moedas as probabilidades de que sejam escolhidas moedas dos tipos X, Y e Z são, respectivamente:

$$P(X) = \frac{5}{40} = \frac{1}{8}, \quad P(Y) = \frac{10}{40} = \frac{1}{4} \text{ e } P(Z) = \frac{25}{40} = \frac{5}{8}$$

Com essas informações, podemos montar a seguinte árvore:

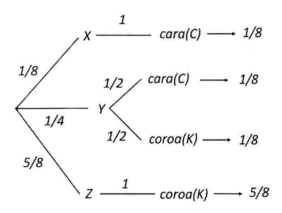

Assim, sabendo que a face observada é coroa, a probabilidade de que na outra face da moeda também seja coroa é

$$P = \frac{\frac{5}{8}}{\frac{1}{8} + \frac{5}{8}} = \frac{5}{6}$$

13. a) De acordo com os dados oferecidos na tabela, o número de motoristas que sofreram apenas um acidente foi $50+120+80+105 = 355$. Assim a probabilidade de escolhermos aleatoriamente um dos 2000 motoristas e ele ter sofrido apenas um acidente é $P = \frac{355}{2000} = \frac{71}{400}$.
b) Ora, de acordo com os dados oferecidos na tabela, o número de motoristas que tem menos de 20 anos é $200 + 50 + 20 + 10 = 280$ e destes apenas 20 sofreram exatamente 2 acidentes, assim a probabilidade pedida neste item é $P = \frac{20}{280} = \frac{1}{14}$.

14. Como o evento falta de um funcionário é independente da falta de cada um dos outros, a probabilidade que os três funcionários faltem num mesmo dia é

$$P(\text{os 3 funcionários faltarem}) = 0,05.0,05.0,05 = 0,000125$$

Portanto, a probabilidade de que pelo menos um funcionário não falte, e desta forma haja atendimento, é

$$P(\text{pelo menos um não falte}) = 1 - P(\text{todos faltem}) = 1 - 0,000125 = 0,999875$$

306 INTRODUÇÃO À COMBINATÓRIA E PROBABILIDADE

15. Considere os eventos:

$$A = \{\text{a primeira caixa é falsificada}\}$$

$$B = \{\text{a segunda caixa é falsificada}\}$$

Ora, como queremos calcular a probabilidade de pelo menos uma das duas caixas ser falsificada, isso, em termos dos eventos acima definidos corresponde a calcular $P(A \cup B)$. Assim,

$$P(A \cup B) = P(A) + P(B) - P(A \cap B)$$

considerando que o fato de uma caixa ser falsificada é independente da outra, segue que $P(A \cap B) = P(A).P(B)$ e, portanto,

$$P(A \cup B) = P(A) + P(B) - P(A \cap B) = 0,20 + 0,20 - 0,20.0,20 = 0,36 \quad (36\%)$$

Uma outra maneira de resolver o problema seria calcular a probabilidade de nenhuma das duas caixas ser falsificada, que seria $0,80.0,80 = 0,64$ e então calcular a probabilidade do complementar deste evento (que é justamente pelo menos uma das caixas ser falsificada), ou seja,

$$P \text{ (pelo menos uma das caixas ser falsificada}\} = 1 - 0,64 = 0,36 \quad (36\%)$$

16. Inicialmente, perceba que entre os 100 mosquitos da amostra, existem 10 contaminados com DEN3, portanto, a probabilidade de que um mosquito selecionado aleatoriamente dessa amostra esteja contaminado com a DEN3 é $P = \frac{10}{100} = 0,10$. Agora considere os eventos:

$$A = \{\text{o primeiro mosquito está contaminado com DEN 3}\}$$

$$B = \{\text{o segundo mosquito está contaminado com DEN 3}\}$$

Ora, como queremos calcular a probabilidade de, pelo menos, um dos dois mosquitos está contaminado com DEN3 isso, em termos dos eventos acima definidos, corresponde a calcular $P(A \cup B)$. Assim,

$$P(A \cup B) = P(A) + P(B) - P(A \cap B)$$

considerando que o fato de que um mosquito está contaminado com DEN3 é independente de outro, segue que $P(A \cap B) = P(A).P(B)$ e, portanto,

$$P(A \cup B) = P(A) + P(B) - P(A \cap B) = 0,10 + 0,10 - 0,10.0,10 = 0,19 \quad (19\%)$$

Uma outra maneira de resolver o problema, seria calcular a probabilidade de nenhum dos dois mosquitos está contaminado com DEN3 que seria $0,90.0,90 = 0,81$ e então calcular a probabilidade do complementar deste evento (que é justamente pelo menos um dos mosquitos está contaminado com DEN3), ou seja,

$$P \text{ (pelo menos um dos mosquitos está contaminado)} = 1 - 0,81 = 0,19 \quad (19\%)$$

17. Para que João possa ser doador de Tatiana, existem três possibilidades, a saber:

- João: A^+ e Tatiana A^+, o que ocorre com probabilidade $0,80.0,80 = 0,64$.

- João: A^- e Tatiana A^-, o que ocorre com probabilidade $0,20.0,20 = 0,04$.

- João: A^- e Tatiana A^+, o que ocorre com probabilidade $0,20.0,80 = 0,16$.

CAPÍTULO 15. PROBABILIDADE CONDICIONAL 307

Portanto, a probabilidade de que João seja doador de Tatiana, sabendo que ambos possuem sangue do tipo A é:

$$P = 0,64 + 0,04 + 0,16 = 0,84 \quad (84\%)$$

18. Seja p a probabilidade de que o jogador em questão converta um lance livre. Para que ele atinja 2 pontos, dado que cada lance livre só vale um ponto (quando convertido!), é preciso que ele acerte o primeiro lance livre e em seguida acerte também o segundo lance livre, o que ocorre com probabilidade $p.p = p^2$ (supondo independência nos lançamentos!). Por outro lado, para que ele não marque nenhum ponto, ele deve errar logo o primeiro lance livre, o que ocorre com probabilidade $1 - p$. Ora, como de acordo com o enunciado, a probabilidade de que ele atinja 2 pontos e de que ele não marque nenhum ponto são iguais, segue que

$$p^2 = 1 - p \Rightarrow p^2 + p - 1 = 0 \Rightarrow p = \frac{\sqrt{5} - 1}{2} \approx 0,618$$

19. Queremos que o Sr. Ptolomeu consiga falar com o seu amigo em até 2 chamadas, ou seja, ele pode conseguir logo na primeira chamada ou, ele não consegue na primeira chamada e consegue na segunda chamada. Ora, como existem no sistema de numeração decimal 10 algarismos e o Sr. Ptolomeu irá "chutar" somente o último algarismo, a probabilidade de que o Sr. Ptolomeu acerte logo na primeira tentativa é $\frac{1}{10}$. Já a probabilidade de que ele erre a primeira tentativa e acerte na segunda é $\frac{9}{10}.\frac{1}{9}$. Assim, a probabilidade de que o Sr. Ptolomeu consiga falar com o seu amigo é dada por:

$$P = \frac{1}{10} + \frac{9}{10}.\frac{1}{9} = \frac{1}{5}$$

20. Ora, como na caixa há 1002 balas de banana e 1002 balas de maçã, segue que a probabilidade p de retirarmos duas balas do mesmo sabor é dada por:

$$\begin{aligned} p &= \text{P (Banana e Banana ou Maçã e Maçã)} \\ &= \frac{1002}{2004}.\frac{1001}{2003} + \frac{1002}{2004}.\frac{1001}{2003} \\ &= \frac{1001}{2003} \end{aligned}$$

Por outro lado, a probabilidade q, de que as duas balas sejam de sabores diferentes é dada por

$$\begin{aligned} q &= \text{P (Banana e Maçã ou Maçã e Banana)} \\ &= \frac{1002}{2004}.\frac{1002}{2003} + \frac{1002}{2004}.\frac{1002}{2003} \\ &= \frac{1002}{2003} \end{aligned}$$

portanto,

$$q - p = \frac{1002}{2003} - \frac{1001}{2003} = \frac{1}{2003}$$

21. Queremos que após 2006 dias só exista uma única ameba amarela e no início já existe uma única ameba amarela, segue que durante os 2006 dias houve apenas divisões das amebas vermelhas, com as seguintes probabilidades:

$1°$ dia $\rightarrow \frac{1}{2}$.

308 INTRODUÇÃO À COMBINATÓRIA E PROBABILIDADE

2° dia $\to$ Supondo que no 1° dia foi a vermelha que dividiu-se, agora existem 3 amebas; a vermelha e a amarela originais e mais a nova vermelha que nasceu da primeira. Assim, neste dia, a probabilidade de uma vermelha ser a que irá dividir-se novamente é $\frac{2}{3}$.

3° dia $\to$ Supondo que no 2° dia foi uma ameba vermelha que dividiu-se, existem 4 amebas; a vermelha e a amarela originais e mais as 2 novas vermelhas; que nasceu no 2° dia e a que nasceu agora no 3° dia. Assim, neste dia, a probabilidade de uma vermelha ser a que irá dividir-se novamente é $\frac{3}{4}$.

Continuando com esse mesmo raciocínio podemos concluir que após n dias, há uma ameba amarela e n amebas vermelhas, a probabilidade de uma ameba vermelha se duplicar é $\frac{n}{n+1}$. Portanto, a probabilidade de que a colônia tenha, após 2006 dias, exatamente uma ameba amarela é:

$$P = \frac{1}{2} \cdot \frac{2}{3} \cdot \frac{3}{4} \cdot \ldots \cdot \frac{2006}{2007} = \frac{1}{2007}$$

22. Ora, como das 12 ocorreram 2 empates, segue que a probabilidade de que uma das partidas termine empatada é $P = \frac{2}{12} = \frac{1}{6}$. Queremos saber a probabilidade de 2 entre 3 partidas do torneio terminarem empatadas. Representando cada partida terminada empatada por E e terminada em vitória por V, pela lei binomial das probabilidades, segue que

$$P(E) = \frac{1}{6} \text{ e } P(V) = 1 - P(E) = 1 - \frac{1}{6} = \frac{5}{6}$$

Representando por X, o número de partidas empatadas numa disputa de 3 partidas desse torneio, segue que

$$P(X = 2) = \binom{3}{2} \cdot \left(\frac{1}{6}\right)^2 \cdot \left(\frac{5}{6}\right)^{3-2} = \frac{5}{72}$$

23. O enunciado sugere que em cada gestação, as probabilidades de nascer homem ou mulher sejam iguais, ou seja $P(H) = P(M) = \frac{1}{2}$.

a) Ora, aqui estamos fixando não só as quantidades de homens e mulheres, assim como a ordem em que eles devem nascer, a saber HHMM. Considerando que as sucessivas gestações são independentes, segue que

$$P(HHMM) = \frac{1}{2} \cdot \frac{1}{2} \cdot \frac{1}{2} \cdot \frac{1}{2} = \frac{1}{16}$$

b) Agora são fixadas apenas as quantidades de homens e de mulheres, mas não a ordem. Sendo X o número de homens, segue da teoria exposta, que

$$P(X = 2) = \binom{4}{2} \cdot \left(\frac{1}{2}\right)^2 \cdot \left(\frac{1}{2}\right)^{4-2} = \frac{3}{8}$$

24. Sejam p a probabilidade de que o número total de caras obtidas seja par e q a probabilidade de que o número total de caras seja ímpar. Assim segue que $p + q = 1$.

Como a probabilidade de ocorrer k caras e $50 - k$ coroas é

$$\binom{50}{k} \cdot \left(\frac{2}{3}\right)^k \cdot \left(\frac{1}{3}\right)^{50-k}$$

CAPÍTULO 15. PROBABILIDADE CONDICIONAL 309

segue que

$$p = \binom{50}{0} \cdot \left(\frac{2}{3}\right)^0 \cdot \left(\frac{1}{3}\right)^{50} + \binom{50}{2} \cdot \left(\frac{2}{3}\right)^2 \cdot \left(\frac{1}{3}\right)^{48} + \cdots \binom{50}{50} \cdot \left(\frac{2}{3}\right)^{50} \cdot \left(\frac{1}{3}\right)^0$$

e que

$$q = \binom{50}{1} \cdot \left(\frac{2}{3}\right)^1 \cdot \left(\frac{1}{3}\right)^{49} + \binom{50}{3} \cdot \left(\frac{2}{3}\right)^3 \cdot \left(\frac{1}{3}\right)^{47} + \cdots \binom{50}{49} \cdot \left(\frac{2}{3}\right)^{49} \cdot \left(\frac{1}{3}\right)^1$$

Fazendo $p - q$ e usando o binômio de Newton, obtemos:

$$p - q = \sum_{k=0}^{50} (-1)^k \cdot \binom{50}{k} \cdot \left(\frac{2}{3}\right)^k \cdot \left(\frac{1}{3}\right)^{50-k} = \left(\frac{2}{3} - \frac{1}{3}\right)^{50}$$

isto é

$$p - q = \left(\frac{2}{3} - \frac{1}{3}\right)^{50} = \frac{1}{3^{50}}$$

como $p + q = 1$, podemos então resolver o sistema

$$\begin{cases} p + q = 1 \\ p - q = \frac{1}{3^{50}} \end{cases}$$

assim obtemos

$$p = \frac{1}{2}\left(1 + \frac{1}{3^{50}}\right)$$

25. a)Para que a segunda cara só apareça no 8° lançamento é preciso que nos 7 primeiros lançamentos apareçam 6 coroas e 1 cara e que além disso no 8° lançamento apareça uma cara, a probabilidade de que isso ocorra é

$$P = \binom{7}{6} \cdot \left(\frac{1}{2}\right)^6 \cdot \frac{1}{2} \cdot \frac{1}{2} = \frac{7}{256}$$

b)Consideremos os eventos:

$$A = \{\text{a segunda cara apareceu no } 8^\circ \text{ lançamento}\}$$

$$B = \{\text{a primeira cara apareceu no } 3^\circ \text{ lançamento}\}$$

pelo que fizemos no item anterior, $P(A) = \frac{7}{256}$. Representando cara por C e coroa por K, segue que o evento $A \cap B$ corresponde a sequência KKCKKKKC, cuja probabilidade de ocorrência é

$$P(A \cap B) = \underbrace{\frac{1}{2} \cdot \frac{1}{2} \cdot \cdots \cdot \frac{1}{2}}_{8 \ vezes} = \frac{1}{256}$$

Assim,

$$P(B|A) = \frac{P(A \cap B)}{P(A)} = \frac{\frac{1}{256}}{\frac{7}{256}} = \frac{1}{7}.$$

Referências Bibliográficas

[1] Balakrishnan, V. K. *Schaum's Outline of Theory and Problems of Combinatorics including concepts of Graph Theory*. 1. ed. McGraw-Hill, 1994.

[2] Bender, E. A.; Willianson, S. G. *Foundations of Combinatorics with Applications*. 1. ed. Dover Publications, 2006.

[3] Bona, M. *A Walk Through Combinatorics: An Introduction to Enumeration and Graph Theory*. 3. ed. World Scientific Publishing Company, 2011.

[4] Bona, M. *Introduction to Enumerative Combinatorics*. 1. ed. McGraw-Hill Science Engineering Math, 2005.

[5] Bona, M. *Combinatorics of Permutations*. 2. ed. Chapman and Hall CRC, 2012.

[6] Brualdi, R. A. *Introductory Combinatorics*. 5. ed. Pearson, 2009.

[7] Chong, C. C.; Meng, K. K. *Principles and Techniques in Combinatorics*. 1. ed. World Scientific Publishing Company, 1992.

[8] David, F.N. *Games, Gods and Gambling: A history of probability and statistical ideas*. Dover Publications; Unabridged edition (February 6, 1998)

[9] Grimaldi, R. P. *Discrete and Combinatorial Mathematics: An Applied Introduction*. 5. ed. Pearson, 2003.

[10] Hollos, S.; Hollos, J. R. *Combinatorics Problems and Solutions*. 1. ed. Abrazol Publishing, 2013.

[11] Koh, K. M.; Tay, E. G. *Counting*. 2. ed. World Scientific Publishing Company, 2013.

[12] Lovász, L.; Pelikán, J.; Vesztergombi, K. *Discrete Mathematics: Elementary and Beyond*. 1. ed. Springer Verlag, 2003.

[13] Marcos, D. A. *Combinatorics: A Problem Oriented Approach*. 1. ed. The Mathematical Association of America, 2009.

[14] Mazur, D. R. *Combinatorics: A Guided Tour*. 1. ed. The Mathematical Association of America, 1999.

[15] Morgado, A. C. O.; Carvalho, J. B. P.; Carvalho, P. C. P.; Fernandez, P. *Análise combinatória e probabilidade*. 9. ed. Rio de Janeiro: Sociedade Brasileira de Matemática, 2006. (Coleção do Professor de Matemática).

312 INTRODUÇÃO À COMBINATÓRIA E PROBABILIDADE

[16] Niven, I. *Mathematics of Choice: Or, How to Count Without Counting.* 1. ed. Mathematical Association of America, 1975.

[17] Olimpíada Brasileira de Matemática - OBM. *www.obm.org.br - Provas de vários anos da OBM.*

[18] Pereira, A. G. C.; Simioli, V. C. P. *Análise Combinatória.* 1. ed. Secretaria de ensino à distância - Sedis UFRN, 2008.

[19] Pereira, A. G. C.; Campos, V. S. M.; Faiao, E.; Filho, R.R.C.L.;*Exercícios comentados de análise combinatória.* 1. ed. Natal: EDUFRN, 2007. v. 1. 152p.

[20] Santos, J. P. O.; Mello, M. P.; Murari, I. T. C. *Introdução à Análise Combinatória.* 1. ed. Editora Ciência Moderna, 2008.

[21] Santos, J. P. O.; Mello, M. P.; Murari, I. T. C. *Problemas Resolvidos de Combinatória.* 1. ed. Editora Ciência Moderna, 2007.

[22] Todhunter, I. *A History of the Mathematical Theory of Probability: from the time of Pascal to that of Laplace.* BiblioBazaar (July 10, 2009).

[23] Tuker, A. *Applied Combinatorics.* 6. ed. Wiley, 2012.

[24] Wallis, W. D. *A Beginner's Guide to Discrete Mathematics.* 2. ed. Birkhäuser, 2012.

[25] Zhang, Y. *Combinatorial Problems in Mathematical Competitions.* 1. ed. World Scientific Publishing Company, 2011.